測绘类统编教材（通用版）

工程测量技术

主　编　张保民
副主编　速云中　王庆光　孙松梅　岳崇伦
主　审　曾跃飞　曹文海

中国水利水电出版社
www.waterpub.com.cn
·北京·

内 容 提 要

本教材共 16 章，重点介绍了绪论、工程建设中地形图的测绘与应用、施工测量的基本工作、线路测量、工业与民用建筑施工测量、架空输电线路工程测量、道路与桥梁施工测量、曲线测量、高速铁路施工测量、建筑物变形观测、基坑工程监测、水利水电工程施工测量、地下工程施工测量、倾斜摄影测量 1 : 500 测图技术，简要介绍了测绘产品质量检查、验收报告以及测绘项目合同内容。工程测量课程与地形测量、测量平差、全站仪及 GPS 技术应用等课程之间联系紧密，对培养学生的专业能力和岗位能力具有重要作用。

本教材理论联系实际，具有显明的工程测量专业高职高专职业教育特色，可作为高等职业技术学院、高等专科学校、成人高校和民办高校测绘类专业工程测量技术的通用教材使用，也可供有关工程测量人员和教师参考。

图书在版编目（ＣＩＰ）数据

工程测量技术 / 张保民主编. -- 北京 ： 中国水利
水电出版社，2022.2
测绘类统编教材：通用版
ISBN 978-7-5226-0438-1

Ⅰ．①工… Ⅱ．①张… Ⅲ．①工程测量－高等职业教
育－教材 Ⅳ．①TB22

中国版本图书馆CIP数据核字(2022)第014698号

书　　名	测绘类统编教材（通用版） **工程测量技术** GONGCHENG CELIANG JISHU
作　　者	主　编　张保民 副主编　速云中　王庆光　孙松梅　岳崇伦 主　审　曾跃飞　曹文海
出版发行	中国水利水电出版社 （北京市海淀区玉渊潭南路 1 号 D 座　100038） 网址：www.waterpub.com.cn E-mail：sales@waterpub.com.cn 电话：(010) 68367658（营销中心）
经　　售	北京科水图书销售中心（零售） 电话：(010) 88383994、63202643、68545874 全国各地新华书店和相关出版物销售网点
排　　版	中国水利水电出版社微机排版中心
印　　刷	清淞永业（天津）印刷有限公司
规　　格	184mm×260mm　16 开本　20.5 印张　499 千字
版　　次	2022 年 2 月第 1 版　2022 年 2 月第 1 次印刷
印　　数	0001—3000 册
定　　价	**59.50 元**

凡购买我社图书，如有缺页、倒页、脱页的，本社营销中心负责调换
版权所有·侵权必究

前言

　　本教材是根据《中国教育现代化 2035》《加快推进教育现代化实施方案（2018—2022 年）》《国家职业教育改革实施方案》等文件，为深化教学改革，探索、开发实现与工学结合、知行合一的人才培养模式相适应的专业课程体系，编者走访调研了近百位高职高专院校骨干教师和测绘企业生产一线专家后，编写出高职高专教育测绘类专业工程测量技术通用教材，该教材具有显明的工程测量专业高职高专职业教育特色。

　　工程测量技术工作贯穿于工程建设的整个过程，是工程建设质量和进度的直接保证。高等职业教育为现代产业体系建设培养充足的高端技能型专门人才。工程测量专业以工程项目为主线、培养技术应用能力为目标，侧重基本理论和基本方法的阐述，"必须、够用为度"是本教材的特色。

　　工程测量技术是一门应用技术。本教材是与生产单位的专家合作编写的一本内容全面、技术适用、符合高等职业教育工程测量专业改革方向的专业教材。教材以工程测量项目作业流程为主线编排教学内容，阐述基本理论和基本方法，培养学生的实际动手能力，教材中每一章就是测绘生产中典型的工程测量项目或案例，每一节就是完成该项目过程中具体的工作任务，在具体的教学实践中教师可以选取不同的章节组织教学。

　　本教材由广东建设职业技术学院张保民担任主编，由广东工贸职业技术学院速云中、广东水利电力职业技术学院王庆光、广州智迅诚地理信息科技有限公司孙松梅、广东建设职业技术学院岳崇伦担任副主编，由广东建设职业技术学院陈伟标、广东中冶地理信息股份有限公司谭伟巨、广东水利电力职业技术学院黄红万、广东工贸职业技术学院张齐周、湖南中核岩土工程有限责任公司史进文等担任参编，由广东建设职业技术学院曾跃飞和广东中冶地理信息股份有限公司曹文海担任主审。其中第 4 章、第 6 章、第 7 章由张保民编写，第 3 章由岳崇伦编写，第 1 章、第 2 章由黄红万编写，第 5 章、第 8 章由张齐周编写，第 10 章由陈伟标编写，第 9 章、第 11 章由速云中编写，第 12 章由王庆光编写，第 13 章由谭伟巨编写，第 14 章、第 15 章由孙松梅编写，第 16 章由史进文编写。孙松梅、张齐周和史进文负责前期资料的搜集和整理。

　　本教材的编写与出版得到广东水利电力职业技术学院、广东工贸职业技术学院、广东建设职业技术学院等相关学校和中国水利水电出版社的热心支持，得到广州智迅诚地理信息科技有限公司、广东中冶地理信息股份有限公司、中水珠江规划勘测设计有限公司、湖南中核岩土工程有限责任公司等单位领导和专家的关怀和帮助，编者对有关领导和专家的指导和帮助，对有关同志、朋友的关心和支持表示衷心的感谢！本教材在编写过程中参阅了相关资料，引用了同类书刊中的相关知识要点，在此谨向有关作者表示衷心感谢！

　　由于编者水平所限，教材中难免存在疏漏、错误和不足之处，恳请广大师生和读者批评与指正。

编者

2021 年 10 月

目录

前言

第1章 绪论 ………………………………………………………………………… 1

1.1 工程测量研究的任务 …………………………………………………………… 1

1.2 工程测量工作的特点 …………………………………………………………… 2

1.3 工程测量的发展趋势 …………………………………………………………… 2

1.4 工程测量与其他学科的关系 ………………………………………………… 2

1.5 制定测量方案的步骤 …………………………………………………………… 3

小结 ………………………………………………………………………………… 4

思考题 ……………………………………………………………………………… 4

第2章 工程建设中地形图的测绘与应用 …………………………………… 5

2.1 地形图在工程建设勘测规划设计阶段的作用 …………………………… 5

2.2 设计用地形图的特点 …………………………………………………………… 7

2.3 工业企业设计中测图比例尺的选择 ………………………………………… 10

2.4 工矿区地形图的测绘 …………………………………………………………… 13

小结 ………………………………………………………………………………… 15

思考题 ……………………………………………………………………………… 16

第3章 施工测量的基本工作 …………………………………………………… 17

3.1 施工测量概述 …………………………………………………………………… 17

3.2 施工测量基本工作 ……………………………………………………………… 18

3.3 点的平面位置的测设 …………………………………………………………… 23

3.4 已知坡度的测设 ………………………………………………………………… 26

3.5 归化法放样 ……………………………………………………………………… 26

小结 ………………………………………………………………………………… 27

思考题 ……………………………………………………………………………… 28

第4章 线路测量 …………………………………………………………………… 29

4.1 概述 ……………………………………………………………………………… 29

4.2 线路初测阶段的测量工作 …………………………………………………… 30

4.3 线路定测阶段的测量工作 …………………………………………………… 31

4.4 路线纵横断面测量 ……………………………………………………………… 35

4.5 土石方量计算 …………………………………………………………………… 41

小结 ·· 46

思考题 ··· 46

第5章 工业与民用建筑施工测量 ······································· 48

5.1 建筑工程施工控制网 ·· 48

5.2 建筑基线 ··· 50

5.3 建筑方格网 ··· 52

5.4 施工场地的高程控制测量 ·· 54

5.5 场地平整测量 ·· 55

5.6 民用建筑施工测量 ··· 61

5.7 工业建筑施工测量 ··· 68

小结 ·· 74

思考题 ··· 75

第6章 架空输电线路工程测量 ······································· 76

6.1 概述 ··· 76

6.2 选线测量 ··· 78

6.3 定线测量 ··· 78

6.4 平断面测量 ··· 80

6.5 杆塔定位测量 ·· 82

6.6 杆塔基坑放样 ·· 83

6.7 拉线放样 ··· 86

6.8 导线弧垂的放样与观测 ··· 89

小结 ·· 91

思考题 ··· 91

第7章 道路与桥梁施工测量 ··· 93

7.1 道路施工测量 ·· 93

7.2 桥梁施工测量 ·· 96

小结 ·· 105

思考题 ·· 106

第8章 曲线测量 ·· 107

8.1 概述 ··· 107

8.2 圆曲线的测设 ··· 108

8.3 综合曲线的测设 ·· 116

8.4 曲线主点里程的计算和主点的测设 ····································· 120

8.5 综合曲线详细测设 ··· 121

8.6 在 Excel 中进行角度和三角函数的计算 ······························· 132

小结 ·· 135

思考题 ·· 135

第 9 章　高速铁路施工测量 ·· 137

　　9.1　概述 ·· 137

　　9.2　精密控制网施工复测 ··· 139

　　9.3　线下工程结构物变形监测 ·· 146

　　9.4　轨道控制网（CPⅢ）测量 ··· 154

　　9.5　轨道施工测量 ··· 163

　　小结 ··· 171

　　思考题 ·· 171

第 10 章　建筑物变形观测 ··· 172

　　10.1　变形监测控制网的建立 ··· 172

　　10.2　垂直位移观测 ·· 179

　　10.3　水平位移观测 ·· 183

　　10.4　裂缝观测 ·· 193

　　10.5　倾斜观测 ·· 194

　　10.6　观测资料的整编 ·· 196

　　小结 ··· 199

　　思考题 ·· 199

第 11 章　基坑工程监测 ··· 200

　　11.1　基坑监测基础知识 ··· 200

　　11.2　监测仪器简介 ·· 209

　　11.3　监测方法 ·· 224

　　11.4　基坑变形监测数据处理 ··· 235

　　小结 ··· 238

　　思考题 ·· 238

第 12 章　水利水电工程施工测量 ································· 240

　　12.1　概述 ·· 240

　　12.2　水利水电工程施工控制网测量 ·· 241

　　12.3　原始地面测量与清基测量 ··· 244

　　12.4　坡脚线的放样 ·· 245

　　12.5　坝体施工放样 ·· 246

　　12.6　水闸的施工放样 ·· 254

　　小结 ··· 256

　　思考题 ·· 256

第 13 章　地下工程施工测量 ······································· 258

　　13.1　概述 ·· 258

　　13.2　地面控制测量 ·· 259

　　13.3　地下控制测量 ·· 261

13.4 竖井联系测量 264

13.5 高程传递 271

13.6 隧道施工测量 272

小结 278

思考题 278

第14章 倾斜摄影测量1：500测图技术 280

14.1 倾斜摄影测量1：500测图技术的概述 280

14.2 无人机倾斜摄影测量的技术路线和工作流程 282

14.3 无人机倾斜摄影测量软硬件的选择及要求 285

小结 292

思考题 292

第15章 测绘产品质量检查、验收报告 293

15.1 检查、验收的基本规定 293

15.2 检查、验收报告的撰写 294

15.3 检查、验收报告案例 295

小结 298

思考题 298

第16章 测绘项目合同内容 299

16.1 测绘范围 299

16.2 测绘内容 299

16.3 技术依据和质量标准 300

16.4 工程费用及其支付方式 300

16.5 项目实施进度安排 301

16.6 甲乙双方的义务 301

16.7 提交成果及验收方式 302

16.8 其他内容 302

16.9 合同案例 303

16.10 经费计算案例 311

小结 315

思考题 316

参考文献 317

第1章 绪 论

本章主要介绍工程测量的定义、研究对象的特点、工程测量的分类、工程测量与其他学科的关系及发展动态。

1.1 工程测量研究的任务

测绘学是一门历史悠久的学科，它是研究地球的形状、大小和确定地球表面点位的一门学科。其研究的对象主要是地球和地球表面上的各种物体，包括它们的几何形状、空间位置关系以及其他信息。测绘学的主要任务有三个方面：一是研究确定地球的形状和大小，为地球科学提供必要的数据和资料；二是将地球表面的地物、地貌测绘成图；三是将图纸上的设计成果测设到现场。

随着科学的发展，测量工具及数据处理方法的改进，测绘学的服务范围也从单纯的工程建设扩大到地壳的变化、高大建筑物的监测、交通事故的分析、大型粒子加速器的安装等各个领域。促进测绘学发展的因素有很多，各种工程建设的需要无疑是测绘学发展的重要因素。近几十年来随着科学技术的进步和生产力的发展，国家兴建了许多规模大、内容复杂、精度要求高的工程，如三峡拦河大坝、北京"鸟巢"、国家大剧院、广州亚运城综合体育馆、36km 长的杭州湾大桥、85km 长的辽宁大伙房输水隧洞、600m 高的广州塔、高速铁轨、射电望远镜、通信卫星地面接收天线等。在这些工程的促进下，工程测量学也得到了快速发展。

测绘学科现今已形成很多分支学科。工程测量学是测绘学科的一个重要分支，在国民经济和国防建设中应用十分广泛，作用也十分重要，在工程建设勘察设计、施工和管理阶段所进行的各种测量工作统称为工程测量。工程测量按工程建设的对象可分为：建筑、水利、铁路、公路、桥梁、矿山、市政、海洋和国防等工程测量。按工作顺序和性质分为：

（1）勘察设计阶段的测量工作：主要是根据工程建设的需要，布设基础测量控制网，测绘不同比例尺地形图和各种图件。例如铁路在设计阶段要收集一切相关的地形资料，以及地质、水文、经济等情况，先在小比例尺地形图上选择几条较合理的线路，然后测量人员在选择的几条线上测绘大比例尺带状地形图。最后设计人员根据测得的带状地形图选择最佳路线以及在图上进行初步的设计。

（2）施工放样阶段的测量工作：主要是建立施工控制网、进行建设时期的变形监测以及根据设计和施工技术的要求把建筑物的空间位置关系在施工现场标定出来，作为施工建设的依据，这一步即为测设工作，也称施工放样。施工放样是联系设计和施工的重要桥梁，一般来讲，其精度要求比较高。

（3）运营管理阶段的测量工作：主要是进行工程竣工后的竣工验收测量和建（构）筑

物的变形观测，并通过对变形观测资料的整理与分析，预测变形规律，为建（构）筑物的安全使用提供保障，为研究维护方法、采取加固措施、研究设计理论、改进施工方法等提供有益的资料。

可见，测量工作贯穿于工程建设的整个过程，测量工作直接关系到工程建设的速度和质量。所以，每一位从事工程建设的人员，都必须掌握必要的测量知识和技能。

1.2　工程测量工作的特点

工程测量的显著特点是与工程的设计、施工和运营管理紧密结合。虽然工程测量的基本理论、方法是相通的，但是工程测量是为具体的建设工程服务的，它依附于工程勘察设计和施工程序，测量的精度取决于工程建设的质量要求。因此，工程测量的具体方法受工程施工方法和条件的影响，只有采用合理的工程放样方法，才能快速、准确地完成工程测量任务。因此，学习本课程还需要掌握大量的其他学科知识，把测量工作与所服务的建设工程紧密结合起来，才能胜任工程测量工作。

1.3　工程测量的发展趋势

近年来，随着传统测绘技术走向数字化和信息化，工程测量的服务范围不断拓宽，与其他学科的互相渗透和交叉不断加强，使得工程测量的测量数据采集和处理向一体化、实时化、数字化方向发展，测量仪器向精密化、自动化、智能化发展，工程测量产品向多样化、网络化、信息化和社会化方向发展。

在勘察设计阶段，可以采用全站仪、GPS 进行控制网布设、地形图测绘；在施工放样阶段，既可以用普通光学经纬仪、水准仪，也可以用激光铅垂仪、电子经纬仪、全站仪、GPS、陀螺全站仪等现代化设备和方法进行点、线、高的放样和检查验收，在运营管理阶段，可以用各种仪器对建筑物进行变形观测。

随着测绘工程理论和测绘仪器设备的发展，各种测量理论、方法、先进仪器和设备在工程测量中得到了广泛应用，使得工程测量的工作效率和精度大大提高，减轻了测量工作者的体力劳动。同时，各种先进仪器的应用也为工程测量技术的发展开创了广阔的前景。

1.4　工程测量与其他学科的关系

工程测量与其他学科关系十分密切。一方面，工程测量是测绘学科在解决工程建设和国防建设中一系列物体的形状、大小、位置等几何量测定和放样时的应用；另一方面，工程测量实践经验经总结提高上升为理论后又反过来促进其他分支学科的发展。

工程测量工作三个阶段的任务不尽相同。在勘察设计阶段，主要是建立基础测量控制网，测绘大比例尺地形图，完成这些工作必须掌握测量学基础、控制测量、测量误差与数据处理技术等有关理论和方法，了解测量工作所用仪器的构造及使用方法。在施工放样阶段，主要是各种工程点位的放样，除正确掌握各种仪器的使用方法外，还必须熟悉工程放样的基本理论、放样的基本方法、放样工作的归化与改正，以及工程放样精度的估算。为了满足工程需要，选用合适的放样方法则是工程施工放样阶段需要研究的重要内容。在运营管理阶段，主要是研究建（构）筑物变形观测的基本理论和方法，必须掌握基准点和观测点的布设、观测方法以及观测资料的整理，并分析变形原因、总结变形规律、预测变形趋势，以便提出安全措施，改进建（构）筑物的设计理论及方法。

如果学生或测绘科技工作者已掌握了上述基本知识并能加以灵活应用，那么学习工程测量是不难的。水平高的工程测量工作者善于从工程的具体条件出发，充分利用手中的仪器，以最小的代价，最简便可靠的方法，获得最佳的结果。因此，在本课程中虽然要学习工程测量专门知识和方法，但更重要的是要在学习中注意提高自己分析问题、解决问题的能力。

1.5 制定测量方案的步骤

工程测量工作者的能力反映在能否制定科学合理的测量方案并能否解决在实施方案过程中产生的技术问题。

一个测量方案从其形成到实施的过程大致需要下列几个步骤：

制定方案前，首先要了解设计、了解施工。为此，工程测量科技工作人员应具备一些工程建设方面的知识。但是工程的种类很多，我们不可能对什么工程都懂，只能是在遇到具体工程时边干边学，但具备工程力学和工程制图知识是十分必要的。了解设计和施工首先是应能阅读设计图纸和文件。其次是应能通过与设计和施工人员的交谈，来记取与测量有关的重要事物及数据，为制定测量方案收集资料。

在了解工程的设计及施工方法时，测量方案的构思就在进行。一位既有理论基础又有实践经验的测量工程师，当他对工程了解清楚时，测量方案大体上也定下来了。理论基础主要指测量误差与数据分析知识，既包括对测量控制网和测量方法的误差分析，也包括对测量仪器和外界条件的误差分析。构思方案时并不要求精确地计算精度，往往只需做粗略的估算，因此一些简化的精度估算公式和概略计算技巧是十分有用的。实践经验对制定方案也十分重要。在其他工程中取得的经验虽不能照搬，但常可借鉴。经验越丰富，思路越广泛，越能提出解决问题的办法。

工程条件各不相同，往往单靠常规的测量仪器和方法不能处理，因此方案中常要包括解决某些关键性技术问题的措施。有时还需设计并加工一些专用的仪器和工具，制定一些新的工程测量方法。由于某个技术问题无法解决而迫使大幅度修改方案，甚至被迫放弃原方案的情况是常有的。解决关键性技术问题和设计专用仪器、工具，也和理论基础及实践经验分不开。此外工程测量工作人员还应善于应用相邻学科成熟的技术来解决工程测量问题。如激光、传感器和电子技术已成功应用于变形观测工作中。

一个方案很少能百分之百地付诸实施。只要方案的基本思路没有大的改动，即使实施中有些具体的修改补充，仍算是一个好方案。事实上方案实施的过程也是方案逐步完善的过程。

在这个过程中常会被人遗忘的一点就是总结提高。具体工程中的具体方案总带有一定特殊性。只有通过总结才可从特殊经验中提炼出有普遍意义的规律。总结要在理论指导下进行，是一个提高的过程。如果不重视总结，或者因为缺乏理论修养而做不好总结，那么即使经历了许多实践，处理问题的水平可能仍旧不高。

这样环绕着方案的制定到实施，诸环节组成一个循环，每接一个新任务就进入一个新的循环。一个循环完成就提高一步。工程测量工作人员的能力就是在这样的循环中得到锻炼，逐步提高。

小　　结

本章给出了工程测量的定义，工程测量工作的三个阶段，工程测量工作的特点及发展趋势。工程测量更多的是为工程建设服务，因此与其他学科关系十分密切。本章还对工程测量工作者制定测量方案的步骤和应具备的一些工程建设方面的知识做了叙述，以拓宽学生的视野。

思　考　题

1. 工程测量的定义是什么？其工作分为哪几个阶段？
2. 举一个身边发生的与工程测量相关的例子，说明工程测量对工程建设的重要性。
3. 工程测量科技工作人员应具备哪些工程建设方面的知识？

第 2 章　工程建设中地形图的测绘与应用

本章主要介绍了地形图在工矿企业、交通、水利等工程建设勘测规划设计阶段方面的作用，并介绍了设计用地形图的特点。本章以工矿区地形图测绘为例，讲述了在工业企业建设中如何选择合适的测图比例尺。

2.1　地形图在工程建设勘测规划设计阶段的作用

地形图是进行各项工程规划、设计的主要依据。地形图能够从总体上全面地反映地面上的地物、地貌情况。通过它可以了解某地区的地面起伏、坡度变化、建筑物的相互位置、交通状况、土地利用现状、河流分布等情况。各种工程建设在工程规划、设计阶段都必须对拟建地区的情况做系统、全面地调查，其中的一项主要内容就是地形。运用所掌握的地形图的基本知识和测绘技术，可从图上获得各项工程规划、设计所需求的各种要素。在地形图上可以确定点的直角坐标、确定两点间直线的长度、计算点的高程、计算地面两点间的坡度、按预定坡度选定公路和铁路的路线、确定汇水面积、计算库容量、绘制某一特定方向的断面图、确定填挖范围等。地形图的作用可概括为：地形图是进行工程规划、设计的重要依据之一，在不同的工程建设规划、设计中起着不同的作用，在工程建设规划、设计不同阶段所起的作用也不同。

2.1.1　地形图在工矿企业建设中的作用

工矿企业建设是国民经济发展的主要组成部分，没有比较完整准确的地形图作为修建、扩建企业的基本技术资料，就不能实现企业的正常运转。在改建、扩建和生产管理的过程中，设计、施工的建设者和工厂的生产管理者，都必须了解掌握厂区范围内地面上全部现有建筑物、构筑物、地下和架空的各种管道线路的平面位置和设计元素，以及施工场地中地物与地形的关系等详细的工业场区现状图和有关数据资料，来作为工业建设、设计以及生产管理的重要依据。

在工矿企业建设的设计阶段，地形图是进行工程规划、设计的主要依据。从地形图上可以图解平面坐标和高程，进行面积、土方、坡度和距离等计算，并结合实地地形提出几种可供选择的方案，再作方案比较、筛选，选出实施的最佳方案，从而保证工程施工的合理性、经济性，克服盲目性。

每项工程的设计经过论证、审查、批准之后，即进入施工阶段。施工测量人员首先将设计的工程建筑物和选用的特征点按施工的要求通过图纸在现场标定出来，即所谓定线放样，作为施工的依据并指导施工。为此，要根据工地的地形、工程的性质及施工的组织与计划等，建立不同形式的施工控制网，作为定线放样的基础。然后，按施工的需要，采用各种不同的放样方法，将图纸上设计的内容转移到实地。

在整个建设工程完成以后，还要进行竣工测量。因为原设计意图不可能在施工中毫无变动地体现出来。竣工测量就是使施工后的实际情况得以反映。竣工测量的主要成果是总平面图、各种分类图、断面图以及细部坐标高程明细表。竣工总平面图编制者签字后交给使用单位存档、备用。

总之，在工矿企业建设过程中，地形图等基础资料是否正确、适用，直接影响到工矿企业的设计与施工质量，关系到能否为国家节约财富、加速企业自身的建设速度，能否为工矿企业创造良好的经营管理条件和生产环境等。

2.1.2　地形图在交通建设中的作用

一个国家、地区经济发展的速度，很大程度上取决于交通状况的方便与否。下面以铁路为例，说明地形图在交通建设规划中所起的作用。

在铁路勘测工作的最初阶段，必须搜集有关设计线路所必需的技术资料，其中包括各种比例尺的地形图和各种勘测设计资料，作为方案研究的依据。方案研究的工作是利用已掌握的资料，在 1∶50000 或 1∶100000 的地形图上选出几种可能的线路方案，经过全面的分析比较，提出对主要方案的初步意见。为了保证线路设计方案可行，需要对线路的局部重点地段做现场调查研究，掌握确切的第一手资料，以使方案决策建立在切合实际的基础上。

方案基本确定以后，要进行初测，所谓初测是对方案研究中认为可行的一条线路或几条主要线路，结合现场的实际情况，进行选点、标出线路方向。然后根据实地上选定的点进行控制测量，测出各点的平面位置和高程，再以这些控制点为图根控制，绘出测绘比例尺为 1∶5000～1∶2000 的带状地形图，或者叫初测地形图，以供编制初步设计使用。初步设计是由设计人员在初测带状地形图上，研究路线的方向、坡度、曲线半径以及工程的难易程度，在图上绘出所选定的线路（线路转弯处用适宜半径的曲线连接）。之后，即可编制主要线路方案的详细纵断面图及有关线路比较方案的简明纵断面图，最后进行工程费用概预算。

在道路施工之前，首先要熟悉设计图纸和施工现场的情况，在了解设计意图及测量精度要求的基础上，掌握道路中线位置和各种附属构筑物位置的施测数据及相互关系。

目前，用航测方法进行线路勘测正被广泛采用，并在不断完善中。航测选线的准备工作包括：首先根据勘测地区的地形图、控制资料以及航测像片等，在室内利用 1∶50000 的地形图进行方案研究，建立立体模型。再在立体模型上选线，研究方案，提出线路方案。然后，在地形图上确定测图和摄影范围。一般地，为了保证测图的质量，防止造成漏测现象，摄影范围要比测图范围略大些。摄影范围确定以后，根据测区的地形、地貌，测图的比例尺和测图方法等选择适当的航摄仪。在摄影范围和航摄比例尺选定以后，就可以进行设计工作和航摄工作了。

2.1.3　地形图在水利工程建设中的作用

我国河川纵横，湖泊星罗棋布，蕴藏着极为丰富的水利资源。除了内陆河川的水利资源外，蜿蜒数千里的海岸线也蕴藏着大量的湖汐资源。但由于水资源在地区、年际和年内分配的不均匀性，易造成枯水季节出现干旱，洪水季节又因水量过多而发生洪涝灾害的情况。因此，修建水利工程十分重要。

对于一条河流或者一个水系工程而言，首先应该有一个综合开发利用的全面规划，对全流域提出规划报告，确定河流的梯级开发方案，拟定开发方式，合理选择枢纽位置分布，使其在发电、航运、防洪、灌溉等方面都能发挥最大效益。这时应具有 1∶50000 或 1∶100000 的整个流域范围内的地形图。在进行梯级布置时，不仅需要在地形图上确定合适的位置，而且还应确定各水库的正常高水位；不仅要考虑国民经济发展的因素，还要考虑流域地形、地质、水文等一系列其他因素。

水库是水利枢纽工程的重要组成部分，而水库建设的核心是大坝建设，为此，可利用地形图并结合实地地形与地质条件进行选择比较，选择坝址。为进行水库设计，一般要利用 1∶10000～1∶50000 的地形图。主要为了解决下列问题：确定各级水库的淹没情况及库容；计算有效库容；设计库岸的防护工程等；确定沿库岸落入临时淹没或永久漫没地区的城镇、工矿企业及重要耕地，并拟定防护工程措施；设计航道及码头的位置；选定库底清理、居民迁移以及交通线改建等的规划。当然，在解决这些问题时对地形图的要求不完全一致，如计算库容需要在整个库区范围内有精度统一的地形图，如 1∶5000；库区移民征地则需要库区 1∶2000 地形地类图；防护工程等则需要在局部有较高精度的地形资料，如 1∶1000 沿堤带状地形图。在初步设计阶段，坝轴线选定以后，在规划的枢纽布设地区，通过比例尺为 1∶2000 或 1∶5000 的地形图研究下面几类建筑物的布设方案：①主要的永久性建筑物及灌溉渠道、船闸等；②水利枢纽各种临时性的辅助建筑物——围堰、临时性土方工程用的取沙坑；③长期及临时性的铁路专用线、公路及输电线；④施工期间所需要的附属企业；⑤长期或临时的工人住宅区等。

在施工阶段，要有 1∶1000 的地形图，以便详细设计工程各部分的位置尺寸。对于港口码头的设计，一般分为两个阶段：在初步设计阶段，需要比例尺为 1∶1000～1∶2000 的陆上地形图与水下地形图，以便布设仓库、码头及其他的附属建筑物，并进行方案比较；在施工阶段，宜采用 1∶500 或 1∶1000 的地形图，以便进一步精确确定建筑物的位置与尺寸。

对于其他工程，如桥梁、山岭隧道、建筑工程等，在初始规划阶段都必须以地形图为基础依据，根据实地地形地貌选择合适的几种方案，经比较选出其中最有价值的一种。在施工阶段也要以地形图为基础，进行放样定线工作。竣工以后同样要进行竣工测绘及质量分析。

2.2 设计用地形图的特点

2.2.1 地形图的特点

工程建设一般分为规划设计（勘测）、施工、运营管理三个阶段。在规划设计时，必须要有地形、地质等基础资料，其中地形资料主要是地形图。没有确实可靠的地形资料是无法进行设计的，地形资料的质量将直接影响设计的质量和工程的使用效果。设计对地形图的要求主要体现在以下三个方面：一是地形图的表示内容必须满足设计的要求，不同的工程项目设计对地形图有不同的要求，如水利特别关心涵闸的尺寸及底高，以便计算过水面积，此类要素通用地形图一般是不表示的或表示不周全。二是地形图的比例尺选择恰当，不同的设计阶段，要求的地形图比例尺也不一样，如大坝可行性研究阶段，需要 1∶5000 或 1∶2000 的地形图；而到了初步设计阶段或施工图设计阶段，则需要 1∶1000 或 1∶500 的地形图。三是测图范围合适，出图时间要快，具有较好的实时性。测图范围要满足设计的要求，如库区地形图必须把正常蓄水位高程以下的库区范围测出来，以满足库容计算及库区移民征地的需要。受合同时间限制，地形图的提交进度要满足设计的进度要求，不能影响设计的进度。要真实反映测量范围的地形地物，具有良好的现势性，如某工程现场已有 5 年前的地图，但现在现场已发生了很大变化，地图表示的内容与实地对不上，这时就必须重测或修测设计范围的地形图，以满足设计的需要。

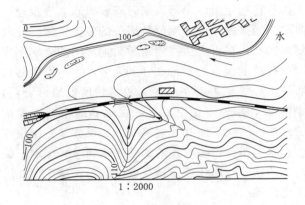

1∶2000

图 2.1   地形图示意图

凡是图上既表示出道路、河流、居民地等一系列固定物体的平面位置，又表示出地面各种高低起伏形态，并经过综合取舍，按比例缩小后用规定的符号及一定的表示方法描绘在图纸上的地形投影图，都可称为地形图（图 2.1）。地形图都具有一定的比例尺，地形图比例尺是地图上某一线段的长度与地面上相应线段水平距离之比。

地形图的一个突出特点是可量性和可定向性，另一个特点是综合性和易读性。

地形图上所反映的内容非常多，归结起来可分为地物和地貌两大类。地物是指地表各种自然物体和人工构筑物，如森林、河流、街道、房屋、桥梁等；地貌是指地表高低起伏的形态，如高山、丘陵、平原、洼地等。地形测量的任务，就是把错综复杂的地形测量出来，并用简单、规范的符号表示在图纸上，这些符号统称为地形图符号，只要熟悉了这些规范的符号，就可以看懂地形图。地图符号按空间特征可划分为点状符号、线状符号、面状符号、体积符号。按比例尺关系可划分为不依比例尺符号、半依比例尺符号和依比例尺符号。地形图上所表示的内容可分为三部分：数学要素、地理要素和图廓外要素。数学要素指地表点位与物体形态在地形图上表示时所必须严格遵守的映射函数关系，包括坐标高程系统、地图投影、分幅及比例尺。地理要素即统一规范的地物、地形符号。图廓外要素指图廓外的说明注记。地形图一般四周都有图廓。图廓的方向通常是上为北，下为南，左为西，右为东。一幅地形图的内容可以分为图廓外与图廓内两部分。图廓外包括图名和图号、比例尺、图廓、接合图表和结合图号、三北方向线、坐标系统与高程系统、所依据的地形图图式、坡度尺、责任者、测绘时间等；图廓内则为地形图的内容，包括经纬线、坐标格网、各类地物符号、等高线、注记等。过去由于技术条件的限制，地形图通常指线划地形图，现在由于数字测绘技术尤其是数字摄影测量技术的发展，可以采用数字线划图、正射影像图、数字高程模型以及它们之间的组合来表示地表形态。

2.2.2 中小比例尺地形图的特点

工程上的中小比例尺地形图指的是 1：10000、1：25000、1：50000、1：100000 及小于 1：100000 的地形图，它主要应用于地质普查、区域规划等大型项目中，同时具有其自身的特点。

（1）对于线状地物来说，在中小比例尺地形图中绘制相对简单。由于比例尺较小，有的线状地物的宽度已不再考虑，直接以单线表示。有的符号表示也不再细化，而将相近的线状地物以统一的符号表示。

（2）采用不同的分幅方法和图廓绘制。中小比例尺地形图采用梯形分幅法，是按经纬度进行的梯形分幅，分幅以 1：100 万地形图为基础，4 个角点以大地坐标系的经纬度来定位，整个图廓互不平行，形状变化不定，坐标格网线与图廓线相交的情况多种多样。在内图廓外四角处注记经纬度，靠近坐标网线处注记公里数。

（3）对于独立地物来说，大比例尺地形图上表示的许多项目都发生了变化或者被去除。对于诸如路灯、下水井等点状地物无须再研究，在图上不再描述。有一部分相近的独立地物划分不再详细区分，均以统一的符号来表示。另有一些独立地物的符号发生了部分的变化，而绝大部分独立地物符号在图上表示的大小都发生了变化。

（4）测量范围大，一般由国家统一测绘，有现成的资料。使用者只需办相应手续经相应省（自治区、直辖市）测绘主管部门审批后，到测绘资料档案馆购买即可。

2.2.3 大比例尺地形图的特点

大比例尺地形图指的是 1：5000、1：2000、1：1000、1：500 地形图，主要用以满足工程建设初步设计和施工设计需要。其特点如下：

（1）大比例尺数字地图能够精确、真实地反映地表所包含的全部人工和自然的碎部要素。其比例尺越大，综合取舍得越少，表示得越详细。如 1：500 地形图就比 1：5000 地形图要详细得多，设计单位关心的地形地物一般都要详细反映，如水利工程设计单位关心的各种类型的涵闸涵洞尺寸、底面高程及建筑材料等，要详细表示，不可取舍。

（2）采用自由分幅和矩形分幅的方法分幅。大比例尺地形图根据测区范围一般采用自由分幅和矩形分幅的方法分幅，图幅编号从上到下，从左到右顺序编号。如水利行业，一般采用 50cm×50cm 的矩形分幅。4 个角点以坐标来定位，整个图廓互相平行，在内图廓外四角处，靠近坐标网线处注记坐标公里数，一般不注记经纬度。

（3）大比例尺图一般都要实地测量。如前所述，不同的工程设计对用图有不同的要求，即使现场有图，也因设计关心的要素没表示，或现场已发生很大变化，而要重新测量或修测。

（4）施测方法有所不同，精度高。大比例尺地形图测图方法主要有野外实地测图和航测法（包括近景摄影测量法）成图，而中小比例尺地形图则主要采用航测遥感法、编绘法成图。野外实地测图方法目前主要采用全站仪、GPS 野外数字测图法，过去常采用的模拟测图法由于技术的进步目前已基本不采用。如全站仪全野外数字测图法测图，在野外采用全站仪测量，边测边绘，具有较高的测量精度，按目前的测量技术，地物点相对于邻近控制点的位置精度达到 5cm 是不困难的。用自动绘图仪依据数字地图绘制出的图解地图，图面美观大方，位置精度均匀，精度高于手工绘制的地图。

2.3　工业企业设计中测图比例尺的选择

地形图能够比较全面地反映地面上的地物和地貌，但不同比例尺地形图所提供地物、地貌资料的详尽程度不同，因而工程建设中不同的工程以及同一工程的不同建设阶段对地形图比例尺的需求是不同。在工程建设中所用的大部分属于大比例尺地形图，常用的比例尺有 1∶5000、1∶2000、1∶1000 和 1∶500，极个别的情况下应用 1∶200 的地形图。

在工业企业建设选用地形图时，一个重要工作是确定选用多大比例尺的地形图。由于工业企业在设计时，总平面图的设计是在地形图上进行的，所以地形图除了按一定的要求表示出地面现有的情况外，同时还要能在图上进行未来工程的设计。所以地形图一方面要能表示出设计中所要考虑的最小地形地物，另一方面还要能绘出设计的最小建筑物、构筑物，且保持图纸清晰，而又不至于负荷过大。国家对各设计单位的用图情况做了广泛的调查，制定了测图工作规范。以下介绍决定用图比例的主要因素。

2.3.1　按平面位置的精度要求决定用图比例尺

由于地形图的比例尺不同，地图上地物点的位置精度也不同，所以任何一项建设工程都需要根据自己的实际情况选用最佳比例尺的地形图。一般认为，对于较平坦地区，在 1∶1000 比例尺的地形图上，重要地物点平面位置的中误差为图上 ±0.66mm，次要地物点平面位置的中误差为图上 ±0.84mm。对于 1∶2000 和 1∶5000 比例尺的地形图，地物点平面位置的中误差均为图上 ±1mm。只从平面位置的点位精度要求出发，选用 1∶1000 比例尺已能满足要求。若由于设计对象比较小且密集，用 1∶1000 比例尺地形图对设计对象表达不清晰时，则选用 1∶500 比例尺地形图。

2.3.2　按高程精度要求决定用图比例尺

地形图上等高线表示地貌的精度和地面起伏，等高线详细程度与等高距的大小密切相关。等高距越小，表示出的地貌也就越细致，越真实；相反，等高距越大，就越难以客观、真实地反映地貌。如果等高距过小，而实地坡度很大，则绘出的等高线就会过密而使图纸混乱不清晰，所以地形图的等高距代表一定的高程精度，等高距越小，高程比例尺越精确，测图成本越高，因此在选用高程比例尺时，要同时兼顾精度和成本，不能只为追求高精度而使成本过高，也不能为了追求低成本而降低精度要求。为此，在工程建设过程中，可以根据等高距选用地形图。一般认为，对于较平坦地区，在 1∶1000 比例尺的地形图上等高线高程中误差为 ±0.15m，在 1∶2000 比例尺的地形图上等高线高程中误差为 ±0.27m，在 1∶5000 比例尺的地形图上等高线高程中误差为 ±0.63m。

2.3.3　结合点位和等高距来选用一定比例尺

在实际的工程建设中，有些工程在选用地形图比例尺时，既要从平面位置的点位精度来考虑选择地形图比例尺，又要从高程精度来考虑地形图的等高距。比如，当设计修建上山铁路时，要求线路横向偏差即平面点位中误差不超过 ±1m，由于铁路的最大坡限为 5‰，即 1000m 长可以上升或下降 5m，要求高程中误差不超过其 1/10。所用的地形图必须同时满足这两个限差的要求。因此，当考虑横向偏差的要求选用 1∶1000 的比例尺时，其点位中误差就可以满足不超过±1mm 的要求；在高山地区考虑精度的要求时，应采用 0.5m 等高距，对应这种等高距，应当选用 1∶500 比例尺的地形图。

有些工程对高程的精度要求比较高，一般比例尺虽然能满足平面位置的精度要求，但却不能同时满足高程精度的要求，这时一般需要采取综合措施来解决。例如城市建设中的下水管道设计，对于平面位置的精度要求不高，一般用 1∶1000 比例尺的地形图就可以满足精度要求。一般下水管道要求能自流自清。而在城市内又不可能将坡度放得很大，其坡度要求一般为 0.04%，若以允许误差不超过其 1/10 来计算，则每公里允许高程误差为 4cm。城市坡度一般在 6° 以内，则要求地形图等高距仅为 12cm，这样小的等高距，施测起来是极端困难的，而且造价太高又不容易满足精度。因此，一般采用分别解决的办法，即不在地形图上做过高要求，而是在线路平面位置设计好以后，沿线路作中线水准测量，按图根水准测量的精度则可满足要求。

为保证在地形图上正确布置建筑物的位置、确定施工坐标系原点位置和图解距离等的精度，要求图上平面点误差不大于±1mm。为了保证确定地面最小坡度的准确性，保证主要设计高程中误差不大于 0.15~0.18m。而对于比例尺为 1∶1000 的图纸来说，其平面点位的误差基本上在±1mm 以内，高程中误差为±0.15m，所以一般工矿企业的设计，多数使用比例尺为 1∶1000 的地形图。多数设计单位认为这种比例尺的地形图是用于设计的"通用地形图"。

2.3.4　工程建设规划设计的不同阶段采用不同比例尺的地形图

在工程建设的不同阶段，采用地形图的比例尺也有所不同。比如在水利枢纽工程的规划阶段，在可能布设枢纽工程的全部地区，应有比例尺为 1∶10000 或 1∶25000 的地形图，以便正确选择坝轴线位置。坝轴线选定以后，在这个选定的枢纽布设地区，要用到 1∶2000 或 1∶1000 比例尺地形图，以研究各部分的位置与尺寸。对于港口码头的设计，一般也是分为两个阶段：在初步设计阶段，需要比例尺为 1∶1000 或 1∶2000 的陆上地形图和水下地形图，以便布置铁路、仓库、码头、防波堤及其他的一些附属建筑物，并且进行方案比较；在施工设计阶段应采用 1∶500 或 1∶1000 比例尺的地形图，以便进一步精确确定建筑物的位置与尺寸。对于各种工程在不同的设计阶段，随着设计的深入，测图范围越来越精细。

2.3.5　通过场地现状条件与面积大小决定测图比例尺

按照设计工作进行的情况，场地的现状条件大致可分为两类：第一类是平坦地区新建的工业场地；第二类是山地或丘陵地区的工业场地及扩建的工业场地。如果一张地形图因为场地面积较大而比例尺较小，使各等高线遮盖了其他主要的地物要素而使地形图面目全非，那么这张地形图也是毫无用处的。

第一类工业场地一般可以根据生产工艺流程及运输条件，按设计规划进行布置，设计中所用地形图的比例尺，可依设计的内容和建筑密度来定。

第二类工业场地则有所不同，它是在满足生产工艺流程和运输条件的前提下，各种工程建筑的布置在很大程度上取决于地形条件，也就是说，总平面设计受场地现状条件影响比较大。在这种情况下，对地形图比例尺的选择，除了考虑设计内容与建筑密度以外，还要保证精度要求。

对于扩建或改建的工业场地，在地形图上除了用符合表示的内容外，还要求测出主要地物点（如厂房、车间、地下管线）的解析坐标和高程，并标记在图上。如果图的比例尺较小，在使用时，设计的线条往往会遮盖地形图的要素和注记，给设计工作带来不便。在这种情况下，往往需要 1∶500 比例尺的地形图。比如在化工厂设计中，由于管网多，为使管线和建筑物位置在图上易于表示，要求放大比例尺，也有的小型轻工业工厂面积小，用比例尺为 1∶1000 的地形图不方便，也要求施测更大比例尺地形图。但这时主要是为使用方便，其实对地形图精度要求并不高。在这种情况下，可以按 1∶1000 比例尺地形图的要求，施测 1∶500 比例尺的地形图。总之，在一些复杂的密集的厂区，之所以提出 1∶500 比例尺测区，主要是为了解决负荷问题，而其精度可以放宽，但不得低于 1∶1000 比例尺测图的精度。在选择比例尺时，工业用地面积的大小，也是考虑的因素，在保证图面清晰的前提下，一般总是尽可能选择比较小的比例尺。

由于工业企业性质不同，工程规模大小不同，场地现状条件也不一样，设计中所有地形图的比例尺也就不可能完全相同（表 2.1）。选择地图比例尺还要受到其他因素的影响：①显示要素的清晰度；②成本高低（比例尺越大，成本越高）；③地形图数据与有关地形图的相互关系；④图幅大小；⑤其他客观因素，如显示要素的数量和特征、地形特征及采用的等高距等。

表 2.1　　　　　　　　　　各种工程不同设计阶段的测图比例尺

工程项目及区域		设 计 阶 段		
		规划设计	初步设计	施工设计
水利工程	全流域	1∶5000～1∶100000		
	水库区	1∶5000～1∶25000	1∶2000	
	排灌区	1∶5000～1∶10000	1∶2000	
	坝段	1∶5000～1∶10000	1∶2000	
	防护工程、坝址、闸址、渠道及溢洪道		1∶2000	1∶500～1∶1000
	隧洞和涵管进出口、调压井、厂房		1∶2000	1∶500～1∶1000
	天然料场、施工场地		1∶2000	
	铁路、公路、渠道、隧洞、堤线		1∶2000	1∶500～1∶1000
	地质测绘		与地质图比例尺相同	
工矿企业	小矿（10hm² 以下）	一次测出	1∶500	1∶1000 局部 1∶500
	一般矿（10～30hm²）		1∶500 或 1∶1000	
	中型矿		1∶1000～1∶2000	
	大型矿		1∶2000～1∶5000	
港口工程		1∶5000～1∶10000	1∶1000～1∶2000	1∶500 或 1∶1000

续表

工程项目及区域		设 计 阶 段		
		规划设计	初步设计	施工设计
铁路线路		1∶50000～1∶100000	1∶2000～1∶5000	
城市建设		1∶5000～1∶10000	1∶1000～1∶2000	1∶500
桥梁	桥址比较方案	1∶10000～1∶50000		
	桥渡位置图		大河 1∶10000 中河 1∶5000	1∶5000 1∶1000～1∶2000
	桥址地形图		大河 1∶10000 中河 1∶1000～1∶2000	
地下工程	山岭隧道			洞口竖井处 1∶500～1∶1000
	城市地铁		1∶2000～1∶5000、 1∶500（车站，进口大厅，竖井，明挖施工区）	1∶500 带状地形图 （带宽决定于地铁深度与地质条件）

2.4 工矿区地形图的测绘

2.4.1 选择合适的测图比例尺

长期以来，在确定恰当比例尺的问题上进行了多方面的探索，其主要体现在以下两方面：一是研究大比例尺中地物的平面位置和等高线的高程具有怎样的精度；二是研究设计对地形图的要求。

实际工作中，对地形图精度的影响因素较多，如作业方法、仪器、作业员、对地形地貌的取舍等。从实用性上看可以认为只要图合格，它就具有相应规范要求的平面位置和高程的精度。而对于测图比例尺选取只要在满足设计人员对用图要求的前提条件下，使测量工作最为经济合理就行。

1. 总运输设计图纸比例尺与地形图比例尺的关系

在工业企业的设计中，地形图主要是用于总图运输设计。这项设计就是在地形图上进行各项建筑物、构筑物和运输线路的布置。因此，设计人员总是要求地形图的比例尺与设计图纸的比例尺相一致。而设计图纸比例尺的选择取决于设计内容的详细程度和建筑密度。

我国在制定工业企业设计所需的测图规范时，认为在施工设计阶段测图的比例尺基本上是 1∶1000，而在复杂或厂区建筑密度很大的地区，局部施测 1∶500 比例尺地形图。在初步设计阶段，基本上采用 1∶2000 比例尺地形图。

2. 在选择测图比例尺时，要求比例尺图件的精度满足设计要求

1∶1000 比例尺的地形图基本上可以满足一般工业企业设计对地形图的精度要求。由于 1∶1000 比例尺地形图的图面负荷也不大，便于设计人员在图上进行设计，故一般的工业企业设计均采用该比例尺地形图。但是对于化工企业来说，由于其内布设有较多的管线，故多采用 1∶500 比例尺地形图。有一些小型厂区，由于其区域较小，为方便设计也采用 1∶500 比例尺地形图。

3．不同的地形现状应有所不同

地形现状的差异，对所测的地形图精度影响很大，特别是对高程精度的影响。对于在平坦地区新建的工业场地来说，采用 1∶1000 比例尺地形图就可满足精度要求。而对于在地形复杂且坡度较大的地区新建成的工业场地来说，应采用 1∶500 比例尺的地形图才可满足精度要求。

4．改、扩建的工业场地使用的地形图

对于改、扩建的工业场地所用的地形图来说，由于除需要在地形图上用符号表示出内容外，还要测注出主要地物点的解析坐标和高程，从而使图面负荷增大，若用小比例尺地形图做设计，则会导致设计的线条掩盖住地形图上所表示的要素和注记，给设计工作带来诸多不便。在这种情况需采用 1∶500 比例尺地形图。

总之，由于工业企业性质不同，规模大小不一，设计所处的阶段不同及实地现状的差异，对测图比例尺要求也有所不同。在实际工作中，要分析各种实际情况，结合现场实际和设计人员的具体要求，并与有关工程设计人员共同协商确定测图所用的比例尺。

2.4.2　工程设计专用地形图的测绘

为各种工程设计所测制的大比例尺地形图，一般称为工程设计专用图，也叫工程专用图。它具有一次性使用、针对性强的特点。因而，它在比例尺选择、图幅规格、图根控制及施测内容的取舍和精度要求等方面与普通地形图有着很大的区别。另外，对于各种工程专用图来说，由于其服务的对象不同，其在测绘内容、范围及精度方面也各有不同。

工程专用地形图其表达的内容各具特色，而其测量的方法与普通地图测量方法相近。工程专用地形图的分幅与编号的方法主要有以下几种。

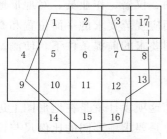

图 2.2　独立的矩形分幅和顺序编号

1．独立的矩形分幅、顺序编号

根据测区的形状和大小，按坐标线划分图幅，图幅大小可为 50cm×50cm 或 40cm×40cm，图号按数字顺序自左至右、由上向下编排，如图 2.2 所示，图中细实线为所测范围，虚线为扩大区补测范围。此方法适用于较大区域的地形图测绘。

2．矩形独立块图

这种方法适合中小型场地用图，它以明显地物和地类为界，分开测绘，但成图合为一幅，且只需图名，无需分幅编号，如图 2.3 所示。

对于线路工程来说，由于其施测的宽度较窄，按其线路的走向延伸而成带状，如果按矩形分幅，则图幅较多，且每幅图中只测一小部分，有的甚至只测一个角，会造成极大的浪费，对于设计和应用更是不便。因此，为方便起见，多采用带状分幅。具体分幅方法如下：首先将全线的图根点展绘在小比例尺地形图上，并标出测绘范围，然后在图上进行带状图的分幅。各幅图应以左方为线路起点，右方为终点，按顺序编号。每幅图的编号采用分式表示，分母为图幅总数，分子为本图幅序号。一般在左右接图，上下没有接图。若局部地区有比较方案或迂回线路，应尽可能地将其测绘在一幅图内。若图幅太宽时，可征求设计人员的意见，变更测图比例尺。分幅时注意不要在曲线、路口、桥中及交叉跨越处接图。当多条线路工程彼此交叉时，应按各专项工程的需要进行分幅设计，交叉部分应重合描绘。在内业描图中发现原图分幅不合理时，可重新进行拼接描绘，并要注意每幅图的图纸除够

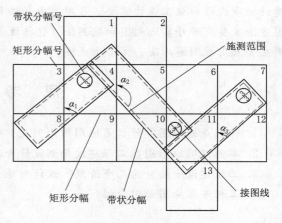

图 2.3　带状分幅和顺序编号

描绘图幅的施测范围以外，还应留有适当空白，以便让测量人员和设计、施工人员注记有关的说明。

小　　结

地形图的一个突出特点是可量性和可定向性，另一个特点是综合性和易读性。地形图与其他工程图纸不同，其他工程图纸上图形本身没有可量性或只有粗略的可量性，其精确的尺寸是靠注记来确定的。地形图却是严格按比例绘制地物和地貌的，设计人员可以在地形图上确定图上某点的平面坐标及高程、确定两点间直线的长度、计算地面两点间的坡度、按预定坡度选定公路和铁路的路线、确定汇水面积、计算库容量、绘制某一特定方向的断面图、确定填挖方范围，等等。地形图所反映的内容分为地物和地貌两大类。地形测量的任务，就是把错综复杂的地形测量出来，并用简单、规范的符号表示在图纸上，这些符号统称为地形图符号，只要熟悉了这些规范的符号，就可以看懂地形图。地图符号按空间特征可划分为点状符号、线状符号、面状符号、体积符号。按比例尺关系可划分为不依比例尺符号、半依比例尺符号和依比例尺符号。地形图上所表示的内容可分为三部分：数学要素、地理要素和图廓外要素。

工程建设一般分为规划设计（勘测）、施工、运营管理三个阶段。没有确实可靠的地形资料是无法进行设计的，地形资料的质量将直接影响到设计的质量和工程的使用效果。设计对地形图的要求主要体现在以下三个方面：一是地形图的表示内容必须满足设计的要求。二是地形图的比例尺选择恰当。三是测图范围合适，出图时间要快，具有较好的实时性。

工程上的中小比例尺地形图指的是 1:10000、1:25000、1:50000、1:100000 及小于 1:100000 的地形图，采用梯形分幅法，是按经纬度进行的梯形分幅，分幅以 1:100 万地形图为基础。测量范围大，一般由国家统一测绘，有现成的资料。

大比例尺地形图指的是 1:5000、1:2000、1:1000、1:500 地形图，主要满足工程

15

建设初步设计和施工设计需要。采用自由分幅和矩形分幅的方法分幅。大比例尺地形图测图方法主要有野外实地测图和航测法（包括近景摄影测量法）成图，而中小比例尺地形图则主要采用航测遥感法、编绘法成图。

思 考 题

1. 什么是地形图？什么是地形图比例尺？举例说明地形图表示的主要内容。
2. 举例说明地形图在工程建设勘测设计阶段的作用。
3. 工程建设一般分为几个阶段？设计对地形图的要求主要体现在哪几个方面？
4. 工程专用地图如何分幅？

第3章 施工测量的基本工作

本章主要介绍施工放样的基本测设工作，包括距离、角度和高程。放样点位的基本方法和具体作业过程，包括直角坐标法、极坐标法、全站仪放样法、RTK测设法、角度交会法和距离交会法、归化法放样以及精度评定。

3.1 施 工 测 量 概 述

3.1.1 施工测量的目的与内容

施工测量（测设或放样）的目的是将图纸上设计的建筑物的平面位置、形状和高程标定在施工现场的地面上，并在施工过程中指导施工，使工程严格按照设计的要求进行建设。

测图工作是利用控制点测定地面上的地形特征点，再按一定比例尺缩绘到图纸上，而施工测量则与此相反，是根据建筑物的设计尺寸，找出建筑物各部分特征点与控制点之间的几何关系，计算出距离、角度、高程（或高差）等放样数据，然后利用控制点，在实地上定出建筑物的特征点、线，作为施工的依据。施工测量与地形图测绘都是研究和确定地面上点位的相互关系。测图是地面上先有一些点，然后测出它们之间的关系，而放样是先从设计图纸上算出点位之间的距离、方向和高差，再通过测量工作把点位测设到地面上。因此距离测量、角度测量、高程测量同样是施工测量的基本内容。

3.1.2 施工测量的特点

施工测量与地形图测绘比较，除测量过程相反、工作程序不同以外，还有如下两大特点。

1. 施工测量的精度要求较测图高

测图的精度取决于测图比例尺大小，而施工测量的精度则与建筑物的大小、结构形式、建筑材料以及放样点的位置有关。例如，高层建筑测设的精度要求高于低层建筑；钢筋混凝土结构的工程测设精度高于砖混结构工程；钢架结构的测设精度要求更高。再如，建筑物本身的细部点测设精度比建筑物主轴线点的测设精度要求高。这是因为，建筑物主轴线测设误差只影响到建筑物的微小偏移，而设计上对建筑物各部分之间的位置和尺寸有严格要求，偏离了相对位置和尺寸就会造成工程事故。

2. 施工测量与施工密不可分

施工测量是设计与施工之间的桥梁，贯穿于整个施工过程中，是施工的重要组成部分。放样的结果是实地上的标桩，它们是施工的依据，标桩定在哪里，庞大的施工队伍就在哪里进行挖基础、浇筑混凝土、吊装构件等一系列工作，如果放样出错且没有及时发现纠正，将会造成极大的损失。当工地上有好几个工作面同时开工时，正确的放样是保证它们衔接成整体的重要条件。施工测量的进度与精度直接影响着施工的进度和施工质量。这就要求施工测量人员在放样前应熟悉建筑物总体布置和各个建筑物的结构设计图，并要检查和校核设计图上轴线间的距离和各部位高程注记。在施工过程中对主要部位的测设一定要进行校核，检查无误后方可施工。多数工程建成后，为便于管理、维修以及续扩建，还必须编绘竣工总平面图。有些高大和特殊建筑物，比如高层楼房、水库大坝等，在施工期间和建成以后还要进行变形观测，以便控制施工进度，积累资料，掌握规律，为工程严格按设计要求施工、维护和使用提供保障。

3.1.3 施工测量的原则

由于施工测量的要求精度较高，施工现场各种建筑物的分布面广，且往往同时开工兴建。所以，为了保证各建筑物测设的平面位置和高程都有相同的精度并且符合设计要求。施工测量和测绘地形图一样，也必须遵循"由整体到局部、先高级后低级、先控制后碎部"的原则组织实施。对于大中型工程的施工测量，要先在施工区域内布设施工控制网，而且要求布设成两级即首级控制网和加密控制网。首级控制点相对固定，布设在施工场地周围不受施工干扰，地质条件良好的地方。加密控制点直接用于测设建筑物的轴线和细部点。不论是平面控制还是高程控制，在测设细部点时要求一站到位，减少误差的累计。

3.1.4 施工测量的精度要求

施工测量的精度随建筑材料、施工方法等因素而改变。按精度要求的高低排列为：钢结构、钢筋混凝土结构、毛石混凝土结构、土石方工程。按施工方法分，预制件装配式的方法较现场浇灌的精度要求高一些，钢结构用高强度螺栓连接的比用电焊连接的精度要求高。

现在多数建筑工程是以水泥为主要建筑材料。混凝土柱、梁、墙的施工总误差允许约为 10～30mm。高层建筑物轴线的倾斜度要求为 1/2000～1/1000。钢结构施工的总误差随施工方法不同，允许误差为 1～8mm。土石方的施工误差允许达 10cm。

测量仪器与方法已发展得相当成熟，一般来说它能提供相当高的精度为建筑施工服务。但测量工作的时间和成本会随精度要求提高而增加。在多数工地上，测量工作的成本很低，所以恰当地规定精度要求的目的不是为了降低测量工作的成本，而是为了提高工作效率。

关于具体工程的具体精度要求，如施工规范中有规定，则参照执行，如果没有规定，则由设计、测量、施工以及构件制作多方人员合作共同协商决定误差分配。

必须指出，各工种虽有分工，但都是为了保证工程最终质量而工作的，因此，必须注意相互支持、相互配合。在保证工程的几何尺寸及位置的精度方面，测量人员能够发挥较大的作用。测量人员应该尽量为施工人员创造顺利的施工条件，并及时提供验收测量的数据，使施工人员及时了解施工误差的大小及其位置，从而有助于他们改进施工方法提高施工质量。随着其他工种误差的减少，测量工作的允许误差可以适当放宽，或者使整个工程的质量提高些。原则上只要各方面误差产生的综合影响不超限即可。

3.2 施工测量基本工作

施工测量的基本工作有三项：已知水平距离的放样、已知水平角的放样和已知高程的放样。下面分别介绍这三项基本工作的方法。

3.2.1 已知水平距离的放样

1. 一般方法

当放样要求精度不高时，放样可以从已知点开始，沿给定的方向量出设计给定的水平距离，在终点处打一木桩，并在桩顶标出放样的方向线，然后仔细量出给定的水平距离，对准读数在桩顶画一垂直放样方向的短线，两线相交即为要放样的点位。

为了校核和提高放样精度，以放样的点位为起点向已知点返测水平距离，若返测的距离与给定的距离有误差，且相对误差超过允许值时，须重新放样。若相对误差在容许范围内，可取两者的平均值，用设计距离与平均值的差的一半作为改正数，改正测设点位的位置（当改正数为正，短线向外平移，反之向内平移），即得到正确的点位。

如图 3.1 所示，已知点 A，欲放样点 B。AB 设计距离为 28.50m，放样精度要求达到 1/2000。放样方法与步骤如下：

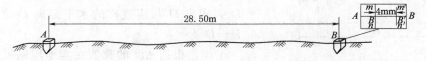

图 3.1 已知水平距离的放样

（1）以 A 为准在放样的方向（A—B）上量 28.50m，打一木桩，并在桩顶标出方向线 AB。

（2）甲把钢尺零点对准 A 点，乙拉直并放平尺子对准 28.50m 处，在桩上画出与方向线垂直的短线 $m'n'$，交 AB 方向线于点 B'。

（3）返测 $B'A$ 得距离为 28.508m，则 $\Delta D = 28.500 - 28.508 = -0.008(\text{m})$。

$$相对误差 = \frac{0.008}{28.5} \approx \frac{1}{3560} < \frac{1}{2000}，放样精度符合要求。$$

$$改正数 = \frac{\Delta D}{2} = -0.004\text{m}。$$

（4）$m'n'$ 垂直向内平移 4mm 得 mn 短线，其与方向线的交点即为欲放样的点 B。

2. 精确方法

当放样距离要求精度较高时，就必须考虑尺长、温度、倾斜等对距离放样的影响。放样时，要进行尺长、温度和倾斜改正。

如图 3.2 所示，设 d_0 为欲放样的设计长度（水平距离），在放样之前必须根据所使用钢尺的尺长方程式计算尺长改正、温度改正，求该尺应量水平长度为

$$l = d_0 - \Delta l_d - \Delta l_t$$

式中　Δl_d——尺长改正数；

　　　Δl_t——温度改正数。

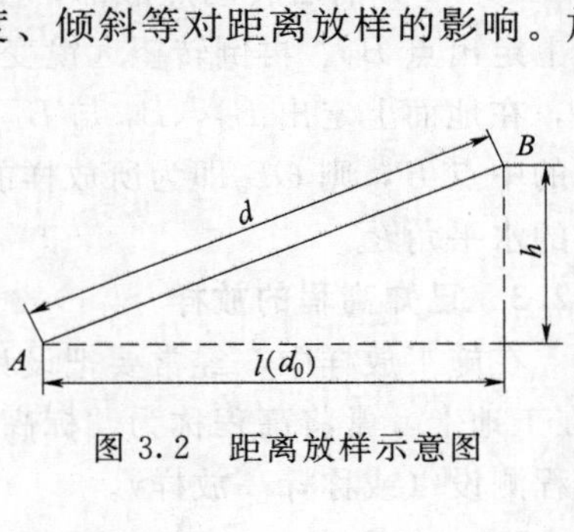

图 3.2 距离放样示意图

顾及高差改正可得实地应量距离为

$$d = \sqrt{l^2 + h^2} \tag{3.1}$$

【例 3.1】 如图 3.2 所示，假如欲测的设计长度 $d_0 = 25.530$m，所使用钢尺的尺长方程式为 $l_t = [30 + 0.005 + 1.25 \times 10^{-5}(t - 20℃) \times 30]$ m，量距时钢尺的温度为 15℃，a、

b 两点的高差 $h_{ab}=+0.530\text{m}$，试求：放样时应量的实地长度 d。

（1）计算尺长改正数 Δl_d，$\Delta l_d=0.005\times25.530/30=+4(\text{mm})$。

（2）计算温度改正数 Δl_t，$\Delta l_t=1.25\times10^{-5}\times(15-20)\times25.530=-2(\text{mm})$。

（3）计算应量的水平长度 l，$l=25.530\text{m}-4\text{mm}+2\text{mm}=25.528(\text{m})$。

（4）计算应量的实地长度 d，$d=\sqrt{25.528^2+0.530^2}=25.534(\text{m})$。

3. 用全站仪、测距仪放样水平距离

用全站仪、测距仪进行放样直线的步骤如下：

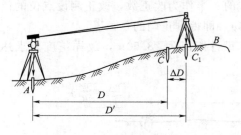

图 3.3　一般方法放样水平距离

（1）如图 3.3 所示，在点 A 安置全站仪或光电测距仪，反光棱镜在已知方向上前后移动，使仪器显示值略大于放样的距离，定出点 C_1。

（2）在点 C_1 安置反光棱镜，测出水平距离 D'，求出 D' 与应放样的水平距离 D 之差 $\Delta D=D-D'$。

（3）根据 ΔD 的数值在实地用钢尺沿放样方向将点 C_1 改正至点 C，并用木桩标定其点位。

（4）将反光棱镜安置于点 C，再实测 AC 距离，其不符值应在限差之内，否则应再次进行改正，直至符合限差为止。如测距仪有自动跟踪功能，可对反向棱镜进行跟踪，直到显示的水平距离为设计长度即可。

3.2.2　已知水平角的放样

在地面上测量水平角时，角度的两个方向已经固定在地面上，而在放样一水平角时，只知道角度的一个方向，另一个方向线需要在地面上标定出来。

如图 3.4 所示，设在地面上已有一方向线 OA，欲在点 O 放样另一方向线 OB，使 $\angle AOB=\beta$。可将经纬仪安置在点 O 上，在盘左位置，用望远镜瞄准点 A，使度盘读数为 $0°00'00''$，然后转动照准部，使度盘读数为 β，在视线方向上定出点 B_1。再倒转望远镜变为盘右位置，重复上述步骤，在地面上定出 B_2，B_1 与 B_2 往往不相重合，取两点连线的中点 B，则 OB 即为所放样的方向，$\angle AOB$ 就是要放样的水平角 β。

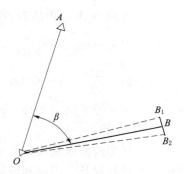

图 3.4　一般方法放样水平角

3.2.3　已知高程的放样

在施工放样中，经常要把设计的室内地坪（±0）高程及房屋其他各部位的设计高程（在工地上，常将高程称为"标高"）在地面上标定出来，作为施工的依据。这项工作称为高程测设（或称标高放样）。

1. 一般方法

如图 3.5 所示，安置水准仪于水准点 R 与待放样高程点 A 之间，得后视读数 a，则视线高程 $H_{视}=H_R+a$；前视应读数 $b_{应}=H_{视}-H_{设}$（H 设为待放样点的高程）。此时，在点 A 木桩侧面，上下移动标尺，直至水准仪在尺上截取的读数恰好等于 b 时，紧靠尺底在木桩侧面画一横线，此横线即为设计高程位置。为求醒目，再在横线下用红油漆画一"▼"，若点 A 为室内地坪，则在横线上注明"±0"。

【例 3.2】 如图 3.5 所示，已知水准点 R 的高程为 $H_R = 362.768$m，需放样的点 A 高程为 $H_A = 363.450$m。先将水准仪架在点 R 与点 A 之间，后视点 R 尺，读数为 $a = 1.352$。要使点 A 高程等于 H_A，则前视尺读数就应该是

$$b_{应} = (H_R + a) - H_A$$
$$= (362.768 + 1.352) - 363.450 = 0.670 (\text{m})$$

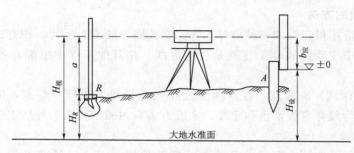

图 3.5 高程放样的一般方法

放样时，将水准尺贴靠在点 A 木桩一侧，水准仪照准点 A 处的水准尺。当水准管气泡居中时，将点 A 水准尺上下移动，当十字丝中丝读数为 0.670 时，此时水准尺的底部，就是所要放样的点 A，其高程为 363.450m。

2. 高程上下传递法

若待放样高程点的设计高程与水准点的高程相差很大，如测设较深的基坑标高或放样高层建筑物的标高，只用标尺已无法放样，此时可借助钢尺将地面水准点的高程传递到在坑底或高楼上所设置的临时水准点上，然后再根据临时水准点测设其他各点的设计高程。

如图 3.6（a）所示，是将地面水准点 A 的高程传递到基坑临时水准点 B 上。在坑边杆上悬挂经过检定的钢尺，零点在下端并挂 10kg 重锤，为减少摆动，重锤放入盛废机油或水的桶内，在地面上和坑内分别安置水准仪，瞄准水准尺和钢尺读数（见图中 a、b、c、d），则

$$H_B = H_A + a - (c - d) - b \qquad (3.2)$$

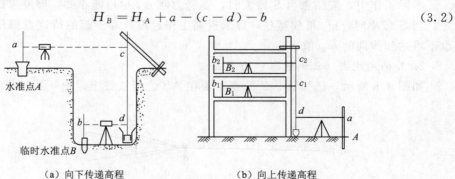

（a）向下传递高程　　　　　　（b）向上传递高程

图 3.6 高程测设的传递方法

H_B 求出后，即可以临时水准点 B 为后视点，测设坑底其他各待放样高程点的设计高程。

如图 3.6（b）所示，将地面水准点 A 的高程传递到高层建筑物上，方法与上述相似，任一层上临时水准点 B_i 的高程为

$$H_{Bi} = H_A + a + (c_i - d) - b_i \tag{3.3}$$

H_{Bi} 求出后，即可以临时水准点 B_i 为后视点，测设第 i 层楼上其他各待放样高程点的设计高程。

3.2.4　放样直线的方法

放样直线是应用最广泛的一种放样工作。在铁路、隧道、运河、输电线路和各种地下管道等线型工程中主要的放样工作就是放样直线。在其他工程中也都有各种轴线的放样工作。

设地面上已有 A、B 两点，在这两点之间或延长线上放样一些点，使他们位于 AB 直线上的工作称为放样直线，也称定线。定线方法有内插定线法和外插定线法两种。

1. 内插定线法

如图 3.7 所示，地面上有 A、B 两点，经纬仪置于点 A，瞄准点 B 后固定照准部，然后自 A 向 B 即由近而远，或自 B 向 A 即由远而近地定出 AB 之间直线上诸点。

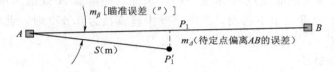

图 3.7　内插定线

设瞄准误差为 $m_\beta(")$，所引起的相应待定点偏离直线的误差为 $m_\Delta(\text{m})$；待定点至测站的距离为 $S(\text{m})$，则有

$$m_\Delta = S \frac{m''_\beta}{\rho} \quad (\rho = 206265" = 1 \text{ 弧度}) \tag{3.4}$$

对某台仪器而言，m_β 为定值，由式（3.4）可知，m_Δ 与 S 成正比，即视线越长，定线的误差越大。

实际工作中，应注意当 S 较大时，要努力使 m_β 尽可能小些，即要求瞄准仔细些；反之，当 S 较小时，m_β 可放宽些，以求提高工作速度。对于近的待定点即使瞄准误差稍大也不难达到预期的 m_Δ 值。

2. 外插定线法（正倒镜取中定线法）

如图 3.8 所示，已知 A、B 两点，要在 AB 之延长线上定出一系列待定点。

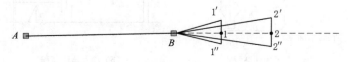

图 3.8　外插定线

操作步骤如下：

（1）仪器安置于点 B 上（对中、整平）。

（2）盘左，望远镜瞄准点 A，固定照准部。

（3）然后把望远镜绕横轴旋转 $180°$ 定出待定点 $1'$。

（4）盘右重复步骤（2）、（3）得待定点 $1''$。

（5）取 $1'$ 与 $1''$ 的中点为点 1 的最终位置。

（6）同理可定出 2、3、…诸点。

外插定线法采用盘左、盘右两个竖盘位置定点，取其中点为最终点位置，是为避免仪器轴系误差（主要是视准轴不垂直于横轴的误差）影响。

3.3 点的平面位置的测设

放样点的平面位置测设的基本方法有：直角坐标法、极坐标法、RTK 测设、角度交会法、距离交会法等几种。

3.3.1 直角坐标法

当施工控制网为方格网或彼此垂直的主轴线时采用此法较为方便。

如图 3.9 所示，A、B、C、D 为方格网的四个控制点，P 为欲放样点。放样的方法与步骤如下：

1. 计算放样参数

计算出点 P 相对控制点 A 的坐标增量

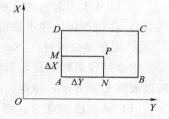

图 3.9 直角坐标法放样点

$$\Delta x_{AP} = AM = x_P - x_A$$

$$\Delta y_{AP} = AN = y_P - y_A$$

2. 外业测设

（1）点 A 架经纬仪，瞄准点 B，在此方向上放样水平距离 $AN = \Delta Y$ 得点 N。

（2）点 N 上架经纬仪，瞄准点 B，仪器左转 $90°$ 确定方向，在此方向上丈量 $NP = \Delta X$，即得出点 P。

3. 校核

沿 AD 方向先放样 ΔX 得点 M，在点 M 上架经纬仪，瞄准点 A，左转一直角再放样 ΔY，也可以得到点 P 位置。

4. 注意事项

放样 $90°$ 角的起始方向要尽量照准远距离的点，因为对于同样的对中和照准误差，照准远处点比照准近处点放样的点位精度高。

3.3.2 极坐标法

当施工控制网为导线时，常采用极坐标法进行放样。特别是当控制点与测站点距离较远时，用全站仪进行极坐标法放样非常方便。

1. 用经纬仪放样

如图 3.10 所示，A、B 为地面上已有的控制点，其坐标分别为 $A(x_A, y_A)$ 和 $B(x_B,$

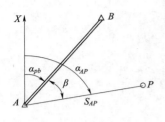

图 3.10　极坐标法放样点

y_B)，P 为一待放样点，其设计坐标为 $P(x_P, y_P)$，用极坐标法放样的工作步骤如下：

（1）计算放样元素。先根据点 A、点 B 和点 P 坐标，计算出 AB、AP 边的方位角和 AP 的距离。

$$\left.\begin{array}{l} \alpha_{AB} = \arctan \dfrac{\Delta y_{AB}}{\Delta x_{AB}} \\[2mm] \alpha_{AP} = \arctan \dfrac{\Delta y_{AP}}{\Delta x_{AP}} \end{array}\right\} \tag{3.5}$$

$$D_{AP} = \sqrt{\Delta x_{AP}^2 + \Delta y_{AP}^2} \tag{3.6}$$

再计算出 $\angle BAP$ 的水平角 β。

$$\beta = \alpha_{AP} - \alpha_{AB}$$

（2）外业测设。

1）安置经纬仪于点 A 上，对中、整平。

2）以 AB 为起始边，顺时针转动望远镜，测设水平角 β，然后固定照准部。

3）在望远镜的视准轴方向上测设距离 D_{AP}，即得点 P。

2．用全站仪放样

用全站仪放样点位，其原理也是极坐标法。由于全站仪具有计算和存储数据的功能，所以放样非常方便、准确。其方法如下（图 3.8）：

（1）输入已知点 A、点 B 和需放样点 P 的坐标（若存储文件中有这些点的数据也可直接调出），仪器自动计算出放样的参数（水平距离、起始方位角和放样方位角以及放样水平角）。

（2）安置全站仪于测站点 A 上，进入放样状态。按仪器要求输入测站点 A，确定。输入后视点 B，精确瞄准后视点 B，确定。这时仪器自动计算出 AB 方向（坐标方位角），并自动设置 AB 方向的水平盘读数为 AB 的坐标方位角。

（3）按要求输入方向点 P，仪器显示点 P 坐标，检查无误后确定。这时，仪器自动计算出 AP 的方向（坐标方位角）和水平距离。水平转动望远镜，使仪器视准轴方向为 AP 方向。

（4）在望远镜视线的方向上立反射棱镜，显示屏显示的距离差是测量距离与放样距离的差值，即棱镜的位置与待放样点位的水平距离之差。若为正值，表示已超过放样标定位置，若为负值则相反。

（5）反射棱镜沿望远镜的视线方向移动，当距离差值读数为 0.000m 时，棱镜所在的点即为待放样点 P 的位置。

3.3.3　RTK 测设

利用 GPS-RTK 技术建立基准站，用 RTK 流动站直接放样点的平面位置，以指导施工。该方法具有定位速度快、成本低，不受时间、天气影响、点间无须通视、不建觇标、仪器轻巧、操作方便等优越性，目前已广泛应用于测绘领域，用在施工测量方面非常方便。

3.3.4 角度交会法

欲放样的点位远离控制点、地形起伏较大、距离丈量困难且没有全站仪时，可采用经纬仪角度交会法来放样点位。

如图 3.11 所示，A、B、C 为已知控制点，P 为某码头上某一点，需要测设它的位置。点 P 的坐标由设计人员给出或从图上量得。用角度前方交会法放样的步骤如下：

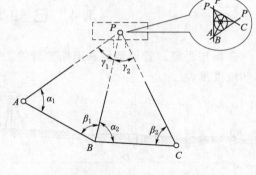

图 3.11 角度交会法示意图

1. 计算放样参数

（1）用坐标反算 AB、AP、BP、CP 和 CB 边的方位角 α_{AB}、α_{AP}、β_{BP}、α_{CP} 和 α_{CB}。

（2）根据各边的方位角计算 α_1、β_1 和 β_2 角值：

$$\alpha_1 = \alpha_{AB} - \alpha_{AP}$$
$$\beta_1 = \alpha_{BP} - \alpha_{BA}$$
$$\beta_2 = \alpha_{CP} - \alpha_{CB}$$

2. 外业测设

（1）分别在 A、B、C 三点上架经纬仪，依次以 AB、BA、CB 为起始方向，分别放样水平角 α_1、β_1 和 β_2。

（2）通过交会概略定出点 P 位置，打一大木桩。

（3）在桩顶平面上精确放样，具体方法是：由观测者指挥，在木桩上定出三条方向线即 AP、BP 和 CP。

（4）理论上三条线应交于一点，由于放样存在误差，形成了一个误差三角形（图 3.11）。当误差三角形内切圆的半径在允许误差范围内，取内切圆的圆心作为点 P 的位置。

3. 注意事项

为了保证点 P 的测设精度，交会角一般不得小于 30°和大于 150°，最理想的交会角在 30°~70°之间。

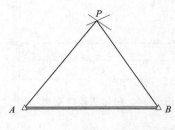

图 3.12 距离交会法示意图

3.3.5 距离交会法

当施工场地平坦，易于量距，且测设点与控制点距离不长（小于一整尺长），常用距离交会法测设点位。

如图 3.12 所示，A、B 为控制点，P 为要测设的点位，测设方法如下：

（1）计算放样参数。根据点 A、点 B 和点 P 坐标，用坐标反算方法计算出 d_{AP}、d_{BP}。

（2）外业测设。分别以控制点 A、点 B 为圆心，分别以距离 d_{AP} 和 d_{BP} 为半径在地面上画圆弧，两圆弧的交点即为欲测设的点 P 的平面位置。

（3）实地校核。如果待放点有两个以上，可根据各待放点的坐标，反算各待放点之间的水平距离。对以经放样出的各点，再实测出它们之间的距离，并与相应的反算距离比较进行校核。

3.4　已知坡度的测设

在场地平整、管道敷设和道路整修等工程中，常需要将已知坡度测设到地面上，称为已知坡度测设。

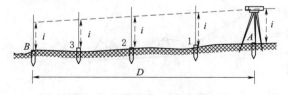

图 3.13　已知坡度的测设示意图

如图 3.13 所示，点 A 的设计高程为 H_A，AB 两点间水平距离为 D，设计坡度为 -1%。为了便于施工，需在 AB 中心线上每隔一定距离打一木桩，并在木桩上标出该点设计高程。具体作法如下：

（1）设点 A、点 B 设计高程。用式 $H_B = H_A + D \times (-1\%)$ 计算点 B 设计高程，然后通过附近水准点，用前述已知高程的测设方法，把点 A 和点 B 的设计高程测设到地面上。

（2）用水准仪测设时，在点 A 安置水准仪（图 3.13），使一个脚螺旋在 AB 方向线上，而另两个脚螺旋的连线垂直于 AB 方向线，量取仪高 i。用望远镜瞄准点 B 上的水准尺，旋转 AB 方向线上的脚螺旋，让视线倾斜，使水准尺上读数为仪器高 i 值，此时仪器的视线即平行于设计的坡度线。

（3）在 AB 间的 1、2、3、…木桩处立尺，上下移动水准尺，使水准仪的中丝读数均为 i，此时水准尺底部即为该点的设计高程，沿尺子底面在木桩侧面画一标志线。各木桩标志线的连线，即为已知坡度线。如果条件允许，采用激光经纬仪及激光水准仪代替普通经纬仪和水准仪，则测设坡度线的中间点更为方便，因为中间点上可根据光斑在尺上的位置，上下调整尺子的高低。

以上所述方法仅适合于设计坡度为 0 或设计坡度较小时的情况。如果设计坡度较大，可以用经纬仪进行测设，其方法与上述方法基本相同。

3.5　归 化 法 放 样

3.5.1　归化法放样距离

如图 3.14 所示，设点 A 为已知点，待放样距离为 S，先设一个过渡点 B'，精确测 AB' 的距离 S'。将 S' 与 S 比较得差数 ΔS。$\Delta S = S - S'$，从点 S' 向前（当 $\Delta S > 0$ 时）或向后（当 $\Delta S < 0$ 时）修正 ΔS 值就得所求点 B。AB 即精度，等于要放样的设计距离 S。

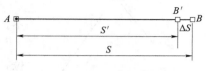

图 3.14　归化法放样距离

归化放样距离 S 的误差 m_S，由两部分误差合成：测量 S' 的误差 m_S' 和归化 ΔS 的误差 $m_{\Delta S}$，即

$$m_S^2 = m_S'^2 + m_{\Delta S}^2 \tag{3.7}$$

表面上看来似乎归化法放样的误差比直接法会大一些。事实不然，由于归化值一般较小，从而其影响可忽略不计，归化法放样的精度主要取决于测量的精度，而测量的精度通

常比直接放样的精度高一些，因此归化法放样的精度常优于直接放样的精度。

3.5.2　归化法放样角度

当测设精度要求较高时，可采用归化法放样角度，一般对已放样的角度进行多测回观测，并进行垂距改正。

归化法放样角度的步骤如下：

（1）如图 3.15 所示，在点 O 根据已知方向线 OA，精确地放样 $\angle AOB$，使它等于设计角 β，可先用经纬仪按一般方向放样方向线 OB'。

（2）用测回法对 $\angle AOB'$ 做多测回观测（测回数由测设精度或有关测量规范确定），取其平均值 β'。

（3）计算观测的平均角值 β' 与设计角值 β 之差 $\Delta\beta = \beta' - \beta$。

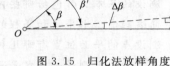

图 3.15　归化法放样角度

（4）设 OB' 的水平距离为 D，则需改正的垂距为

$$\Delta D = \frac{\Delta\beta}{\rho''} \times D \tag{3.8}$$

（5）过 B' 点作 OB' 的垂线并截取 $B'B = \Delta D$（当 $\Delta\beta > 0$ 向内截；反之，向外截），则 $\angle AOB$ 就是用归化法放样的水平角 β。

【例 3.3】　如图 3.15 所示，已知直线 OA，需放样角值 $\beta = 79°30'24''$，初步放样得点 B'。对 $\angle AOB'$ 做 6 个测回观测，其平均值为 $79°30'12''$。$D = 100\mathrm{m}$，如何确定点 B？

解：角度改正值　$\Delta\beta = 79°30'12'' - 79°30'24'' = -12''$

按式（3.8）得　$\Delta D = \dfrac{-12''}{206265} \times 100 - 0.006(\mathrm{m})$

由于 $\Delta\beta < 0$，过 B' 点向角外作 OB' 的垂线 $B'B = 6\mathrm{mm}$，则 B 点即为所要测设的点。丈量距离 D 和归化值 ΔD 的误差都会影响归化角 $\Delta\beta$，其相互关系可用下式表示：

$$m_{\Delta D} = \frac{D}{4} \times \frac{m_\beta}{\rho} \tag{3.9}$$

$$\frac{m_D}{D} = \frac{1}{4} \times \frac{m_\beta}{\Delta\beta} \tag{3.10}$$

上式说明，m_D 的要求与 D 值有关，D 越长，允许的 m_D 越大，归化越容易，如果 D 很短，则必须仔细量归化值。

小　　结

施工测量和测图工作一样，必须遵循"从整体到局部"的测量原则，而施工放样却与地形图的测绘恰恰相反，它是把图纸上设计好的建筑物平面位置和高程标定到地面上的工作。放样的基本工作是测设已给定的长度、角度和高程。放样点的平面位置可用直角坐标法、极坐标法、全站仪放样法、RTK 测设法、角度交会法和距离交会法确定。究竟选用哪种方法，视具体情况而定。无论采用哪种方法都必须先根据设计图纸上的控制点坐标和待放样点坐标，算出放样数据，画出放样示意草图，再到实地放样。

对于不同的放样内容和要求应采用相应的放样方法，在这些放样方法中，应当重点掌握全站坐标放样和 GPS-RTK 点位的放样方法。在实际放样工作中，由于工程建筑复杂多样，往往需要几种方法综合应用，才能放样出该建筑物的点、线位置。

思 考 题

1. 测设与测图工作有何区别？测设工作在工程施工中起什么作用？

2. 测设的基本工作包括哪些内容？

3. 简述距离、水平角和高程的测设方法及步骤。

4. 测设点的平面位置有哪几种方法？简述各种方法的放样步骤。

5. 在地面上欲测设一段水平距离 AB，其设计长度为 28.000m，所使用的钢尺尺长方程式为：$l_t = [30 + 0.005 + 0.000012(t - 20℃) \times 30]$m。测设时钢尺的温度为 12℃，所施工钢尺的拉力与检定时的拉力相同，测量后测得 A、B 两点间桩顶的高差 $h = +0.400$m，试计算在地面上需要量出的实际长度。

6. 利用高程为 27.531m 的水准点 A，测设高程为 27.831m 的点 B。设标尺立在水准点 A 上时，按水准仪的水平视线在标尺上画了一条线，再将标尺立于点 B 上，问在该尺上的什么地方再画一条线，才能使视线对准此线时，尺子底部就是点 B 的高程。

7. 已知 $\alpha_{MN} = 300°04'00''$，点 M 的坐标为 $X_M = 114.22$m，$Y_M = 186.71$m；欲测设的点 P 坐标为 $X_P = 142.34$m，$Y_P = 185.00$m，试计算仪器安置在点 M 用极坐标法测设点 P 所需要的数据，绘出放样草图并简述测设方法。

8. 试举例说明归化放样与直接放样的差异。

第4章 线 路 测 量

    线路测量是贯穿线路工程勘测设计和施工过程的一项重要工作，与设计和施工工作相互穿插，密切配合，一环扣一环地进行。本章主要介绍线路初测阶段的测量工作、线路定测阶段的测量工作（包括定线测量、中线里程桩的设置）、路线纵横断面测量、土石方量计算等。

    本章叙述中大多以公路工程和铁路工程为例，读者学习本章之后，对其他线路测量应当可以触类旁通。

4.1 概 述

    公路、铁路、输电线路、输油管、输气管等统称为线型工程。它们可能延伸十几公里以至几百公里。它们在勘测设计方面有不少共性。相比之下，公路、铁路的勘测工作较为细致。因此在本章叙述中大多以公路、铁路工程为例。

    测量与设计紧密相连，特别是线路工程的测量与设计的关系，比其他工程说来尤为密切。

    一条线路的设计是由粗到细逐步完成的，与此相应，测量工作的范围由大到小，工作的内容由粗略到细致，逐渐变化。当决定要修一条公路，首先要作经济调查和踏勘设计。这包括了解待建路线地区居民点、资源、已有交通网、工农业的分布及发展水平，了解该地区的地形、地质、水文等条件。在此基础上决定待建路线要承担的运输量，中间应通过的城镇居民点，以及路线的等级。路线的等级也将决定路线的造价。设计的这一阶段必须利用 1:50000 或 1:100000 比例尺地形图，这一比例尺地形图一般由国家统一测绘，已有现成的资料，使用者只需办相应手续经相应省（自治区、直辖市）测绘主管部门审批，再到测绘资料档案馆购买即可使用。

    利用地形图可以快速、全面、宏观地了解该地区的地形条件，地形图也提供一部分地质、水文、植被、居民点分布、交通网分布等信息。因此通常以地形图为主要资料辅之以其他调查资料，如地质图、各种统计资料或实地踏勘资料。在室内选择路线方案，决定路线等级。在这一设计阶段有时需要实地考察，以收集资料，比较不同方案的优劣，分析方案技术上的先进性和经济上的合理性等。实地考察时进行草测，常采用一些简单的器具和方法，例如罗盘仪定向、气压计测高程、步测或车测距离等收集一些地形资料。

    选定方案以后进行初测。初测的主要工作是沿小比例尺地形图上选定的路线，去实地测绘大比例尺带状地形图，以便接下来在该带状地形图上进行较精密地定线，即在地形图上确定路线的具体走向。

    带状地形图比例尺通常为 1:2000 或 1:5000。带状地形图的测图宽度一般为500m

左右，在山区可为 100～200m。在有争议的地段，带状地形图应加宽以包括几个方案，或为每个方案单独测绘一段带状地形图。

有了大比例尺地形图后，设计人员就可以作图上定线。当然设计人员的作用不仅仅在于定出中线，他们还要考虑站场的布置，桥涵、挡土墙等工程的处理，要从路线的建造至运行维修加以综合考虑。对测量人员来说，图上定线的结果显得特别重要，因为它是下一步测量工作的依据。

接下来的测量工作是定测，主要有两个内容：一是把设计在图上线路的中线在实地标出来，即实地放样；二是沿实地标出的中线测绘断面图。显然实测的纵断面图和横断面图比图上定线时利用地形图绘出的断面图要精确得多。设计人员利用实测断面图设计路线的坡度，同时进一步确定桥梁的高度和涵洞隧道等工程设施的一些参数，并精确计算工程量。

定测时实测设置的标桩可作为日后施工的依据。

与其他工程的设计一样，路线设计的基础是对地形、地质、水文等客观条件有正确、充分的了解。但这样的了解必然是一个由粗到细逐步深化的过程。如前所述，路线勘测设计先在面上进行，然后到带，最后到线。与此相应的测量人员提供的资料越来越多，图的比例尺越来越大，数据越来越精确。路线设计和测量的关系如图 4.1 所示。

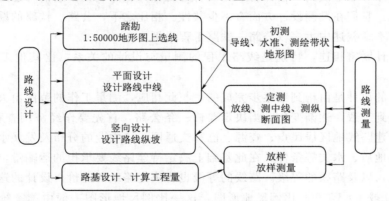

图 4.1 路线设计和测量的关系

线路工程的测量工作与设计工作相互穿插，密切配合，一环扣一环地进行。通常测量人员懂设计，设计人员能懂测量，这样才能做好线路的勘测设计工作。

4.2 线路初测阶段的测量工作

4.2.1 建立平面和高程控制

利用 1∶50000 或 1∶100000 的地形图或航测影像地图，按公路技术标准在纸上选定路线方案，初步确定路线位置。

公路工程从测绘带状地形图到路线放样及日后的施工，都是在同一坐标系统和高程系统中进行的。为此，在路线方案初步选定后，需要沿路线走向进行较高精度的平面控制和高程控制，作为测绘带状地形图、路线测设和施工的基本控制。

考虑到建立公路数据库和国防建设的需要，公路的坐标系统和高程系统应采用国家统一的高斯平面直角坐标系统和 1985 国家高程基准。

平面控制测量通常采用一级光电测距导线或布设 GPS 网，施测方法应按有关测量规范进行。控制点间距以 500m 左右为宜，并应与沿线的国家三角点和国家水准点进行联测，经平差计算后得到控制点的坐标和高程。由于控制点使用周期长、精度要求高，因此控制点应埋设稳固的混凝土桩。高程控制除可在平面控制的同时按光电测距高程导线一并进行外，也可按三四等水准测量的方法单独进行。高程控制点一般不另埋设，而是由导线点或 GPS 点兼作水准点。

4.2.2 测绘路线带状地形图

在平面和高程控制的基础上，测绘路线的带状地形图。地形图的测绘方法可采用常规测图法，也可采用全站仪（或 GPS）测定地形点三维坐标的数字化测图法。用全站仪（或 GPS）测图时将各地形点的编号及三维坐标存储在 PC 卡中，现场记录各点的具体位置（如山头，房屋角点，电线杆，河边等）并绘草图。地形点测量完成后，在计算机上利用成图软件生成地形图，并根据现场记录资料和草图对生成的地形图进行必要的整饰。

测图时测绘内容应侧重于路线设计的需要，与路线设计关系不大的内容可简测，而与路线设计关系密切的内容必须详测，如陡崖、滑坡、石灰岩溶斗等区域，除用相应的符号绘出其范围外，还须加注文字来说明其特征，有经济价值的植被也要增加文字和数字注记来说明其质量和数量。

带状地形图的测图比例尺一般采用 1∶2000（或 1∶5000），测图宽度一般为 500m 左右。带状地形图的表现形式比较简化，它没有一般地形图所具有的图名、图号、内外图廓线、三北方向线等图面元素。图面布局是按路线前进方向从左到右布置，图中没有明确的图廓线，但左右两端有相邻图幅的接边线，它们是垂直于导线边的横线。在图面上适当的位置应绘制指北针，以明示出方向。

4.3 线路定测阶段的测量工作

4.3.1 线路定线的基本工作

带状地形图测绘完成后，即可在带状地形图上选定路线的位置。由于高等级公路曲线半径大、曲线长，通常不能直接根据曲线半径在大比例尺地形图上绘出曲线位置，此时可利用计算机按选定的平面线形要素计算曲线部分每 50m 或 100m 的坐标，根据坐标将曲线桩绘在地形图上。经过几次调整试算，就可定出最佳的曲线半径和其他平面线形要素。

若测图时采用全站仪（或 GPS）测定地形点三维坐标的数字化测图法，在地形图生成后，可在 AutoCAD 平台上进行平面试线，这要比在图纸上试线方便得多，也不会因为多次试线而使图纸脏乱不堪，线位确定后还可直接查出路线交点的坐标、交点的转角等线形要素。

定测的主要任务是把在图上初步设计的路线测设到实地，并根据现场的具体情况，对不能按原设计划施工的部位作局部调整，另外在定测阶段还要为下一步施工设计准备必要的资料。

定测工作的内容有四个方面：一是定线测量，把设计在图上线路的中线在实地标出来，即实地放样；二是中线测量，在中线上设置标桩并量距，包括在线路转向处放样曲线；三是纵断面测量，测量中线上诸标桩的高程，利用这些高程与已量距离，测绘纵断面图；四是横断面测量。

在高等级公路的路线测设中，是以控制点为基础，根据路线中桩的坐标，用全站仪（或 GPS）直接测定中桩的实地位置并测出中桩的地面高程。这样路线纵断面测量中的中平测量就无须进行，大大简化了测量工作，同时也有效地保证了测量精度。尤其在地形复杂的山区，用全站仪（或 GPS）测定中桩高程与一般中平测量相比有极大的优越性。

4.3.2 定线测量

公路中心线的平面线型是由直线和曲线构成的，如图 4.2 所示。因此，中线测量的主要任务是通过直线和曲线的测设，把公路中心线的平面位置具体地测设到地面上，并实测其里程。它是测绘路线纵、横断面图和平面图的基础。本节只介绍直线路段的测设，关于圆曲线、缓和曲线及竖曲线路段的测设，参见第 8 章曲线测量。

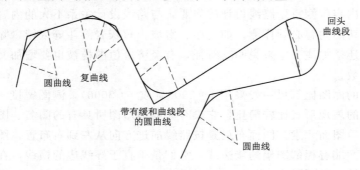

图 4.2　公路中心线的平面线型

4.3.2.1　路线交点的测设

公路路线的转折点称为交点，用 JD 表示。交点的位置可采用现场标定的方法，也可先在带状地形图上进行纸上定线，然后把纸上定好的路线放样到地面上，再根据相邻两直线定出交点。交点测设一般采用穿线交点法，其操作程序为：放点、穿线、交点。步骤如下：

1. 放点

常用的放点方法有极坐标法和支距法两种。

（1）极坐标法。如图 4.3 所示，P_1、P_2、P_3、P_4 为中线上四点，它们的位置可用附近的导线点 D_4、D_5 为测站点，分别由极坐标（β_1，l_1）、（β_2，l_2）、（β_3，l_3）、（β_4，l_4）确定。极坐标值可在图上用量角器和比例尺量出，并绘出放线示意图。将经纬仪安置在点 D_4，后视点 D_3，将水平度盘读数设置为 $0°00'00''$，转动照准部使

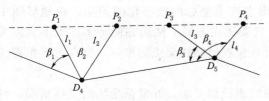

图 4.3　极坐标法放点

度盘读数为 β_1，得点 P_1 方向，沿此方向量取 l_1 得点 P_1 位置。同法定出点 P_2。将仪器迁至点 D_5，定出点 P_3、点 P_4。采用极坐标法放点，可不设置交点桩，其偏角、间距和桩号均以计算资料为准。

（2）支距法。如图 4.4 所示。欲放出中线上 1、2 等点，可自导线点 D_i 作导线边的垂线，用比例尺量出相应的 l_1、l_2、…在地面放点时，直角可用方向架放样，距离用皮尺丈量，即可放样出相应各点。

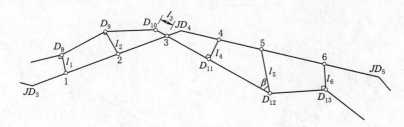

图 4.4 支距法放点

（3）穿线。由于图解量取的放线数据不准确和测量误差的影响，实地放出的路线各点 P_1、P_2、P_3、P_4 往往不在一条直线上，如图 4.5 所示。因此要利用经纬仪定出一条直线，使之尽可能多地穿过或靠近这些测设点，这项工作称为穿线。可根据具体情况，选择适中的 A、B 两点打下木桩（称为转点），取消之前测设的临时点，从而确定直线的位置。

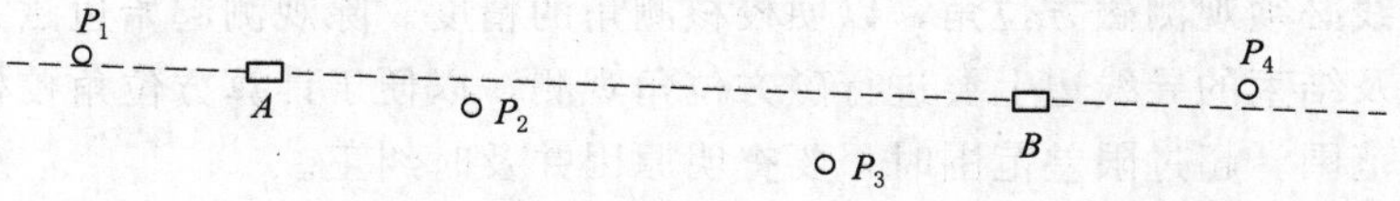

图 4.5 穿线

2. 测设交点

地面上确定两条直线 AP、QC 后，即可进行交点。如图 4.6 所示，将仪器置于点 P，后视点 A，延长直线 AP 至交点 B 的概略位置，前后打两个桩 a、b（骑马桩），钉上小钉标定点的位置。仪器移至点 Q，后视点 C，延长直线 QC 与 ab 连线相交的交点 B，打下木桩钉上小钉标定点的位置。用经纬仪延长直线应采用"双倒镜分中法"标定 a、b、B 等点。

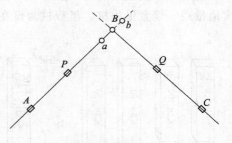

图 4.6 测设交点

4.3.2.2 路线转角的测定

中桩交点以后，就可以测定两直线的转角（偏角），如图 4.7 所示。转角是路线由一个方向偏转倒另一个方向时，偏转后的方向与原方向的水平夹角，用 α 表示。转角分左转角和右转角，分别用 $\alpha_{左}$ 和 $\alpha_{右}$ 表示。路线测量中，转角通常用观测路线的右角 β 计算求得。右角用经纬仪以测回法观测一测回，两个半测回所测角值的不符值视公路等级而定，二级及二级以下公路限差不超过 $\pm1'$。

$$
\left.
\begin{array}{l}
当\ \beta_右 < 180°\ 时，\qquad \alpha_右 = 180° - \beta_右 \\
当\ \beta_右 > 180°\ 时，\qquad \alpha_左 = \beta_右 - 180°
\end{array}
\right\} \tag{4.1}
$$

如图 4.8 所示，为测设平曲线中点桩，须在测右角的同时测定右角分角线方向。测定右角后，不需变动水平度盘位置，设后视方向水平度盘读数为 a，前视方向水平度盘读数为 b，则分角线方向的水平度盘读数 k 为

$$
k = \frac{a+b}{2}\ 或\ k = b + \frac{\beta_右}{2} \tag{4.2}
$$

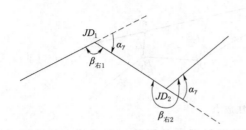 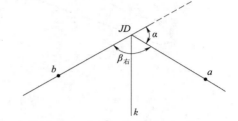

图 4.7 路线转角计算图　　　　　　　图 4.8 分角线测设

转动照准部使水平度盘读数为分角线方向的读数值，这时望远镜的方向即为分角线的方向。

长距离路线必须观测磁方位角，以便校核测角的精度。除观测起始边磁方位角外，每天在测量开始及结束的导线边上要进行磁方位角观测，以便于计算方位角校核，其误差不得超过规定的范围。超过限差范围时，要查明原因并及时纠正。

4.3.3 中线里程桩的设置

为确定中线上某些特殊点的相对位置，在路线的交点、转点和转角测定后，即可进行实地量距、设置里程桩。里程桩为设在路线中线上注有里程的桩位标志，亦称中桩。通过里程桩的设置，不仅具体地表示中线位置，而且利用桩号的形式表达了距路线起点的里程关系。如某中桩距路线起点的里程为 7814.19m，则它的桩号应等于 K7+814.19。在中线测量中，一般多用 (1.5～2)cm×5cm×30cm 木桩或竹桩做里程桩，如图 4.9 所示。

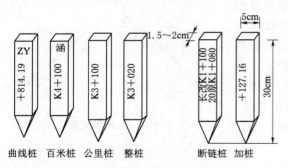

图 4.9 里程桩及加桩

加桩有以下几种：

（1）地貌加桩：线路纵、横向地形显著变化处。

（2）地物加桩：中线与既有公路、铁路、便道、水渠等交叉处。

（3）人工结构物加桩：拟建桥梁、涵洞、挡土墙及其他人工结构物处要加桩。

（4）工程地质加桩：地质不良地段、土质变化及土石分界处要加桩。

（5）曲线加桩：曲线的主点桩。

（6）关系加桩：指路线上的转点和交点桩。

（7）断链桩：中线丈量距离，在正常情况下，整条路线上的里程桩号应当是连续的，但是，当出现局部改线，或事后发现距离测量中有错误，或分段测量等原因，均会产生里程不连续的现象，这在路线工程中称为"断链"。表示里程继续前后关系的桩称为断链桩，如图 4.9 所示。

断链分为长链和短链。长链即桩号出现重叠，如原 K7＋680＝现 K7＋660 长 20m；短链是桩号出现间断，如 K7＋660＝现 K7＋680 短 20m。

路线测量的最后一项工作就是中线丈量，由中桩组完成。丈量中线常用钢尺，路面等级较低时也可用皮尺。相对误差不得大于 1/2000。

中线丈量手簿见表 4.1。

表 4.1 　　　　　　　　　　中 线 丈 量 手 簿

接尺点	尺读数	桩号	备　　注
0	000	K0＋000	路线起点
K0＋000	050	＋050	
＋050	050	＋100	
＋100	018.50	＋118.50	
＋100	050	＋150	
＋150	050	＋200	
＋200	050	＋250	
＋250	050	＋300	
＋300	122.32	K0＋422.32	JD_1　$\alpha_1=10°49'(\alpha_右)$

表中有接尺点、尺读数、桩号等栏目。接尺点为后链人员所站位置；尺读数为一尺段的实际丈量长度；桩号为前链人员所站的位置。而后链人员位置里程桩号加上尺读数等于前链人员所在位置的里程桩号。

4.4 路 线 纵 横 断 面 测 量

路线纵断面测量又称路线水准测量，它的任务是在路线中线测定后，测定中线各里程桩的地面高程，绘制路线纵断面图，供路线纵坡设计之用。横断面测量是测定沿中桩两侧垂直于路线中线一定范围内的地面高程，绘制各桩号的横断面图，供路基设计、土石方数量计算和施工放样边桩用。

4.4.1 路线纵断面测量

为了提高测量精度和有效地进行成果检核，根据"由整体到局部"的测量原则，纵断面测量一般分为两步进行，先进行基平测量，再进行中平测量。

4.4.1.1 基平测量

沿路线方向设置水准点，建立路线的高程控制，称为基平测量。基平测量的精度要求较高，一般要求达到国家四等水准测量的精度要求。

1. 设置水准点

水准点路线高程测量控制点，沿路线测量水准点，建立高程控制系统，供勘测、施工、竣工验收和养护管理使用。水准点的设置，根据需要和用途一般分为永久性水准点和临时性水准点两种。在路线的起点、终点、大桥两岸、隧道两端以及一些需要长期观测高程的重点工程附近均应设置永久性水准点。供施工放样、施工检查和竣工验收使用的可敷设临时性水准点。水准点可设在永久性建筑物上，或用金属标志嵌在基岩上，也可以埋设标石。

水准点的密度应根据地形和工程需要而定。一般在山岭重丘每隔 0.5～1km 设置一个；平原微丘区每隔 1～2km 设置一个。大桥、隧道口、垭口及其他大型构造物附近，还应增设水准点。水准点的布设应在路中线可能经过的地方两侧 50～100m，而且应选在稳固、醒目、易于引测以及施工时不易遭受破坏的地方。

2. 基平测量方法

基平测量时，首先应将起始水准点与附近国家水准点进行联测，以获得绝对高程，尽可能构成附合水准路线。当路线附近没有国家水准点或引测困难时，也可参考地形图选定一个与实地高程接近的作为起始水准点的假定高程。

基平测量通常采用以下水准测量方法：

（1）用一台水准仪在两个水准点间做往返测量。

（2）两台水准仪做单程观测。

基平测量的精度，对一台仪器往返或两台仪器单程测的容许误差值为

$$f_{h容} = \pm 30\sqrt{L}\,(\text{mm}) \quad 或 \quad f_{h容} = \pm 8\sqrt{n}\,(\text{mm}) \tag{4.3}$$

对于大桥两岸、隧道两端和重点工程附近水准点，其容许误差值为

$$f_{h容} = \pm 20\sqrt{L}\,(\text{mm}) \quad 或 \quad f_{h容} = \pm 6\sqrt{n}\,(\text{mm}) \tag{4.4}$$

式中 L——水准路线长度（以 km 计），适用平原微丘区；

n——测站数，适用山岭重丘区。

当高差不符值在容许范围内时，取其平均值作为两水准点间的高差，符号与往测同号，超限则需重测。将计算结果及已有资料编制成水准点一览表供施工使用，见表 4.2。

表 4.2　　　　　　　　　　　　水 准 点 一 览 表

水准符号	水准点标高/m	水准点详细位置					备注
		靠近路线桩	方向	距离/m	设在何物上	何县何乡何村	
BM_1	150.368	K0+000	左	22.84	埋设水准点	南平县平邑镇	
BM_2	152.176	K0+760	右	30.52	楼房墙角	南平县平邑镇	绝对高程
BM_3	155.472	K1+600	右	28.75	基岩	南平县平邑镇	

4.4.1.2 中平测量

依据水准点的高程，沿线将所有中桩进行水准测量，并测得其地面高程，称为中平测量。以基平测量提供的水准点高程为基础，按附和水准路线逐个施测中桩的地面高程。一般是以两相邻水准点为一测段，从一个水准点开始，闭合到下一个水准点。在每一个测站上，应尽量多观测中桩，还需设置转点，以保证高程的传递。相邻两转点间所观测的中

桩称为中间点，由于转点起传递高程的作用，观测时应先测转点，后测中间点，转点的读数取至毫米，中间点的读数按四舍五入取至厘米。中平测量一个测站前后视距最后可达 150m，转点的立尺应置于尺垫、稳固的桩顶或坚石上。中平测量只作单程观测。一测段观测结束后，应先计算测段高差 $\sum h$。它与基平所测测段两端水准点高差之差，称为测段高差闭合差，其值不得大于 $\pm 50\sqrt{L}$ mm，否则应重测。中桩地面高差误差不得超过 ± 10cm。

如图 4.10 所示，中平测量的步骤如下：

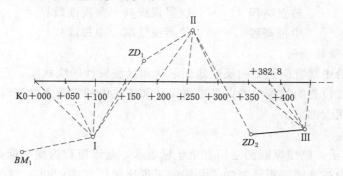

图 4.10　中平测量

（1）安置仪器于 I 点，后视 BM_1，前视 ZD_1，将读数记入表 4.3 的 BM_1 的后视栏和 ZD_1 的前视栏中。

（2）观测 BM_1 与 ZD_1 之间的中间点 K0＋000、＋050、＋100、＋150，将各点的读数分别记入表 4.3 的中视栏中。

（3）安置仪器于 II 点，后视 ZD_1，前视 ZD_2，将读数记入表 4.3 的 ZD_1 的后视栏和 ZD_2 的前视栏中。

表 4.3　　　　　　　　　　　中桩水准测量记录计算表

测点	水准尺读数/m			视线高程/m	高程/m	备注
	后视	中视	前视			
BM_1	2.018			152.386	150.368	
K0＋000		1.31			151.08	
＋050		1.08			151.31	
＋100		1.12			151.27	
＋150		0.98			151.41	
ZD_1	2.613		1.815	153.184	150.571	中平测量得
＋200		0.76			152.42	BM_2 点高程为
＋250		0.68			152.50	152.188
＋300		0.83			152.35	误差 11mm
ZD_2	1.764		2.016	152.932	151.168	
＋350		0.75			152.18	
＋382.8		0.96			151.97	
...	...	...	...	...	...	
BM_2			0.756		152.176	

（4）观测 ZD_1 和 ZD_2 之间的 K0+200、+250、+300，将读数分别记入各点的中视栏中。

（5）按上述方法和步骤继续向前施测，直至闭合到下一个水准点 BM_2 上。

（6）按前述要求计算各测段闭合差，如不符合精度要求，应返工重测。

（7）中平测量计算公式如下：

$$\left.\begin{array}{l} \text{仪器视线高} = \text{已知点高程} + \text{后视读数} \\ \text{转点高程} = \text{仪器视线高} - \text{前视读数} \\ \text{中桩高程} = \text{仪器视线高} - \text{中视读数} \end{array}\right\} \tag{4.5}$$

4.4.1.3 纵断面图的绘制

纵断面图是沿中线方向绘制的反映地面起伏和纵坡设计的线状图，它能表示出各路段纵坡的大小和中线位置的填挖尺寸，是道路设计和施工中的重要文件资料。路线纵断面图包括图样和资料两大部分。

1. 图样

如图 4.11 所示，路线纵断面是用直角坐标表示，是以里程为横坐标，高程为纵坐标，根据中平测量的中桩地面高程绘制的。常用的里程比例尺有 1∶5000、1∶2000、1∶1000 几种，为了明显反映地面的起伏变化，高程比例尺取里程比例尺的 10 倍，相应取 1∶500、1∶200、1∶100。一般应在第一张图纸的右上方标注出比例尺，并采用分式表示图纸编号，分母表示图纸的总张数，分子表示本张图纸的编号。图样部分有：地面线和纵坡设计线、竖曲线、桥涵结构和水准点资料等内容。

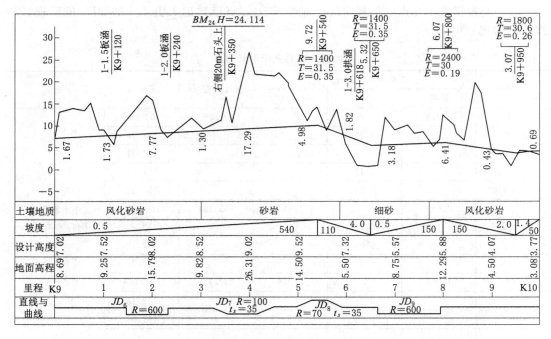

图 4.11 路线纵断面图样

2. 资料

资料包括地质、坡度/坡长、设计高程、地面高程、里程桩号和平曲线的资料等。

3. 纵断面图的绘制

（1）表格的绘制。

1）平曲线：按里程表明路线的直线和曲线部分。直线采用水平线表示，曲线部分用折线表示，上凸表示路线右转，下凸表示路线左转。并注明交点编号、转角、平曲线半径，带有缓和曲线者应注明其长度。

2）里程桩号：一般选择有代表性的里程桩号（如公里桩、百米桩、桥头和涵洞等）。

3）地面高程：按中平测量成果填写相应里程桩的地面高程。

4）设计高程：根据设计纵坡和相应的平距计算出的里程桩设计高程。

5）坡度/坡长：是指设计线的纵向长度和坡度。从左至右向上斜的直线表示上坡，下斜表示下坡，水平表示平坡。斜线或水平线上面的数字表示坡度的百分数，下面的数字表示坡长。

6）地质说明：标注沿线的地质情况，为设计和施工提供依据。

（2）地面线绘制。

1）首先选定纵坐标的起始高程，使绘出的地面线位于图上适当位置。一般是以 5m 或 10m 整倍数的高程定在 5cm 方格的粗线上，便于绘图和阅图。然后根据中桩的里程和高程，在图上按纵、横比例尺依次定出各中桩的地面位置，再用直线将相邻点一个个连接起来，就得到地面线。在高差变化较大的地区，如果纵向受到图幅的限制时，可在适当地段变更图上高程起算位置，此时地面线将构成台阶形式。

2）根据纵坡设计计算设计高程。路线纵坡确定后，即可根据设计纵坡 i 和起算点至推算点间的水平距离 D 计算设计高程。设起算点高程为 H_0，则推算点的高程为

$$H_P = H_0 + iD \tag{4.6}$$

其中，上坡时 i 为正，下坡时 i 为负。

3）计算各桩的填、挖高度。同一桩号的设计高程与地面高程之差，即为该桩号的填土高度（＋）或挖土高度（－）。在图上标明填、挖高度。也有在图中专列一栏注明填挖高度。

4）在图上注记有关资料，如水准点、桥涵结构资料、竖曲线、断链等。

4.4.2 路线横断面测量

横断面测量是测定中桩两侧垂直于中线方向地面变坡点之间的距离和高差，并绘制横断面图，供路基、边坡、特殊构筑物的设计、土石方计算和施工放样用。横断面测量的宽度应根据路基宽度、填挖高度、边坡大小、地形情况以及有关工程的特殊要求而定，一般要求中线两侧各测 20～50m。横断面测绘的密度，除各中桩应施测外，在大中桥头、隧道洞口、挡土墙等重点工程地段，可根据需要加密。对于地面点距离和高差的测定，一般只需精确到 0.1m。

4.4.2.1 横断面的测量方法

横断面上中线桩的地面高程已在纵断面测量时测出，只要测量出各地形特征点相对于中线桩的平距和高差，就可以确定其点位和高程。测量时以中心桩为零起算，面向线路前

进方向分为左、右侧。对于较大型的线路工程可采用经纬仪法或水准仪法，对于较小的线路工程可用标杆皮尺法。

1. 标杆皮尺法

如图 4.12 所示，A、B、C、D、E、F 为 0＋200 里程桩处的横断面方向上的坡度变化点，施测时，将标杆立于点 A，皮尺靠中桩地面拉平，量出至点 A 的平距，皮尺截取标杆的高度，即为两点高差，同法可测出 A 至 B、B 至 C 等测段的距离和高差，直至所需要的宽度为止。中桩一侧测定后再测另一侧。测量数据分别记录于表 4.4 中。此法简便，但精度较低。

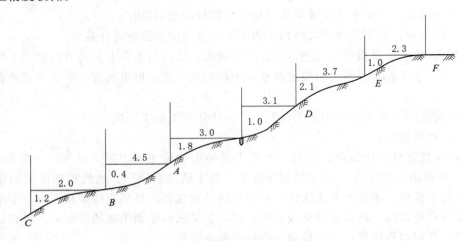

图 4.12　横断面测量（单位：mm）

记录表 4.4 中分左侧和右侧，分数的分母表示测段水平距离，分子表示测段两端点间的高差，"＋"为升坡，"－"为降坡，"同坡"表示与前一段坡度一致。

表 4.4　　　　　　　　　　　　　　　　　横 断 面 测 量 记 录 表

高差		左侧		中心桩	右侧			高差
距离				高程				距离
...	...	...	...	...	...	...	...	
同坡	−1.2	−0.4	−1.8	0＋200	＋1.0	＋2.1	＋1.0	同坡
	2.0	4.5	3.0	44.39	3.1	3.7	2.3	
同坡	−1.2	−1.2	−0.8	0＋225	＋0.7	＋1.2	＋0.8	同坡
	4.8	3.2	2.6	44.80	5.0	5.4	3.0	
...	...	...	...	...	...	...	...	

2. 水准仪法

施测时，在适当地点安置水准仪，以立于中线桩处，水准尺为后视，求得视线高程，再分别在横断面方向的坡度变化点上立水准尺，视线高程减去前视点读数，即得各测点高程。用钢尺或皮尺分别量得点间的平距。

3. 经线仪法

在地形复杂、量距离及测高差困难时，将经纬仪安置在中线桩上，用视距法测出横断面方向上各坡度变化点至中线桩间的水平距离和高差。

4.4.2.2 横断面图的绘制

横断面图的绘制一般采用现场边测边绘的方法，以便现场核对所绘的横断面图。也可以采用现场记录，回到室内绘图。为计算面积的需要，横断面的水平距离比例尺应与高差比例尺相同。横断面图绘在厘米纸上，绘图时，先标出中桩位置，然后分左、右两侧，按相应点的水平距离和高差展出地面点的位置，用直线连接相邻点，即得横断面地面线，如图 4.13 所示。横断面图上应适当标出地物和进行简单地质的描述。

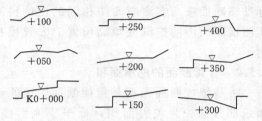

图 4.13 横断面图

注意事项：

(1) 凡在横断面上的地物都应在图上和记录中标注清楚，如房屋、水田、沟渠等。

(2) 沿河横断面应在图上标注洪水位、常水位和水深。

(3) 选择的测点应能反映地质变化分界点。如土砂分界、土质变化位置等都应作为测点在图上加以注明。

(4) 当相邻的两个中桩地形变化相差不大，地质情况也相似时，可先测一个横断面，省略不测的，应注明和某桩号是同断面。

4.5 土石方量计算

路基土石方工程是修筑公路的主要工程项目，土石方工程数量也是比选路线设计方案的主要技术经济指标之一。路基土石方的计算与调配，关系着取土及弃土地点、范围以及用地宽度的决定，同时也影响着工程造价、所需劳动力数量和施工期限等。

为了确定工程投资和合理安排劳动力，在渠道工程设计和施工中，均需计算渠道开挖和填筑的土方量。土方量的计算，通常采用平均断面法，先在已绘制的横断面图上套绘出线路设计横断面，分别计算其挖、填面积，然后根据相邻断面的挖填面积和距离，计算出挖填土方量。

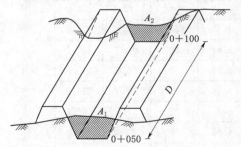

图 4.14 平均断面法计算土方量

如图 4.14 所示，假设相邻两断面的挖方（或填方）面积分别为 A_1、A_2，两个断面（中心桩）的间距为 D（50m），土方量计算以公式表示为

$$V = \frac{1}{2}(A_1 + A_2)D \tag{4.7}$$

具体计算土方量时，可按以下步骤进行：

4.5.1 确定断面的挖填范围

确定挖填范围的方法是在各实测的横断面图上套绘出设计的渠道标或填高（从纵断准横断面。为此应根据里程桩和加桩的挖深面图上查取），在实测横断面图上以与其相同的比例尺标出渠底中心点的设计位置，再根据渠底宽度、边坡坡度、渠深和渠堤宽度等尺寸画出设计的渠道横断面，渠道的设计断面线与原地面线所围成的范围即为断面的挖填范围，如图 4.14 所示。为了简便快速地进行套绘，实际操作时，可将设计的标准横断面按与实测断面图相同的比例尺制作成一块模板或绘制在透明纸上，然后在实测横断面图的挖深或填高位置上安置模板套绘出标准横断面，这一工作俗称为"戴帽子"。

4.5.2 计算断面的挖填面积

路基填挖断面面积是指横断面图中原地面线与路基设计线所包围的面积，高于地面线部分面积为填方面积，低于原地面线部分面积为挖方面积，填方、挖方面积分开计算，常用的计算面积的方法有透明方格纸法、平行线法、CAD 法、解析法、求积仪法等。

计算机成图软件（如 AutoCAD、南方测绘公司研制的 CASS 系统、广州开思创力公司研制的 SCS 系统等）具有计算面积、体积的功能，可以直接求出断面的面积或路线的挖填土方量，其优点是速度快、精度高。

4.5.3 计算土方量

土方计算采用"土方量计算表"（表 4.5），逐项填写和计算。表中各中心桩的挖填数据从纵断面图上查取，各断面的挖填面积从横断面图上量算，然后根据式（4.7）即可求得相邻中心桩之间的土方量。

表 4.5　　　　　　　　　　土 方 量 计 算 表

计算：张×× 　　　　检查：路×× 　　2019 年 10 月 18 日

桩号	中心桩		断面面积/m²		平均面积/m²		两桩间距/m	土方量/m³		备注
	挖深/m	填高/m	挖	填	挖	填		挖方	填方	
0+000	2.50		5.12	2.16	5.26	2.08	50	512.5	54.4	
0+050	2.33		5.40	2.01	9.03	3.57	50	451.5	178.5	
0+100	1.55		7.66	5.13	3.83	8.82	50	191.5	442.5	
0+150		0.93	0	12.51	2.64	8.63	25	66.0	215.8	
0+175	1.08		5.28	4.75	4.57	5.36	25	114.2	134.0	
0+200	0.51		3.86	5.98	2.28	6.25	25	57.0	156.2	
0+225	0.94		0.71	6.52	3.51	8.86	50	351.0	886.0	
0+325	1.27		6.31	4.68	…	…				
…	…	…	…	…	…	…				
1+150	2.5		9.5	3.11						
合　计								8865.0	5706.0	

如果相邻两断面既有挖方又有填方时，应分别计算挖方量和填方量。

如果相邻两横断面的中心桩，一个为挖深，另一个为填高，则中间必有一个不挖不填的"零点"，即纵断面图上地面线与渠底设计线的交点，可以从图上量取，也可依比例关系求得。由于零点是渠底中心线上不挖不填的点，而该点处横断面的挖方面积和填方面积不一定都为零，因此，必须到实地补测该点处的横断面图，将这两个中心桩间的土方量分成两段进行计算，以提高土方量计算的准确度。

最后，对计算出的所有相邻两断面间的土方量进行求和，即得出整段渠道的土方总挖方量和填方量。

4.5.4 路基土石方的调配

路基填、挖土石方数量计算出来以后，为合理利用挖方作填方，降低工程造价，需要对土石方数量进行调配，确定填方用土的来源、挖方弃土的去向、计价土石方数量和运量等。通过土石方调配合理地解决了各路段土石方平衡和合理利用问题，使得挖方路段除横向调运（本桩利用）外地土石方得到有效利用，移挖作填，减少路基填方借土，节约耕地，降低造价。

1. 调配原则

（1）尽可能移挖作填，减少废方和借方。在半填半挖的断面中，首先考虑本桩利用，即横向调运，其次再纵向调配，减少总运量。

（2）土石方调配要考虑桥涵位置的影响，一般大沟土石方不进行跨沟调运，同时也应考虑施工方便，减少上坡调运。

（3）弃方妥善处理。尽可能使弃方不占或少占农田，防止弃方堵塞河流或冲淤农田。

（4）路基填方借土。结合地形及农田规划，合理选择借土地点，尽可能考虑借土还田，整地造田措施。

（5）综合考虑路基施工方法、运输条件、施工机械化程度和地形情况，选用合理的经济运距，分析路基用土是调运还是借方。

2. 调配方法

土石方调配是在路基土石方数量计算和复核完毕后进行的，直接在土石方数量表中进行调配。具体调配步骤如下：

（1）在土石方数量右侧注明可能影响调配的因素，如河流、大沟、陡坡等，供调配时参考。

（2）优先考虑横向调配，满足本桩利用方，然后计算挖余和填缺数量。

（3）在纵向调配时，应根据施工方法和可能采用的运输条件计算合理的经济运距，供土石方调配参考。

（4）根据填缺和挖余的分布情况，判断调运的方向和数量，结合路线纵坡和经济运距，确定调配方案。方法是逐桩逐段地将相邻路段的挖余就近纵向调运到填缺内加以利用，并把具体调运方向和数量用箭头标明在纵向利用调配栏中，见表4.5。

（5）经过纵向调配，如仍由填缺和挖余，应和当地政府协商弃方和借方的地点，确定弃方和借方数量，并填入土石方数量表中弃方和借方栏内。

（6）调配一般在本公里内调运，必要时可以跨公里调运，但应注明数量和调配方向。

（7）土石方调配后，应按下列公式校核：

$$\left.\begin{aligned} 横向调运＋纵向调运＋借方 &= 填方 \\ 横向调运＋纵向调运＋弃方 &= 挖方 \\ 挖方＋借方 &= 填方＋弃方 \end{aligned}\right\} \tag{4.8}$$

（8）计算计价土石方数量。在土石方调配中，所有挖方无论是弃或调，都应计价。填土只对路外借土部分计价。

$$计价土石方数量＝挖方数量＋借方数量 \tag{4.9}$$

3. 调配计算的几个问题

工程上所说的土石方总量，实际上是指计价土石方数量。一条公路的土石方总量，一般包括路基工程、排水工程、临时工程和小桥涵工程等项目的土石方数量。

（1）经济运距。填方用土来源，一是纵向调运，二是路外借土。调运路堑挖方来填筑距离较近的路堤是比较经济的，但当调运距离过长，以致运价超过了在填方附近借土所需的费用，移挖作填就不如在路基附近借土经济。因此，采取借或调，存在合理运距问题，这个距离称为经济运距。

计算公式为

$$L_经 = \frac{B}{T} + L_免 \tag{4.10}$$

式中 $L_经$——经济运距，km；

B——借土单价，元/m³；

T——远运费单价，元/（m³·km）；

$L_免$——免费运距，km。

由上式知：经济运距是确定调运或借土的界限，当纵向调运距离小于经济运距时，采取纵向调运；反之就近借土。

（2）平均运距。土石方调配的运距从挖方体积的重心到填方体积重心之间的距离。在土石方实际计算中，采用挖方断面间距中心至填方断面间距中心的距离，这个距离称为平均运距。

在纵向调运时，当平均运距超过规定的免费运距时，超出部分应按超运运距计算土石方运量。

（3）运量。土石方运量为土石方的平均运距与土石方调配数量的乘积。

在公路工程施工中，工程定额是将平均运距每 10m 划分为一个运输单位，称之为级，20m 为两个运输单位，称为二级，余类推。在土石方数量计算表中用①、②注明，不足 10m 仍以一级计算或四舍五入。于是：

$$总运量＝调配（土石）方量×n \tag{4.11}$$

式中 n——平均运距单位，级。

$$n = (L - L_免)/10 \tag{4.12}$$

式中 L——平均运距，km；

$L_免$——免费运距，km。

路基土石方数量计算见表 4.6。

表 4.6　路基土石方数量表

桩号	横断面面积/m²(或半面积) 挖	填土	填石	平均面积/m² 挖	填土	填石	距离/m	总数量/m³	松土%	松土量	普通土%	普通土量	硬土%	硬土量	软石%	软石量	次坚石%	次坚石量	坚石%	坚石量	填方土/m³	填方石/m³	本桩利用土	本桩利用石	填缺土	填缺石	挖余土	挖余石	远运利用纵向调配示意及运距(单位)	借方土	借方石	废方土	废方石	总运量土/m³	总运量石/m³	备注
	2	3	4	5	6	7	8	9	10	11	12	13	14	15	16	17	18	19	20	21	22	23	24	25	26	27	28	29	30	31	32	33	34	35	36	37
K0+000	60.0			71.1			17	1209				242		121				604		242							363	846	调至上公里 土:363 石:500				346③		1038	1. (24)、(30)栏中"( )"表示以石代土。 2. (31)、(32)系普通土和次坚石，若有坚石不同，须加注明。 3. (33)、(34)栏中的数字为平均运距运数位数
+17	82.2			84.3		7.0	8	674			20	135	10	67				337		135							202	416	土:202 石:(87)				329③		987	
+25	86.4		14.0	43.2	39.0	7.0	12	518			20	103	10	52			50	259	20	104		56		56	34			416								
+037		78.0			73.8		4														295				295				石:(40)							
+041		69.6		39.2	34.8		9	353						71				176		106	313	84	155(279)	84	295			40					443②			
+050	78.4			56.4			10	564	20					113				282		169			71(242)				113	451	土:347						886	
+060	34.4			60.6			12	727						145				364		218							145	582								
+072	86.8			55.9			8	447						89				224		134							89	358	石:882② (66)							
+080	25.0			12.5			6	75					20	15			50	37	30	23																
+086		24.6	54.6	12.3	26.3	27.3	8														74	164	15	60	59	104								694	1896	
+094		28.0	56.0		24.0	55.3	6														210	442		60	210	442										
+100		20.0	56.0		22.0	56.0	8														144	336	144		144	336										
+108	24.0	24.0	44.0	12.0	12.0	50.0	6	72						14				36		22	72	400	14	58	58	400	70	265	土:105					105	609	
+114	46.0		2.0	35.0		23.0	10	350						70				175		105		138		15		80	35	389	石:480① (129)							
+124	16.0		1.0	31.0		1.5	16	496						99				248		149		5		8									45			
+140	42.0	8.0		29.0	4.0	0.5	20	580					20	116				290		174	140	8	116(24)													
+160	62.0	6.0		52.0	7.0		20	1040						208				520		312	60		64				148	440				148	440			
+180	14.0			38.0	10.5	3.0	10	380						76				190		114	105		76(29)					275					832			
+190		21.0		7.0			10														285		14(56)		215				石:215				60			
+200		36.0			28.5			70						14				35		21																
小计							200	7555				480		1270				3777		2028	2406	1643	585(630)	281	1191	1362	1165	4894				148	2495	799	5416	

小　结

本章介绍了线路选线、补测、定测的工作内容和方法，叙述了测量人员与设计人员的工作关系是相互穿插、密切配合、环环相扣的关系。对定线测量、中线里程桩的设置、路线纵横断面测量、土石方量计算、路基土石方的调配等进行了详细介绍。

思 考 题

1. 中线测量的任务是什么？

2. 简述放点穿线法测设交点的步骤。

3. 当采用图上定线时，如何进行实地放线？

4. 中线测量的转点和水准测量的转点有何不同？

5. 什么是路线的右角、转角，它们之间有何关系？

6. 在中线的哪些地方应设置中桩？

7. 什么是整桩号法设桩？什么是整桩距法设桩？各有什么特点？

8. 路线纵断面测量如何进行？

9. 中平测量与一段水准测量有何不同？中平测量的中视读数与前视读数有何区别？

10. 横断面测量的测量步骤是怎样的？

11. 断面测量的记录有何特点？横断面的绘制方法是怎样的？

12. 根据下列横断面测量记录，按距离与高程1：200的比例，在毫米方格纸上绘出中桩2+040及2+060处的两个横断面图。

$\dfrac{高差}{距离}$	左侧		中心桩\高程	右侧	$\dfrac{高差}{距离}$	
$\dfrac{-1.0}{5.8}$	$\dfrac{-1.5}{6.1}$	$\dfrac{-0.8}{3.1}$	2+040	$\dfrac{+0.5}{5.2}$	$\dfrac{+1.4}{5.4}$	$\dfrac{+2.5}{4.6}$
$\dfrac{-1.6}{4.5}$	$\dfrac{-0.7}{7.1}$	$\dfrac{+0.2}{3.4}$	2+060	$\dfrac{+0.9}{2.7}$	$\dfrac{+0.4}{6.2}$	$\dfrac{+3.1}{6.1}$

13. 完成纵断面测量记录表的计算，并按距离比例尺1：500，高程比例尺1：50在毫米方格纸上绘出纵断面图，0+000的渠道底板设计高程为34.17m，标出地面线和渠底设计坡度为—2.0%的渠底设计线，并在渠道纵断面图上注明有关数据。

纵 断 面 测 量 记 录 表

测站	测点	水准尺读数/m			视线高程 H_i\/m	高程 H\/m	备注
		后视 a	中视 c	前视 b			
1	BM_4	1.432				36.425	
	0+000		1.59				
	0+020		2.05				

思 考 题

续表

测站	测点	水准尺读数/m			视线高程 H_i/m	高程 H/m	备注
		后视 a	中视 c	前视 b			
1	0+040		2.64				
	0+060		2.00				
	0+080			2.011			
2	0+080	1.651					
	0+150		1.13				

第5章 工业与民用建筑施工测量

本章的重点和难点包括：建筑工程施工控制网建立的形式和方法；场地平整测量；民用建筑与工业建筑的施工测量以及高层建筑的施工测量等内容。本章要求学习建筑施工测量的概念、特点和内容；掌握建筑方格网、建筑基线布设和测设方法，施工场地的高程控制测量方法；了解建筑物（或构筑物）的施工放样测量和构件安装测量。

5.1 建筑工程施工控制网

5.1.1 施工控制网的特点

勘测阶段所建立的测图控制网，其目的是为测图服务，控制点的选择是根据地形条件和测图比例尺综合考虑的。由于测图控制网不可能考虑到尚未设计的建筑物的总体布置，而施工控制网的精度又取决于工程建设的性质，因此测图控制网的点位精度和密度，都难以满足施工放样的要求。为此，为了进行施工放样测量，必须建立施工控制网。

相对于测图控制网而言，施工控制网具有如下特点：

（1）控制的范围小，控制点的密度大，精度要求较高。对于一般的工业与民用建筑工地，作业范围相对较小，许多建筑工地面积小于 $1km^2$。在如此小的工地上，要放样错综复杂的各种建筑物，就需要有较为密集的控制点。由于建筑物的放样偏差不能超过一定的限差，如工业厂房主轴线的定位精度为 2cm，这样的精度要求对于测图而言是非常高的。因此，要求施工控制网具有较高的精度。

（2）施工控制网使用频繁。在施工过程中，一般都是在控制点上直接放样。对于复杂建（构）筑物，在不同的高度层上，往往具有不同的形状、不同的尺寸和不同的附属工程，随着施工层面和浇筑面的升高，往往对每一层都要进行放样工作。频繁地使用，要求控制点稳定可靠、使用方便并能长期保存。建筑工地上常见的轴线控制桩、观测墩和混凝土桩等就是基于这一要求建立的。

（3）放样工作容易受施工干扰。在现代建筑工地上，不同建筑物经常交叉作业，这使得它们的施工高度有时相差较大，会影响控制点之间的相互通视，另外建筑工地的施工机械、往来的运输车辆和人员也会成为通视的障碍。为便于放样时选择，施工控制点位置分布要恰当，密度也应该较大。

5.1.2 施工控制网的布设形式

施工控制网的布设形式要根据建（构）筑物的总平面布置和工地的地形条件来确定。

（1）对于地形起伏较大的山区或跨越江河的建筑工地，一般可以考虑建立三角网或GPS网。

（2）对于地形平坦但通视比较困难的地区，例如进行三旧改造或扩建的居民区及工业场地，可以考虑布设导线网。

（3）对于建筑物比较密集且布置比较规则的工业与民用建筑区，也可以将施工控制网布设成规则的矩形格网，即建筑方格网。

5.1.3 施工控制点的坐标换算

施工控制坐标系亦称建筑坐标系，其坐标轴与主要建筑物主轴线平行或垂直，以便用直角坐标法进行建筑物的放样。

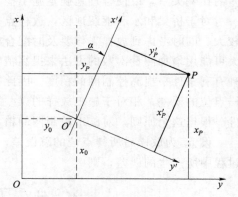

施工控制测量的建筑基线和建筑方格网一般采用施工坐标系，而施工坐标系与测量坐标系往往不一致，因此，施工测量前常常需要进行施工坐标系与测量坐标系的坐标换算。

图 5.1 测量坐标与施工坐标转换

如图 5.1 所示，设 xOy 为测量坐标系，$x'O'y'$ 为施工坐标系，x_0、y_0 为施工坐标系的原点 O' 在测量坐标系中的坐标，α 为施工坐标系的纵轴 $O'x'$ 在测量坐标系中的坐标方位角。设已知点 P 的施工坐标为 (x'_P, y'_P)，则可按下式将其换算为测量坐标 (x_P, y_P)：

$$\left.\begin{array}{l} x_P = x_0 + x'_P \cos\alpha - y'_P \sin\alpha \\ y_P = y_0 + x'_P \sin\alpha + y'_P \cos\alpha \end{array}\right\} \tag{5.1}$$

若已知点 P 的测量坐标，则可按下式将其换算为施工坐标：

$$\left.\begin{array}{l} x'_P = (x_P - x_0)\cos\alpha + (y_P - y_0)\sin\alpha \\ y'_P = -(x_P - x_0)\sin\alpha + (y_P - y_0)\cos\alpha \end{array}\right\} \tag{5.2}$$

5.1.4 施工控制网精度的确定方法

在施工阶段，测量工作的精度主要体现在相邻点位的相对位置上。对于各种不同的建筑物或对于同一建筑物中不同的部分，精度要求并不一致。施工控制网精度的确定，应该从保证各种建筑物放样的精度要求来考虑。

确定工程建筑物放样的精度要求，是一项极为重要的工作。如果精度要求定得过低，就有可能造成质量事故；如果精度要求定得过高，则会给放样工作带来不必要的困难，增加放样工作量，造成时间和金钱的浪费。

建筑物放样时的精度要求，是根据建筑物竣工时对于设计新尺寸的容许偏差（即建筑限差）来确定的。建筑物竣工时的实际误差是由施工误差（包括构件制造误差、施工安装误差等）和测量放样误差所引起的，测量误差只是其中的一部分。为了根据验收限差正确地制定建筑物放样的精度要求，除了掌握测量知识之外，还必须具有一定的工程知识。

由于各种建筑物或同一建筑物中各不同的建筑部分，对放样精度的要求是不同的。因此，首先遇到的问题是根据哪个精度要求来考虑控制网的精度。在选择时，应该考虑到施工现场条件与施工程序和方法，分析这些建筑物是否必须直接从控制点进行放样。对于某些建筑元素，虽然它们之间相对位置的精度要求很高，但在放样时，可以利用它们之间的几何联系直接进行，因而在考虑控制网的精度时，可以不考虑它们。例如，水利工程中闸门是根据主轴线来放样，所以在考虑控制网的精度时，就不必考虑闸门放样的精度要求。

在确定了建筑物放样的精度要求以后，就可用它作为起算数据来推算施工控制网的必要精度。此时，要根据施工现场的情况和放样工作的条件来考虑控制网误差与细部放样误差的比例关系，以便合理地确定施工控制网的精度。

对于桥梁和水利枢纽地区，放样点一般离控制点较远，放样不甚方便，因而放样误差较大。同时考虑到放样工作要及时配合施工，经常在有施工干扰的情况下高速度进行，不大可能用增加测量次数的方法来提高精度。而在建立施工控制网时，则有足够的时间和各种有利条件来提高控制网的精度。因此在设计施工控制网时，应使控制点误差所引起的放样点位的误差，相对于施工放样的误差来说，小到可以忽略不计，为放样工作创造有利条件。根据这个原则，对施工控制网的精度要求分析如下：

设 M 为放样后所得点位的总误差，m_1 为控制点误差所引起的放样误差，m_2 为放样过程中所产生的误差，则

$$M = \pm \sqrt{m_1^2 + m_2^2} = \pm m_2 \sqrt{1 + \frac{m_1^2}{m_2^2}} \tag{5.3}$$

显然 $m_1 < m_2$，故 $\frac{m_1}{m_2} < 1$，将式（5.3）的二项式展开为级数，并略去高次项，则有

$$M = m_2 \left(1 + \frac{m_1^2}{2m_2^2}\right) \tag{5.4}$$

若使上式中 $\frac{m_1^2}{2m_2^2} = 0.1$，亦即控制点误差的影响仅占总误差的 10%，即得

$$m_1^2 = 0.2 m_2^2$$

将上式代入式（5.4），可求得

$$m_1 \approx 0.4M \tag{5.5}$$

由以上推导可得，当控制点所引起的误差为总误差的 40% 时，则它使放样点位的总误差仅增加 10%，这一影响实际上可以忽略不计。

由于施工控制网通常分两级布设，第二级网的加密方式又多种多样（插点、插网、交会定点等），另外在放样过程中，随着放样方法、放样图形的不同，控制点误差所引起的影响，也随之改变。因此，在确定了所需放样点位的总误差后，应用式（5.5）来确定施工控制网的精度时，仍须根据具体情况作具体分析。

对于工业场地来说，由于施工控制网的点位较密，放样距离较近，操作比较容易，因此放样误差也就比较小。在这种情况要给控制网误差与细部放样误差以恰当的比例，合理地确定施工控制网的精度。

5.2　建　筑　基　线

5.2.1　建筑基线的形式

建筑场地的施工控制基准线，称为建筑基线。建筑基线的布置，主要根据建筑物的分布、场地的地形和原有测图控制点的情况而定。建筑基线的布设形式，如图 5.2 所示。

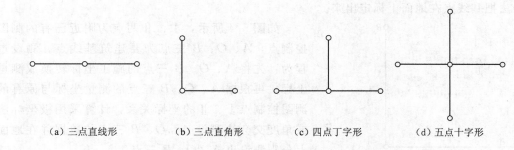

| (a) 三点直线形 | (b) 三点直角形 | (c) 四点丁字形 | (d) 五点十字形 |

图 5.2　建筑基线的布设形式

建筑基线布设的位置，应尽量靠近建筑场地中的主要建筑物，且与其轴线相平行，以便采用直角坐标法进行放样。为了便于检查建筑基线点位有无变动，基线点不得少于三个，边长一般为 100～500m。基线点位应选在通视良好而不受施工干扰的地方。为能使点位长期保存，要建立永久性标志。

5.2.2　测设建筑基线的方法

根据建筑场地的不同情况，测设建筑基线的方法主要有下述两种。

1. 用建筑红线测设

在城市建设中，建筑用地的界址，是由规划部门确定，并由拨地单位在现场直接标定出用地边界点。边界点的连线通常是正交的直线，称为建筑红线。建筑红线与拟建的主要建筑物或建筑群中的多数建筑物的主轴线平行。因此，可根据建筑红线用平行线推移法测设建筑基线。

如图 5.3 所示，Ⅰ-Ⅱ 和 Ⅱ-Ⅲ 是两条互相垂直的建筑红线，A、O、B 三点是欲测设的建筑基线点。其测设过程为：从 Ⅱ 点出发，沿 Ⅱ、Ⅰ 和 Ⅱ、Ⅲ 方向分别量取长度 d，得出点 B' 和点 A'；再过 Ⅰ、Ⅲ 两点分别作建筑红线的垂线，并沿垂线方向分别量取长度 d，得出点 A 和点 B；然后，将 A、A' 与 B、B' 连线，则交会出点 O。A、O、B 三点即为建筑基线点。

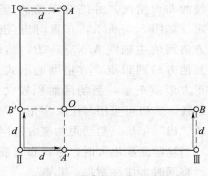

图 5.3　用建筑红线测设基线

当把 A、O、B 三点在地面的位置确定好后，应在点 O 上安置全站仪或经纬仪，精确测定 $\angle AOB$，若 $\angle AOB$ 与 $90°$ 之差超过 $\pm 20''$，应进一步检查测设数据和测设方法，并应对 $\angle AOB$ 按水平角精确测设法来进行点位的调整，使 $\angle AOB = 90°$，并确保 OA、OB 的距离测设精度不低于 $1/10000$。

如果建筑红线完全符合作为建筑基线的条件时，可将其作为建筑基线使用，即直接用建筑红线进行建筑物的放样，既简便又快捷。

2. 用附近的控制点测设

在非建筑区，没有建筑红线作依据时，就需要在建筑设计总平面图上，根据建筑物的设计坐标和附近已有的测图控制点来选定建筑基线的位置，并在实地采用极坐标法或角度交会法把基线点在地面上标定出来。

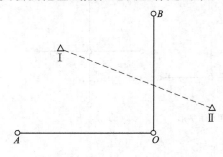

图 5.4 用控制点测设基线

如图 5.4 所示，Ⅰ、Ⅱ 两点为附近已有的测图控制点，A、O、B 三点为要建筑基线点。测设过程为：先将 A、O、B 三点的施工坐标转换成测量坐标；再根据 A、O、B 三点的测量坐标与原有的测图控制点 Ⅰ、Ⅱ 的坐标关系，计算采用极坐标法或角度交会法测设 A、O、B 三点的数据并在地面上分别测设出 A、O、B 三点。

当 A、O、B 三点测设完成后，应在点 O 安置全站仪或经纬仪，测量 $\angle AOB$ 是否为 90°，其不符合值不应超过 $\pm 20''$；丈量 OA、OB 的距离，与 OA、OB 的设计距离相比较，其不符值不应大于 1/10000。若检查角度的误差与丈量边长的相对误差均不在允许值以内时，就要调整 A、B 两点，使其满足规定的精度要求。

5.3 建 筑 方 格 网

5.3.1 建筑方格网的布设

1. 建筑方格网的布置和主轴线的选择

建筑方格网的布置是根据建筑设计总平面图上各建筑物、构筑物、道路及各种管线的布设情况，并结合现场的地形情况拟定。如图 5.5 所示，布置时应先选定建筑方格网的主轴线 MN 和 AB，然后再布置其他方格网顶点。方格网的形式可布置成正方形或矩形，当场区面积较大时，常分两级。首级可采用"十"字形、"口"字形或"田"字形，然后再加密方格网。

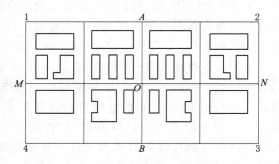

图 5.5 建筑方格网主轴线

当场区面积不大时，尽量布置成全面方格网。

布网时，应注意以下几点：

（1）方格网的主轴线应布设在厂区的中部，并与主要建筑物的基本轴线平行。

（2）方格网的折角应严格成 90°，水平角测角中误差一般为 $\pm 5''$。

（3）方格网的边长一般为 100～300m，边长测量的相对精度为 1/20000～1/30000；矩形方格网的边长视建筑物的大小和分布而定，为了便于使用，边长尽可能为 50m 或它的整倍数。方格网有的边应保证通视且便于测距和测角，点位标石应能长期保存。

2. 确定主点的施工坐标

如图 5.6 所示，MN、AB 为建筑方格网的主轴线，它是建筑方格网扩展的基础。当场区很大时，主轴线很长，一般只测设其中的一段，如图中的 COD 段，该段上点 C、点 O、点 D 是主轴线的定位点，称为主点。主点的施工坐标一般由设计单位给出，也可在总平面图上用图解法求得一点的施工坐标后，再按主轴线的长度推算其他主点的施工坐标。

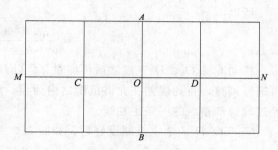

图 5.6 建筑方格网主点

3. 求算主点的测量坐标

由于城市建设需要有统一的规划，设计建筑的总体位置必须与城市或国家坐标一致，因此，主要轴线的定位需要测量控制点来测设，使其符合直线、直角、等距等几何条件。当施工坐标系与城市坐标或国家坐标不一致时，在施工方格网测设之前，应把主点的施工坐标换算为测量坐标，以便求算测设数据。见式（5.1）、式（5.2）。

5.3.2 建筑方格网的测设

1. 主轴线的测设

图 5.7 中的点 1、点 2、点 3 是测量控制点，点 C、点 O、点 D 为主轴线的主点。首先将 C、O、D 三点的施工坐标换算成测量坐标，再根据它们的坐标反算出测设数据 D_1、D_2、D_3 和 β_1、β_2、β_3，然后按极坐标法分别测设出 C、O、D 三个主点的概略位置，如图 5.8 所示，以 C'、O'、D' 表示，并用混凝土桩把主点固定下来。混凝土桩顶部常设置一块 $10\text{cm}\times10\text{cm}$ 铁板，供调整点位使用。

如图 5.8 所示，由于主点测设误差的影响，三个主点一般不在一条直线上，并且点与点之间的距离也不等于设计值。因此需在点 O' 上设站，用 $2''$ 的全站仪测量 $\angle C'O'D'$ 的角值和 $O'C'$、$O'D'$ 的距离 2～3 测回，$\angle C'O'D'$ 与 $180°$ 之差超过 $\pm5''$，或 $O'C'$、$O'D'$ 的长度与设计值相差超过 $\pm5\text{mm}$，都应该进行点位的调整，各主点应沿 COD 的垂线方向移动同一改正值 δ，使三个主点成一直线。

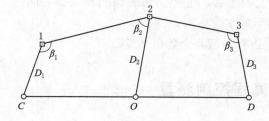

图 5.7 建筑方格网主点测设

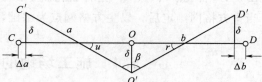

图 5.8 建筑方格网主点位置纠正

由于 u 和 r 角均很小，故

$$u=\frac{\delta}{\frac{a}{2}}\rho=\frac{2\delta}{a}\rho \qquad r=\frac{\delta}{\frac{b}{2}}\rho=\frac{2\delta}{b}\rho$$

又

$$u+r+\beta=180°$$

$$180°-\beta=u+r=\left(\frac{2\delta}{a}+\frac{2\delta}{b}\right)\rho=2\delta\rho\frac{a+b}{ab}$$

所以

$$\delta = \frac{ab}{a+b} \frac{(90° - \beta/2)''}{\rho''} \tag{5.6}$$

移动 C'、O'、D' 三点之后再测量 $\angle C'O'D'$，如果测得的结果与 $180°$ 之差仍超限，应再进行调整，直到误差在允许范围之内为止。然后计算 Δa、Δb，移动至正确位置，得到经过检验调整后的一条主轴线。

C、O、D 三个主点测设好后，如图 5.9 所示，将全站仪安置在点 O，瞄准点 C，分别向左、向右转 $90°$，测设出另一条主轴线 AOB，同样用混凝土桩在地上定出其概略位置 A' 和 B'，再精确测出 $\angle COA'$ 和 $\angle B'OC$，分别算出它们与 $90°$ 之差 ε_1 和 ε_2。并计算出改正值 l_1 和 l_2

$$l = L \frac{\varepsilon''}{\rho''} \tag{5.7}$$

式中　L——OA' 或 OB' 间的距离。

A、B 两点定出后，还应实测改正后的 $\angle AOB$，它与 $180°$ 之差应在限差范围内。然后精密丈量出 OA、OB、OC、OD 的距离，在铁板上刻出其点位。

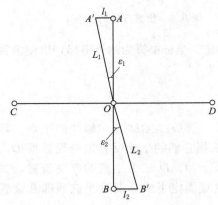

图 5.9　测设另一条主轴线

2. 方格网点的测设

主轴线确定后，先进行主方格网的测设，然后在主方格网内进行方格网的加密。

主方格网的测设，采用角度交会法定出格网点。以图 5.6 为例说明其作业过程：用两台全站仪分别安置在 M、A 两点上，均以点 O 为起始方向，分别向左、向右精确地测设出 $90°$ 角，在测设方向上交会点 1，交点 1 的位置确定后，进行交角的检测和调整，同法测设出主方格网点 2、3、4，这样就构成了田字形的主方格网。

当主方格网测定后，以主方格网点为基础，进行加密其余各格网点。

5.4　施工场地的高程控制测量

5.4.1　施工场地高程控制网的建立

建筑施工场地的高程控制测量一般采用水准测量方法，应根据施工场地附近的国家或城市已知水准点，测定施工场地水准点的高程，以便纳入统一的高程系统。

在施工场地上，水准点的密度应尽可能满足安置一次仪器即可测设出所需的高程，而测图时敷设的水准点往往是不够的，因此，还需增设一些水准点。在一般情况下，建筑基线点、建筑方格网点以及导线点也可兼作高程控制点。只要在平面控制点桩面上中心点旁边，设置一个突出的半球状标志即可。

为了便于检核和提高测量精度，施工场地高程控制网应布设成闭合或附合路线。高程控制网可分为首级网和加密网，相应的水准点称为基本水准点和施工水准点。

5.4.2 基本水准点

基本水准点应布设在土质坚实、不受施工影响、无震动和便于实测，并埋设永久性标志。一般情况下，按四等水准测量的方法测定其高程，而对于为连续性生产车间或地下管道测设所建立的基本水准点，则需按三等水准测量的方法测定其高程。

5.4.3 施工水准点

施工水准点是用来直接测设建筑物高程的。为了测设方便和减少误差，施工水准点应靠近建筑物。

此外，由于设计建筑物常以底层室内地坪高±0标高为高程起算面，为了施工引测方便，常在建筑物内部或附近测设±0水准点。±0水准点的位置，一般选在稳定的建筑物墙、柱的侧面，用红漆绘成顶为水平线的"▼"形，其顶端表示±0位置。

5.5 场 地 平 整 测 量

在工业与民用建筑工程中，场地平整就是将建筑场地的自然地貌改造成工程所要求的设计平面，以便于布置和修建建筑物，排泄地面水，满足交通运输和敷设地下管线的需要。由于场地平整时全场地兼有挖和填，而挖和填的体形常常不规则，所以一般采用方格网方法分块计算解决。

平整场地前应先做好各项准备工作，如清除场地内所有地上、地下障碍物；排除地面积水；铺筑临时道路等。

选择场地设计标高的原则是：①在满足总平面设计的要求，并与场外工程设施的标高相协调的前提下，考虑挖填平衡，以挖作填；②如挖方少于填方，则要考虑土方的来源，如挖方多于填方，则要考虑弃土堆场；③场地设计标高要高出区域最高洪水位，在严寒地区，场地的最高地下水位应在土壤冻结深度以下。

场地平整有两种情形，一是平整为水平场地，二是整理为倾斜面。

5.5.1 设计成水平场地

图5.10为某场地的地形图，若要求将原地貌按照挖填平衡的原则改造成水平面，设计计算步骤如下。

1. 在地形图上绘制方格网

方格网的大小取决于地形的复杂程度、地形图比例尺的大小和土方计算的精度要求，方格的边长通常为图上2cm。各方格顶点的高程用线性内插法求出，并注记在相应顶点的右上方。

2. 计算挖填平衡的设计高程

先计算每一个方格顶点的平均高程 H_i，再计算所有方格的平均高程，这个平均高程就是挖填平衡的设计高程 H_0。

$$H_i = \frac{H_{i1} + H_{i2} + H_{i3} + H_{i4}}{4}$$

$$H_0 = \frac{H_1 + H_2 + \cdots + H_n}{n} = \frac{1}{n}\sum_{i=1}^{n} H_i \tag{5.8}$$

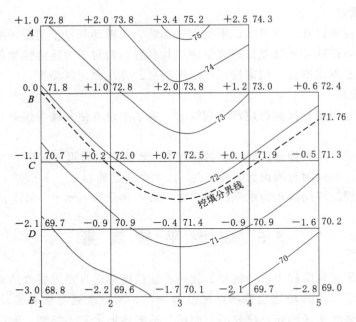

图 5.10　设计成水平场地的地形图

式中　H_i——相应方格的平均高程；

　　　　n——总方格数。

由图 5.10 可知，方格网的角点 $A1$、$A4$、$B5$、$E1$、$E5$ 的高程只用了一次，边点 $A2$、$A3$、$B1$、$C1$、$C5$、$D1$、$D5$、$E2$、$E3$ 和 $E4$ 的高程用了两次，拐点 $B4$ 的高程只用了三次，中点 $B2$、$B3$、$C2$、$C3$、$C4$、$D2$、$D3$、$D4$ 的高程用了四次，因此，设计高程的计算公式可以简化为

$$H_0 = \frac{\sum H_{\text{角}} + 2\sum H_{\text{边}} + 3\sum H_{\text{拐}} + 4\sum H_{\text{中}}}{4n} \qquad (5.9)$$

将图 5.10 中各顶点的高程代入式（5.9），即可计算出设计高程。

$H_0 = [(72.8 + 74.3 + 72.4 + 68.8 + 69.0) + 2 \times (73.8 + 75.2 + 71.8 + 70.7 + 71.3 + 69.7 + 70.2 + 69.6 + 70.1 + 69.7) + 3 \times 73.0 + 4 \times (72.8 + 73.8 + 72.0 + 72.5 + 71.9 + 70.9 + 71.4 + 70.9)] \div (4 \times 15)$

$= 4309.3 \div 60 = 71.76 \text{(m)}$

在图中内插出 71.76m 的等高线（图中虚线）即为挖填平衡的分界线。

3. 计算挖、填高度

各方格点的挖、填高度为方格顶点的高程减去设计高程 H_0，即 $h_i = H_i - H_0$，标注明在各方格顶点的左上方，正值表示挖方，负值表示填方。

4. 计算挖、填土方量

按角点、边点、拐点和中点分别进行计算。

角点：　　　　　　　挖（填高）$\times \frac{1}{4}$方格面积

边点：$\qquad$ 挖（填高）$\times \dfrac{2}{4}$ 方格面积

拐点：$\qquad$ 挖（填高）$\times \dfrac{3}{4}$ 方格面积

中点：$\qquad$ 挖（填高）$\times \dfrac{4}{4}$ 方格面积

挖、填土方量在 Excel 表格中计算，方便快捷，计算准确。设地形图比例尺为 1：1000，方格图上边长为 2cm，则方格面积为 400m²。土方量的计算见表 5.1。

表 5.1 使用 Excel 表格计算水平地面挖填土方量

序号	A	B	C	D	E	F	G
1	水平面挖、填土方量计算						
2	点号	属性	高程/m	计算设计高/m	挖填高/m	挖方量/m³	填方量/m³
3	A1	1	72.8	72.8	1.04	104	0
4	A2	2	73.8	147.6	2.04	408	0
5	A3	2	75.2	150.4	3.44	688	0
6	A4	1	74.3	74.3	2.54	254	0
7	B1	2	71.8	143.6	0.04	8	0
8	B2	4	72.8	291.2	1.04	416	0
9	B3	4	73.8	295.2	2.04	816	0
10	B4	3	73.0	219.0	1.24	372	0
11	B5	1	72.4	72.4	0.64	64	0
12	C1	2	70.7	141.4	−1.06	0	−212
13	C2	4	72.0	288.0	0.24	96	0
14	C3	4	72.5	290.0	0.74	296	0
15	C4	4	71.9	287.6	0.14	56	0
16	C5	2	71.3	142.6	−0.46	0	−92
17	D1	2	69.7	139.4	−2.06	0	−412
18	D2	4	70.9	283.6	−0.86	0	−344
19	D3	4	71.4	285.6	−0.36	0	−144
20	D4	4	70.9	283.6	−0.86	0	−344
21	D5	2	70.2	140.4	−1.56	0	−312
22	E1	1	68.8	68.8	−2.96	0	−296
23	E2	2	69.6	139.2	−2.16	0	−432
24	E3	2	70.1	140.2	−1.66	0	−332
25	E4	2	69.7	139.4	−2.06	0	−412
26	E5	1	69.0	69.0	−2.76	0	−276
27	方格数 $n=$		15	4305.30		3578	−3608
28	设计高＝		71.76	方格面积	400		−30

在表 5.1 中，第 1 行为表题，第 2 行为标题栏。A 列为各顶点点号；B 列为各顶点属性，角点、边点、拐点和中点的属性分别为 1、2、3、4；C 列为各顶点地面高程；D 列为计算设计高的中间结果，其结果为"顶点属性×高程"，可在 D3 单元格中输入公式"＝B3×C3"并拖至 D26，D27 为 D3 至 D26 的总和，计算公式为"＝SUM（D3：D26）"；合并 A27 和 B27 单元格，输入"方格数 $n=$"，在 C27 单元格输入总方格数"15"，合并 A28 和 B28 单元格并输入"设计高＝"，在 C28 单元格输入设计高的计算公式"＝ROUND(D27/(4×C27)，2)"，计算结果保留 2 位小数，在 D28 单元格，输入"方格面积"，本例方格面积为 400m²，在 E28 单元格输入方格面积"400"；E 列为挖填高，在 E3 单元格中输入公式"＝C3－＄C＄28"并拖至 E26；F 列为挖方量，在 F3 单元格中输入公式"＝IF(E3≥0，E3×B3/4 *＄E＄28，0)"并拖至 F26；G 列为填方量，在 G3 单元格中输入公式"＝IF(E3≥0，0，E3 * B3/4 *＄E＄28)"并拖至 G26；F27 单元格为挖方量合计，输入公式"＝SUM(F3：F26)"计算；G27 单元格为填方量合计，输入公式"＝SUM(G3：G26)"计算；G28 单元格为挖填差"＝F27＋G27"。

5.5.2　设计成一定坡度的倾斜地面

将原地形整理成某一坡度的倾斜地面，一般可以根据挖填平衡的原则，绘制出设计倾斜面的等高线。

如图 5.11 所示，根据地貌的自然坡度，按照挖填平衡的原则将地面设计成从北到南坡度为－7％的倾斜地面，设计计算步骤如下：

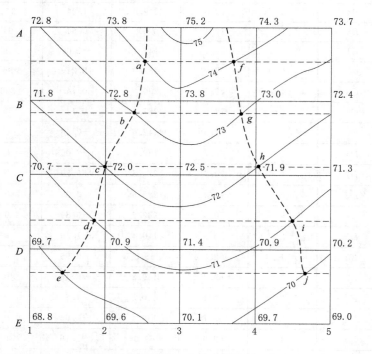

图 5.11　设计成一定坡度的倾斜地面

（1）绘制方格网，将各方格顶点的高程用线性内插法求出，并注记在相应顶点的右上方。

（2）根据挖、填平衡，按水平场地的设计计算方法，计算出场地重心的设计高程（就是挖、填平衡时的水平面高程）为71.85m。

（3）确定倾斜面最高点和最低点的设计高程。如图5.11所示，按设计要求，场地从北至南以−7％为最大坡度，则 $A1-A5$ 为场地的最高边线，$E1-E5$ 为场地的最低边线。已知 AE 边长为80m，则 A、C 两点的设计高差为

$$h_{AE} = D_{AE} \times i = 80 \times (-7\%) = -5.6(\text{m})$$

由于场地重心（图形的中心）的设计高程定为71.85m，且 AE 为最大坡度方向，所以71.85m也是 AE 边线的中心点的设计高程，即 $C1-C5$ 的设计高程为71.85m，那么 $A1-A5$、$B1-B5$、$D1-D5$、$E1-E5$，点的设计高程分别为

$$A1-A5: H_{A1-A5} = H_0 - \frac{h_{AE}}{2} = 71.85 + 2.8 = 74.65(\text{m})$$

$$B1-B5: H_{B1-B5} = H_0 - \frac{h_{AE}}{4} = 71.85 + 1.4 = 73.25(\text{m})$$

$$D1-D5: H_{D1-D5} = H_0 + \frac{h_{AE}}{4} = 71.85 - 1.4 = 70.45(\text{m})$$

$$E1-E5: H_{E1-E5} = H_0 + \frac{h_{AE}}{2} = 71.85 - 2.8 = 69.05(\text{m})$$

将上述设计高程标注在方格角点的右下方。

（4）确定挖、填边界线。在 AE 边线上，根据 A、E 的设计高程内插出70m、71m、72m、73m、74m的设计等高线的位置。通过这些点分别作 $A1-A5$ 的平行线（图5.11中的虚线），这些虚线就是坡度为−7％的设计等高线。设计等高线与图上同高程的原等高线相交于 a、b、c、d、e、f、g、h、i、j 点，这些交点的连线即为挖填边界线（图中较粗的虚曲线）。图中两连线 $a-b-c-d-e$、$f-g-h-i-j$ 之间为挖方范围，其余为填方范围。

（5）确定方格角点的挖、填高度。按公式 $h = H_i - H_{\text{设计}}$ 计算出各角点的挖、填高度，并标注在方格角点的左上方。

（6）计算挖、填方量。根据方格角点的挖、填高度，可按前述介绍的方法分别计算各方格内的挖、填土石方量及整个场地的总挖、填土石方量。

上述计算可在 Excel 表格中进行，见表5.2。在表5.2中，第1行为表题，第2行为标题栏。A列为各顶点点号；B列为各顶点属性，角点、边点、拐点和中点的属性分别为1、2、3、4；C列为各顶点地面高程；D列为计算设计高的中间结果，其结果为"顶点属性×高程"，可在 D3 单元格中输入公式"＝B3×C3"并拖至 D27，D28 为 D3 至 D27 的总和，计算公式为＝SUM（D3：D27）；合并 A28 和 B28 单元格，输入"方格数 $n=$"，在 C28 单元格输入总方格数"16"，合并 A29 和 B29 单元格并输入"重心设计高＝"，在 C29 单元格输入设计高的计算公式"＝ROUND(D28/(4×C28),2)"，计算结果保留2位

小数，在 D29 单元格，输入"方格面积"，本例方格面积为 400m^2，在 E29 单元格输入方格面积"400"；E 列为设计高，输入前面计算的 A、B、C、D、E 行的设计高程；F 列为挖填高，在 F3 单元格中输入公式"＝C3－E3"并拖至 F27；G 列为挖方量，在 G3 单元格中输入公式"＝IF(F3＞＝0,F3×B3/4×＄E＄29,0)"并拖至 F27；H 列为填方量，在 H3 单元格中输入公式"＝IF(F3＞＝0,0,F3×B3/4×＄E＄29)"并拖至 H27；G28 单元格为挖方量合计，输入公式"＝SUM(G3∶G27)"计算；H28 单元格为填方量合计，输入公式"＝SUM（H3∶H27）"计算；H29 单元格为挖填差"＝G28＋H28"。

表 5.2　　　　　　　　　　　使用 Excel 表格计算倾斜地面挖填土方量

序号	A	B	C	D	E	F	G	H
1	倾斜面挖、填土方量计算							
2	点号	属性	高程/m	重心设计高/m	设计高/m	挖填高/m	挖方量/m³	填方量/m³
3	A1	1	72.8	72.8	74.65	−1.85	0	−185
4	A2	2	73.8	147.6	74.65	−0.85	0	−170
5	A3	2	75.2	150.4	74.65	0.55	110	0
6	A4	2	74.3	148.6	74.65	−0.35	0	−70
7	A5	1	73.7	73.7	74.65	−0.95	0	−95
8	B1	2	71.8	143.6	73.25	−1.45	0	−290
9	B2	4	72.8	291.2	73.25	−0.45	0	−180
10	B3	4	73.8	295.2	73.25	0.55	220	0
11	B4	4	73.0	292.0	73.25	−0.25	0	−100
12	B5	2	72.4	144.8	73.25	−0.85	0	−170
13	C1	2	70.7	141.4	71.85	−1.15	0	−230
14	C2	4	72.0	288.0	71.85	0.15	60	0
15	C3	4	72.5	290.0	71.85	0.65	260	0
16	C4	4	71.9	287.6	71.85	0.05	20	0
17	C5	2	71.3	142.6	71.85	−0.55	0	−110
18	D1	2	69.7	139.4	70.45	−0.75	0	−150
19	D2	4	70.9	283.6	70.45	0.45	180	0
20	D3	4	71.4	285.6	70.45	0.95	380	0
21	D4	4	70.9	283.6	70.45	0.45	180	0
22	D5	2	70.2	140.4	70.45	−0.25	0	−50
23	E1	1	68.8	68.8	69.05	−0.25	0	−25
24	E2	2	69.6	139.2	69.05	0.55	110	0
25	E3	2	70.1	140.2	69.05	1.05	210	0
26	E4	2	69.7	139.4	69.05	0.65	130	0
27	E5	1	69.0	69.0	69.05	−0.05	0	−5
28	方格数 $n=$		16	4598.70			1860	−1830
29	重心设计高＝		71.85	方格面积	400			30

5.6 民用建筑施工测量

民用建筑是指住宅、医院、办公楼和学校等，民用建筑工地测量就是按照设计要求，配合施工进展，将民用建筑的平面位置和高程测设出来。民用建筑的类型、结构和层数各不相同，因而施工测量的方法和精度要求也有所不同，但施工测量的过程基本一样，主要包括准备资料（如总平面图，建筑物的设计与说明等）、熟悉资料、结合场地情况制定放样方案、现场放样、检查及调整等。

5.6.1 施工测量前的准备工作

1. 熟悉设计资料及图纸

设计资料及图纸是施工放样的依据，在放样前应熟悉设计资料和图纸。根据建筑总平面图了解施工建筑物与地面控制点及相邻地物的关系，从而确定放样平面位置的方案。

从"建筑平面图"中查取建筑物的总尺寸和内部各定位轴线之间的关系尺寸。它是放样的基础资料。

"基础平面图"给出了建筑物的整个平面尺寸及细部结构与各定位轴线之间的关系，从而确定放样基础轴线的必要数据。

"基础剖面图"给出了基础剖面的尺寸（边线至中轴线的距离）及其设计标高（基础与设计地坪的高差），从而确定开挖边线和基坑底面的高程位置。还有其他各种立面图、剖面图等。

2. 现场踏勘

现场踏勘的目的是了解现场的地物、地貌和控制点分布情况，并调查与施工测量有关的问题。

3. 拟定放样计划和绘制放样草图

放样计划包括放样数据和所用仪器、工具的准备。一般应根据放样的精度要求，选择相应等级的仪器和工具。在放样前，对所用仪器、工具要进行严格的检验和校正。

5.6.2 建筑物的定位与放线

5.6.2.1 建筑物的定位

建筑物的定位是根据设计图纸，将建筑物外墙的轴线交点（也称角点）测设到实地，作为建筑物基础放样和细部放线的依据。由于设计方案常根据施工场地条件来选定，不同的设计方案，其建筑物的定位方法也不一样，主要有以下三种情况。

1. 根据控制点定位

如图 5.12 所示，如果待定位建筑物的定位点设计坐标是已知的，且附近有高级控制点可供利用，可根据实际情况选用极坐标法、角度交会法或距离交会法来测设定位点。在这三种

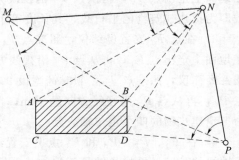

图 5.12 根据控制点定位

方法中，极坐标法适用性最强，是用得最多的一种定位方法。

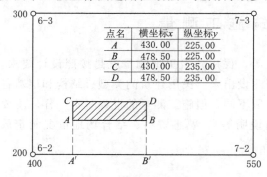

点名	横坐标x	纵坐标y
A	430.00	225.00
B	478.50	225.00
C	430.00	235.00
D	478.50	235.00

图 5.13　根据建筑方格网和建筑基线定位

2. 根据建筑方格网和建筑基线定位

如图 5.13 所示，如果待定位建筑物的定位点设计坐标是已知的，且建筑场地已设有建筑方格网或建筑基线，可利用直角坐标法测设定位点。用直角坐标法测设点位，所需测设数据的计算较为方便，在用全站仪实地测设时，建筑物总尺寸和四大角的精度容易控制和检核。

3. 根据与原有建筑物和道路的关系定位

如果设计图上只给出新建筑物与附近原有建筑物或道路的相互关系，而没有提供建筑物定位点的坐标，周围又没有测量控制点、建筑方格网和建筑基线可供利用，可根据原有建筑物的边线或道路中心线，将新建筑物的定位点测设出来。

（1）根据与原有建筑物的关系定位。如图 5.14 所示，拟建建筑物的外墙边线与原有建筑的外墙边线在同一条直线上，两栋建筑物的间距为 10m，拟建建筑物长轴为 40m，短轴为 18m，轴线与外墙边线间距为 0.12m，可按下述方法测设其四个轴线交点。

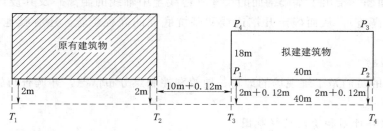

图 5.14　根据与原有建筑物的关系定位

1）沿原有建筑物的两侧外墙拉线，用钢尺沿线从墙角往外量一段较短的距离（这里设为 2m），在地面上定出 T_1 和 T_2 两个点，T_1 和 T_2 的连线即为原有建筑物的平行线。

2）在 T_1 点安置经纬仪，照准点 T_2，用钢尺从点 T_2 沿视线方向量 10m＋0.12m，在地面上定出点 T_3，再从点 T_3 沿视线方向量 40m，在地面上定出点 T_4，T_3 和 T_4 的连线即为拟建建筑物的平行线，其长度等于长轴尺寸。

3）在点 T_3 安置经纬仪，照准点 T_4，逆时针测设 90°，在视线方向上量 2m＋0.12m，在地面上定出点 P_1，再从点 P_1 沿视线方向量 18m，在地面上定出点 P_4。同理，在点 T_4 安置经纬仪，照准点 T_3，顺时针测设 90°，在视线方向上量 2m＋0.12m，在地面上定出点 P_2，再从点 P_2 沿视线方向量 18m，在地面上定出点 P_3。则 P_1、P_2、P_3 和 P_4 点即为拟建建筑物的四个定位轴线点。

4）在 P_1、P_2、P_3 和 P_4 点上安置经纬仪，检核四个大角是否为 90°，用钢尺丈量四条轴线的长度，检核长轴是否为 40m，短轴是否为 18m。

（2）根据与原有道路的关系定位。如图 5.15 所示，拟建建筑物的轴线与道路中心线

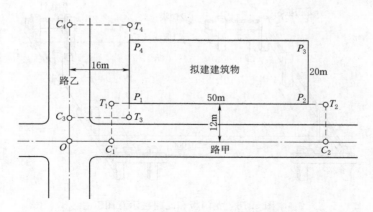

图 5.15　根据与原有道路的关系定位

平行，轴线与道路中心线的距离分别为 16m 和 12m，测设方法如下：

1）在路甲道路的中心线上（路宽的 1/2 处）选两个合适的位置 C_1 和 C_2，在路乙道路的中心线上也选两个合适的位置 C_3 和 C_4。

2）分别在路甲的两个中心点 C_1 和 C_2 上安置全站仪，测设水平角 90°，测设水平距离 12m，在地面上得到路甲的平行线 T_1-T_2，同理作出路乙的平行线 T_3-T_4。

3）用全站仪内延或外延这两条线，其交点即为拟建建筑物的第一个定位点 P_1，再从 P_1 沿长轴方向的平行线测设水平距 50m，得到第二个定位点 P_2。

4）分别在点 P_1 和点 P_2 安置经纬仪，测设直角 90°和水平距离 20m，在地面上定出点 P_3 和点 P_4。在点 P_1、点 P_2、点 P_3 和点 P_4 上安置经纬仪，检核角度是否为 90°，同时测量四条轴线的长度，检核长轴是否为 50m，短轴是否为 20m。

5.6.2.2　建筑物的放线

建筑物的放线是根据已定位出的建筑物主轴线（即角桩）详细测设建筑物其他各轴线交点桩（桩顶钉小钉，简称中心桩），再根据角桩、中心桩的位置，用白灰撒出基槽边界线。

由于基槽开挖后，角桩和中心桩将被破坏。施工时为了能方便地恢复各轴线的位置，一般是把轴线延长到安全地点，并作好标志。延长轴线的方法有两种：龙门板法和轴线控制桩法。

龙门板法适用于一般小型的民用建筑物，为了方便施工，在建筑物四角与隔墙两端基槽开挖边线以外 1.5～2m 处钉设龙门桩（图 5.16）。桩要钉得竖直、牢固，桩的外侧面与基槽平行。根据建筑场地的水准点，用水准仪在龙门桩上测设建筑物±0.000 标高线。根据±0.000 标高线把龙门板钉在龙门桩上，使龙门板的顶面在一个水平面上，且与±0.000 标高线一致。安置仪器于各角桩、中心桩上，将各轴线引测到龙门板顶面上，并以小钉表示，称为轴线钉。

轴线控制桩（也称引桩）设置在基槽外基础轴线的延长线上，作为开槽后各施工阶段确定轴线位置的依据（图 5.17）。轴线控制桩一般设在基槽开挖边线以外 2～4m 处。如果附近有已建的建筑物，也可将轴线投测在建筑物的墙上。

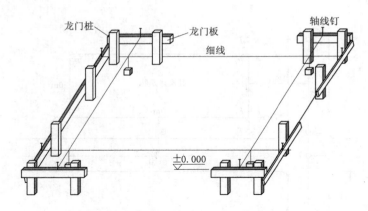

图 5.16　龙门板和龙门桩示意图

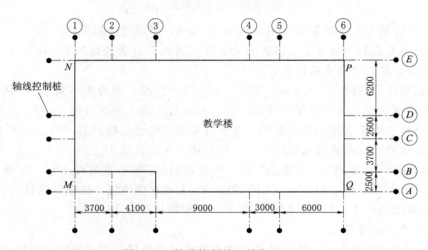

图 5.17　轴线控制桩（单位：mm）

5.6.3　基础施工测量

1. 基槽开挖的深度控制

如图 5.18 所示，为了控制基槽开挖深度，当基槽挖到接近槽底设计高程时，应在槽壁上测设一些水平桩，使水平桩的上表面离槽底设计高程为某一整分米数（例如 5dm），

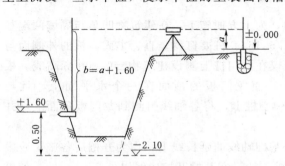

图 5.18　基槽水平桩测设（单位：m）

用以控制挖槽深度，也可作为槽底清理和打基础垫层时掌握标高的依据。一般在基槽各拐角处、深度变化处和基槽壁上每隔 3~4m 测设一个水平桩，然后拉上白线，线下 0.50m 即为槽底设计高程。

测设水平桩时，以画在龙门板或周围固定地物的 ±0.000 标高线为已知高程点，用水准仪进行测设，小型建筑物也可用连通水管法进行测设。水平桩上的高程误差应在±10mm以内。

例如，设龙门板顶面标高为±0.000，槽底设计标高为－2.1m，水平桩高于槽底0.50m，即水平桩高程为－1.6m，用水准仪后视龙门板顶面上的水准尺，读数 $a=1.237$ 则水平桩上标尺的应有读数为

$$b = 0 + 1.237 - (-1.6) = 2.837(\text{m})$$

测设时沿槽壁上下移动水准尺，当读数为2.886m时沿尺底水平地将桩打进槽壁，然后检核该桩的标高，如超限便进行调整，直至误差在规定范围以内。

垫层面标高的测设可以水平桩为依据在槽壁上弹线，也可在槽底打入垂直桩，使桩顶标高等于垫层面的标高。如果垫层需安装模板，可以直接在模板上弹出垫层面的标高线。

如果是机械开挖，一般是一次挖到设计槽底或坑底的标高，因此要在施工现场安置水准仪，边挖边测，随时指挥挖土机调整挖土深度，使槽底或坑底的标高略高于设计标高（一般为10cm，留给人工清土）。挖完后，为了给人工清底和打垫层提供标高依据，还应在槽壁或坑壁上打水平桩，水平桩的标高一般为垫层面的标高。

2. 基槽底口和垫层轴线投测

如图5.19所示，基槽挖至规定标高并清底后，将经纬仪安置在轴线控制桩上，瞄准轴线另一端的控制桩，即可把轴线投测到槽底，作为确定槽底边线的基准线。垫层打好后，用经纬仪或用拉绳挂垂球的方法把轴线投测到垫层上，并用墨线弹出墙中心线和基础边线，以便砌筑基础或安装基础模板。由于整个墙身砌筑均以此线为准，这是确定建筑物位置的关键环节，所以要严格校核后方可进行砌筑施工。

3. 基础标高的控制

如图5.20所示，基础墙（±0.000以下的砖墙）的标高一般是用基础皮数杆来控制的，基础皮数杆用一根木杆做成，在杆上注明±0.000的位置，按照设计尺寸将砖和灰缝的厚度分别从上往下一一画出来，此外还应注明防潮层和预留洞口的标高位置。

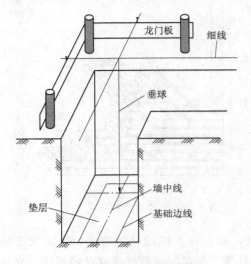

图5.19 基槽底口和垫层轴线

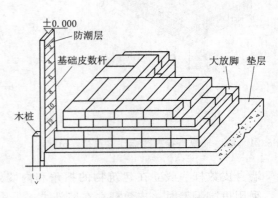

图5.20 基础皮数杆

立皮数杆时，可先在立杆处打一个木桩，用水准仪在木桩侧面测设一条高于垫层设计标高某一数值（如 10cm）的水平线，然后将皮数杆上标高相同的一条线与木桩上的水平线对齐，并用大铁钉把皮数杆和木桩钉在一起，作为砌筑基础墙的标高依据。对于采用钢筋混凝土的基础，可用水准仪将设计标高测设于模板上。

基础施工结束后，应检查基础面的标高是否满足设计要求（也可以检查防潮层）。可用水准仪测出基础面上的若干高程，和设计高程相比较，允许误差为 ±10mm。

5.6.4　墙体施工测量

1. 首层楼房墙体施工测量

（1）墙体轴线测设如图 5.21 所示，基础工程结束后，应对龙门板或轴线控制桩进行检查复核，经复核无误后，可根据轴线控制桩或龙门板上的轴线钉，用全站仪法或拉线法把首层楼房的墙体轴线测设到防潮层上，然后用钢尺检查墙体轴线的间距和总长是否等于设计值，用全站仪检查外墙轴线四个主要交角是否等于 90°。符合要求后，把墙体轴线延长到基础外墙侧面上并弹出墨线及做出标志，作为向上投测各层楼房墙体轴线的依据。同时还应把门、窗和其他洞口的边线也在基础外墙侧面上做出标志。

墙体砌筑前，根据墙体轴线和墙体厚度弹出墙体边线，照此进行墙体砌筑。砌筑到一定高度后，用吊锤线将基础外墙侧面上的轴线引测到地面以上的墙体上。以免基础覆土后看不见轴线标志。如果轴线处是钢筋混凝土柱，则在拆柱模后将轴线引测到桩身上。

（2）墙体标高测设。如图 5.22 所示，墙体砌筑时，其标高用墙身"皮数杆"控制。在皮数杆上根据设计尺寸，按砖和灰缝厚度画线，并标明门、窗、过梁、楼板等的标高位置。杆上标高注记从 ±0.000 向上增加。

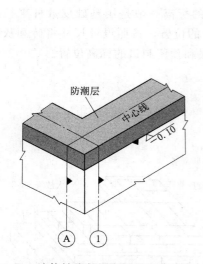

图 5.21　墙体轴线与标高线标注（单位：m）

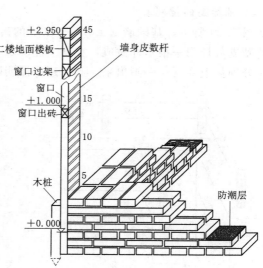

图 5.22　墙身皮数杆

墙身皮数杆一般立在建筑物的拐角和内墙处，固定在木桩或基础墙上。为了便于施工，采用里脚手架时，皮数杆立在墙外边；采用外脚手架时，皮数杆应立在墙里边。立皮数杆时，先用水准仪在立杆处的木桩或基础墙上测设出 ±0.000 标高线，测量误差在

±3mm 以内，然后把皮数杆上的±0.000 线与该线对齐，用吊锤校正并用钉钉牢。

墙体砌筑到 1.5m 左右的位置时，应在内、外墙面上测设出＋0.50m 标高的水平墨线，称为"＋50 线"。外墙的＋50 线作为向上传递各楼层标高的依据，内墙的＋50 线作为室内地面施工及室内装修的标高依据。

2. 二层以上楼房墙体施工测量

（1）墙体轴线投测。每层楼面建好后，为了保证继续往上砌筑墙体时，墙体轴线均与基础轴线在同一铅垂面上，应将基础或一层墙面上的轴线投测到楼面上，并在楼面上重新弹出墙体的轴线，检查无误后，以此为依据弹出墙体边线，再往上砌筑。

多层建筑从下往上进行轴线投测的方法是：将较重的垂球悬挂在楼面的边缘，慢慢移动，使垂球尖对准地面上的轴线标志，或者使吊锤线下部沿垂直墙面方向与底层墙面上的轴线标志对齐，吊锤线上部在楼面边缘的位置就是墙体轴线的位置，在此画一条短线作为标志，便在楼面上得到轴线的一个端点，同法投测另一端点，两端点的连线即为墙体轴线。

建筑物的主轴线一般都要投测到楼面上来，弹出墨线后，再用钢尺检查轴线间的距离，其相对误差不得大于 1/3000，符合要求之后，再以这些主轴线为依据，用钢尺内分法测设其他细部轴线。在困难的情况下至少要测设两条垂直相交的主轴线，检查交角合格后，用经纬仪和钢尺测设其他主轴线，再根据主轴线测设细部轴线。为保证建筑物的总竖直度，每层楼面的轴线均应直接由底层投测上来。

（2）墙体标高传递。在多层建筑物施工中，要由下往上将标高传递到新的施工楼层，以便控制新楼层的墙体施工，使其标高符合设计要求。标高传递一般可有以下两种方法。

1）利用皮数杆传递标高。一层楼房墙体砌完并建好楼面后，把皮数杆移到二层继续使用。为了使皮数杆立在同一水平面上，用水准仪测定楼面四角的标高，取其平均值作为二楼的地面标高，并在立杆处绘出标高线，立杆时将皮数杆的±0.000 线与该线对齐，然后以皮数杆为标高的依据进行墙体砌筑。如此用同样方法逐层往上传递高程。

2）利用钢尺传递标高。精度要求较高时，可用钢尺从底层的＋50 标高线起往上直接丈量，把标高传递到第二层，然后根据传递上来的高程测设第二层的地面标高线，以此为依据立皮数杆。在墙体砌到一定高度后，用水准仪测设该层的＋50 标高线，再往上一层的标高可以此为准用钢尺传递，以此类推，逐层传递标高。

3. 高层建筑定位测量

（1）测设施工方格网。施工方格网是在总平面布置图上进行设计，测设在基坑开挖范围以外一定距离，且平行于建筑物主要轴线方向的矩形控制网。进行高层建筑的定位放线是确定建筑物平面位置和进行基础施工的关键环节，施测时必须保证精度，因此一般采用测设专用的施工方格网的形式来定位。

（2）测设主轴线控制桩。在施工方格网的四边上，根据建筑物主要轴线与方格网的间距，测设主要轴线的控制桩。测设时要以施工方格网各边的两端控制点为准，用全站仪来指挥打桩定点。测设好这些轴线控制桩后，施工时便可方便、准确地在现场确定建筑物的四个主要角点。

除了四廓的轴线外，建筑物的中轴线等重要轴线也应在施工方格网边线上测设出来，与四廊的轴线一起称为施工控制网中的控制线,一般要求控制线的间距为 30~50m。控制线的增多可为以后测设细部轴线带来方便,施工方格网控制线的测距精度不低于 1/10000,测角精度不低于 ±10″。

如果高层建筑准备采用全站仪法进行轴线投测,还应把应投测轴线的控制桩往更远处、更安全稳固的地方引测,这些桩与建筑物的距离应大于建筑物的高度,以免用经纬仪投测时仰角太大。

5.7　工业建筑施工测量

5.7.1　概述

工业建筑中以厂房为主体,一般工业厂房多采用预制构件在现场装配的方法施工。厂房的预制构件有柱子、吊车梁和屋架等。为保证这些厂房构件安装正确,施工测量中应进行以下几个方面的工作:厂房矩形控制网的测设;厂房柱列轴线放样;杯形基础施工测量;厂房构件及设备安装测量等。由于工业建筑施工测量精度高于民用建筑,故其定位一般是根据现场建筑基线或建筑方格网,采用由柱轴线控制桩组成的矩形方格网作为厂房的基本控制网。

工业建筑测量除与民用建筑测量相同的准备工作之外,还需做好下列工作:

1. 制定厂房矩形控制网的测设方案及计算测设数据

厂房矩形控制网的测设方案通常是根据厂区的总平面图、厂区控制网、厂房施工图和现场地形情况等资料来制定的。其主要内容为:确定主轴线位置、矩形控制网位置、距离指标桩的点位、测设方法和精度要求。在确定主轴线点及矩形控制网位置时,要考虑到控制点能长期保存,应避开地上和地下管线;位置应距厂房基础开挖边线以外 1.5~4m。距离指标桩,即沿厂房控制网各边每隔若干柱间距埋设一个控制桩,故其间距一般为厂房柱距的倍数,但不要超过所用钢尺的整尺长。

2. 绘制测设略图

根据厂区的总平面图、厂区控制网、厂房施工图等资料,按一定比例绘制测设略图,为测设工作做好准备。

5.7.2　厂房柱列轴线与柱基施工测量

1. 厂房柱列轴线测设

根据厂房平面图上所注的柱间距和跨距尺寸,用钢尺沿矩形控制网各边量出各柱列轴线控制桩的位置,如图 5.23 中的 $1'$、$2'$、…,并打入大木桩,桩顶用小钉标出点位,作为柱基测设和施工安装的依据。丈量时应以相邻的两个距离指标桩为起点分别进行,以便检核。

2. 柱基定位与放样

如图 5.24 所示:

(1) 在两条互相垂直的柱列轴线控制桩上各安置 1 台全站仪,沿轴线方向交会出各柱基的位置,此项工作称为柱基定位。

(2) 在柱基的四周轴线上,打入 4 个定位小木桩 a、b、c、d,其桩位应在基础开挖

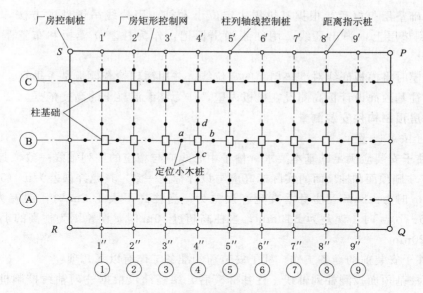

图 5.23 厂房柱列轴线和柱基测量

边线以外比基础深度大 1.5 倍的地方，作为修坑和立模的依据。

（3）按照基础详图所注尺寸和基坑放坡宽度，用特制角尺，放出基坑开挖边界线，并撒出白灰线以便开挖，此项工作称为基础放线。

（4）立模、吊装等惯用中心线，在进行柱基测设时，要注意柱列轴线是不是柱基的中心线，如果不是，应将柱列轴线平移，定出柱基中心线。

3. 柱基施工测量

如图 5.25 所示：

（1）基坑开挖深度的控制。当基坑挖到一定深度时，应在基坑四壁，离基坑底设计标高 0.5m 处，测设水平桩，作为检查基坑底标高和控制垫层的依据。

（2）杯形基础立模测量。杯形基础立模测量有以下三项工作：

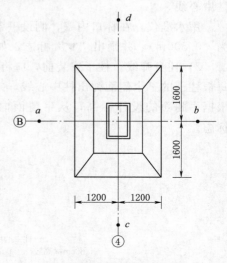

图 5.24 柱基定位与放样

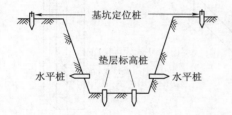
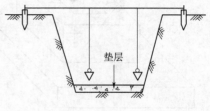

图 5.25 基坑开挖

69

1）基础垫层打好后，根据基坑周边定位小木桩，用拉线吊锤球的方法，把柱基定位线投测到垫层上，弹出墨线，用红漆画出标记，作为柱基立模板和布置基础钢筋的依据。

2）立模时将模板底线对准垫层上的定位线，并用锤球检查模板是否垂直。

3）将柱基顶面设计标高测设在模板内壁，作为浇灌混凝土的高度依据。

5.7.3　厂房预制构件安装测量

1. 柱子安装测量

（1）柱子安装应满足的基本要求。柱子中心线应与相应的柱列轴线一致，其允许偏差为±5mm。牛腿顶面和柱顶面的实际标高应与设计标高一致，其允许误差为±（5~8）mm，柱高大于 5m 时为±8mm。柱身垂直允许误差为：当柱高不大于 5m 时，误差为±5mm；当柱高为 5~10m 时，误差为±10mm；当柱高超过 10m 时，误差则为柱高的 1/1000，但不得大于 20mm。

（2）柱子安装前的准备工作。柱子安装前的准备工作有以下几项：

1）在柱基顶面投测柱列轴线。柱基拆模后，用经纬仪根据柱列轴线控制桩，将柱列轴线投测到杯口顶面上，如图 5.26 所示，并弹出墨线，用红漆画出"▶"标志，作为安装柱子时确定轴线的依据。如果柱列轴线不通过柱子的中心线，应在杯形基础顶面上加弹柱中心线。

用水准仪，在杯口内壁，测设一条一般为−0.600m 的标高线（一般杯口顶面的标高为−0.500m），并画出"▼"标志，如图 5.26 所示，作为杯底找平的依据。

2）柱身弹线。柱子安装前，应将每根柱子按轴线位置进行编号。如图 5.27 所示，在每根柱子的三个侧面弹出柱中心线，并在每条线的上端和下端近杯口处画出"▶"标志。根据牛腿面的设计标高，从牛腿面向下用钢尺量出−0.600m 的标高线，并画出"▼"标志。

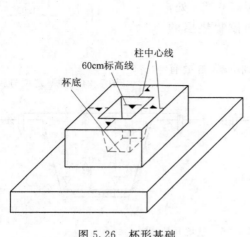

图 5.26　杯形基础

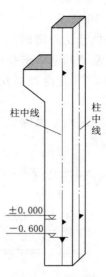

图 5.27　柱身弹线

3）杯底找平。先量出柱子的－0.600m 标高线至柱底面的长度，再在相应的柱基杯口内，量出－0.600m 标高线至杯底的高度，并进行比较，以确定杯底找平厚度。根据找平厚度用水泥砂浆在杯底进行找平，使牛腿面符合设计高程。

（3）柱子的安装测量。柱子安装测量的目的是保证柱子平面和高程符合设计要求，柱身垂直。具体操作如下：

1）预制的钢筋混凝土柱子插入杯口后，应使柱子三面的中心线与杯口中心线对齐，如图 5.28（a）所示，用木楔或钢楔临时固定。

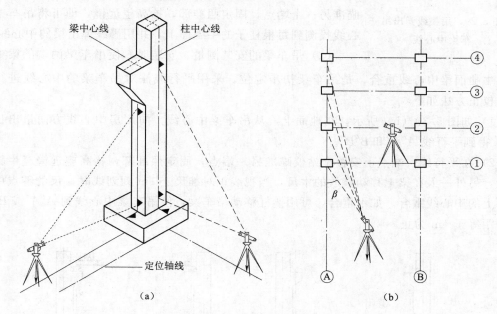

图 5.28 柱子的安装

2）柱子立稳后，立即用水准仪检测柱身上的±0.000 标高线，其允许误差为±3mm。

3）在离柱子的距离不小于柱高 1.5 倍的柱基纵、横轴线上各安置 1 台全站仪，用望远镜瞄准柱底的中心线标志，固定照准部后，抬高望远镜至梁的位置，根据柱子偏离十字丝竖丝的方向，指挥工作人员拉直柱子，直至从两台全站仪中测到的柱子中心线都与十字丝竖丝重合为止。

4）在杯口与柱子的缝隙中浇入混凝土，以固定柱子的位置。

5）在实际安装时，可把其中的一台全站仪安置在纵（横）轴线的一侧，一次可校正几根柱子；另一台全站仪安置在柱子的横（纵）轴线上，每次只校正一个柱子。如图 5.28（b）所示，但偏离轴线的全站仪，其视线方向与轴线的夹角不要超过 15°。

2. 吊车梁安装测量

吊车梁安装测量主要是保证吊车梁中线位置和吊车梁的标高满足设计要求。

（1）吊车梁安装前的准备工作。

1）在柱面上量出吊车梁顶面标高。根据柱子上的±0.000 标高线，用钢尺沿柱面向上量出吊车梁顶面设计标高线，作为调整吊车梁面标高的依据。

图 5.29　用墨线弹出吊车梁中心线

2）在吊车梁上弹出梁的中心线。如图 5.29 所示，在吊车梁的顶面和两端面上，用墨线弹出梁的中心线，作为安装定位的依据。

3）在牛腿面上弹出梁的中心线。根据厂房中心线，在牛腿面上投测出吊车梁的中心线。如图 5.30（a）所示，利用厂房中心线 MN，根据设计轨道间距，在地面上测设出吊车梁中心线 $A'A'$ 和 $B'B'$。在吊车梁中心线的一个端点上安置全站仪，瞄准另一个端点，固定照准部，抬高望远镜，即可将吊车梁中心线投测到每根柱子的牛腿面上，并用墨线弹出梁的中心线。

（2）吊车梁的安装测量。安装时，使吊车梁两端的梁中心线与牛腿面梁中心线重合，是吊车梁初步定位。采用平行线法对吊车梁的中心线进行检测，校正方法如下：

1）如图 5.30（b）所示，在地面上，从吊车梁中心线，向厂房中心线方向量出长度 1m，得到平行线 $A''A$ 和 $B''B$。

2）在平行线一端点上安置全站仪瞄准另一端点，固定照准部，抬高望远镜至牛腿面位置，另外一人在梁上移动横放的木尺，当视线正对准尺上 1m 刻划线时，尺的零点应与梁面上的中心线重合。如不重合，可用撬杠移动吊车梁，使吊车梁中心线到 $A''A''$ 或 $B''B''$ 的间距等于 1m 为止。

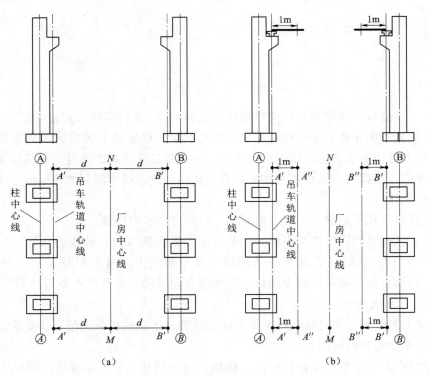

（a）　　　　　　　　　　　　（b）

图 5.30　吊车梁的安装测量

（3）在吊车梁安装就位后，先按柱面上定出的吊车梁设计标高线对吊车梁面进行调整，然后将水准仪安置在吊车梁上，每隔 3m 测一点高程，并与设计高程比较，误差应在 3mm 以内。

3. 屋架安装测量

屋架吊装前，用全站仪或其他方法在柱顶面上测设出屋架定位轴线。在屋架两端弹出屋架中心线，以便进行定位。

屋架吊装就位时，应使屋架的中心线与柱顶面上的定位轴线对准，允许误差为 5mm。屋架的垂直度可用锤球或经纬仪进行检查。用经纬仪检校方法如下：

如图 5.31 所示，在屋架上安装三把卡尺，一把卡尺安装在屋架上弦中点附近，另外两把分别安装在屋架的两端。自屋架几何中心沿卡尺向外量出 500mm 并作出标志。

在地面上，将定位轴线外移 500mm 安置全站仪，观测三把卡尺的标志是否在同一竖直面内，如果屋架竖向偏差较大，则要进行校正，最后将屋架固定。

垂直度允许偏差：薄腹梁为 5mm，桁架为屋架高的 1/250。

5.7.4 烟囱、水塔施工测量

烟囱和水塔是截圆锥形的高耸构筑物，其特点是基础小，主体高。烟囱、水塔施工测量主要是严格控制其中心位置和筒壁半径，保证烟囱、水塔主体竖直。下面以烟囱为例介绍其施工测量方法，水塔的施工测量方法与烟囱的施工测量方法基本相同。

1. 烟囱的定位和放线

烟囱基础的定位和放线如图 5.32 所示。

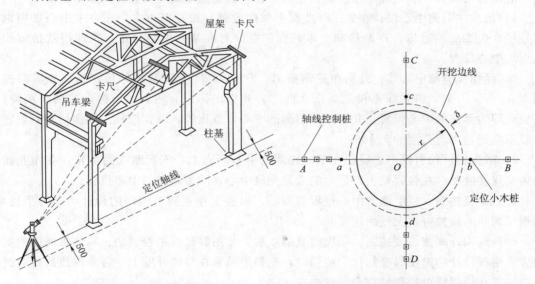

图 5.31　屋架安装测量　　　　图 5.32　烟囱基础的定位和放线

（1）按设计要求，利用烟囱与已有控制点或建筑物的尺寸关系，在地面上测设出烟囱的中心位置 O。

（2）在 O 点安置全站仪，任选一点 A 作后视点，并在视线方向上定出点 a，倒转望远镜，通过盘左、盘右分中投点法定出 b 和 B；然后，顺时针测设 90°，定出 d 和 D，倒转望远镜，定出 c 和 C，得到两条互相垂直的定位轴线 AB 和 CD。A、B、C、D 四点至

点 O 的距离为烟囱高度的 $1\sim1.5$ 倍。a、b、c、d 是施工定位桩，用于修坡和确定基础中心，应设置在尽量靠近烟囱而不影响桩位稳固的地方。

（3）以点 O 为圆心，以烟囱底部半径 r 加上基坑放坡宽度 δ 为半径，在地面上用钢尺画圆，并撒出灰线，作为基础开挖的边线。

2. 烟囱的基础施工测量

当基坑开挖接近设计标高时，在基坑内壁测设水平桩，作为检查基坑底标高和打垫层的依据。

坑底夯实后，从定位桩拉两根细线，用垂球或经纬仪把烟囱中心投测到坑底，钉上木桩，作为垫层的中心控制点。

浇灌混凝土基础时，应在基础中心埋设钢筋作为标志。地面以上部分施工前根据定位轴线，用全站仪把烟囱中心投测到标志上，并刻上"＋"字，作为施工过程中，控制筒身中心位置的依据。

3. 烟囱筒身施工测量

（1）中心线控制。

任务：检核该施工作业面的中心与基础中心是否在同一铅垂线上。

要求：高度不大的烟囱一般每砌一步架或每升模板一次，应用吊垂球的方法引测一次中心线；烟囱每砌筑完 10m，必须用经纬仪引测一次中心线；高度较大的钢筋混凝土烟囱一般模板每滑升一次，应采用激光铅垂仪进行一次铅直定位。具体方法如下：

1）吊垂球引测中心线：在施工作业面上横向设置一根控制方木，在方木中心处用钢丝悬挂 $8\sim12$kg 的垂球，逐渐移动方木，直到垂球对准基础中心为止。垂球线就是该作业面的中心位置。

2）经纬仪引测中心线：分别在控制桩 A、B、C、D 上安置经纬仪，瞄准相应的控制点 a、b、c、d，将轴线点投测到作业面上，并作出标记。然后，按标记拉两条细绳，其交点即为烟囱的中心位置，并与垂球引测的中心位置比较，以作校核。烟囱的中心偏差一般不应超过砌筑高度的 $1/1000$。

3）激光铅垂仪引测中心线：在烟囱底部的中心标志上，安置激光铅垂仪，在作业面中央安置接收靶。在接收靶上，显示的激光光斑中心，即为烟囱的中心位置。

（2）半径控制。以引测的中心位置为圆心，以施工作业面上烟囱的设计半径为半径，用钢尺画圆，以检查烟囱壁的位置。

（3）烟囱外筒壁坡度控制。烟囱筒壁的收坡，是用靠尺板来控制的。靠尺板两侧的斜边应严格按设计的筒壁斜度制作。使用时，把斜边贴靠在筒体外壁上，若垂球线恰好通过下端缺口，说明筒壁的收坡符合设计要求。

（4）烟囱筒体标高的控制。一般是先用水准仪，在烟囱底部的外壁上测设出 $+0.500$m（或任一整分米数）的标高线。以此标高线为准，用钢尺竖直量距，控制筒壁高度。

小　　结

本章主要介绍了工业与民用施工测量的基本方法。在放样之前要熟悉图纸，了解设计意图，知道各种建筑物内部各轴线的关系和尺寸，然后对建筑物进行定位测量，此外，还介绍了柱、吊车梁和屋架的安装测量；烟囱或水塔中心的测设；筒身的施工测量。

思 考 题

1. 民用建筑施工测量前有哪些准备工作？

2. 原有建筑物与新建筑物的外墙间距为 12m，右侧墙边对齐，新建筑物设计尺寸（算至外墙边线）为长 50m、宽 20m。试述根据原有建筑物测设新建筑物轴线交点的步骤及方法。

3. 设置龙门板或引桩的作用是什么？如何设置？

4. 一般民用建筑墙体施工过程中，如何投测轴线？如何传递标高？

5. 在高层建筑施工中，如何控制建筑物的垂直度和传递标高？

6. 在工业厂房施工测量中，为什么要建立独立的厂房控制网？

7. 如何进行柱子吊装的竖直校正工作？应注意哪些具体要求？

8. 简述工业厂房柱列轴线如何进行测设？它的具体作用是什么？

9. 简述吊车梁的安装测量工作。如何控制吊车梁安装时的中心线位置和高程？

10. 厂房主轴线及矩形控制网如何测设？如图 5.33，测得 $\beta = 180°00'42''$。设计 $a = 160.000\text{m}$，$b = 100.000\text{m}$，试按三种调整方法分别求 A'、O'、B' 三点的调整移动量。

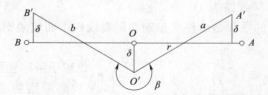

图 5.33　厂房主轴线调整

第6章　架空输电线路工程测量

电力工程测量主要是架空输电线路工程中的测量。本章主要介绍工程设计阶段根据地形图来确定线路的路径方案；实地测设路径中心即输电线路的选线及定线测量；在施工阶段根据线路的位置进行桩间距离测量及高程测量；根据杆塔中心桩位准确地进行杆塔中心定位测量及基坑放样；根据杆塔位置进行拉线放样和导线弧垂的放样与观测。本章要求了解架空输电线路的基本知识，掌握线路的选定线测量，杆塔定位和导线的拉线及弧垂放样，导线的竣工检测等。

6.1　概　　述

电力工程主要指架空输电线路工程。架空输电线路工程是指架设在电厂升压变电站和用户中心降压变电站之间的输电导线，一般通过绝缘子悬挂在杆塔上。输电线路采用三相三线制，一般单回路杆塔上有三根导线。各导线之间的最小距离与电压等级有关，如35kV 线路为 3m，110kV 线路为 4m。

架空输电线路采用的导线是由许多根钢芯铝裹线绞织而成的钢芯铝绞线。钢芯用以增加导线的机械强度。

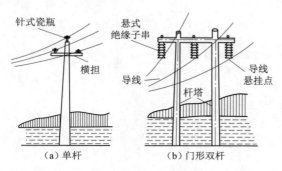

图 6.1　杆塔上针式瓷瓶和悬式绝缘子串的配置

绝缘子俗称瓷瓶，它有两种形式：3～10kV 线路采用的是针式瓷瓶，立放在杆塔或横担之上，如图 6.1（a）所示；35kV 及更高的电压线路，采用悬式绝缘子串，如图 6.1（b）所示，并且电压越高，绝缘瓷片越多。35kV 一般采用 3～4片，110kV 则采用 7 片左右。

杆塔在地面上的位置，依照地形情况和设计要求，整齐地排列成一条直线或折线。杆塔的形式主要有单杆［图 6.1（a）]、门形双杆［图 6.1（b）]和方锥形铁塔，根据杆塔的受力情况也可分为直线杆塔和耐张转角杆塔，各有不同的力学结构。竖立在线路直线部分的杆塔，只承受导线和绝缘子等的垂直载荷和水平风压载荷，结构简单，称为直线杆塔。竖立在线路转角点上的杆塔，须承受相邻两档导线拉力所产生的合力，结构比较复杂，是一种耐张杆塔。相邻两杆塔导线悬挂点之间的水平距离，称为档距。相邻两耐张杆塔之间的水平距离，称为耐张段长度。35kV 以下的线路，档距为 150m 左右；110kV 的线路，档距为 250m 左右。耐张段长度为 3～5km。在一个耐张段内，由于各处地形情况不同，各杆塔之间的档距互不相等。为了计算导线的应力和弛度，须选择一个理想的档距，称这一档距为该耐张段的代表档距。若各杆塔间相应档距为 l_i，则代表档距 l_r 按下式计算：

$$l_r = \sqrt{\frac{\sum l_i^3}{\sum l_i}} \tag{6.1}$$

两杆塔间的导线中间自然下垂。如果企图用力拉平，那么不是将导线拉断就是将杆塔拉倒。从悬挂点到导线下垂最低点的铅垂距离称为弛度，也称弧垂，以 f 表示。如果两悬挂点等高时，弛度恰好产生在档距中央；如果两悬挂点不等高，则有两个弛度，如图 6.2 中的 f_A 和 f_B。

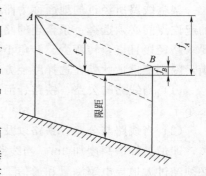

在实际工作中，当两悬挂点不等高时，常以连接两悬挂点的直线 AB 与导线所形成的曲线之间最大的铅垂距离代表弛度，称为斜弛度，如图 6.2 中的 f。理论证明，斜弛度 f 产生在档距的中央，并不是导线的最低点，即

图 6.2 导线的弛度与限距

$$f = \frac{H_A + H_B}{2} - H_C \tag{6.2}$$

式中 H_A、H_B、H_C——两个悬挂点和档距中点上导线的高程。

斜弛度 f 与导线最低点的弛度 f_A 和 f_B 有如下关系，即

$$f = \left(\frac{\sqrt{f_A} + \sqrt{f_B}}{2}\right)^2 \tag{6.3}$$

弛度的力学意义与档距 l、导线的单位重量 g（包括额外负荷如冰、风力等）以及导线的应力 σ 等因素有关，用式（6.4）计算，即

$$f = \frac{gl^2}{8\sigma} \tag{6.4}$$

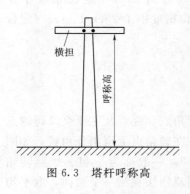

图 6.3 塔杆呼称高

为安全起见，导线与地面或其他设施必须保持一定的距离，其允许的最小安全距离称为限距，如图 6.2 所示。导线的悬挂高度与杆塔的横担高度有关，从地面到最低横担面的高度称为杆塔呼称高，如图 6.3 所示。限距的大小与输电线路的电压和地物类别有关，在送电线路规范中有明确的规定，例如对于居民区而言，6～10kV 的限距是 6.5m，35～110kV 的限距是 7.0m，22kV 的限距是 7.5m。小于规定限距的地面点称危险点，一般危险点应及时予以铲除，使其满足限距要求。

竖立在地面上的杆塔，除自立式铁塔与锥形杆外，一般要靠拉线维持其稳定。拉线的方向位置，是由杆塔受力情况决定的。

架空线路测量的主要工作就是根据设计要求测量架空线路的路径、杆塔的排列、拉线的位置方向、弛度和限距的大小等。具体内容包括架空线路选线、定线、桩位间的测量工

作、断面测量、杆塔定位和施工放样等。

6.2　选　线　测　量

架空线路所经过的地面称为路径。为了节省建设投资和便于施工、运行，在输电线路的起讫点间必须选择一条合理的路径。路径的选择应当合理、经济、便于施工运行，这就要求路径短且直，转弯少、转角小交叉跨就越少，当导线达到最大弛度时，地面建筑物要满足限距要求。此外在选择路径方案时还应注意以下几点：

（1）当线路与公路、铁路、河流以及其他高压线、重要通信线交叉跨越时，其交角应不小于 30°。

（2）当线路与公路、铁路以及其他高压线平行时，至少应与它们隔开一个安全倒杆距离，即最大杆塔高度加 3m。当线路与重要通信线特别是国际线平行时，其最小允许间距必须经过大地导电率测量和通信干扰计算来确定。

（3）线路应尽量设法绕过居民区和厂矿区，特别应该远离油库、火药库等危险品仓库和飞机场。线路离飞机场的允许最小距离应和有关主管部门共同研究确定，并定出协议。

（4）线路应尽量避免穿越林区，特别是重要的经济林区和绿化区。如果不可避免时，应严格遵守有关砍伐规定，尽量减少砍伐数量。

（5）杆塔附近应无地下坑道、矿井、滑坡、塌方等不良地质现象；转角点附近的地面必须坚实平坦，有足够的施工场地。

（6）沿线应有可通车辆的道路或通航的河流，便于施工运输和维护、检修。

选线工作一般先在小比例尺图上选一条合理路线，然后到实地踏勘，标定线路起讫点、转角点和主要交叉跨越点的大体位置。在踏勘过程中，如发现图上的方案有不符合实际情况的地方，可以在进一步调查研究的基础上进行必要的修改，重新选定一条比较合理的路径。

实地踏勘可以使用高精度手持 GIS 数据采集器，如南方的 S760（定位精度小于 20cm），S750G2（定位精度小于 50cm）、中海达的 Q8（定位精度小于 20cm）、Q5（定位精度小于 50cm）等，均能够满足架空线路选线的需要。

6.3　定　线　测　量

定线测量的主要任务是精确测定线路中心线的起点、转角点、终点及主要交叉跨越点的位置，还必须测定出方向桩和直线桩，测定转角大小，并在转角点上定出分角桩，如图 6.4 所示。分角桩在图上和实地上都要在编号前加一个"J"，一般称为 J 桩。线路转角的大小，以来线方向的延长线转至去线方向的角值表示，用测回法观测一个测回，取平均值。在图 6.4 中，J_2 是右转一个 α_2 角测得的，J_3 是左转一个 α_3 角测得的。在 J 桩附近要标出来线和去线的方向，表示这个方向的木桩称为方向桩，一般标定在离 J 桩 5m 左右的路径中线上，并在木桩侧面标注"方向"二字。分角桩标定在 J 桩的外分角线（大于180°的钝角分角线）上，也离 J 桩 5m 左右，木桩侧面标注"分角"二字。分角桩与两边导线合力的方向相反，杆塔竖立以后，要在分角方向打一条拉线，使其与两边导线拉力所产生的合力抗衡，保证杆塔不致偏倒。

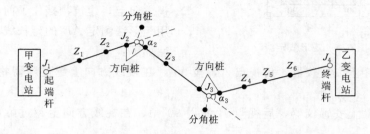

图 6.4　定线测量应该标定的各种桩位

直线桩是指位于两个转角桩中心连线上，不在转角点附近的路径方向桩。它是平断面测图和施工定位的依据。直线桩位置应选在路径中心线上突出明显，便于观测地形的地方。相邻两直线桩的距离一般不超过 400m。一般在直线桩前加一个"Z"表示。

在定线测量的实际工作中，通常采用直接定线、间接定线（三角形法或矩形法）、坐标法、GPS 定线等方法。

6.3.1　直接定线

直接定线是采用全站仪或经纬仪正倒镜分中法延长直线来定线。详见 3.2.4 小节。

6.3.2　间接法定线

若线路前视方向遇到障碍物时，常采用三角形法或矩形法间接定线来绕过障碍。

1. 三角形法定线

如图 6.5 所示，直线 AB 的前视方向不通视，采用三角形法测定 AB 的延长线，具体施测方法如下：

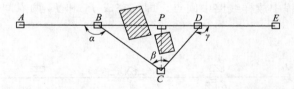

图 6.5　三角形法定线

（1）将仪器安置在点 B，转角为 α，越过障碍物，测设 BC 线段，量取 S_{BC}。

（2）在点 C 安置仪器，后视点 B 测设角 β，使视线越过障碍物。

（3）计算 S_{CD} 和 γ：

$$\frac{S_{BC}}{\sin[180° - \beta - (180° - \alpha)]} = \frac{S_{CD}}{\sin(180° - \alpha)}$$

$$\gamma = 180° - \alpha + \beta \tag{6.5}$$

（4）根据式（6.5）计算长度 S_{CD}，并测定点 D。

（5）在点 D 安置仪器，拨 γ 角，得 DE 方向，即 AB 延长线方向。

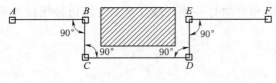

图 6.6　矩形法定线

2. 矩形法定线

如图 6.6 所示，线路中 AB 直线的前视方向上，建筑物挡住了前视方向，可采用矩形法测定 AB 的延长线，具体施测方法如下：

（1）在点 B 上安置仪器，后视点 A，拨 90°，在视线方向上越过障碍物确定一点 C，量取 S_{BC}。

（2）在点 C 上安置仪器，后视点 B 测设 90°角，在视线方向上越过障碍物确定一点 D，量取 S_{CD}。

（3）在点 D 上安置仪器，后视点 C 测设 90°角，在视线方向上越过障碍物确定一点 E，量取 S_{DE}，并使 $S_{DE} = S_{BC}$。

（4）在点 E 上安置仪器，后视点 D 测设 90°角，得 EF 方向，即 AB 延长线方向。

6.3.3　坐标法

当线路穿越城镇规划区或拥挤地段时，往往提供转角位置的坐标数据，另外，由于附近有控制点，根据这些已知数据可以反算出线路的方位角 α 和杆间的距离 S，利用全站仪采用极坐标法或坐标点法定出线路上的点。

6.3.4　GPS 定线

由于 GPS 定线不需要点与点之间通视，而且 GPS-RTK 方法能实时动态地显示当前的位置，所以施测过程中非常容易控制线路走向以及与其他构筑物的几何关系。如图 6.7 所示，K_1 和 K_2 是两个线路的中心控制点，首先用 GPS 流动站分别在这两个点上进行测量，获得 K_1 和 K_2 的坐标信息，将 K_1 和 K_2 坐标信息设置成直线的两个点，然后以该直线作为参考线，在 GPS-RTK 手簿中输入面向参考方向要走的距离，在 GPS-RTK 手簿的实时导航指示过程中放样线路中间点，即可完成 J_1 和 J_2 两点间的定线工作。

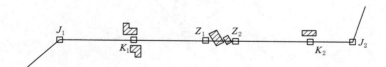

图 6.7　用 GPS-RTK 定线

可参见 3.3.3 小节的具体操作步骤，用 RTK 流动站直接测定线路中心线的起点、转角点、终点及主要交叉跨越点的位置，以指导施工，该方法既省时，又便捷。

6.4　平　断　面　测　量

平断面测量的目的在于掌握线路通道里地物、地貌的分布情况，利用这些技术资料确定杆塔的形式和位置，计算导线与地安全电气距离，为线路的电气设计和结构设计提供切实的基础技术资料。其工作内容包括：平面测量，测定各桩位高程，计算从起点至各桩位的累积距离；测定路径中线上各碎部点对桩位的距离和高差，绘制纵断面图和平面示意图；测绘可能小于限距的危险点和风偏断面。

6.4.1 平面测量

平面测量就是测出线路中心两侧各 50m 通道范围内的所有地形地物的标高及平面分部位置，如河流、建筑物、构筑物、经济作物、自然地物、通信线、电力线路等。对 220kV 及以下送电线路，要求测量线路中心两侧各 20m 以内的地物；对 220kV 以上送电线路，测量线路中心两侧各 30m 以内的地物，以上均采用仪器测量，其余范围内的地物可采用目测方法。

6.4.2 桩位间距离及高程测量

线路上桩位间距离可用全站仪、其他光电测距仪或钢尺来测量。

线路起点的高程要利用水准测量的方法从邻近的水准点引测，线路上其他各桩位的高程可用全站仪光电三角高程导线、GPS-RTK、光学经纬仪视距高程导线法等方法确定，在精度方面均能满足测量的精度要求。

高程导线测到线路终点后，应和邻近的水准点闭合。闭合差 f_h 应符合相关规范要求。

6.4.3 路径纵断面图的测绘

架空输电线路径中线的纵断面图和其他纵断面图的绘制方法基本相同，但有一些不同的要求，如下所述：

（1）在断面图上除了反映地面的起伏情况外，还应显示出线路跨越的地面，突出建筑物的高度。如果地面建筑物恰好位于路径中线上，称为正跨，图中以实线表示；如果地面建筑物仅被输电线路的左右两边的导线所跨，称为边跨，图中以虚线表示。

（2）采用光学经纬仪断面测量时，视距不宜大于 300m；当超过 300m 时，应用正倒镜观测或加设测站施测。当用正倒镜观测时，距离的相对误差不应大于 1/200，垂直角较差不应大于 $1'$。

（3）当线路跨越通信线和高压线时，除了以电杆符号表示他们的顶高外，还应注明高压线的伏数和通信线的线数，并注明上线高。

（4）导线跨越的河流、湖泊、水库，应调查和测定最高洪水位，并在图中表示出来。

为了便于设计人员在图上作排杆设计，通常采用横轴比例尺 1：5000，纵轴比例尺 1：500。在绘图之前，应根据图例从左至右定出里程标；里程标的零点就是线路的起点。标高线绘在靠近起点的左边，并标出高程。为了保证路径上最高断面和最低断面不至于落到图外，每张图标高线起点的高程应定的合适。图 6.8 为某送电线路平断面图。

6.4.4 危险点、边线断面和风偏断面的测绘

1. 危险点

凡是靠近路径中心线（35kV 离中线 5m 以内，110kV 离中线 6m 以内）的地面突出物体，如果它们距导线的距离小于限距，就可认为是危险点。在断面图上应显示出危险点的高程位置；在平面图上应显示出它至路径中线的距离和左右位置。危险点在图上以"⊙"表示。

2. 边线断面

当左右两条导线经过的地面高出路径中线地面 0.5m 以上时，须测绘边线断面。考虑

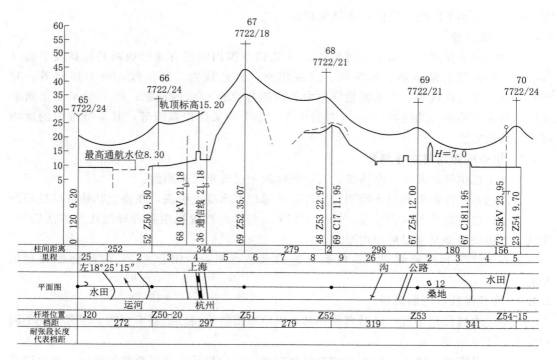

图 6.8　某送电线路平断面图

到边线断面的方向和路径中线平行，且位置比中线断面高，故可将其绘于中线断面的上方。在平面图上也应显示出边线断面的左右位置。边线断面的表示方法如下：

路径前进方向左边的边线断面用："一·一·一·一"表示。

路径前进方向右边的边线断面用："……………"表示。

3. 风偏断面

当线路沿山坡而过，如果垂直于路径方向的山坡坡度在 1∶3 以上时，为避免导线因风吹摆动而靠近山坡，所以测绘此方向的断面，以便于设计人员考虑杆塔高度或调整杆塔位置。这种垂直于路径方向的断面称为风偏断面，一般此类断面宽度为 15m，用纵横一致的比例尺绘在相应中线断面点位旁边的空白处。

6.4.5　平面示意图的测绘

一般平面示意图绘在断面图下面的标框内，路径中线左右各绘 50m 范围，比例尺为 1∶5000，和纵断面横轴比例一致。绘图时先在标框中部画一条直线表示路径中线。中线两边的地物、地貌通常采用仪器测量结合目测的方法。

对于比较重要的交叉地段，还要根据设计要求测绘专门的地形图或交叉跨越平面图，采用比例尺一般为 1∶500。

6.5　杆塔定位测量

平面图测量以后，设计人员便可根据图上反映的实际情况，合理设计杆塔位置，选择适当的杆型和杆高,这步工作称为排杆。杆位确定后就可以从图上量得它与相邻断面桩之间的平距,从而可以在实地上标定应竖杆塔的位置。由于转角杆塔的位置就是 J 桩位置,杆塔的定位测量多指直线杆塔定位。

定位测量时,将全站仪或经纬仪安置在与所定杆位邻近的断面桩上,根据欲定杆位至断面桩的平距,沿中线方向定出杆位桩。由于断面图上反映的实地情况不可能十分准确,如按照设计距离定出的杆塔位置不利于竖杆时,在征得设计人员同意后,可以稍许前后移动,但移动范围一般不超过±3m。实地标定杆塔桩位后,应重新测定杆位桩至断面桩的距离和杆位高程。

杆塔定位测量后,应当编制成果表。在成果表中应列出杆塔编号、实地杆桩关系、档距、累距、杆位高程、转角方向等。为避免施工准备期间杆位桩被毁坏后无法恢复,进行定位测量时,必须在杆位桩前后中线上设置副桩,用红漆在副桩上注明至杆位桩的前后距离(以"±"表示),以便施工时查找。

6.6 杆 塔 基 坑 放 样

竖立杆塔时,作为计算基础埋深和杆塔高度的起始平面称为施工基面。在线路施工中,杆塔基础的埋置深度是以水平地面为基准规定的。一般根据杆塔基础的埋深和宽度以及斜坡的工程地质指标选择合适的施工基面。施工基面如果定得很低,虽然对保证基础稳定有好处,但增加了基坑开挖的土方量,而且降低了悬挂点的高程,减少了导线对地距离。施工基础测量的目的就是根据规范要求定出适当的施工基面,测定基础开挖的土方量,为此先要标定杆塔各个基角的位置,这步工作又称分坑。

6.6.1 直线杆塔

位于直线部分的单杆,其杆脚就在杆位桩上。门形双杆和正方锥形铁塔,它们的各杆脚则以杆位桩(即塔标中心桩)为对称中心,分布在路径中线的两边,如图 6.9 所示。其中门形双杆各杆脚至杆位桩的平距为 1/2 根开,铁塔各杆脚至杆位桩的平距为 $\sqrt{2}/2$ 根开。根开就是对称两杆(塔)脚之间的距离,从杆塔设计图纸中可以查到。

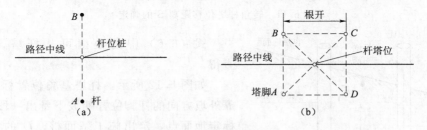

图 6.9 直线杆塔基脚位置

6.6.2 转角杆塔

位于转角点上的杆塔,除了转角很小(10°以内)时,可以直接以转角桩(J 桩)作杆塔中心桩外,一般都要以位移桩作杆塔中心。门形双杆各杆脚位于分角线上,至位移桩的平距为 1/2 根开;铁塔各杆脚位于分角线两边,至位移桩的平距为 $\sqrt{2}/2$ 根开,如图

6.10 所示。在测定转角杆塔各杆脚位置之前，应先测定位移桩。具体方法是：首先在转角桩（J 桩）上安置经纬仪，定出内分角线（即角值为 $180° - \alpha$ 的角度平分线），从 J 桩沿内分角线量出一段平距 S。

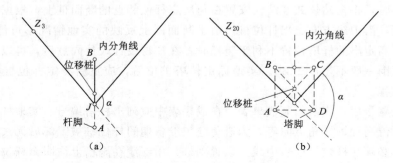

图 6.10　转角塔杆基脚位置

$$S = S_1 + \frac{e}{2} \tan \frac{\alpha}{2} \qquad (6.6)$$

式中　S_1——使横担两边绝缘子串之间的跳线与杆身保持应有的间隙而设计的预偏距离；

　　　e——横担和绝缘子串挂板（也称挂线板）两边的宽度；

　　　α——转角角度，如图 6.11 所示。

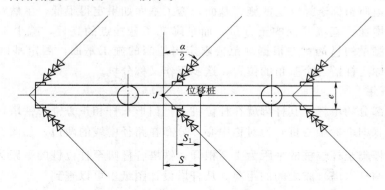

图 6.11　转角杆塔位移距离 S 的确定

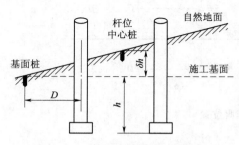

图 6.12　标定施工基面的方法

式（6.6）中的数据可从杆塔设计图中查得。

如图 6.12 所示，杆塔基角位置标定后，从靠外坡方向的杆脚位置朝坡下量出一段平距 D，标定地面点，定出施工基面桩。D 的大小根据基础底盘大小和埋深确定。一般单杆和门形双杆采用 $1 \sim 2\mathrm{m}$；铁塔采用 $2 \sim 3\mathrm{m}$；转角杆塔按此要求放大 $0.5\mathrm{m}$ 左右。定出施工基面桩后，测定它对杆位中心桩的高差。

单杆和门形杆均不平整地基，直接从杆脚地面按基坑要求大小放坡切口开挖；铁塔须先按施工基面标高平整地基，平整后恢复塔脚中心位置，再按基坑要求大小放坡切口开挖。基坑开挖深度均从施工基面桩起算，须用水准测量测定，使基坑地面标高符合设计要求。

6.6.3 基础坑位测量

杆塔基础的形式多种多样，坑位测定的方法也各有差异。按其类型主要有杆塔基础坑和拉线基础坑。图 6.13 为铁塔基础图的一种，图（a）为正面图，图（b）为平面布置图。

坑口尺寸根据基础底面宽、坑深、坑底施工操作裕度以及安全坡度进行计算，如图 6.14 所示，坑口尺寸可用式（6.7）计算：

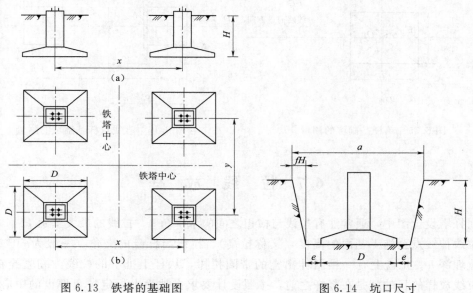

图 6.13　铁塔的基础图　　　　　　图 6.14　坑口尺寸

$$a = D + 2e + 2fH \tag{6.7}$$

式中　a——坑口放样尺寸；

　　　D——基础底面宽度，高基础底面为正方形；

　　　e——坑底施工操作裕度；

　　　f——安全坡度；

　　　H——设计坑深。

1. 单杆基础坑的测量

单杆基础包括电杆、拉线塔以及钢管杆的主杆基础。施测方法如图 6.15 所示，将仪器安置在杆位中心桩 O 上，瞄准前后杆塔桩或直线，以确定线路前进方向。钉立 A、B 辅助桩，将水平度盘置零，转动仪器角度分别为 $45°$、$135°$、$225°$、$315°$，在视线方向量取 $\sqrt{2}a/2$，得四个点即为单杆基础坑的四顶点标志。

2. 直线双杆基础坑的测量

如图 6.16 所示，x 为两基础中心之间的距离，称为基础的根开。则有式（6.8）：

$$F = (x - a)/2 ; \quad F' = (x + a)/2 \tag{6.8}$$

放样基础坑的步骤为

（1）在杆塔桩安置仪器，瞄准线路前进方向上的辅助桩 A 或 B。

（2）转动照准部 90°，在视准轴方向，即 AB 的垂直方向定出辅助桩 C、C'、D、D'。

（3）在直线 OD' 方向上量取 F、F' 距离得点 N_1、N_2。

（4）在 N_1、N_2 处将标尺横放在地上，向两侧各量出距离 $a/2$，定 1、2、3、4 桩。

（5）依同法定另一则的坑位桩。

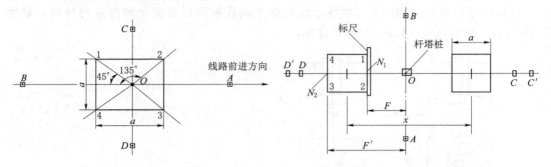

图 6.15　单杆基础坑的测量　　　　　　图 6.16　直线双杆基础坑的测量

6.7　拉　线　放　样

在杆塔设计图中，通常注有拉线与横担之间的水平角 α、拉线的最大垂距 H（即从杆上的拉线挂线点至施工基面的高度，又称拉高）、拉线与杆身的夹角（一般为 30° 或 45°）和拉盘埋深 h。拉盘上有一根斜伸出土的带圈拉棒，从杆上扯下的拉线，绷紧拴在拉棒上。拉线放样的目的就是在竖杆之前，按照设计要求在地面上标定拉盘埋设的中心位置，保证所安的拉线与杆身的夹角符合设计标准，其误差在 ±1° 以内，拉线的种类很多，但放样方法基本相同。

6.7.1　V 形拉线的放样

1．V 形拉线长度计算

如图 6.17（a）、（b）所示，为门形双杆正 V 形拉线的正面图和平面布置图。图中 H 为拉线悬挂点至杆轴与地面交点的垂直高度，a 为拉线悬挂点与杆轴线交点至杆中心线的水平距离，h 为拉线坑深度，D 为杆塔中心至拉线坑中心的水平距离。

如图 6.17 所示，拉线坑位置分布于横担前，两侧、同侧两根拉线合盘布置，并在线路的中线上，成前后、左右对称于横担轴线和线路中心线。由此，对同一拉线杆，因为 H 不变，若当杆位中心点 O 地面与拉线坑中心地面水平时，图 6.17（b）中的两侧 D 值应相等；当杆位中心点 O 地面与拉线坑中心地面存在高差时，两侧 D 值不相等，则拉线坑中心位置随地形的起伏在线路中心线上，拉线的长度也随之增长或缩短。

如图 6.18 所示，O_1 为两拉线悬挂点间的中心；φ 为拉线平面与杆身平面的夹角；点 P 为两根拉线形成 V 形的交点，即拉盘中心；点 M 为点 P 在地面的投影，即应标定的坑位中心；点 N 为拉线平面中心线 O_1P 与地面的交点，即拉线出土位置，其他符号的含义与图 6.17 相同。

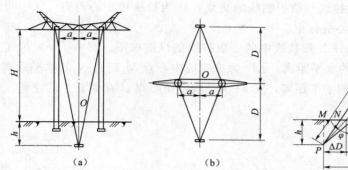 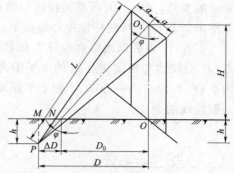

图 6.17 门形双杆正 V 形拉线的正面图和平面布置图　　图 6.18 拉线长度公式推导图

无论地形如何变化，φ 角必须保持不变，所以，当地形起伏时，杆位中心点 O 至点 N 之间的水平距离 D_0 和拉线长度 L 也随之变化。

由图 6.18 的几何关系可得出：

$$\varphi = \arctan \frac{D}{H + h} \tag{6.9}$$

$$\left.\begin{array}{l} D_0 = H\tan\varphi \\ \Delta D = h\tan\varphi \\ D = D_0 + \Delta D = (H + h)\tan\varphi \\ L = \sqrt{O_1 P^2 + a^2} = \sqrt{(H + h)^2 + D^2 + a^2} \end{array}\right\} \tag{6.10}$$

式中　D_0——杆位中心至点 N 的水平距离；

　　　ΔD——拉线坑中心桩至点 N 水平距离；

　　　L——拉线全长；

　　　H——O_1 与点 M 的高差。

2. V 形拉线放样方法

如图 6.19 所示，将仪器安置在杆位中心桩点 O 上，望远镜瞄准顺线路点 A 辅助桩，在视线方向上，用尺子分别量取 $ON = D_0$、$NM = \Delta D$，即得到 N、M 两点的位置。然后在望远镜的视线上量取 $ME = MF = a/2$，得 E、F 两点。以 E、F 为基准，在垂直方向各量取 $b/2$，得 1、2、3、4 四点，该拉线坑位放样工作完成。

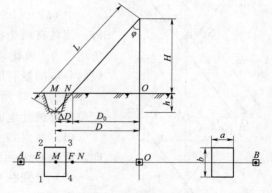

图 6.19 拉线坑放样测量

6.7.2 X 形拉线的放样

1. X 形拉线长度计算

图 6.20 为 X 形拉线的正面图和平面布置图。图 6.20（a）中 H 为拉线悬挂点至杆轴与地面交点的垂直高度，φ 为拉线与杆轴线垂线间的夹角，a 为拉线悬挂点与杆轴线交点至杆中心线的水平距离，h 为拉线坑深度；图 6.20（b）中 β 角是拉线与横担轴线在水平

方向的夹角，O_1、O_2 两点为拉线与横担轴线的交点，D 为拉线坑中心与 O_1、O_2 间的水平距离，点 O 是拉线杆位中心桩标记。

图 6.21 为平坦地形直线杆 X 形拉线中的一根拉线的纵剖视图。图中 D_0 为拉线悬挂点 O_1 至拉线与地面交点 N 的水平距离，ΔD 为拉线坑中心点 M 到点 N 的水平距离，D 为点 O_1 到拉线坑中心点 M 的水平距离，点 M 为拉线坑中心点 P 在地面上的位置，L 为一根拉线的全长。

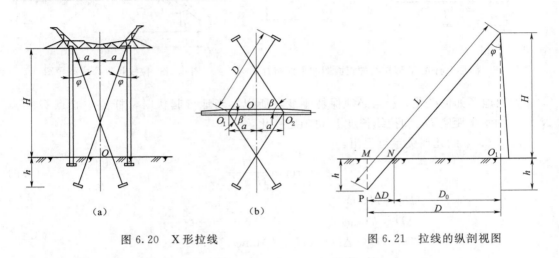

图 6.20　X 形拉线　　　　图 6.21　拉线的纵剖视图

如图 6.21 所示，设 O_1、N、M 三点位于同一水平面上，则由几何原理得出关系：

$$\left.\begin{array}{l} D_0 = H\tan\varphi \\ \Delta D = h\tan\varphi \\ D = D_0 + \Delta D = (H+h)\tan\varphi \end{array}\right\} \tag{6.11}$$

2. X 形拉线放样方法

由 6.20（b）可以看出，X 形拉线布置在横担的两侧，且每一侧各有两个拉线坑，呈对称分布，每根拉线与横担的夹角均为 β。因此，其分坑测量在具体操作方法上，与 V 形拉线的分坑测量有所不同。

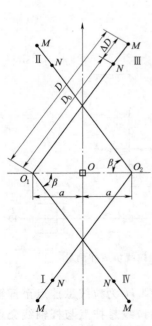

图 6.22　X 形拉线分坑测量

如图 6.22 所示，设图中的四个拉线坑中心地面位置都与杆位中心桩处地面等高。拉线基础坑分坑测量方法如下：

（1）在点 O 上安置仪器，在线路垂直方向设置横线路方向，量取 $OO_1 = OO_2 = a$，确定 O_1、O_2 的位置。

（2）分别在 O_1、O_2 上架设仪器，拨 β 角或 2β 角，定出 I、II、III、IV 四条直线。

（3）在这四条直线上分别量取 D_0 得点 N 位置，再往前量 ΔD 得点 M 位置，然后在望远镜的视线上量取 $ME = MF = a/2$，得 E、F 两点。如图 6.19，以 E、F 为基准，在垂直方向各量取 $b/2$，得该拉线坑四个角点的位置，放样工作结束。

注意：为防止拉线相互摩擦而导致钢绞线磨损，一般使两角相差 1°，使拉线坑位的点 N 到点 O_1 或点 O_2 的水平距离 D_0 加长或缩短 0.3m 左右。如图 6.19 以 E、F 为基准，在垂直方向各量取 $b/2$，得 1、2、3、4 四点，该拉线坑位放样工作完成。

6.8　导线弧垂的放样与观测

6.8.1　弧垂放样

在挂线时，需要通过测量放样弛度 f。f 的数值每条线路各不相同，可以从专门的设计弛度表中查得。弛度放样一般在紧线段（耐张段）内中间一档进行；放样精度要求达到 1/100。

1. 平行四边形法（等长法）

如图 6.23 所示，分别在观测档的两根杆塔上，由导线悬挂点向下量取一段长度 f，定出观测点，在此点上绑一块觇板。紧线时通过两块觇板进行观测，当导线恰好与视线相切，即得到相应的弛度 f。

2. 异长法

当弧垂观测档内两杆塔高不等，而弧垂最低点不低于两杆塔基部连线时，可用异长法进行弧垂放样，如图 6.24 所示。这时，先根据架空线悬挂点的高差情况，计算出观测档弧垂 f，然后先定一个适当的 a 值，计算出相应的 b 值为

$$b = (2\sqrt{f} - \sqrt{a})^2 \tag{6.12}$$

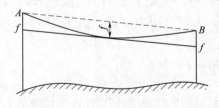

图 6.23　平行四边形放样弧垂

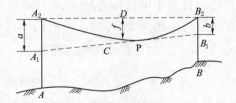

图 6.24　异长法放样

当 $a = b = f$ 时，就是等长法。

3. 中点竖直角法

如图 6.25 所示，在档距中垂线上适当位置架设经纬仪，使竖盘安置在预定的读数上，通过望远镜进行观测。设测站 M 的地面高程为 H_M，仪器高为 i，而测站至导线中点 C 的平距为 D，根据公式（6.2）和高差公式可算得竖直角为

$$\alpha = \arctan \frac{H_C - (H_M + i)}{D} \tag{6.13}$$

因此只需定出档距的中垂线，选定测站，测出测站点

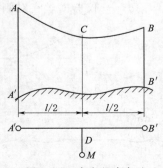

图 6.25　中点竖直角法

至导线中点的平距 D；假定一个仪器高程 $H_M + i$，以此为基准再测定两悬挂点的高程 H_A 和 H_B。根据式（6.13）计算出 H_C 和应有的竖直角 α，在竖直度盘上配置相应的竖盘读数；固定望远镜，照准中垂线方向进行观测。当导线落到中丝上时，即得到应放的弛度 f。

4. 档端测竖直角法

现场最简便常用的弧垂测量方法是档端测竖角度法，是用全站仪或经纬仪测竖直角观测弧垂的一种方法。根据观测档的地形条件和弧垂大小，可选择档端进行观测，有时还要用到档内、档外测角度法。

如图 6.26 所示，将仪器安置在架空线悬挂点的垂直下方，用测竖直角的方法测定架空线的弧垂。紧线时，调整架空线的张力，使架空线稳定时的弧垂与望远镜的横丝相切，即测定出观测档的弧垂。

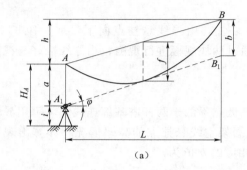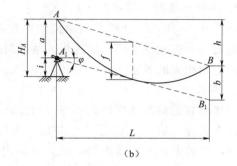

(a)　　　　　　　　　　　　　(b)

图 6.26　档端测竖直角法

在杆塔设计图中可量得悬挂点 A 与点 B 的高程 H_A、H_B，$h = H_B - H_A$，仪器高 i 可以直接量取，由图 6.26 可知，$a = H_A - i$，f 由设计图中查得，由式（6.12）可求得：$b = (2\sqrt{f} - \sqrt{a})^2$。则，弧垂的观测角 φ 为

$$\varphi = \arctan \frac{\pm h + a - b}{L} \tag{6.14}$$

式中　φ——观测竖直角，当仪器在低的一侧时，式中 h 取"＋"号，当仪器在高的一侧时，式中 h 取"－"号，计算出的角值，正值为仰角，负值为俯角；

　　　　a——仪器横轴中心至架空线悬挂点的垂直距离；

　　　　b——仪器横丝在对侧杆塔悬挂点的铅垂线的至架空线悬挂点的垂直距离。

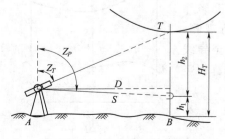

图 6.27　全站仪悬高测量法

5. 全站仪法悬高测量法

对于弛度的放样工作可采用全站仪的悬高测量功能实现。

如图 6.27 所示，在全站仪悬高测量模式下，具体操作方法如下：

（1）在安全的地方设测站 A 并安置全站仪，在目标架空线正下方安置棱镜，量棱镜高 h_1 输入仪器。

（2）瞄准棱镜，按距离测量键，显示斜距及棱镜天顶距。

（3）瞄准目标点，按悬高测量键，显示目标点离地面高度。

6.8.2 弧垂检查

为了保证输电线路的安全运行，施工完成后，应进行必要的检查。如对某些档内的弛度和限距是否符合设计要求感到怀疑时，必须用仪器进行测量。

1. 限距检测

检测时将经纬仪安置在与线路大致垂直的方向上，在导线下面立尺，用三角高程测定该地面点对仪器的高差，同时求出平距；再照准立尺点上空的导线，观测天顶距，根据此天顶距和立尺点的平距计算出导线对仪器的高差。两个高差相减，即得导线对地面的距离，应满足限距要求，此项检核亦可利用全站仪的悬高测量功能实现。

2. 弧垂检测

检测限距的方法很多，最简单的一种方法是利用式（6.2），即在档距的中垂线上安置经纬仪，用上述测定限距的方法测定两悬挂点和导线中间点的相对高程计算弧垂。对于检测弧垂的地方是在跨越河流和主要交通线的档内，如图 6.28 所示，用档端测竖直角法求弧垂。H 为杆塔呼称高（避雷线则指横担或支架挂点高度），λ 为绝缘子串长度，其他与前述相同。在 A 端安置经纬仪，先用望远镜中丝切导线，测出竖直角 φ_1，再照准

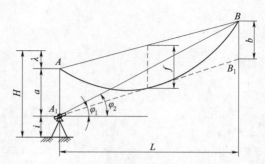

图 6.28 档端测竖直角法示意图

悬挂点 B，测出竖直角 φ_2，于是可求得 $b = L(\tan\varphi_2 - \tan\varphi_2)$；此外，在杆塔设计图中可量得悬挂点 A 对施工基面的杆塔呼称高 H，而仪高 i 可以直接量取，于是可求得 $a = h - \lambda - i$。最后，按式（6.15）计算弧垂。

$$f = \left(\frac{\sqrt{a}}{2} + \frac{\sqrt{b}}{2} \right)^2 \qquad (6.15)$$

此项检核亦可利用全站仪的悬高测量功能实现。

小　结

本章重点介绍了电力工程的主要内容，包括架空线路的基本知识和测量放样工作。主要测量任务有线路的选线测量，定线测量，线路桩间距离及高程测量，杆塔的定位测量和基坑放样，拉线放样，导线弧垂的放样与观测。

思 考 题

1. 杆塔安装设计要求应如何排列？

2. 杆塔的形式如何划分？

3. 导线的悬挂高度与什么有关？限距是如何规定的？

4. 线路选线时应注意什么问题？

5. 何为 J 桩？对于 J 桩有什么要求？

6. 转角杆塔的各脚位置如何测定？

7. 杆塔的拉线放样如何实施？

8. 导线的弧垂放样有哪几种方法？

第7章 道路与桥梁施工测量

本章主要介绍道路施工测量和桥梁施工测量，主要包括道路恢复路线中线、路基边桩的放样、路基边坡的放样和路面施工放样；桥梁的基本知识，掌握桥梁施工中的测量任务，具体包括桥梁施工控制网的形式和建立方法；墩、台定位测量；墩、台细部放样、基础放样及桥梁施工测量等。

7.1 道 路 施 工 测 量

道路施工测量是按照路线勘测设计文件中的要求，将路线整体位置具体落实到地面上，以便施工人员按照设计的位置与尺寸进行施工。道路施工测量主要包括恢复路线中线、路基边桩的放样、路基边坡的放样和路面施工放样。

7.1.1 恢复中线测量

道路勘测完成到开始施工这一段时间内，有部分中线桩可能被碰动或丢失，因此施工前应进行恢复中线测量，就是将设计文件所确定的道路中线具体落实到地面上，对于一些丢失的中桩，在施工前根据设计文件进行恢复工作，并对原来的中线进行复核，以保证路线中线位置准确可靠。恢复中线所采用的测量方法与路线中线的测量方法基本相同。按照定测资料配合仪器先在现场寻找，若直线段上转点丢失或移位，可在交点桩上用经纬仪按原偏角法进行补桩或校正；若交点桩丢失或移位，可根据相邻直线校正的两个以上转点放线，重新交出交点位置，并将碰动和丢失的交点桩和中线桩校正和恢复好。在恢复中线时，应将道路附属物，如涵洞、检查井和挡土墙等的位置一并定出。对于部分改线地段，应重新定线，并测绘相应的纵断面图。

7.1.2 施工控制桩的测设

由于中线桩在路基施工中都要被挖掉或堆埋，为了在施工中控制中线位置，应在不受施工干扰、易于桩位保存又便于施工引用桩位的地方测设施工控制桩。测设施工控制桩的方法主要有平行线法和延长线法两种，两种方法可相互配合使用。

1. 平行线法

如图 7.1 所示，平行线法是在路基以外测设两排平行于中线的施工控制桩。为

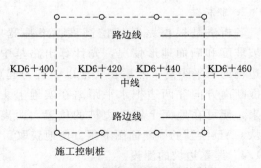

图 7.1 平行线法测设施工控制桩

了施工方便，控制桩的间距一般取 10～20m。此法多用于直线段较长、地势较平坦的路段。

2. 延长线法

如图 7.2 所示，延长线法是在道路转折处的中线延长线上以及曲线中点至交点的延长线上测设施工控制桩。每条延长线上应设置两个以上的控制桩，量出其间距及与交点的距离，做好记录，据此恢复中结交点。延长法适用于直线段较短、地势起伏较大的山区路段，主要是为了控制交点（JD）的位置，需要量出控制桩到交点的距离。

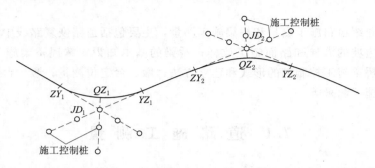

图 7.2 延长线法测设施工控制桩

7.1.3 路基边桩的测设

路基施工前，在地面上先把路基轮廓表示出来，即在地面上将每一个断面的路基边坡与原地面的交点用木桩标（称为边桩）定出来，以便路基的开挖与填筑。

每个断面上在中桩的左、右两边各测一个边桩，边桩距中桩的水平距离取决于设计路基宽度、边坡坡度、填土高度或挖土深度以及横面的地形情况。常用的方法如下。

1. 图解法（利用横断面放样边桩）

图 7.3 为设计好的横断面图。在图上量出坡脚点或坡顶点与中桩的水平距离，然后到实地，以中桩为起点，用皮尺沿横断面方向往两边把水平距离在实地上丈量出来，便可在地面上钉出边桩的位置。

2. 解析法

解析法是根据路基填挖高度、路基宽度、边坡坡度和断面地形情况，先计算出路基中桩至边桩的水平距离，然后在实地以中桩为起点，沿横断面方向往两边把水平距离在实地上丈量出来，便可在地面上钉出边桩的位置。距离可以从 CAD 绘制的横断面图上很方便地获取。

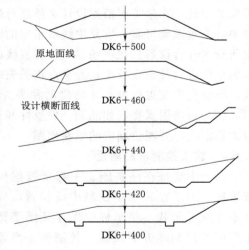

图 7.3 路基横断面设计图

7.1.4 路基边坡的测设

有了边桩还不足以指导施工，为使填、挖的边坡坡度得到控制，还需要进行路基边坡放样工作。具体方法如下：

首先按照边坡坡率做好边坡样板，施工时可比照样板进行放样。如图 7.4（a）所示，用事先做好的坡脚尺一边夯填土，一边用坡脚尺丈量边坡。如图 7.4（b）所示，开挖路堑时，在坡顶外侧即开口桩处立固定边坡架。精度要求不高时，也可用麻绳竹竿放边坡。

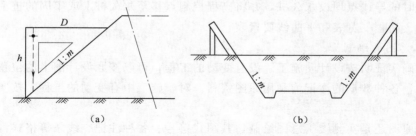

（a）　　　　　　　　　　　　　（b）

图 7.4　路基边坡放样

7.1.5　路面的放样

路基施工之后进行路面施工时，先要在恢复路线的中线上打上里程桩，沿中线进行水准测量，必要时还需测部分路基横断面，然后在中线上每隔 10m 设立高程桩两个，使其桩顶为所建成的路表面高程，如图 7.5 所示，为路中心处的两个桩。在垂直于中线方向处向两侧量出一半的路

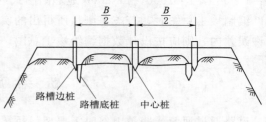

图 7.5　路面放样

槽，打上两个桩，使其桩顶高程符合路槽的横向坡度。

7.1.6　道路的竣工测量

道路在竣工验收时的测量工作称为竣工测量。在施工过程中，由于修改设计变更了原来设计中线的位置或者是增加了新的建（构）筑物，如涵洞、人行通道等，使建（构）筑物的竣工位置往往与原设计位置不完全一致。为了给道路运营投产后改建、扩建和管理养护提供可靠的资料和图纸，应测道路竣工总图。

竣工测量的内容与线路测设基本相同，包括中线竣工测量，纵、横断面测量和竣工总图的编制。

1. 中线竣工测量

中线竣工测量一般分两步进行。首先，收集该线路设计的原始资料、文件及修改设计资料和文件，然后根据现有资料情况分两种情况进行，当线路中线设计资料齐全时，可按原始设计资料进行中桩测设，检查各中桩是否与竣工后线路中线位置相吻合。当设计资料缺乏或不全时，则采用曲线拟合法，即先把已修好的道路进行分中，将中线位置实测下来并以此拟合平曲线的设计参数。

2. 纵、横断面测量

纵、横断面测量是在中桩竣工测量完成后，以中桩为基础，将道路纵、横断面情况实测下来，看是否符合设计要求。其测量方法同前。

上述中桩和纵、横断面测量工作，均应在已知施工控制点的基础上进行，如已有的施工控制点已被破坏，应先恢复道路控制系统。

在实测工作中应对已有资料（包括施工图等）进行详细实地检查、核对，其检查结果应满足国家有关规程。

当竣工测量的误差符合要求时，应对曲线的交点桩、长直线的转点桩等道路控制桩或坐标法施工时的导线点埋设永久桩，并将高程控制点移至永久桩上或牢固的桩上，然后重新编制坐标、高程一览表和平曲线要素表。

3. 竣工总图的编制

对于已确实证明按设计图施工、没有变动的工程，可以按原设计图上的位置及数据绘制竣工总图，各种数据的注记均利用原图资料。对于施工中有变动的工程，按实测资料绘制竣工总图。

无论用原图还是实测竣工总图绘制，其图式符号、各种注记、线条等格式都应与设计图完全一样，对于原设计图没有的图式，可以按照《国家基本比例尺地图图式　第 1 部分：1∶500，1∶1000，1∶2000 地形图图式》（GB/T 20257.1—2017）设计图例。

编制竣工总图时，若竣工测量所得出的实测数据与相应的设计数据之差在施工测量的允许误差内，则应按设计数据编绘竣工总图，否则按竣工测量数据编绘。

7.2　桥 梁 施 工 测 量

道路通过河流或跨越山谷时需要架设桥梁，城市交通的立体化也需要建造桥梁，如立交桥、高架桥等。桥梁是道路工程的重要组成部分之一，在工程建设中，无论是投资比重、施工期限、技术要求等各个方面，桥梁都处于重要位置。特别是一般特大桥、复杂特大桥等技术较为复杂的桥梁建设，对一条路线能否按期、高质量地建成并通车，具有重要的影响。

一座桥梁在勘测设计、建筑施工和运营管理等过程中都会进行大量的测量工作，其中包括勘测选址、地形测量、施工测量、竣工测量。在施工过程中以及通车后，还要进行变形观测。本节主要介绍施工阶段的测量工作。桥梁施工测量的内容和方法由桥梁形式、大小、施工方法以及地形等条件来决定。总的来说，桥梁施工测量的工作主要包括桥轴线长度测量、桥梁控制测量、墩台定位及走线测设、墩台细部放样以及梁部放样等。

桥梁按其主跨距长度大小通常可分为小型（8～30m）、中型（30～100m）、大型（100～500m）和特大型（大于 500m）四类，其施工测量方法及其精度要求随桥轴线长度、河道和桥涵结构的情况决定。桥梁施工的主要内容包括桥梁施工控制网的形式和建立方法；墩、台定位测量；墩、台细部放样、基础放样及梁部放样等。

在选定的桥梁中线上，于桥头两端埋设两个控制点，两个控制点之间的连线称为桥轴线。墩台定位主要都是以这两点为依据，所以桥轴线长度的精度直接影响墩台的定位精度。

7.2.1　桥梁施工控制网

桥址选线主要以线路走向和高程为主要条件确定选址河段范围，然后根据地形、地质、水文情况和其他条件以及可能出现的特殊要求确定。总体来说，桥址就服从于线路的总走向，但大型桥梁在局部上，线路也要服从于桥址，首先应据线路总走向确定桥址区域线路的延伸，桥端引线尽可能直线延伸或以较大的半径曲线连接，坡度应尽量小，引桥尽量短，避免高填深挖。另外还要考虑地形条件、地质条件、水文条件以及其他相关因素。桥梁定测阶段的任务，是将桥梁中线即桥的轴线测定于实地中，进行桥址的地形图测绘和水文测量等。

桥梁施工测量的任务是根据桥梁设计和施工详图遵循从整体到局部的原则，先进行控制测量（包括平面控制测量和高程控制测量），再进行细部放样测量。将桥梁构造物的平面和高程位置在实地放样出来，及时地为不同施工阶段提供准确的设计位置和尺寸，并检查施工质量。

桥梁施工阶段的测量工作，首先是通过平面控制网的测量，求出桥轴线（桥梁中线）的长度，方向和交会放样桥墩中线位置的数据。通过水准测量，建立桥梁墩台施工放样的高程控制。其次当桥梁构造物的主要轴线（如桥梁中线、墩台纵横轴线等）放样出来后，再按主要轴线进行结构物轮廓点的细部放样和进行施工测量，最后还要进行竣工测量以及桥梁墩台的沉降位移观测。

7.2.1.1 桥梁施工平面控制网的布设及测量

桥梁平面控制主要以桥轴线控制为主，并保证全桥与路线连接的整体性，同时为墩台定位提供测量控制点。桥梁平面控制网的基本网形是三角形和四边形。常用的三角网布设形式有双三角形、大地四边形、大地四边形与三角形、双大地四边形等，如图 7.6 所示。

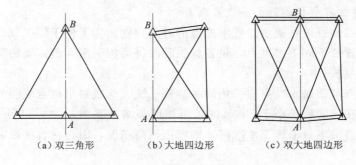

（a）双三角形　　　（b）大地四边形　　　（c）双大地四边形

图 7.6　桥梁平面控制网

对于控制点的要求，除了图形简单、强度良好外，还要求地质条件稳定，视野开阔，便于交会墩位，其交会角不致太大或太小。基线应与桥梁中线近似垂直，其长度宜为桥轴线的 0.7 倍，困难时也不应小于其 0.5 倍。在控制点上要埋设标石及刻有"十"字的金属中心标志。如果兼做高成控制点用，则中心标志宜做成顶部为半球状。

控制网可采用测角网、测边网或边角网。采用测角网时宜测定两条基线，如图 7.6（b）、（c）中的双线所示。一般来说，在边、角精度互相匹配的条件下，边角网的精度较高。

在《既有铁路测量技术规则》（TBJ 105—1988）中，按照轴线的精度要求，桥梁控制网分为五个等级，它们分别对测边和测角的精度规定见表 7.1。

此规定是对测角网而言，由于桥轴线长度及各个边长都是根据基线及角度推算的，为保证轴线有可靠的精度，基线精度要高于桥轴线精度的 2～3 倍。如果采用测边网或边角网，由于边长是直接测定的，所以不受或少受测角误差的影响，测边的精度与桥轴线要求的精度相当即可。

表 7.1   测边和测角的精度规定

三角网等级	桥轴线相对中误差	测角中误差/(")	最弱边相对中误差	基线相对中误差
一	1/175000	±0.7	1/150000	1/400000
二	1/125000	±1.0	1/100000	1/300000
三	1/75000	±1.8	1/60000	1/200000
四	1/50000	±2.5	1/40000	1/100000
五	1/30000	±4.0	1/25000	1/75000

　　由于桥梁三角网一般是独立的,没有坐标及方向的拘束条件,所以平差时都按自由网处理。它所采用的坐标系,一般是以桥轴线作为 X 轴,以桥轴线始端控制点的里程作为该点的 X 值,这样,桥梁墩台的设计里程即为该点的 X 坐标值,便于以后施工放样数据处理。

　　在施工时如因机具、材料等遮挡视线,无法利用主网的点进行施工放样时,可以根据主网两个以上的点将控制点加密。这些加密点称为插点。插点的观测方法与主网相同,但在平差计算时,主网上点的坐标不得变更。

7.2.1.2　桥梁施工高程控制网的布设及测量

　　桥梁的高程控制一般在施测路线水准点的时候建立。为了便于施工放样,还需在墩台下面或河滩上设置若干施工水准点,供各施工阶段将高程引测到所需要的部分。对施工水准点要定期检查复核。

　　桥梁的水准点与线路水准点应采用同一高程系统。与线路水准点联测的精度不需要很高,当包括引桥在内的桥长小于 500m 时,可用四等水准联测,大于 500m 时可用三等水准进行联测。但桥梁本身的施工水准网,则宜用较高精度,因为它直接影响桥梁各部放样精度。

　　在桥梁施工阶段,为了作为放样的高程依据,应在河流两岸建立若干个水准基点,水准基点布设的数量视河宽及桥的大小而异。一般小桥可只布设一个;在 200m 以内的大、中桥,宜在两岸各设一个;当桥宽超过 200m 时,由于两岸联测不便,为了在高程变化时易于检查,则每岸至少设置两个。

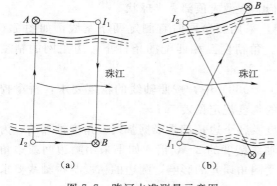

图 7.7　跨河水准测量示意图

　　当跨河距离大于 200m 时,宜采用跨河水准法联测两岸的水准点。跨河点间的距离小于 800m 时,可采用三等水准进行测量;大于 800m 时则采用二等水准进行测量。

　　跨河水准测量应尽量选在桥位附近的河宽较窄处,最好选用两台同精度的水准仪同时进行对象观测。两岸测站点和立尺点可布设成如图 7.7 所示的对称图形。图中 I_1、I_2 为测站点,A、B 为立尺点,

要求 AI_1 与 BI_2 及 I_2A 与 I_1B 尽量相等，并使 AI_1 与 BI_2 均大于等于 10m，且彼此相等。当用两台水准仪同时观测时，I_1 站上先测量本岸近尺读数 a_1，然后测对岸远尺 B 读数 2～4 次，取平均数得 b_1，其高差为 $h_1 = a_1 - b_1$。此时，在 I_2 站上按照同样的方法测得高差 h_2，最后取 h_1 和 h_2 的平均值。

跨河水准测量的观测时间应选在无风、气温变化小的阴天进行观测；晴天观测时，应在日出后的早晨或下午日落前进行观测，观测时仪器应用白色测伞遮挡阳光，水准尺要用支架固定竖直稳固。

当河面较宽，水准尺读数有困难时，可在水准尺上装一个如图 7.8 所示的觇牌。持尺者根据观测者的指挥上下移动觇牌，直至望远镜十字丝的横丝对准觇牌上红白相交处为止，然后由持尺者记下觇牌的读数。

在跨越水区较宽，难以用跨水准传递高程时，使用 GPS 技术结合重力大地测量进行高程传递的方法，

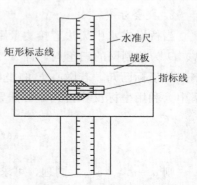

图 7.8 特制照准觇牌

解决了高程传递的问题，如上海市东海桥 32.5km 的跨度，高精度地传递了高程，保证了施工的要求。

7.2.2 桥梁墩、台的施工测量

准确测出桥梁墩、台的中心位置和它的纵、横轴线，是桥梁施工阶段最主要的工作之一，这个工作称为墩台定位和轴线测设。

对于直线桥梁，只要根据墩台中心的桩号和岸上桥轴线控制桩的桩号求出其距离就可定出墩中心的位置。对于曲线桥梁，由于墩台中心不在线路中线上，首先需要计算墩台中心坐标，然后再进行墩台中心数据和轴线的测设。

测设方法则视河宽、水深及墩位的情况而定，如测量水中桥墩的基础定位时，由于水中桥墩的基础目标处于不稳定状态，无法使水中测量设备稳定，一般采用角度交会法；如果墩位在干枯或者浅水河床上，可采用直接定位法；而在已经稳固的墩台上进行基础定位时，可以采用光电测距法、方向交会法、距离交会法、极坐标法等。

7.2.2.1 直线桥的墩、台定位测量

直线桥的墩、台中心位置都位于桥轴线的方向上。墩、台中心的设计里程及桥轴线起点的里程是已知的，如图 7.9 所示，相邻两点的里程相减即可求得它们之间的距离。根据地形条件，可采用直接测距法或交会法或 GPS 测量方法测设出墩、台中心的位置。

1. 直接测距法

这种方法适用于无水或浅水河道。根据计算出的距离，从桥轴线的一个端点开始，用检定过的钢尺逐段测设出墩、台中心，并附合于桥轴线的另一个端点上。如在限差范围之内，则依据各段距离的长短按比例调整已测设出的距离。在调整好的位置上钉一个小钉，即为测设的点位。

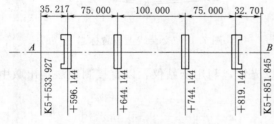

图 7.9 直线桥梁墩、台布置图

如用全站仪测设,则在桥轴线起点或终点架设仪器,并照准另一个端点。在桥轴线方向上设置反光镜,并前后移动,直至测出的距离与设计距离相符,则该点即为要测设的墩、台中心位置。为了减少移动反光镜的次数,在测出的距离与设计距离相差不多时,可用小钢尺测出其差数,以定出墩、台中心的位置。

2. 交会法

当桥墩在水中无法直接丈量距离或者反置反光镜时,采用此法。如图 7.10 所示,C、A、D 为控制网的三角点,且 A 为桥轴线的端点,E 为墩中心设计位置。C、A、D 三控制点的坐标已知,若墩心 E 的坐标与之不在同一坐标系,可将其进行换算至统一的坐标系中。利用坐标反算公式即可推导出交会角 α,β。

$$\alpha_{CE} = \arctan \frac{\Delta y_{CE}}{\Delta x_{CE}}; \quad \alpha_{CA} = \arctan \frac{\Delta y_{CA}}{\Delta x_{CA}}$$

则 $\alpha = \alpha_{CA} - \alpha_{CE}$。同理,可求出交会角 β。

在点 C、D 上架设经纬仪,分别自 CA,DA 测设出交会角 α 及 β,则两方向的交点即为墩心点 E 的位置。为了检核精度及避免错误,通常还利用桥轴线 AB 的方向,用三个方向交会出点 E。由于测量误差的影响,三个方向不交于一点,而形成如图 7.10 所示的三角形,这个三角形称为示误三角形。交汇处示误三角形的最大边长在建筑墩、台下部时应不大于 25mm,上部时不大于 15mm。如果在限差范围内,则将交会点 E' 投影移至桥轴轴线上,作为墩中心点 E 的点位。

随着工程的进展,需要经常进行交会定位。为了工作方便,提高效率,通常都是在交会方向的延长线上设置标志,如图 7.11 所示。在以后的交会时就不再测设角度,而是直接瞄准该标志就可以了。

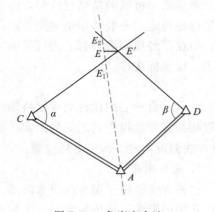

图 7.10　角度交会法

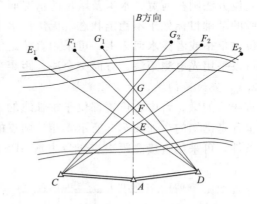

图 7.11　交会线上设置标志

当桥墩筑出水面以后,即可在墩上架设反光镜,利用全站仪,以直接测距法定出墩中心的位置。

7.2.2.2　曲线桥的墩、台定位测量

在直线桥上,桥梁和线路的中线都是直的,两者完全重合。但在曲线桥上则不然,曲线桥的中线是曲线，而每跨桥梁却是直的，所以桥梁中线与线路中线基本构成了符合的折线，这种折线称为桥梁工作线，如图7.12所示。墩、台中心即位于折线的交点上，曲线桥的墩、台中心测设，就是测设桥梁工作线的交点。设计桥梁时，为使车辆运行时梁的两侧受力均匀，桥梁工作线应尽量接近线路中线，所以梁的布置应使工作线的转折点向线路中线外侧移动一段距离 E，这段距离称为"桥墩偏距"。由于相邻两跨梁的偏角很小，E 就是线路中线与桥墩纵轴线的交点 A 至桥墩中心 A' 的距离，如图7.13所示。墩台的纵轴线，是指垂直于线路方向的轴线，而横轴线是指平行于线路方向的轴线。偏距 E 一般是以梁长为弦线的中矢值的一半，这种布梁方法称为平分中矢布置。如果偏距 E 等于中矢值，则称为切线布置。两种布置如图7.14所示。一般是以梁长为弦线的中矢值相邻梁跨工作线构成的偏角 α 称为"桥梁偏角"；每段折线的长度 L 称为"桥墩中心距"。

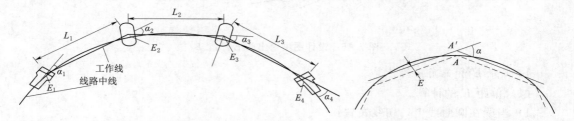

图 7.12 曲线桥线路中心线与桥梁不完全吻合　　　图 7.13 梁的中线向外侧移图

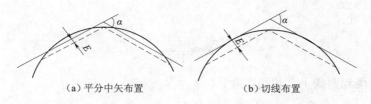

（a）平分中矢布置　　　（b）切线布置

图 7.14 桥梁的布梁方法

在曲线桥上测设墩位与直线桥相同，也要在桥轴线的两端测设出控制点，以作为墩、台测设和检核的依据。测设的精度同样要求满足估算出的精度要求。控制点在线路中线上的位置，桥轴线可能一端在直线上，另一端在曲线上也可能两端都位于曲线上。与直线不同的是曲线上的桥轴线控制桩不能预先设置在线路中线上，再沿曲线测出两控制桩间的长度，而是根据曲线长度，以要求的精度用直角坐标法测设出来。用直角坐标法测设时应以曲线的切线作为 x 轴。为保证测设桥轴线的精度，必须以更高的精度测量切线的长度，同时也要精密地测出转向角 α。

E、α、L 在设计图中都已经给出，图7.15中每个桥墩处注记了偏距 E 和墩台中心的桩号，桩号下面注记了该桥墩偏角 α，两墩间注记了墩中心距长 L，如7号桥墩注记了桩号为 K9+894.39，$E=8\text{cm}$，$\alpha=2°08'39''$，7 号到 8 号墩中心距 $L=32.76\text{m}$。

E、α、L 在设计图中虽然都已经给出，但在测设前仍应重新进行校核计算。

在测出桥轴线的控制点以后，即可进行墩、台中心的测设。根据条件，也是采用直接测距法或交会法。

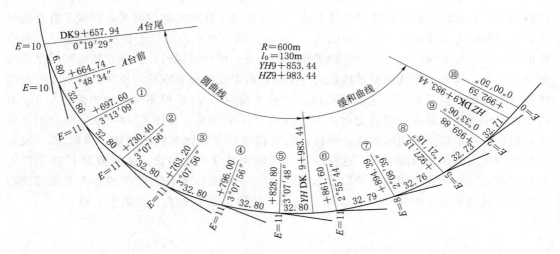

图 7.15　设计图中给出的 E、α、L

1. 偏距 E 和偏角 α 的计算

（1）偏距 E 的计算。

1）当梁在圆曲线上，切线布置：

$$E = \frac{L^2}{8R} \tag{7.1}$$

平分中矢布置：

$$E = \frac{L^2}{16R} \tag{7.2}$$

2）当梁在缓和曲线上，切线布置：

$$E = \frac{L^2}{8R} \times \frac{l_i}{l_0} \tag{7.3}$$

平分中矢布置：

$$E = \frac{L^2}{16R} \times \frac{l_i}{l_0} \tag{7.4}$$

式中　L——墩中心距；

　　　R——圆曲线半径；

　　　l_i——ZH 或 HZ 至计算点的距离；

　　　l_0——缓和曲线全长。

　　其中墩中心距 L 由式（7.5）计算：

$$L = l + 2a + B\alpha/2 \tag{7.5}$$

式中　l——梁长；

　　　a——规定的直线桥梁缝之半；

　　　α——桥梁偏角，以弧度表示；

　　　B——梁的宽度。

（2）偏角 α 的计算。梁工作线偏角 α 主要由两部分组成，一是工作线所对应的路线中线的弦线偏角，二是由于墩、台 E 值不等而引起的外移偏角。另外，当梁一部分在直线上、另一部分在缓和曲线上，或者一部分在圆曲线上、另一部分在缓和曲线上时，还需考虑其附加偏角。

计算时，可将弦线偏角、外移偏角和其他附加偏角分别计算，然后取其和。

2. 直接测距法

在墩、台中心处可以架设仪器时，宜采用这种方法。由于墩中心距 L 及桥梁偏角 α 是已知的，可以从控制点开始，逐个测设出角度及距离，即直接定出各墩、台中心的位置，最后再附合到另外一个控制点上，以检核测设精度。这种方法称为导线法。

利用光电测距仪测设时，为了避免误差的积累，可采用长弦偏角法，参见第 8 章 8.2.4。

由于控制点及各墩、台中心点在曲线坐标系内的坐标是可以求得的，故可算出控制点至墩、台中心的距离及其与切线方向的夹角 δ_i。自切线方向开始测设出 δ_i，再在此方向线上测设出 D_i，如图 7.16 所示，即得墩、台中心的位置。此种方法因各点是独立测设的，不受前一点测设误差的影响。但在某一点上发生错误或有粗差也难于发现，所以一定要对各个墩中心距进行检核测量。

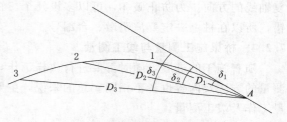

图 7.16　直接测距法放样

3. 交会法

当墩位于水中，无法架设仪器及反光镜时，宜采用交会法。由于这种方法是利用控制网点交会墩位，所以墩位坐标系与控制网的坐标系必须一致，才能进行交会数据的计算。如果两者不一致时，则须先进行坐标转换。控制点及墩位的坐标是已知的，计算坐标方位角的方法和交会法放样的步骤同本章 7.2.2.1 中的交会法。

4. RTK 技术法

利用 GPS-RTK 技术建立基准站，用 RTK 流动站直接测定桥墩的中心点位，以指导施工，并可实时地检测中心点位的正确性，该方法既省时，又便捷。

7.2.3　墩台纵、横轴线的测设

为了进行墩、台施工的细部放样，需要测设其纵、横轴线。墩台的纵轴线是指垂直于线路方向的轴线，而横轴线是指平行于线路方向的轴线。

直线桥墩、台的横轴线与桥轴线相重合，且各墩、台一致，因而就利用桥轴线两端的控制桩来标志横轴线的方向，一般不另行测设。

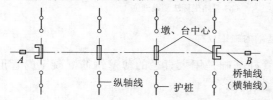

图 7.17　直线桥的墩、台纵横轴线位置

桥墩台的纵轴线与横轴线垂直，在测设纵轴线时，在墩、台中心点上安置经纬仪，以桥轴线方向为准测设 90°角，即为纵轴线方向，如图 7.17 所示。

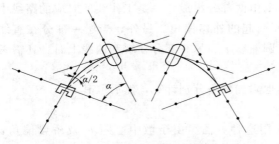

图 7.18　曲线梁的墩、台纵横轴线

曲线桥的墩、台轴线位于桥梁偏角的分角线上,在墩、台中心架设仪器,照准相邻的墩、台中心,测设 $\alpha/2$ 角,即为横轴线的方向。自横轴线方向测设 90°角,即为纵轴线方向,如图 7.18 所示。

在施工过程中,墩、台中心的定位桩要被挖掉,但随着工程的进展,又经常需要恢复墩、台中心的位置,因此要在施工范围以外钉设护桩,据以恢复墩台中心的位置。

护桩是在墩、台的纵横轴线上,于两侧各钉设至少两个木桩,因为有两个桩点才可恢复轴线的方向。为防止破坏,可以多设几个。在曲线桥上的护桩纵横交错,使用时极易弄错,所以在桩上一定要注明墩、台编号。

7.2.4　桥梁施工测量与竣工测量

随着施工的进展,随时都要进行放样工作,但桥梁的结构及施工方法千差万别,所以测量的方法及内容也各不相同。总的来说,主要包括基础放样、墩、台放样、架梁时的测量工作及竣工测量。

1. 基础施工测量

桥墩基础由于自然条件不同,施工方法也不相同,放样方法也各异。

如果是无水或浅水河道,地基情况又较好,则采用明挖基础的方法,其放样方法同建筑基础放样。

当表土层厚,明挖基础有困难时,常采用桩基础,如图 7.19(a)所示。放样时,以墩、台轴线为依据,用直角坐标法测设桩位,如图 7.19(b)所示。

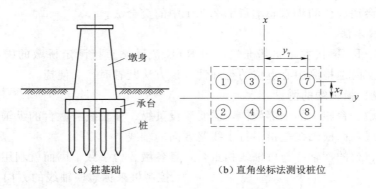

（a）桩基础　　　　　　　（b）直角坐标法测设桩位

图 7.19　桩基础的施工放样

在深水中建造桥墩,多采用管柱基础。管柱基础是用大直径的薄壁钢筋混凝土的管形柱子,插入地基,管中灌入混凝土,如图 7.20 所示。

在管柱基础施工前,用万能钢杆拼结成鸟笼形的围图,管柱的位置按设计要求在围图中确定。在围图的杆件上做标志，用 GPS-RTK 技术或角度交会法在水上定位，并使围图的纵横轴线与桥墩、台的轴线重合。

　　放样时，在围图形成的平台上，用支距法测设各管柱在围图中的位置。随管柱打入地基的深度，测定其坐标和倾斜度，以便及时改正。

　　2. 桥墩细部放样

　　桥墩的细部放样主要依据其桥墩纵横轴线上的定位桩，逐层投测桥墩中心和轴线，并据此进行立模，浇筑混凝土。

　　3. 架梁时的测量工作

　　架梁是建桥的最后一道工序。无论是钢梁还是混凝土梁，都是在工厂按照设计预先制作好，然后再运到工地现场进行拼接安装。梁的两端是用位于墩顶的支座支撑，支座放在底板上，而底板则用螺栓固定在墩、台的支承垫石上。架梁的测量工作，主要是测设支座底板的位置，测设时，先依据墩、台的纵横轴线，测设出梁支座的纵横轴线，用墨线弹出，以便支座安装就位。

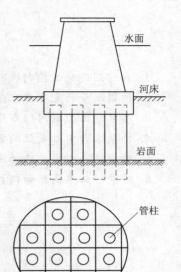

图 7.20　管柱基础

　　支座底板的纵、横中心线与墩、台纵横轴线的位置关系是在设计图上给出的。因而在墩、台顶部的纵横轴线测设出以后，即可根据它们的相互关系，用钢尺将支座底板的纵、横中心线放样出来。

　　根据设计的要求，先将一个桁架的钢梁拼装和铆接好，然后根据已放出的墩、台轴线关系进行安装。之后在墩台上安置全站仪，瞄准梁两端已标出的固定点，再依次进行检查，否则予以改正。

　　竖直性检查一般用悬吊垂球的方法或经纬仪进行。

　　墩、台施工中的高程放样，通常都是在墩台附近设立一个施工水准点，根据这个水准点以水准测量方法测设各部分的设计高程。但在基础底部及墩、台的上部，由于高差过大，难于用水准尺直接传递高程时，可用悬挂钢尺的办法传递高程。

　　4. 竣工测量

　　桥梁的竣工测量主要根据规范、图纸要求，对已完成的桥梁进行全面的检测，主要检测的测量项目有轴线、高程、宽度等。

小　　结

　　本章主要介绍道路施工测量的主要内容，主要包括道路恢复路线中线、路基边桩的放样、路基边坡的放样和路面施工放样；桥梁工程中测量工作的内容和方法，桥梁的基本知识，桥梁施工中的测量任务，重点介绍了桥梁施工控制网的形式，建立桥梁平面、高程施工控制网的测量方法与要求；精确地放样桥墩桥台的位置；桥墩台纵横轴线测量以及基础施工测量等。

思 考 题

1. 如何测设施工控制桩？
2. 桥梁测量的主要内容分为哪几部分？
3. 桥梁施工控制网的布设形式有哪几种？各适用于什么情况？
4. 桥梁墩台中心定位的常用方法有哪几种？如何实施？
5. 曲线桥上墩台的横轴线方向如何确定？
6. 桥梁施工中高程如何控制？

第 8 章 曲 线 测 量

本章主要介绍圆曲线、缓和曲线、复曲线等不同曲线的要素计算和曲线主点和曲线上任意点位的测设，让大家了解和掌握曲线测设的基本方法。通过困难地区曲线的测设，了解现代测量仪器给曲线测量带来的革命性变化。

8.1 概　　述

在铁路或公路建设中，由于受地形条件的限制，线路在水平面上不可避免地要变更方向，为使车辆运行平顺，需要使用曲线将两相邻直线连接。这种在水平面上连接两相邻直线的曲线叫平曲线，平曲线又分为圆曲线和缓和曲线两种，圆曲线又有单曲线、复曲线、反向曲线和回头曲线等多种。

圆曲线：一定半径 R 的圆弧构成的曲线（图 8.1）。圆曲线的形状由 3 个主点控制，它们分别是中直圆点（ZY）、曲中点（QZ）和圆直点（YZ）。测设圆曲线的基本数据称为圆曲线要素，即圆曲线的切线长 T、曲线长 L 和外矢距 E。测设曲线时，先测设曲线主点，再测设曲线细部。

缓和曲线：连接直线和圆曲线的过渡曲线（图 8.2）。缓和曲线上任一点的曲率半径与该点至起点的曲线长度成反比，其数值由无穷大逐渐变化为圆曲线的半径 R。在圆曲线的两端加设等长的缓和曲线后，曲线的主点则为：直缓点（ZH）、缓圆点（HY）、曲中点（QZ）、圆缓点（YH）和缓直点（HZ）。当圆曲线半径 R、缓和曲线长 l_0 及转向角 α 已知时，可计算出切线长 T、外矢矩 E、曲线长 L 和切曲差 q 等曲线要素，测设出曲线的主点。

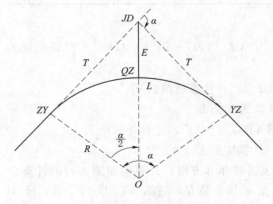

图 8.1　圆曲线

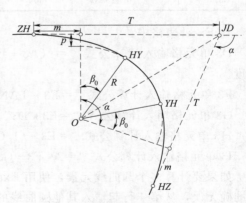

图 8.2　缓和曲线

8.2 圆 曲 线 的 测 设

8.2.1 圆曲线元素的计算

如图 8.1 所示，若已知线路在交点（JD）的转角为 α，圆曲线的半径为 R，则圆曲线元素按下列公式计算：

切线长：
$$T = R\tan\frac{\alpha}{2} \tag{8.1}$$

曲线长：
$$L = R\alpha\frac{\pi}{180°} \tag{8.2}$$

外矢距：
$$E = R\left(\sec\frac{\alpha}{2} - 1\right) \tag{8.3}$$

切曲差：
$$q = 2T - L \tag{8.4}$$

式中　T——切线长，由直圆点（ZY）至直线交点（JD）的距离；

　　　L——曲线长，直圆点（ZY）沿曲线至圆直点（YZ）的曲线距离；

　　　E——外矢距，直线交点（JD）至曲中点（QZ）的距离；

　　　q——切曲差，两倍的切线长与曲线长的差值，常用来检核里程推算的正确性。

【例 8.1】 设某圆曲线的半径 $R = 500$m，偏角 $\alpha = 56°27'37''$，计算圆曲线的曲线元素。

解： 曲线元素的计算使用函数计算器，也可借用 Excel 表格进行计算，见表 8.1。

表 8.1 　　　　　　　　　　　圆 曲 线 元 素 的 计 算

序号	A	B	C	D	E	F	G	H	I
1	\multicolumn{3}{转角 α}			半径	切线长	曲线长	外矢距	切曲差
2	(°)	(′)	(″)	弧度	R	T	L	E	q
3	56	27	37	0.985418	500	268.436	492.709	67.502	44.164
4	23	41	18	0.413439	600	125.829	248.064	13.052	3.595

在 Excel 表格中：

D3 单元格输入计算公式"＝（A3＋B3/60＋C3/3600）＊PI（）/180"，将偏角化为弧度。

F3 单元格输入计算公式"＝E3＊TAN（D3/2）"，计算切线长 T。

G3 单元格输入计算公式"＝E3＊D3"，计算曲线长 L。

H3 单元格输入计算公式"＝E3＊（1/COS（D3/2）－1）"，计算外矢距 E。

I3 单元格输入计算公式"＝2＊F3－G3"，计算切曲差 q。

如果要计算多个圆曲线元素，使用 Excel 表格将非常方便。只要确保第 3 行的计算公式准确无误，从第 4 行起输入其他圆曲线的转角 α 和半径 R，将第 3 行 D、F、G、H、I 各列的计算公式下拖，即可准确得到其他圆曲线元素的计算结果，如表 8.1 中的第 4 行为另一圆曲线元素的计算结果。在实际工作中，曲线元素的计算结果取至厘米即可。

8.2.2 圆曲线主点里程的计算

在圆曲线主点放样之前，要先计算曲线主点的里程。曲线主点的里程是根据前面计算出的曲线要素，由一已知点里程点来推算，一般沿里程增加方向进行推算。

若已知直圆点（ZY）的里程，则曲中点（QZ）和圆直点（YZ）的里程计算如下：

$$QZ = ZY + L/2$$
$$YZ = QZ + L/2$$

(8.5)

【例8.2】 已知某圆曲线的切线长 $T = 268.436\mathrm{m}$，曲线长 $L = 492.709\mathrm{m}$，切曲差 $q = 44.164\mathrm{m}$，直圆点（ZY）的里程为 DK42+632.67，计算其他主点的里程。

解：曲中点（QZ）和圆直点（YZ）的里程计算如下：

ZY	DK 42+632.67
+L/2	246.35
QZ	DK 42+879.02
+L/2	246.35
YZ	DK 43+125.37

若已知交点（JD）的里程，则直圆点（ZY）、曲中点（QZ）和圆直点（YZ）的里程计算如下：

$$ZY = JD - T$$
$$YZ = ZY + L$$
$$QZ = YZ - L/2$$

(8.6)

曲中点（QZ）的里程可用下式进行检核：

$$JD = QZ + q/2$$

(8.7)

若已知交点（JD）的里程为 DK42+901.11，则直圆点（ZY）、曲中点（QZ）和圆直点（YZ）的里程计算如下：

JD	DK 42+901.11
−T	268.44
ZY	DK 42+632.67
+L	492.71
YZ	DK 43+125.38
−L/2	246.35
QZ	DK 42+879.03

检核曲中点（QZ）的里程（因存在凑整误差，检核计算结果允许相差 1cm）：

109

$$QZ \quad DK\ 42+879.02$$
$$+q/2 \qquad\qquad 22.08$$
$$\overline{}$$
$$JD \quad DK\ 42+901.10$$

上述计算若在电子表格中完成将更加快捷，见表 8.2。

表 8.2 圆曲线主点里程的计算

序号	F	G	H	I	J	K	L	M	N
1	切线长 T	曲线长 L	外矢距 E	切曲差 q	直圆点 (ZY)	曲中点 (QZ)	圆直点 (YZ)	交点 (JD)	检核
2	268.436	492.709	67.502	44.164	42632.67	42879.02	43125.38	42901.11	0.00
3	125.829	248.064	13.052	3.595	35248.38	35372.41	35496.44	35374.21	0.00

若已知直圆点（ZY）的里程，则在 Excel 表格中的 J3 单元格输入直圆点（ZY）的里程。

K3 单元格输入计算公式 "＝J3＋G3/2"，计算曲中点（QZ）的里程。

L3 单元格输入计算公式 "＝J3＋G3"，计算圆直点（YZ）的里程。

M3 单元格输入计算公式 "＝J3＋F3"，计算交点（JD）的里程。

N3 单元格输入计算公式 "＝M3－K3－I3/2"，进行检核计算。

若已知交点（JD）的里程，则在 Excel 表格中的 M3 单元格输入交点（JD）的里程，J3 单元格输入计算公式＝M3－F3，计算直圆点（ZY）的里程。K3、L3 和 N3 单元格输入的计算公式和已知直圆点（ZY）的里程的计算公式相同。

8.2.3　圆曲线主点的测设

（1）将全站仪安置在交点（JD）上，用望远镜照准后视相邻交点或转点，沿此方向线量取切线长 T，得圆曲线起点直圆点（ZY），插上一测钎。丈量直圆点（ZY）至相邻直线桩距离，如两桩号距离之差在允许范围内，即可在测钎处打下方桩，桩顶与地面齐平，钉上小钉表示点位，并在旁边另打一指示桩，写明点名直圆点（ZY）和里程。

（2）用望远镜照准前进方向的交点或转点，按上述方法，定出圆直点（YZ）的点位桩和指示桩，并进行检核。

（3）将望远镜视线转至内角平分线上量取外矢距 E，取盘左、盘右中数定出曲中点（QZ）的点位桩和指示桩。

为保证主点的测设精度，切线长度的测量应进行往返测，测量精度应不低于 1/2000。

8.2.4　圆曲线的详细测设

仅将圆曲线主点测设于地面上，还不能满足工程施工的需要，还需要在两主点之间加测一些曲线点，这种工作称圆曲线的详细测设。曲线上中桩间距以 20m 为宜，若地形平坦且曲线半径大于 800m 时，圆曲线内的中桩间距可为 40m，且圆曲线的中桩里程宜为 20m 的整倍数。若地形发生变化或按设计需要应另设加桩的，则加桩宜设在整米处。

8.2.4.1　偏角法

用偏角法测设圆曲线的细部点，根据测设弦长的方法的不同又分长弦偏角法和短弦偏角法。

1. 长弦偏角法

长弦偏角法测设圆曲线的原理是：根据偏角（弦切角）和 ZY（或 YZ）点到各个细部点的弦长放样出曲线上的各点，适合使用全站仪进行测设。

如图 8.3（a）所示，在直圆点（ZY）安置全站仪，后视交点（JD）将水平度盘置零，拨偏角 δ_1，沿望远镜视线方向置镜，放出弦长 c_1 得到点 1；拨偏角 δ_2，沿望远镜视线方向置镜，放出弦长 c_2 得到点 2；用同样方法测设出曲线上的其他点。

（1）偏角计算。由几何学得知，弦切角（曲线偏角）等于其弦长所对圆心角的一半。

图 8.3 中，设圆曲线的半径为 R，直圆点至点 1 的曲线长为 l，它所对的圆心角为 φ，对应的偏角为 δ，则

$$\varphi = \frac{l}{R} \times \frac{180°}{\pi}$$

$$\delta = \frac{\varphi}{2} = \frac{l}{2R} \times \frac{180°}{\pi} \tag{8.8}$$

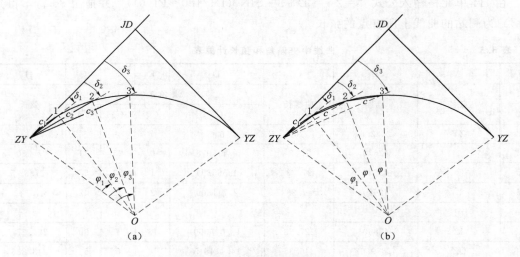

图 8.3　偏角法测设圆曲线

（2）弦长计算。设弦长为 C，由图 8.3 可以看出：$C_i = 2R\sin\delta_i$。

《工程测量规范》（GB 50026—2020）规定：线路中线桩的间距，直线部分不应大于 50m，平曲线部分宜为 20m。当铁路曲线半径大于 800m，且地势平坦时，其中线桩间距可为 40m。当公路曲线半径为 30～60m，缓和曲线长度为 30～50m 时，其中线桩间距不应大于 10m；曲线半径和缓和曲线长度小于 30m 的或在回头曲线段，中线桩间距不应大于 5m。

【例 8.3】　已知某圆曲线的直圆点（ZY）的里程为 DK42＋632.67，曲中点（QZ）的里程为 DK42＋879.02，圆直点（YZ）的里程为 DK43＋125.38，要求圆曲线的中桩里程为 20m 的倍数，若使用偏角法进行圆曲线的详细测设，计算该曲线上各测设点的偏角和弦长。

解：在本例中，ZY 点里程为 DK42＋632.67，则设第 1 点里程应为 DK42＋640，曲线上各测设点的偏角和弦长用 Excel 表进行计算非常方便，见表 8.3。

在表格中，将中桩间距输入 C3 单元格，圆曲线半径输入 D3 单元格。

A 列输入点名，由 ZY、1、2、…、25、YZ，B3 单元格输入 ZY 的里程 42632.67，B4 单元格输入点 1 的里程 42640，B5 单元格输入公式"＝B4＋＄C＄3"并拖至 28 行，得到点 2 至点 25 的里程，在点 12 后插入点 QZ 并输入里程，输入点 YZ 里程。

在 C4 单元格输入公式"＝B4－＄B＄3"并拖至 30 行，得到点 ZY 至曲线上所有点的曲线长度。

在 D4 单元格输入公式"＝C4/2/＄D＄3＊180/PI（）"，得到以 ZY 为测站的曲线上所有点的偏角 δ，单位为度。E、F、G 三列的作用是将偏角转换成度分秒。

在 E4 单元格输入公式"＝INT（D4）"并拖至 30 行，得到偏角的整度数。

在 F4 单元格输入公式"＝INT（（D4－E4）＊60）"并拖至 30 行，得到不足 1 度部分的整分数。

在 G4 单元格输入公式"＝INT（（D4－E4－F4/60）＊3600）"并拖至 30 行，得到不足 1 分部分的整秒数。

在 H4 单元格输入公式"＝2＊＄D＄3＊SIN（D4/180＊PI（））"并拖至 30 行，得到以 ZY 为测站的曲线上所有点的弦长。

表 8.3　　　　　　　　　　　　　曲线中桩偏角和弦长计算表

序号	A	B	C	D	E	F	G	H
1	点名	里程	曲线长	偏 角 δ				弦长
2				(°)	(°)	(′)	(″)	
3	ZY	42632.67	20	500				
4	1	42640	7.33	0.419978	0	25	11	7.330
5	2	42660	27.33	1.565894	1	33	57	27.327
6	3	42680	47.33	2.711809	2	42	42	47.312
…	…							
15	12	42860	227.33	13.025050	13	1	30	225.377
16	QZ	42879.02	246.35	14.114815	14	6	53	243.866
17	13	42880	247.33	14.170965	14	10	15	244.816
…	…							
29	25	43120	487.33	27.921952	27	55	19	468.268
30	YZ	43125.38	492.71	28.230204	28	13	48	473.015

公式中的单元格的行列加上＄，表示该单位格为绝对地址，在拖算过程中不会变化。如用＄C＄3 表示 C3 是绝对地址，该单位格存放的是曲线的中桩间距。

2. 短弦偏角法

短弦偏角法测设圆曲线的原理是：从点 ZY 开始，沿选定的细部点逐点根据偏角（弦切角）和弦长进行测设，使用经纬仪加钢尺即可完成测设。

如图 8.3（b）所示，在直圆点（ZY）安置经纬仪，后视交点（JD）将水平度盘置零，顺时针方向转动照准部，拨偏角 δ_1，沿望远镜视线方向量出弦长 c_1 得到点 1；拨偏

角 δ_2，从点 1 用钢尺量出弦长 c 与望远镜视线方向相交得到点 2；拨偏角 δ_3，从点 2 用钢尺量出弦长 c 与望远镜视线方向相交得到点 3；用同样方法测设出曲线上的其他点。

短弦偏角法偏角的计算和长弦偏角法相同，第 1 个点的弦长 $c_1 = 2R\sin\delta_1$，其余各点的弦长 $c = 2R\sin\dfrac{\varphi}{2}$。

8.2.4.2 切线支距法

切线支距法也是直角坐标法的一种。它是以 ZY 或 YZ 为坐标原点，以切线方向为 x 轴，切线的垂线方向为 y 轴。x 轴指向 JD，y 轴指向圆心 O，如图 8.4 所示。

曲线点的测设坐标按下式计算：

$$
\begin{aligned}
x_i &= R\sin\varphi_i \\
y_i &= R(1 - \cos\varphi_i) \\
\varphi_i &= \frac{L_i}{R} \cdot \frac{180°}{\pi}
\end{aligned}
\tag{8.9}
$$

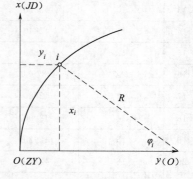

图 8.4 切线支距法测设圆曲

【例 8.4】 已知某圆曲线的半径 $R = 500\mathrm{m}$，直圆点 (ZY) 的里程为 DK42+632.67，曲中点（QZ）的里程为 DK42+879.02，圆直点（YZ）的里程为 DK43+125.38，要求圆曲线的中桩里程为 20m 的倍数，使用切线支距法进行圆曲线的详细测设，计算该曲线上各测设点的坐标。

解： 圆曲线上各测设点的坐标用 Excel 表进行计算非常方便，见表 8.4。

表 8.4 中，中桩间距输入 C3 单元格，圆曲线半径输入 D3 单元格。1～12 点和点 QZ 的直角坐标是以点 ZY 为坐标原点进行计算，13～25 点的直角坐标是以点 YZ 为坐标原点进行计算的。里程的计算同表 8.2，在 C4 单元格输入公式"＝B4－$B$3"并拖至 16 行，计算 1～12 点至点 ZY 的曲线长，在 C17 单元格输入公式"＝$B$30－B17"并拖至 29 行，计算 13～25 点至点 YZ 的曲线长。在 D4 单元格输入公式"＝C4/$D$3"并拖至 29 行，计算所有曲线所对应的圆心角（单位为弧度）。在 E4 单元格输入公式"＝$D$3*SIN（D4）"、在 F4 单元格输入公式"＝$D$3*（1－COS（D4））"并拖至 29 行，计算曲线上所有点所对应的直角坐标。

表 8.4   切线支距法坐标计算

序号	A	B	C	D	E	F
1	点名	里程	曲线长	圆心角	直角坐标	
2					x	y
3	ZY	42632.67	20	500		
4	1	42640	7.33	0.014660	7.330	0.054
5	2	42660	27.33	0.054660	27.316	0.747
6	3	42680	47.33	0.094660	47.259	2.238
7	4	42700	67.33	0.134660	67.127	4.526
8	5	42720	87.33	0.174660	86.887	7.607
9	6	42740	107.33	0.214660	106.508	11.476

序号	A	B	C	D	E	F
10	7	42760	127.33	0.254660	125.958	16.125
11	8	42780	147.33	0.294660	145.207	21.550
12	9	42800	167.33	0.334660	164.224	27.739
13	10	42820	187.33	0.374660	182.978	34.684
14	11	42840	207.33	0.414660	201.439	42.373
15	12	42860	227.33	0.454660	219.578	50.795
16	QZ	42879.02	246.35	0.492700	236.503	59.471
17	13	42880	245.38	0.490760	235.648	59.013
18	14	42900	225.38	0.450760	217.825	49.942
19	15	42920	205.38	0.410760	199.653	41.591
20	16	42940	185.38	0.370760	181.162	33.974
21	17	42960	165.38	0.330760	162.381	27.102
22	18	42980	145.38	0.290760	143.340	20.987
23	19	43000	125.38	0.250760	124.070	15.638
24	20	43020	105.38	0.210760	104.602	11.064
25	21	43040	85.38	0.170760	84.966	7.272
26	22	43060	65.38	0.130760	65.194	4.268
27	23	43080	45.38	0.090760	45.318	2.058
28	24	43100	25.38	0.050760	25.369	0.644
29	25	43120	5.38	0.010760	5.380	0.029
30	YZ	43125.38				

8.2.4.3 弦线支距法

弦线支距法是以圆曲线的弦（可以是任意一条弦）为 x 轴，弦的垂线为 y 轴，以每段的起点为原点计算曲线上各点的坐标值，在实地测设曲线的方法。

如图 8.5 所示，设曲线任一点 i 到点 ZY 的曲线长为 l_i，φ_i 为 l_i 所对的圆心角，c_i 为 l_i 所对应的弦长。由图可知，AB 弦所对的弦切角 $\delta = \alpha/2$，c_i 所对的弦切角 $\delta_i = \varphi_i/2$，则 i 的坐标可由以下公式计算：

$$\left.\begin{array}{l} x_i = c_i \cos\beta_i \\ y_i = c_i \sin\beta_i \end{array}\right\} \quad (8.10)$$

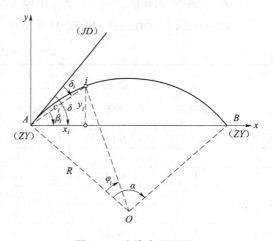

图 8.5 弦线支距法测

式中

$$c_i = 2R\sin\frac{\phi_i}{2}; \quad \beta_i = \delta - \delta_i = \frac{\alpha}{2} - \frac{\phi_i}{2}$$

$$\varphi_i = \frac{L_i}{R} \times \frac{180°}{\pi} \quad (i = 1, 2, 3, \cdots)$$

【例 8.5】 设某圆曲线的半径 $R = 500m$，偏角 $\alpha = 56°27'37''$，点 ZY 里程为 DK42+632.67，若按弦线支距法进行圆曲线的详细测设，计算该曲线上各测设点的坐标。

解： 该曲线上各测设点的坐标用 Excel 表计算非常方便，见表 8.5。

表 8.5 弦线支距法坐标计算

序号	A	B	C	D	E	F	G	H
1	点名	里程	曲线长	圆心角	β	c	坐标	
2							x	y
3	ZY	42632.67	20	500				
4	1	42640	7.33	0.0147	0.4854	7.330	6.483	3.420
5	2	42660	27.33	0.0547	0.4654	27.327	24.420	12.263
6	3	42680	47.33	0.0947	0.4454	47.312	42.697	20.382
7	4	42700	67.33	0.1347	0.4254	67.279	61.283	27.764
8	5	42720	87.33	0.1747	0.4054	87.219	80.150	34.396
9	6	42740	107.33	0.2147	0.3854	107.124	99.267	40.269
10	7	42760	127.33	0.2547	0.3654	126.986	118.604	45.373
11	8	42780	147.33	0.2947	0.3454	146.798	138.129	49.699
12	9	42800	167.33	0.3347	0.3254	166.550	157.811	53.241
13	10	42820	187.33	0.3747	0.3054	186.236	177.620	55.993
14	11	42840	207.33	0.4147	0.2854	205.848	197.522	57.951
15	12	42860	227.33	0.4547	0.2654	225.377	217.487	59.111
16	QZ	42879.02	246.35	0.4927	0.2464	243.866	236.503	59.473
17	13	42880	247.33	0.4947	0.2454	244.816	237.483	59.472
18	14	42900	267.33	0.5347	0.2254	264.157	257.476	59.033
19	15	42920	287.33	0.5747	0.2054	283.393	277.437	57.795
20	16	42940	307.33	0.6147	0.1854	302.515	297.332	55.760
21	17	42960	327.33	0.6547	0.1654	321.516	317.129	52.930
22	18	42980	347.33	0.6947	0.1454	340.388	336.798	49.312
23	19	43000	367.33	0.7347	0.1254	359.125	356.306	44.909
24	20	43020	387.33	0.7747	0.1054	377.718	375.622	39.730
25	21	43040	407.33	0.8147	0.0854	396.159	394.716	33.783
26	22	43060	427.33	0.8547	0.0654	414.442	413.557	27.077
27	23	43080	447.33	0.8947	0.0454	432.560	432.114	19.623
28	24	43100	467.33	0.9347	0.0254	450.504	450.359	11.433
29	25	43120	487.33	0.9747	0.0054	468.268	468.262	2.519
30	YZ	43125.38	492.71	0.9854	0.0000	473.015	473.015	0.000

在表 8.5 中，里程和曲线长的计算公式见例 8.3。

中桩间距输入 C3，圆曲线半径输入 D3 单元格。

在 D4 单元格输入公式 "＝C4/＄D＄3" 并拖算至 D30 单元格，计算出各曲线所对应的圆心角 φ_i，单位为弧度，D30 单元格的圆心角就是该圆曲线的偏角。

在 E4 单元格输入公式 "＝＄D＄30/2－D4/2" 并拖算至 E30 单元格，计算出各曲线所对应的 β_i，单位为弧度。

在 F4 单元格输入公式 "＝2＊＄D＄3＊SIN（D4/2）" 并拖算至 F30 单元格，计算出各曲线所对应的弦长。

在 G4 单元格输入公式 "＝F4＊COS（E4）" 并拖算至 G30 单元格，计算出曲线上各测设点的 x 坐标。

在 H4 单元格输入公式 "＝F4＊SIN（E4）" 并拖算至 H30 单元格，计算出曲线上各测设点的 y 坐标。

8.3　综合曲线的测设

当列车以高速由直线进入曲线时会产生离心力，离心力会影响列车的运行安全和旅客的舒适度，为此要使曲线外轨比内轨超高，使列车产生一个内倾力以抵消离心力的影响。为了解决超高引起的外轨台阶式升降，需在直线与圆曲线间加入一段曲率半径逐渐变比的过渡曲线，这种曲线称缓和曲线。由缓和曲和圆曲线组成的曲线称为综合曲线。

8.3.1　缓和曲线点的直角坐标

缓和曲线是直线与圆曲线间的一种过渡曲线。它与直线分界处的半径为 ∞，与圆曲线相连处的半径与圆曲线半径 R 相等。缓和曲线上任一点的曲率半径 ρ 与该点到曲线起点的长度成反比，如图 8.6 所示。

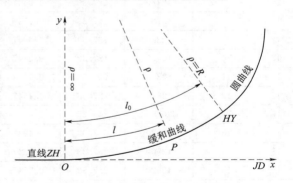

图 8.6　缓和曲线点的直角坐标

$$\rho \propto \frac{1}{l} \text{ 或 } \rho l = C \qquad (8.11)$$

式中　C——缓和曲线的半径变更率，为常数。

当 $l=l_0$ 时，$\rho=R$，所以

$$Rl_0 = C \qquad (8.12)$$

式中　l_0——缓和曲线总长；

　　　l——缓和曲线上任意一点 P 到 ZH（或 HZ）的曲线长。

$\rho l = C$ 是缓和曲线的必要条件，辐射螺旋线、三次抛物线等曲线均可作为缓和曲线。我们国家采用的缓和曲线是辐射螺旋线。

如图 8.6 所示，若以缓和曲线的起点直缓点（ZH）或缓直点（HZ）为坐标原点，通过该点的缓和曲线切线为 x 轴，过点 O 与切线方向垂直的方向为 y 轴，按照 $\rho l = C$ 为

必要条件导出的缓和曲线方程为

$$x = l - \frac{l^5}{40C^2} + \frac{l^9}{3456C^4} + \cdots$$

$$y = \frac{l^3}{6C} - \frac{l^7}{336C^3} + \frac{l^{11}}{4240C^5} + \cdots \tag{8.13}$$

根据缓和曲线测设的精度要求，实际应用时可将高次项舍去，并顾及 $C = Rl_0$，则式（8.13）变为

$$x = l - \frac{l^5}{40R^2 l_0^2}$$

$$y = \frac{l^3}{6Rl_0} \tag{8.14}$$

式中 x、y 为缓和曲线上任一点的直角坐标。当 $l = l_0$ 时，则 $x = x_0$，$y = y_0$，代入式（8.14）得

$$x_0 = l_0 - \frac{l_0^3}{40R^2}$$

$$y_0 = \frac{l_0^2}{6R} \tag{8.15}$$

8.3.2 缓和曲线常数的计算

β_0、δ_0、m、p、x_0、y_0 等称为缓和曲线常数，其物理含义及几何关系如图 8.7 所示。

β_0 为缓和曲线的切线角，即 HY（或 YH）点的切线与 ZH（或 HZ）点切线的交角，亦即圆曲线一端延长部分所对应的圆心角，其计算公式为

$$\beta_0 = \frac{l_0}{2R} \times \frac{180°}{\pi} \tag{8.16}$$

δ_0 为缓和曲线的总偏角，由于 δ_0 的值很小，故有

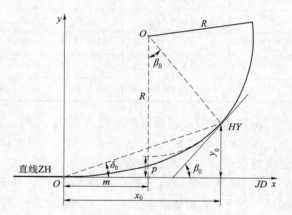

图 8.7 缓和曲线常数的计算

$$\delta_0 = \arctan \frac{y_0}{x_0} \approx \frac{y_0}{x_0} = \frac{\dfrac{l_0^2}{6R}}{l_0 - \dfrac{l_0^3}{40R^2}} = \frac{20Rl_0}{120R^2 - l_0^2}$$

同样，由于 l_0 与 R 相比显得很小，其平方则相差更大，因此

$$\delta_0 = \frac{20Rl_0}{120R^2 - l_0^2} \approx \frac{20Rl_0}{120R^2} = \frac{l_0}{6R} = \frac{1}{3} \times \frac{l_0}{2R} = \frac{1}{3}\beta_0$$

一般地

$$\delta_0 \approx \frac{1}{3}\beta_0 = \frac{l_0}{6R} \times \frac{180°}{\pi} \tag{8.17}$$

117

m 为切垂距，由圆心 O 向过 ZH（或 HZ）点的切线作垂线，垂足到 ZH（或 HZ）点的距离，其计算公式为

$$m = \frac{l_0}{2} - \frac{l_0^3}{240R^2} \tag{8.18}$$

p 为圆曲线的内移量，为垂线长与圆曲线半径 R 之差，其计算公式为

$$p = \frac{l_0^2}{24R} - \frac{l_0^4}{2688R^3} \approx \frac{l_0^2}{24R} \tag{8.19}$$

缓和曲线常数，可根据圆曲线的半径 R 和缓和曲线的长度 l_0 通过 Excel 计算获得，见表 8.6。

表 8.6　　　　　　　　　　缓和曲线常数计算表

序号	A	B	C	D	E	F	G	H	I	J	K	L	M	N
1	R	l_0	β_0				δ_0				m	p	坐标	
2			(°)	(°)	(′)	(″)	(°)	(°)	(′)	(″)			x_0	y_0
3	500	150	8.5944	8	35	39	2.8648	2	51	53	74.944	1.875	149.663	7.488
4	500	130	7.4485	7	26	54	2.4828	2	28	58	64.963	1.408	129.780	5.627
5	500	110	6.3025	6	18	9	2.1008	2	6	3	54.978	1.008	109.867	4.030
6	500	90	5.1566	5	9	23	1.7189	1	43	7	44.988	0.675	89.927	2.698
7	500	80	4.5837	4	35	1	1.5279	1	31	40	39.991	0.533	79.949	2.132
8	500	70	4.0107	4	0	38	1.3369	1	20	12	34.994	0.408	69.966	1.633
9	500	60	3.4377	3	26	15	1.1459	1	8	45	29.996	0.300	59.978	1.200

在表 8.6 中，圆曲线的半径 R 输入 A 列，曲线的长度 l_0 输入 B 列。

在 C3 单元格输入公式"＝B3/(2＊A3)＊180/PI()"并拖算至 C8 单元格，计算缓和曲线的切线角 β_0，单位为度。

在 D3 单元格输入公式"＝INT(C3)"，在 E3 单元格填入公式"＝INT((C3－D3)＊60)"，在 F3 单元格输入公式"＝INT((C3－D3－E3/60)＊3600)"并拖算至第 8 行，将缓和曲线的切线角 β_0 单位换算成度分秒。

在 G3 单元格输入公式"＝C3/3"并拖算至 C8 单元格，计算缓和曲线的偏角 δ_0，单位为度。

在 H3 单元格输入公式"＝INT(G3)"，在 I3 单元格填入公式"＝INT((G3－H3)＊60)"，在 J3 单元格输入公式"＝INT((G3－H3－I3/60)＊3600)"并拖算至第 8 行，将缓和曲线的偏角 δ_0 单位换算成度分秒。

在 K4 单元格输入公式"＝B3/2－B3^3/(240＊A3^2)"并拖算至 K8 单元格，计算缓和曲线的切垂距 m。

在 L4 单元格输入公式"＝B3^2/(24＊A3)"并拖算至 L8 单元格，计算圆曲线的内移量 p。

在 M4 单元格输入公式"＝B3－B3^3/(40＊A3^2)"并拖算至 M8 单元格，计算缓圆

点的 x 坐标。

在 N4 单元格输入公式"＝B3^2/(6＊A3)"并拖算至 N8 单元格，计算缓圆点的 y 坐标。

8.3.3 有缓和曲线的圆曲线要素计算

如图 8.8 所示，对于有缓和曲线的圆曲线，在计算出缓和曲线的切线角 β_0、圆曲线的内移量 p 和切垂距 m 后，便可按下列公式计算有缓和曲线的圆曲线要素。

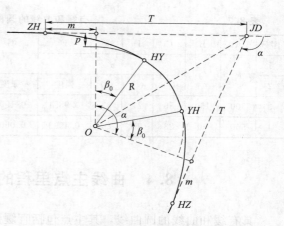

图 8.8 有缓和曲线的圆曲线要素计算示意图

切线长：
$$T = (R + p)\tan\frac{\alpha}{2} + m \tag{8.20}$$

曲线长：
$$L = R(\alpha - 2\beta_0)\frac{\pi}{180°} + 2l_0 \tag{8.21}$$

将式（8.16）代入式（8.21）得

$$L = R\left(\alpha - 2 \times \frac{l_0}{2R} \times \frac{180}{\pi}\right)\frac{\pi}{180} + 2l_0 = R\alpha\frac{\pi}{180} + l_0 \tag{8.22}$$

外矢距：
$$E = (R + p)\sec\frac{\alpha}{2} - R \tag{8.23}$$

切曲差：
$$q = 2T - L \tag{8.24}$$

【例 8.6】 设某圆曲线的半径 $R = 500\text{m}$，缓和曲线长 150m，偏角 $\alpha = 56°27'37''$，计算该曲线的曲线元素。

解： 曲线元素的计算使用 Excel 表格非常方便，见表 8.7。

在表 8.7 中，圆曲线的半径 R 输入 A3 单元格，曲线的长度 l_0 输入 B3 单元格，偏角 α 按度分秒分别输在 C3、D3、E3 单元格。

在 F3 单元格输入公式"＝(C3＋D3/60＋E3/3600)＊PI()/180"，将偏角 α 化为弧度。

在 G3 单元格输入公式"＝B3/(2＊A3)"，计算缓和曲线的切线角 β_0，单位为弧度。

在 H3 单元格输入公式"＝B3/2－B3^3/(240＊A3^2)"，计算缓和曲线的切垂距 m。

在 I3 单元格输入公式"＝B3^2/(24＊A3)"，计算圆曲线的内移量 p。

在 J3 单元格输入公式"＝(A3＋I3)＊TAN(F3/2)＋H3"，计算切线长 T。

在 K4 单元格输入公式"＝A3＊F3＋B3"，计算缓和曲线和圆曲线总长 L。

在 L4 单元格输入公式"＝(A3＋I3)/COS(F3/2)－A3"，计算圆曲线的外矢距 E。

在 M4 单元格输入公式"＝2＊J3－K3"，计算曲线的切曲差 q。

若要进行曲线的要素计算，则可从第 4 行起输入圆曲线的半径 R、缓和曲线的长度 l_0 和偏角 α 后通过拖算获得其他曲线要素。

【例 8.7】 设某圆曲线的半径 $R = 500\text{m}$，缓和曲线长 60m，偏角 $\alpha = 28°36'20''$，计算该曲线的曲线元素。

解： 见表 8.7 第 4 行。

表 8.7　　　　　　　　　　　有缓和曲线的圆曲线要素计算

序号	A	B	C	D	E	F	G	H	I	J	K	L	M
1	R	l_0	α			β_0		m	p	T	L	E	q
2			(°)	(′)	(″)	弧度	弧度						
3	500	150	56	27	37	0.9854	0.1500	74.944	1.875	344.387	642.709	69.630	46.065
4	500	60	28	36	20	0.4993	0.0600	29.996	0.300	157.547	309.631	16.303	5.464

8.4　曲线主点里程的计算和主点的测设

具有缓和曲线的圆曲线，其主点包括直缓点（ZH）、缓圆点（HY）、曲中点（QZ）、圆缓点（YH）和缓直点（HZ）。

8.4.1　曲线主点里程的计算

曲线上各主点的里程根据前面计算出的曲线要素，由一已知点里程点来推算，若已知交点（JD）的里程，则曲线主点的里程可按以下公式推算：

$$ZH = JD - T$$
$$HY = ZH + l_0$$
$$QZ = HY + (L/2 - l_0)$$ \hspace{2cm} (8.25)
$$YH = QZ + (L/2 - l_0)$$
$$HZ = YH + l_0$$

检核条件：　　　　　　　　　$HZ = JD + T - q$

【**例 8.8**】　对［例 8.7］中计算出的曲线元素，若已知直缓点（ZH）的里程为 DK33+424.67，计算其他曲线主点的里程。

解：

ZH	DK 33+424.67
$+ l_0$	60
HY	DK 33+484.67
$+L/2 - l_0$	94.82
QZ	DK 33+579.49
$+L/2 - l_0$	94.82
YH	DK 33+674.31
$+ l_0$	60
HZ	DK 33+734.31

检核计算：

120

$$ZH \qquad DK\ 33+424.67$$

$$+2T \qquad\qquad 315.10$$

$$DK\ 33+739.77$$

$$-q \qquad\qquad 5.47$$

$$HZ \qquad DK\ 33+734.30$$

在 Excel 表格中计算曲线主点里程见表 8.8，单元格中公式不在此赘述。

表 8.8 有缓和曲线的圆曲线主点里程的计算

R	l_0	T	L	q	ZH	HY	QZ	YH	HZ	HZ 检核
500	60	157.55	309.63	5.47	33424.67	33484.67	33579.49	33674.30	33734.30	33734.30

8.4.2 曲线主点的测设

（1）将全站仪安置在交点（JD）上，用望远镜照准后视相邻交点或转点，沿此方向线量取切线长 T，得曲线起点直缓点（ZH），打下方桩（桩顶与地面齐平）并钉上小钉表示点位，并在旁边另打一指示桩，写明点名（ZH）和里程。

（2）用望远镜照准前进方向的交点或转点，按上述方法，定出缓直点（HZ）的点位桩和指示桩，并进行检核。

（3）将望远镜视线转至内角平分线上量取外矢距 E，取盘左、盘右中数定出曲中点（QZ）的点位桩和指示桩。

为保证主点的测设精度，切线长度的测量应进行往返测，测量精度应不低于 1/2000。

8.4.3 HY、YH 点的测设

（1）将全站仪安置在直缓点（ZH）上，用望远镜照准交点（JD），沿此方向线量取 x_0，在该处打下木桩并钉上小钉表示点位，然后将全站仪安置在该木桩上小钉所示的点位上，后视交点（JD），沿垂直方向量取 y_0，打下方桩（桩顶与地面齐平）并钉上小钉表示缓圆点的位置，在旁边另打一指示桩，写明点名（HY）和里程。

（2）将全站仪安置在缓直点（HZ）上，用望远镜照准交点（JD），沿此方向线量取 x_0，在该处打下木桩并钉上小钉表示点位，然后将全站仪安置在该木桩上小钉所示的点位上，后视交点（JD），沿垂直方向量取 y_0，打下方桩（桩顶与地面齐平）并钉上小钉表示圆缓点的位置，在旁边另打一指示桩，写明点名（YH）和里程。

8.5 综合曲线详细测设

前面说过，为了解决超高引起的外轨台阶式升降，需在直线与圆曲线间加入一段缓和曲线，综合曲线就是由缓和曲和圆曲线组成的曲线。当综合曲线主点的测设完成后，接着要进行的就是综合曲线详细测设，综合曲线详细测设方法很多，在这里我们介绍切线支距法、偏角法和极坐标法三种方法。

8.5.1 切线支距法（直角坐标法）

如图 8.9 所示，切线支距法是以 ZH 或 HZ 为坐标原点，以切线方向为 x 轴，垂直切线方向为 y 轴，根据独立坐标系中的坐标 x_i、y_i 来测设曲线上的细部点 P_i。

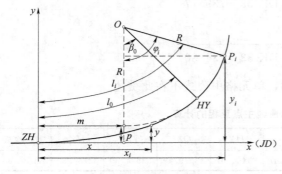

图 8.9 切线支距法测设缓和曲线图

8.5.1.1 测设数据的计算

下面以一具体实例来说明用切线支距法来进行综合曲线的详细测设。

【例 8.9】 设某综合曲线的缓和曲线长 60m，圆曲线的半径 $R = 500\mathrm{m}$，偏角为右折角，$\alpha = 28°36'20''$，该曲线的要素及主点里程见表 8.8，要求曲线中桩里程为 20m 的整倍数，若用切线支距法来进行综合曲线的详细测设，计算曲线上各测设点的坐标。

解：（1）缓和曲线部分测设点的坐标用式（8.14）进行计算。

$$x = l - \frac{l^5}{40R^2 l_0^2}$$

$$y = \frac{l^3}{6R l_0}$$

（2）从图 8.9 中可以看出，圆曲线部分测设点的坐标计算公式为

$$
\begin{aligned}
x_i &= R\sin\varphi_i + m \\
y_i &= R(1 - \cos\varphi_i) + p
\end{aligned}
\tag{8.26}
$$

式中

$$\varphi_i = \beta_0 + \frac{l_i - l_0}{R} \times \frac{180°}{\pi}$$

曲线上各测设点的坐标计算在 Excel 表格中完成，见表 8.9。

在表 8.9 中，将综合曲线中圆曲线的半径 R 输入 B2 单元格，缓和曲线的长度 l_0 输入 C2 单元格，切垂距 m 输入 D2 单元格，圆曲线的内移量 p 输入 E2 单元格，缓和曲线的切线角 β_0 输入在 F2 单元格，曲线测设点间距 20m 输入 C5 单元格。

从表 8.8 中可知综合曲线总长为 309.63m，若每隔 20 测设一个点则需测设 15 个点。

在 A5 单元格输入点名 ZH，A6 单元格至 A20 单元格拖出点号 1～15。

在 B6 单元格输入比 ZH 点里程（33424.67）略大的 20m 整数倍的里程 33440，在 B7 单元格输入公式"＝B6＋＄C＄5"并拖算至 B20。

在第一个大于 HY 点里程前面插入一行，输入点名 HY 和其里程 33484.67，将其后面的里程改为 33500（第一个大于 HY 里程且为 20m 整数倍）；在第一个大于 QZ 点里程前面插入一行，输入点名 QZ 和其里程 33579.48，将其后面的里程改为 33580（第一个大于 QZ 里程且为 20m 整数倍）；在第一个大于 YH 点里程前面插入一行，输入点名 YH 和其里程 33674.30，将其后面的里程改为 33680（第一个大于 YH 里程且为 20m 整数倍）；在点号 15 后面输入点名 HZ 及其里程 33734.30。

在 C6 单元格输入公式"＝B6－$B$5"并拖算至 C14（QZ 点），在 C15 单元格输入公式"＝$B$24－B15"并拖算至 C23，计算综合曲线上各测设点离独立坐标系原点的曲线长度。

在 D10 单元格输入公式"＝$F$2＋(C10－$C$2)/$B$2"，计算角度 φ_i。

在 E6 单元格输入公式"＝C6－C6^5/(40＊$B$2^2＊$C$2^2)"并拖算至 E9，在 E20 单元格输入公式"＝C20－C20^5/(40＊$B$2^2＊$C$2^2)"并拖算至 E23，计算缓和曲线上测设点的 x 坐标；在 E10 单元格输入公式"＝$B$2＊SIN(D10)＋$D$2"并拖算至 E19，计算圆曲线上测设点的 x 坐标。

在 F6 单元格输入公式"＝C6^3/(6＊$B$2＊$C$2)"并拖算至 F9，在 F20 单元格输入公式"＝C20^3/(6＊$B$2＊$C$2)"并拖算至 F23，计算缓和曲线上测设点的 y 坐标；在 F10 单元格输入公式"＝$B$2＊(1－COS(D10))＋$E$2"并拖算至 F19，计算圆曲线上测设点的 y 坐标。

表 8.9　　　　　　　　　　　　综合曲线切线支距法测设坐标的计算

序号	A	B	C	D	E	F
1	曲线参数	R	l_0	m	p	β_0
2		500	60	29.996	0.300	0.0600
3	点名	里程	曲线长	φ_i	独立坐标	
4					x	y
5	ZH	33424.67	20			
6	1	33440	15.33		15.330	0.020
7	2	33460	35.33		35.328	0.245
8	3	33480	55.33		55.316	0.941
9	HY	33484.67	60.00		59.978	1.200
10	4	33500	75.33	0.090660	75.264	2.353
11	5	33520	95.33	0.130660	95.140	4.562
12	6	33540	115.33	0.170660	114.912	7.564
13	7	33560	135.33	0.210660	134.549	11.353
14	QZ	33579.48	154.81	0.249620	153.514	15.797
15	8	33580	154.30	0.248600	153.020	15.671
16	9	33600	134.30	0.208600	133.541	11.139
17	10	33620	114.30	0.168600	113.897	7.390
18	11	33640	94.30	0.128600	94.119	4.429
19	12	33660	74.30	0.088600	74.238	2.261
20	YH	33674.30	60.00		59.978	1.200
21	13	33680	54.30		54.287	0.889
22	14	33700	34.30		34.299	0.224
23	15	33720	14.30		14.300	0.016
24	HZ	33734.30				

8.5.1.2 测设步骤

（1）如图 8.9 所示，要进行直缓点（ZH）到曲中点（QZ）之间曲线段的细部点的测设工作，可将全站仪安置在直缓点（ZH）的位置上，照准交点（JD）以确定直缓点（ZH）的切线方向，沿切线方向量取 点 P_i 的横坐标 x_i，得到 点 P_i 在横坐标轴上的垂足，打下木桩并钉上小钉表示 点 P_i 的垂足位置。

（2）在各个垂足点上用经纬仪标定出与切线垂直的方向，然后在该方向上依次量取对应的纵坐标，就可以确定对应的碎部点 P_i，打下木桩并钉上小钉表示点 P_i 的位置。

（3）用同样方法完成从缓直点（HZ）到曲中点（QZ）之间曲线段的细部点的测设工作。

（4）放样完成后要进行校核，以确保细部点的测设工作正确无误。

8.5.2 偏角法

如图 8.10 所示，用偏角法测设缓和曲线分两步进行，即缓和曲线和圆曲线分别进行测设。

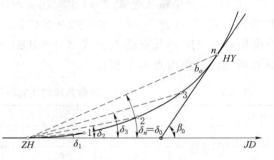

图 8.10 用偏角法测设缓和曲线图

8.5.2.1 缓和曲线测设数据的计算

把缓和曲线分成若干等分，计算出缓和曲线上各测设点的弦长 c_i 及偏角 δ_i，然后将全站仪安置于 ZH（或 HZ）点，即可进行曲线测设。其中

$$c_i = \sqrt{x_i^2 + y_i^2}$$

$$\delta_i = \arctan \frac{y_i}{x_i}$$

（8.27）

式中　x_i，y_i——曲线上任一点 i 的坐标，可按式（8.14）进行计算。

8.5.2.2 圆曲线测设数据的计算

圆曲线部分测设时，通常以点 HY（或点 YH）为坐标原点，以其切线方向为横轴建立直角坐标系进行测设。

【例 8.10】 设某综合曲线的缓和曲线长 $l_0 = 60\text{m}$，圆曲线的半径 $R = 500\text{m}$，偏角为右折角，$\alpha = 28°36'20''$，该曲线的要素及主点里程见表 8.8，要求用偏角法每隔 20m 测设一细部点，计算曲线上各测设点的偏角和弦长。

解：根据式（8.16）有

$$\beta_0 = \frac{l_0}{2R} \times \frac{180°}{\pi} = 3°26'16''$$

根据式（8.17）有

$$\delta_0 = \frac{1}{3}\beta_0 = 1°08'45''$$

由于　　　$x_0 = l_0 - \frac{l_0^3}{40R^2} = 59.978\text{m}$　　$y_0 = \frac{l_0^2}{6R} = 1.200\text{m}$

故有
$$\delta_0 = \arctan\frac{y_0}{x_0} = 1°08'46''$$

两种计算方法得到的 δ_0 只相差 $1''$，显然，采用式（8.17）计算 δ_0 较简便。

曲线上各测设点偏角和弦长的计算在 Excel 表格中完成，见表 8.10。

在表 8.10 中，A3～A9 填写包括 ZH、HY、YH 和 HZ 在内的测设点的点名。

在 B3 单元格填写点 ZH 的里程，C3 单元格填写细部点间距，一般为 10m，本例为 20m。在 B4 单元格输入公式"＝B3＋\$C\$3"并拖至 B15，计算出点 YH 前所有细部点的里程；在 B16 输入点 YH 的里程，在 B17 单元格输入公式"＝B16＋\$C\$3"并拖至 B18，计算出点 YH 至点 HZ 间细部点的里程；在 B19 单元格填写点 HZ 的里程。

在 C4 单元格输入公式"＝B4－\$B\$3"并拖至 C6，计算出点 ZH 至缓和曲线上各细部点的曲线长；在 C4 单元格输入公式"＝B7－\$B\$6"并拖至 C15，计算出点 HY 至圆曲线上各细部点的曲线长；在 C16 单元格输入公式"＝\$B\$19－B16"并拖至 C18，计算出点 HZ 至缓和曲线（另一条）上各细部点的曲线长；

将字符"R＝"输入 C19 单元格，将圆曲线半径 500m 输入在 D19 单元格，将字符"l_0＝"输入 E19 单元格，将缓和曲线的长度 60m 输入 F19 单元格。

在 D4 单元格输入公式"＝C4－C4^5/(40＊\$D\$19^2＊\$F\$19^2)"并拖至 D18，删除 D7～D15 间的计算公式，计算出点 ZH 至点 HY 间及点 YH 至点 HZ 间缓和曲线上各细部点的 x 坐标；在 E4 单元格输入公式"＝C4^3/(6＊\$D\$19＊\$F\$19)"并拖至 E18，删除 E7～E15 间的计算公式，计算出点 ZH 至点 HY 间及点 YH 至点 HZ 间缓和曲线上各细部点的 y 坐标。

在 F4 单元格输入缓和曲线上弦长的计算公式"＝SQRT(D4^2＋E4^2)"并拖至 F18，在 F7 单元格输入圆曲线弦长的计算公式"＝2＊\$D\$19＊SIN（RADIANS(G7)"并拖至 F15（替换了前面输入 F7～F15 间的计算公式），计算出偏角法测设细部点所需的各段弦长。

在 G4 单元格输入缓和曲线上偏角的计算公式"＝DEGREES(ATAN(E4/D4))"并拖至 G18，在 G7 单元格输入圆曲线偏角的计算公式"＝DEGREES(C7/(2＊\$D\$19))"并拖至 G15（替换了前面输入 G7～G15 间的计算公式），计算出偏角法测设细部点所需的各个偏角，单位为度。

在 I4 单元格输入公式"＝INT（G4)"、在 J4 单元格输入公式"＝INT((G4－H4)＊60)"、在 K4 单元格输入公式"＝INT((G4－H4－I4/60)＊3600＋0.5)"并拖至第 18 行，将度化为度分秒显示。

隐藏 G 列，得到表 8.10 所示的结果。

8.5.2.3 测设步骤

1. 缓和曲线的测设

如图 8.10 所示，将全站仪安置在点 ZH 上，后视点 JD，将水平度盘读数置零，逆时针旋转照准部至水平度盘读数为 $360-\delta_1$、$360-\delta_2$、$360-\delta_{HY}$ 的位置，在这些方向线上测定出距离为 c_1、c_2、c_{HY} 的位置，这就是细部点 1、2、HY；将全站仪安置在点 HZ 上，后视点 JD，将水平度盘读数置零，逆时针旋转照准部至水平度盘读数为 $360-\delta_{YH}$、

$360-\delta_{12}$、$360-\delta_{13}$ 的位置，在这些方向线上测定出距离为 c_{YH}、c_{12}、c_{13} 的位置，这就是细部点 HY、12 和 13。

表 8.10   综合曲线偏角法测设数据计算表

序号	A	B	C	D	E	F	H	I	J
1	点名	里程	曲线长	独立坐标		弦长	偏角 δ		
2				x	y	c	(°)	(′)	(″)
3	ZH	33424.67	20						
4	1	33444.67	20	20.000	0.044	20.000	0	7	38
5	2	33464.67	40	39.997	0.356	39.999	0	30	34
6	HY	33484.67	60	59.978	1.200	59.990	1	8	46
7	3	33504.67	20			19.999	1	8	45
8	4	33524.67	40			39.989	2	17	31
9	5	33544.67	60			59.964	3	26	16
10	6	33564.67	80			79.915	4	35	1
11	7	33584.67	100			99.833	5	43	46
12	8	33604.67	120			119.712	6	52	32
13	9	33624.67	140			139.543	8	1	17
14	10	33644.67	160			159.318	9	10	2
15	11	33664.67	180			179.030	10	18	48
16	YH	33674.30	60	59.978	1.200	59.990	1	8	46
17	12	33694.30	40	39.997	0.356	39.999	0	30	34
18	13	33714.30	20	20.000	0.044	20.000	0	7	38
19	HZ	33734.30	R	500	l_0	60			

2. 圆曲线的测设

当全站仪安置在点 HY（或 YH）上后照准点 ZH（或 HZ）时，该方向与 HY（或 YH）切线方向的夹角记作 b_0，b_0 就称为从点 HY（或 YH）观测点 ZH（或 HZ）的反偏角。

由图 8.10 可知：

$$\beta_0 = \delta_0 + b_0$$

故

$$b_0 = \beta_0 - \delta_0 = 3\delta_0 - \delta_0 = 2\delta_0 \tag{8.28}$$

将 $\delta_0 = 1°08'45''$ 代入上式得

$$b_0 = 2\delta_0 = 2 \times 1°08'45'' = 2°17'30''$$

将全站仪安置在点 HY 上，后视点 ZH，将水平度盘读数置 $180 + b_0$，逆时针旋转照准部至水平度盘读数为 $360-\delta_3$、$360-\delta_4$、$\cdots$、$360-\delta_{11}$ 的位置，在这些方向线上测定出距离为 c_3、c_4、$\cdots$、c_{11} 的位置，这就是细部点 3、4、$\cdots$、11。

8.5.3 极坐标法

如图 8.11 所示，用极坐标测设缓和曲线也要分两步进行，即缓和曲线和圆曲线分别进行测设。设综合曲线 JD 的线路坐标为 (x_{JD}, y_{JD})，点 ZH 到点 JD 的坐标方位角为 α_{ZH}，点 HZ 到点 JD 的坐标方位角为 α_{HZ}。

8.5.3.1 综合曲线细部点线路坐标的计算

考虑到综合曲线细部点直角坐标系统有两个（分别以 ZH 和 HZ 为坐标原点），综合曲线细部点线路坐标的计算也分两部分进行。

1. 第一部分：点 ZH（直缓）至点 QZ（曲中）线路坐标的计算

（1）缓和曲线细部点线路坐标的计算。由式（8.14）可知缓和曲线细部的直角坐标（独立坐标）计算公式为

$$x'_i = l_i - \frac{l_i^5}{40R^2 l_0^2}$$

$$y'_i = \frac{l_i^3}{6R l_0} \tag{8.29}$$

式中 l_i——缓和曲线上某一细部点到直缓点（ZH）的曲线长；

       l_0——缓和曲线的长度；

       R——圆曲线半径。

（2）圆曲线细部点线路坐标的计算。由式（8.26）可知圆曲线细部的直角坐标（独立坐标）计算公式为

$$\left. \begin{array}{l} x'_i = R\sin\varphi_i + m \\ y'_i = R(1-\cos\varphi_i) + p \end{array} \right\} \tag{8.30}$$

$$\varphi_i = \beta_0 + \frac{l_i - l_0}{R} \times \frac{180°}{\pi}$$

式中 β_0、p、m——缓和曲线的常数（缓和曲线的切线角、圆曲线的内移量、切垂距）；

           l_i——圆曲线上某一细部点到直缓点（ZH）或缓直点（HZ）的曲线长；

           l_0——缓和曲线的长度；

           R——圆曲线半径。

（3）应用坐标转换平移公式将缓和曲线的独立坐标转换为线路坐标。若线路的偏角 α 为右折角，如图 8.11 所示，则点 ZH（直缓）至点 QZ（曲中）的独立坐标系 $x'O'y'$ 为左手坐标系，坐标转换平移公式为

$$\left. \begin{array}{l} x_i = x_{ZH} + x'_i \cos\alpha_0 - y'_i \sin\alpha_0 \\ y_i = y_{ZH} + x'_i \sin\alpha_0 + y'_i \cos\alpha_0 \end{array} \right\} \tag{8.31}$$

式中 α_0——缓和曲线的方位角（点 ZH 与 JD 连线的坐标方位角）。

由于圆曲线与缓和曲线使用相同独立坐标系，故坐标转公式是相同。

2. 第二部分：点 QZ（曲中）至点 HZ（缓直）线路坐标的计算

点 QZ（曲中）至点 HZ（缓直）细部点独立坐标的计算与第一部分完全相同，按式

（8.14）计算缓和曲线细部点的独立坐标，按式（8.26）计算圆曲线细部的独立坐标，再应用坐标转换平移公式将缓和曲线的独立坐标转换为线路坐标。由于点 QZ（曲中）至点 HZ（缓直）使用的独立坐标系 $x''O''y''$ 为右手坐标系，故坐标转换平移公式为

$$\left. \begin{array}{l} x_i = x_{HZ} + x''_i \cos\alpha_1 + y''_i \sin\alpha_1 \\ y_i = y_{HZ} + x''_i \sin\alpha_1 - y''_i \cos\alpha_1 \end{array} \right\} \qquad (8.32)$$

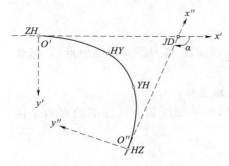

图 8.11 综合曲线的独立坐标系

【例 8.11】 设某综合曲线的缓和曲线长 60m，圆曲线的半径 $R = 500$m，偏角为右折角，$\alpha = 28°36'20''$，$x_{ZH} = 4349.532$m，$y_{ZH} = 3258.268$m，点 ZH 与点 JD 连线的坐标方位角为 $124°35'48''$，该曲线的要素及主点里程见表 8.8，要求曲线中桩里程为 20m 的整倍数，若用极坐标方法来进行综合曲线的详细测设，计算曲线上各测设点的线路坐标。

解：参考图 8.11。

1. 计算点 JD 和点 HZ 的坐标

$x_{JD} = x_{ZH} + T\cos\alpha_0 = 4349.352 + 157.55\cos124°35'48'' = 4259.896$（m）

$y_{JD} = y_{ZH} + T\sin\alpha_0 = 3258.268 + 157.55\sin124°35'48'' = 3387.958$（m）

$\alpha_{JD-HZ} = \alpha_0 + \alpha = 124°35'48'' + 28°36'20'' = 153°12'08''$

$x_{HZ} = x_{JD} + T\cos\alpha_{JD-HZ} = 4259.896 + 157.55\cos153°12'08'' = 4119.266$（m）

$y_{HZ} = y_{JD} + T\sin\alpha_{JD-HZ} = 3387.958 + 157.55\sin153°12'08'' = 3458.989$（m）

$\alpha_1 = \alpha_{JD-HZ} + 180 = 333°12'08''$

2. 曲线上各测设点的坐标计算在 Excel 表格中完成（表 8.11）

表 8.11 是在表 8.9 的基础上增加 G、H 两列，A～F 的填写与计算见表 8.9。

将综合曲线中 ZH 与 JD 连线的坐标方位角 α_0 转换成弧度（＝RADIANS(124＋35/60＋48/3600)）输入 G2 单元格，HZ 与 JD 连线的坐标方位角 α_1 转换成弧度（＝RADIANS(333＋12/60＋08/3600)）输入 H2 单元格，点 ZH 的线路坐标 x_{ZH}、y_{ZH} 分别输入 G5、H5 单元格，点 HZ 的线路坐标 x_{HZ}、y_{HZ} 分别输入 G24、H24。

由于综合曲线中点 ZH 至点 QZ 使用的独立坐标为左手坐标系，故使用下列公式将细部点坐标转换成线路坐标：

$$x_i = x_{HZ} + x'_i \cos\alpha_1 - y'_i \sin\alpha_1$$
$$y_i = y_{HZ} + x'_i \sin\alpha_1 + y'_i \cos\alpha_1$$

在 G6 单元格输入公式"＝＄G＄5＋E6＊COS(＄G＄2)－F6＊SIN(＄G＄2)"并拖至 G14（点 QZ），在 H6 单元格输入公式"＝＄H＄5＋E6＊SIN(＄G＄2)＋F6＊COS(＄G＄2)"并拖算至 H14（点 QZ），即可将综合曲线中点 ZH 至点 QZ 的独立坐标转换为线路坐标。

由于综合曲线中点 QZ 至点 HZ 使用的独立坐标为右手坐标系，故使用下列公式将细部点坐标转换成线路坐标：

$$x_i = x_{ZH} + x_i' \cos\alpha_0 + y_i' \sin\alpha_0$$

$$y_i = y_{ZH} + x_i' \sin\alpha_0 - y_i' \cos\alpha_0$$

在 G15 单元格输入公式"＝＄G＄24＋E15＊COS(＄H＄2)＋F15＊SIN(＄H＄2)"并拖至 G23,在 H15 单元格输入公式"＝＄H＄24＋E15＊SIN(＄H＄2)－F15＊COS(＄H＄2)"并拖算至 H23,即可将综合曲线中点 QZ 至点 HZ 的独立坐标转换为线路坐标。

表 8.11 综合曲线极坐标法测设坐标计算表

序号	A	B	C	D	E	F	G	H
1	参数	R	l_0	m	p	β_0	α_0	α_1
2		500	60	29.996	0.300	0.060000	2.174622	5.815476
3	点名	里程	曲线长	φ_i	独立坐标		线路坐标	
4					x	y	x	y
5	ZH	33424.67	20				4349.352	3258.268
6	1	33440	15.33		15.330	0.020	4340.631	3270.876
7	2	33460	35.33		35.328	0.245	4329.091	3287.210
8	3	33480	55.33		55.316	0.941	4317.169	3303.268
9	HY	33484.67	60.00		59.978	1.200	4314.309	3306.959
10	4	33500	75.33	0.090660	75.264	2.353	4304.680	3318.887
11	5	33520	95.33	0.130660	95.140	4.562	4291.576	3333.994
12	6	33540	115.33	0.170660	114.912	7.564	4277.879	3348.566
13	7	33560	135.33	0.210660	134.549	11.353	4263.610	3362.578
14	QZ	33579.48	154.81	0.249620	153.514	15.797	4249.184	3375.667
15	8	33580	154.30	0.248600	153.020	15.671	4248.787	3376.013
16	9	33600	134.30	0.208600	133.541	11.139	4233.443	3388.840
17	10	33620	114.30	0.168600	113.897	7.390	4217.599	3401.043
18	11	33640	94.30	0.128600	94.119	4.429	4201.280	3412.603
19	12	33660	74.30	0.088600	74.238	2.261	4184.512	3423.501
20	YH	33674.30	60.00		59.978	1.200	4172.262	3430.877
21	13	33680	54.30		54.287	0.889	4167.322	3433.720
22	14	33700	34.30		34.299	0.224	4149.780	3443.326
23	15	33720	14.30		14.300	0.016	4132.023	3452.527
24	HZ	33734.30					4119.266	3458.989

8.5.3.2 测设数据计算

在通视良好的地方(能够观测到缓和曲线上所有细部点的位置)选一点,如图 8.12 中的点 B 所示。根据控制点 A、B 的坐标和各细部点的坐标反算出 BA、$B1$、$B2$、…、Bn 方向的坐标方位角和边长,根据 BA、$B1$、$B2$、…、Bn 方向的坐标方位角计算出

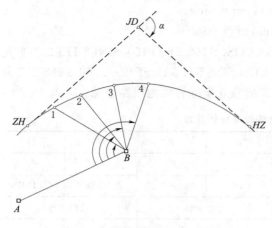

图 8.12 全站仪极坐标法测设

$\angle AB1$、$\angle AB2$、$\cdots$、$\angle ABn$。在点 B 架设全站仪后，后视点 A，根据 $\angle AB1$、$\angle AB2$、$\cdots$、$\angle ABn$ 和 S_{B1}、S_{B1}、$\cdots$、S_{Bn} 即可进行放线，细部点 1、2、$\cdots$、n 的坐标已由前面算出。

【例 8.12】 某综合曲线的细部点线路坐标见表 8.11，由于现场情况较复杂，一个测站无法测设全部细部点，决定在控制点 B 设站后视控制点 A 测设细部点 $1\sim7$，在控制点 C 设站后视控制点 B 测设细部点 $8\sim15$。已知控制点的坐标为 $x_A =$ 4273.652m，$y_A =$ 3167.358m，$x_B =$ 4218.529m，$y_B =$ 3248.439m，$x_C =$ 4135.397m，$y_C =$3335.273m，若用极坐标方法进行综合曲线的详细测设，计算曲线上各细部点的测设数据。

在电子表格中建立如下 A～K 列表格（表 8.12）。

表 8.12　　　　　　　　　　　　曲线各细部点测设数据计算表

序号	A	B	C	D	E	F	G	H	I	J	K
1	点	细部点坐标		坐标增量		边长	坐标方位角	夹角计算			
2	名	x	y	Δx	Δy	S	(°)	夹角名	(′)	(′)	(″)
3	B	4218.529	3248.439								
4	A	4273.652	3167.358								
5	1	4340.631	3270.876								

曲线上各细部点测设数据的计算在 Excel 表格中完成，见表 8.13。

在第 3、4 行相应的位置上填上控制点 B、A 的名称和坐标，在第 12、13 行相应的位置上填上控制点 C、B 的名称和坐标。

从表 8.11 中将细部点 1～7 的点名和坐标复制到表 8.12 中的第 5～11 行，将细部点 8～15 的点名和坐标复制到表 8.12 中的第 14～21 行。

先计算以控制点 B 为测站，后视控制点 A 的测设数据。

在第 4 行 D 列输入公式 "＝B4－\$B\$3"，计算坐标增量 Δx_{BA}，将公式拖至第 11 行，计算坐标增量 Δx_{B1}、Δx_{B2}、$\cdots$、Δx_{B7}。

在第 4 行 E 列输入公式 "＝C4－\$C\$3"，计算坐标增量 Δy_{BA}，将公式拖至第 11 行，计算坐标增量 Δy_{B1}、Δy_{B2}、$\cdots$、Δy_{B7}。

在第 4 行 F 列输入公式 "＝SQRT（D4^2＋E4^2）"，计算边长 S_{BA}，将公式拖至第 11 行，计算坐标增量 S_{B1}、S_{B2}、$\cdots$、S_{B7}。

为了计算方便，可利用反余弦函数反算坐标方位角

$$\alpha = \begin{cases} \arccos\left(\dfrac{\Delta x}{S}\right) & \Delta y \geqslant 0 \\ 360 - \arccos\left(\dfrac{\Delta x}{S}\right) & \Delta y < 0 \end{cases}$$

由于在反算坐标方位角公式中使用了边长这一中间计算结果，因此，为确保计算结果的精度，请勿使用 ROUND（）等函数对边长进行取舍处理，可在"单元格格式"中设置显示 3 位小数。

表 8.13　　　　　　　　　　综合曲线极坐标法测设数据计算表

序号	A	B	C	F	H	J	K	L
1	点号	细部点坐标		边长	夹角计算			
2		x	y	S	夹角名	(°)	(′)	(″)
3	B	4218.529	3248.439					
4	A	4273.652	3167.358	98.044				
5	1	4340.631	3270.876	124.146	∠AB1	66	12	9
6	2	4329.091	3287.210	117.163	∠AB2	75	6	52
7	3	4317.169	3303.268	112.854	∠AB3	84	51	27
8	4	4304.680	3318.887	111.288	∠AB4	95	3	50
9	5	4291.576	3333.994	112.497	∠AB5	105	17	58
10	6	4277.879	3348.566	116.395	∠AB6	115	7	58
11	7	4263.610	3362.578	122.719	∠AB7	124	14	16
12	C	4135.397	3335.273					
13	B	4218.529	3248.439	120.213				
14	8	4248.787	3376.013	120.487	∠AB8	75	33	11
15	9	4233.443	3388.840	111.725	∠AB9	84	26	24
16	10	4217.599	3401.043	105.275	∠AB10	94	27	13
17	11	4201.280	3412.603	101.590	∠AB11	105	21	36
18	12	4184.512	3423.501	100.978	∠AB12	116	41	10
19	13	4167.322	3433.720	103.494	∠AB13	127	49	23
20	14	4149.780	3443.326	109.006	∠AB14	138	12	29
21	15	4132.023	3452.527	117.303	∠AB15	147	26	18

在第 4 行 G 列输入公式"＝IF(E4<0,360－DEGREES(ACOS(D4/F4)),DEGREES(ACOS(D4/F4)))"，计算坐标方位角 α_{BA}，将公式拖至第 11 行，计算坐标增量 α_{B1}、α_{B2}、…、α_{B7}。

在第 5 行 H 列输入公式"＝" ∠" & ＄A＄4 & ＄A＄3 & A5"，生成放样的夹角名。

131

在第 5 行 I 列输入公式 "＝MOD(G5－＄G＄4,360)"，计算放样用夹角，单位为度。由于角度的取值范围为 0～360，在这里使用求余函数 MOD()，确保夹角为负时自动加上 360。将公式拖至第 11 行，计算夹角∠AB1、∠AB2、…、∠AB7。

在第 5 行 J、K、L 列分别输入公式 "＝INT(I5)、＝INT((I5－J5)＊60)" "＝INT((I5－J5－K5/60)＊3600＋0.5)"，并将公式拖至第 11 行，将夹角∠AB1、∠AB2、…、∠AB7 化成度（°）分（′）秒（″）。

按同样方法计算以控制点 C 为测站，后视控制点 B 的测设数据，见表 8.12 中第 12～21 行。

分别选择 D、E、G、I 列，按右键将其隐藏，得到表 8.13 的结果。

8.5.3.3 测设实施

在控制点 B 设站安置仪器，照准后视点 A，将水平度盘读数置 0（一个测站只需置 0 一次），将水平度盘顺时针旋转至水平度盘读数为 66°12′09″（∠AB1）的位置，在该方向线上测定出距离为 124.146m 的位置，这就是细部点 1。按同样方法可以测设出 2～7 号细部点的位置。各点测设结束后可测量其坐标进行校核，符合限差要求则打下木桩定点，若超限可照准后视点 A 进行方向检查，查明原因后重新进行测设。

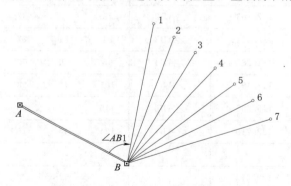

图 8.13 全站仪极坐标法测设示意图

在控制点 C 设站安置仪器，照准后视点 B，将水平度盘读数置零，将水平度盘顺时针旋转至水平度盘读数为 75°33′11″（∠AB8）的位置，在该方向线上测定出距离为 120.487m 的位置，这就是细部点 8；按同样方法可以测设出 9～15 号细部点的位置。各点测设结束后可测量其坐标进行校核，符合限差要求则打下木桩定点，若超限可照准后视点 A 进行方向检查，查明原因后重新进行测设（图 8.13）。

8.6 在 Excel 中进行角度和三角函数的计算

8.6.1 单元格的定义及角度值的输入

在使用 Excel 进行测量计算中，经常会碰到角度的输入和计算。如何便捷地输入一个含有度分秒的角度并进行计算，一直是一个比较棘手的问题。

我们知道，微软的 Excel 并没有专门提供角度输入的格式，人们通常把含有度分秒的角度分别输入三个不同的单元格，通过公式和函数把它们转换成需要的角度单位。

有没有一个能在 Excel 中方便地输入角度、显示角度和转换角度的便捷方法呢？答案是肯定的，利用 Excel 的日期和时间格式。

Excel 为每个日期定义了一个序列号，1900 年 1 月 1 日为 1，1900 年 1 月 2 日为 2，以此类推，而 2020 年 4 月 6 日的序列号是 43927。任何一个日期的数值就是距 1900 年 1

月 1 日的天数。利用这个特点，我们可以对日期进行加减的运算。比如计算 2020 年 4 月 6 日过 103 天后就是 2020 年 7 月 18 日，计算 2020 年 4 月 6 日过多少天后是 2020 年 10 月 1 日等。

时间格式是：hh：mm：ss，即：小时：分钟：秒，13 时 26 分 39 秒就用 13：26：39 表示。而时间的数值就是该时间与 24 小时的比例。

如 13：26：39 的数值"$=(13+26/60+39/3600)/24=0.560174$"。

通过设定不同的单元格格式，即可将日期（时间）转化为数值，也可将数值转化为日期（时间）直接进行加、减等运算操作。

日期和时间可同时输入到一个单元格中，比如"2020/4/6 _ 13：26：39"，日期和时间之间用空格隔开，此时单元格的数值就是日期和时间的总和，即：43927.560174。

1. 怎样定义单元格的格式

在角度计算中，1 圆周＝360°，1°＝60′，1′＝60″。而在时间的计算中，1 天＝24h，1h＝60m，1m＝60s，它们相同之处就是分和秒都是 60 进制的。因此，通过必要的转换，我们可以用时间来表示角度。

但是，如果我们将单元格自定义为"hh：mm：ss"。这种格式无法表示出日期值，小时数只能表达当天的，不大于 24。

如果我们将单元格自定义为"［hh］：mm：ss"。将小时数用方括号括起来，以每天 24 小时的标准表示了累计小时数，这时候小时数体现出了日期值。

如果我们将单元格自定义为"［hh］°mm′ss″"。我们把小时、分、秒之间的冒号分别用度、分、秒符号代替，这样显示出来的数值就是我们熟悉的用度分秒表达角度的方式了，而且可以直接参与数值计算。为了让度最少显示 2 位，我们通常将用来存放角度的单位格自定义为："［hh］°mm′ss″"（图 8.14）。

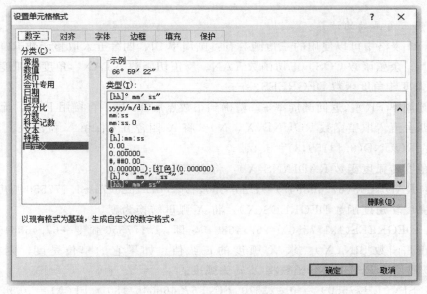

图 8.14　设置单元格格式

2. 怎样输入角度值

将存放角度的单位格自定义为"[hh]°mm′ss″"后，输入角度值时度、分、秒之间用冒号分隔，如需输入 69°59′22″，则在单元格输入"69：59：22"后按回车则单元格显示 69°59′22″。

8.6.2 角度及三角函数的计算

1. 角度的计算

在 Excel 中，首先将相关单元格自定义为"[hh]°mm′ss″"的格式，分别输入参与计算的角度，利用单元格可以准确地进行角度的四则运算。

当角度计算结果为负值时是无法显示的，但负数结果能够保留并可进行下一步计算。

2. 确保角度计算结果在 $0° \sim 360°$

利用求余数函数 mod（表达式，360），可以确保角度计算结果在 $0° \sim 360°$。由于其结果的正负号与除数相同，所以 mod（表达式，360）的结果一定是正值。

3. 时间格式的角度与实际角度之间的转换

由于时间一天是 24 小时，因此时间格式单元格的数值与实际"度"的关系是 24 倍关系，通过这个关系，就可以实现时间格式的角度与实际角度之间的转换。

时间格式的角度乘以 24 就变成实际的角度：$79°39′33″ * 24 \rightarrow 79.659167°$

实际的角度除以 24 就变成时间格式的角度：$79.659167°/24 \rightarrow 79°39′33″$

4. 方位角的推算

在推算方位角时每一次都要 $\pm180°$，但用 Excel 进行方位角推算时，可以每一次都 $+180°$，利用 mod（表达式，360/24）确保计算结果的正确性。

例如，已知 $\alpha_{12} = 196°35′14″$，$\beta_{左} = \angle 123 = 15°36′27″$，求 α_{23}。

在单元格中输入"=mod（$\alpha_{12}+\beta_{左}+180/24$，360/24）"后回车显示 32°11′41″，即为 α_{23} 的值。

5. 常用三角函数的计算

在 Excel 表格中可以使用的三角函数有：圆周率 PI、四舍五入取整函数 ROUND、正弦函数 SIN、余弦函数 COS、正切函数 TAN、反正切函数 ATAN、角度转弧度函数 RADIANS、弧度转角度函数 DEGREES。

(1) 圆周率 PI()：返回圆周率 π，精确到小数点后 14 位。直接用 PI()，无需参数。

(2) 四舍五入取整函数 ROUND(X，N)：将 X 四舍五入保留 N 位小数。

例如：ROUND(3.14159,3)=3.142。

(3) 角度转弧度函数 RADIANS(X)：将 X 度转换为弧度。

例如：RADIANS(67.468647)=1.177550，即，$67.468647° \rightarrow 1.177550$ 弧度。

(4) 弧度转角度函数 DEGREES(X)：将 X 弧度转换为度。

例如：DEGREES(1.177550)= 67.468645，即，1.177550 弧度 $\rightarrow 67.468645°$。

(5) 正弦函数 SIN(X)：求 X 弧度的正弦值。如果它的单位是度，则必须乘以 PI() /180 或使用 RADIANS 函数将 X 转为弧度。

例如：SIN(1.177550)= 0.923670，SIN(67.468645/180 * PI())= 0.923670，或 SIN(RADIANS(67.468645))= 0.923670。

如果计算的角度值存放在时间单元格，则应该先将时间单元格的度、分、秒转换成普通格式的度。

例如：在横坐标增量的计算公式"H5＝ROUND(G5 * SIN(RADIANS(F5 * 24)),3)"中，我们先将存放在单元格 F5 中的以度分秒显示的角度乘以 24 转换成普通格式的度，然后再用 RADIANS 函数将它转换成弧度，而 ROUND 函数是把计算结果四舍五入保留 3 位小数。

(6) 余弦函数 COS(X)：求 X 弧度的余弦值。如果它的单位是度，则必须乘以 PI()/180 或使用 RADIANS 函数将 X 转为弧度。

(7) 正切函数 TAN(X)：求 X 弧度的正切值。如果它的单位是度，则必须乘以 PI()/180 或使用 RADIANS 函数将 X 转为弧度。

(8) 反正切函数 ATAN(X)：求 X 的反正切值，以弧度表示，大小为 $-\pi/2 \sim \pi/2$。

例如，$\Delta x = -181.495$，$\Delta y = 78.884$，ATAN($\Delta y/\Delta x$) = 2.731590 弧度。将 Δx 存入 A1，Δy 存入 B1，则反算坐标方位角的计算公式为"＝IF(A1<0,ATAN(B1/A1)+PI(),IF(B1<0,ATAN(B1/A1)+2 * PI(),ATAN(B1/A1)))"。

这个计算公式已经考虑了坐标方位角所在的象限。

小　结

本章通过具体实例介绍了圆曲线、综合曲线、复曲线和竖曲线的要素计算，曲线上任意点里程的计算及测设，介绍了曲线测量的基本方法及困难地区的应对措施。

思 考 题

1. 圆曲线测设元素有哪些？缓和曲线的主点有哪些？什么叫复线？什么叫竖曲线？

2. 已知转折角 $\alpha = 26°10'$，圆曲线半径 $R = 60$m，计算圆曲线的测设元素。

3. 已知某线路 JD 的里程为 K2＋113.28，转角 $\alpha = 26°10'$，半径 $R = 60$m，计算圆曲线主点的里程。

4. 已知某线路 JD 里程为 K1＋346.73，转角 $\alpha = 29°34'$，半径 $R = 250$m，试求圆曲线的主点？

5. 什么是缓和曲线？目前我国公路和铁路部门多采用什么作为缓和曲线？

6. 什么是交点？交点应如何测设？

7. 已知一圆曲线的设计半径 $R = 800$m，线路转折角 $\alpha = 10°25'$，交点 JD 的里程为 DK11＋295.78。计算该圆曲线的要素和主点的里程，说明圆曲线主点的测设方法。

8. 某一有缓和曲线的圆曲线，圆曲线的半径 $R = 600$m，缓和曲线的长度为 110m，线路的偏角为 $\alpha_{右} = 48°23'$，交点 JD 的里程为 DK162＋028.77。试计算该缓和曲线要素及主点里程。

9. 某Ⅰ级铁路的一路段相邻坡度为＋5‰及－5‰，变坡点的里程为 DK217＋940，高程为 458.69m。该路段以半径为 10km 的凸形竖曲线连接。试计算曲线要素。若要求在曲线上每隔 10m 设置一曲线点，试计算自起点至终点曲线的设计高程，并说明竖曲线细部点放样的基本方法。

10. 已知交点桩号为 K5+416.18，测得转角 $\alpha_左=17°30'18''$，圆曲线半径 $R=500m$，若采用切线支距法进行详细测设，并按整 10m 设桩，试计算各桩的坐标。

11. 在坡度变化点 K1+760 处，设置 $R=4000m$ 的竖曲线，已知：$i_1=-2.00\%$，$i_2=+1.00\%$，K1+760 处高程为 54.80m，计算各测设元素、起点、终点的里程及起终点坡道的高程。

12. 已知交点的里程桩号为 K3+182.76，测得转角 $\alpha_右=25°46'40''$，选定圆曲线半径为 $R=350m$，采用偏角法按整桩号设桩，试计算各桩的偏角和弦长。

13. 已知交点的里程桩号为 K21+476.21，转角 $\alpha_右=37°16'00''$，圆曲线半径 $R=300m$，缓和曲线长 $l_0=60m$，试计算该曲线的测设元素、主点的里程，并说明主点的测设方法。若采用偏角法按整桩号详细测设，计算详细测设数据。

14. 已知交点的里程桩号为 K3+182.76，测得转角 $\alpha_右=25°46'40''$，选定圆曲线半径为 $R=350m$，若采用切线支距法按整桩号进行详细测设，计算各桩的坐标。

第9章 高速铁路施工测量

本章主要介绍高速铁路施工测量的主要工作，包括精密控制网复测、线下工程结构物变形监测、轨道控制网测量及无砟轨道施工测量等工作。

9.1 概　　述

根据铁路技术等级标准的划分，高速铁路是指旅客列车设计行车速度 $250\sim350\text{km/h}$ 的铁路。高速铁路轨道工程具有高平顺性、高可靠性和高稳定性，以确保高速行车的安全、平稳和舒适。因此高速铁路的施工测量是高速铁路工程建设过程中至关重要的基础工作，是高速铁路轨道施工质量的重要保证。打造毫米级的测量精度是高速铁路建设能否成功的关键。为了给高速铁路工程建设及运营维护提供可靠的测量保障，现场测量技术人员应充分明确高速铁路工程测量的具体内容，根据不同阶段对控制网精度的要求，采取相应的测量仪器、测量方法、精度等级进行施工测量。

9.1.1 高速铁路施工测量的发展概况

1. 传统的铁路施工测量方法

普速铁路速度目标值较低，对轨道平顺性的要求不高，在施工前没有建立一套适应于施工、运营维护的完整的控制测量系统。各级控制网测量的精度指标主要是根据满足线下工程的施工控制要求而制定的，没有考虑轨道施工和运营对测量控制网的精度要求。平面控制测量采用初测导线，高程控制测量采用五等水准；线下工程施工测量以定测放出交点、直线控制桩、曲线控制桩（五大桩）作为线下工程施工测量的基准；铺轨测量直线用经纬仪穿线法测量，曲线用绳正法或偏角法进行铺轨控制。

传统的铁路施工测量方法，在过去测量方法主要靠经纬仪、钢尺丈量测距的年代，是一种行之有效的方法，适合于普通速度铁路工程测量，但随着测量技术的飞速发展和 GNSS、全站仪、电子水准仪等新仪器的普遍应用，传统测量方法已不能适应我国铁路现代化建设的要求。传统的铁路施工测量方法存在以下缺点：

（1）平面坐标系采用 1954 年北京坐标系 $3''$ 带投影，高斯投影边长变形值大，投影带边缘边长投影变形值最大可达 340mm/km，不利于采用 GNSS、RTK、全站仪等新技术采用坐标法定位法进行勘测和施工放线。

（2）没有采用逐级控制的方法建立完整的平面高程控制网，线路施工控制仅靠定测放出交点、直线控制桩、曲线控制桩（五大桩）进行控制，线路测量可重复性较差，当出现中线控制桩连续丢失后，就很难进行恢复。

（3）测量精度低，由于导线方位角测量精度要求较低（$25''\sqrt{n}$），施工单位复测时，经常出现曲线偏角超限问题，施工单位只有以改变曲线要素的方法来进行施工。在普通速度条件下，不会影响行车安全和舒适度，但在高速行车条件下，就有可能影响行车安全和舒适度。

（4）轨道的铺设不是以控制网为基准按照设计的坐标定位，而是按照现下工程的施工现状采用相对定位进行铺设，这种铺轨方法由于测量误差的积累，往往会造成轨道的几何参数与设计参数相差甚远。

2. 高速铁路施工测量方法

高速铁路轨道必须具有非常精确的几何线性参数，精度要保持在毫米级的范围内，测量控制网的精度在满足线下工程施工控制测量要求的同时必须满足轨道铺设的精度要求，使轨道的几何参数与设计的目标位置之间的偏差保持在最小。轨道的外部几何尺寸体现出轨道在空间中的位置和标高，根据轨道的功能和与周围相邻建筑物的关系来确定，由其空间坐标进行定位。轨道的外部几何尺寸的测量也可称之为轨道的绝对定位。轨道的绝对定位通过由各级平面高程控制网组成的测量系统来实现，从而保证轨道与线下工程路基、桥梁、隧道、站台的空间位置坐标、高程相匹配协调。

《高速铁路工程测量规范》（TB 10601—2009）是为了控制高速铁路工程建设各阶段测量的精度、方法进行的规范，使之满足高速铁路工程建设勘测设计、工程施工、轨道施工及运营维护各阶段对测量成果的需求，把高速铁路工程测量平面、高程控制网按施测阶段、目的及功能分为勘测控制网、施工控制网、运营维护控制网。其中施工控制网是为高速铁路工程施工提供控制基准的各级平面高程控制网。它包括基础平面控制网 CPⅠ、线路平面控制网 CPⅡ、线路水准基点控制网，以及在此基础上加密的施工平面、高程控制点和为轨道铺设而建立的轨道控制网 CPⅢ。

各级平面控制网的作用和精度要求如下：

（1）CPⅠ主要为勘测、施工、运营维护提供坐标基准，采用 GNSS B 级（无砟）/GNSS C 级（有砟）网精度要求施测。

（2）CPⅡ主要为勘测和施工提供控制基准，采用 GNSS C 级（无砟）/GNSS D 级（有砟）网精度要求施测或采用四等导线精度要求施测。

（3）CPⅢ主要为铺设无砟轨道和运营维护提供控制基准，采用五等导线精度要求施测或后方交会网的方法施测。

三级平面控制网之间的相互关系如图 9.1 所示。

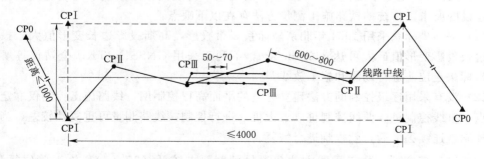

图 9.1 高速铁路三级平面控制网示意图（单位：m）

高速铁路线路水准基点控制网应按二等水准测量精度要求施测。铺轨高程控制测量按精密水准测量（每公里高差测量中误差2mm）要求施测。

9.1.2　高速铁路施工测量工作内容及流程

高速铁路施工测量包括线下工程测量和无砟轨道测量两大部分内容，主要包含精密控制网复测，布设加密施工控制网，建立重点工程独立控制网，线下构（筑）物的施工放样，线下工程沉降变形观测，轨道控制网（CPIII）建网及复测，无砟轨道施工测量，长轨精调整理几何状态测量及工程竣工测量等项目。具体测量流程如图9.2所示。

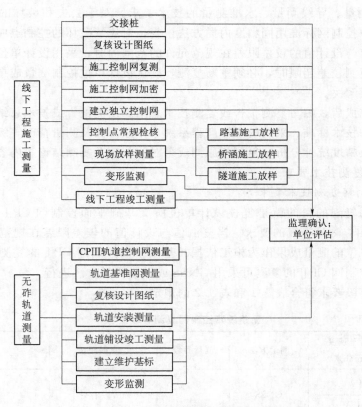

图9.2　高速铁路施工测量流程图

9.2　精密控制网施工复测

高速铁路精密控制网施工复测工作，是对设计单位移交的平面、高程控制网采用相同的方法，同精度、同网形进行测量，对破坏重埋和变形超限的点位采用同精度扩展方法更新成果，确保精测网的完整和成果的可靠，保证工程建设顺利进行。

9.2.1　施工复测内容

施工复测主要工作包括施工交桩、复测技术方案编制、施工复测实施、复测成果报告编制和评审验收。开工前施工复测工作包括 CPⅠ、CPⅡ 和线路水准基点复测。

铁路工程施工前，建设单位组织设计单位向施工单位现场移交各级平面、高程控制点和测量成果资料，现场交接 CP0、CPⅠ、CPⅡ 控制桩、线路水准基点桩。在完成与设计单位控制桩点位及测量成果资料交接以后，施工单位就应及时地组织人员和设备，对设计单位交接的本管段内的控制点进行全面复测，复测的控制桩应包括全线的 CPⅠ 控制点、CPⅡ 控制点、线路水准基点。CP0 的复测工作由建设单位组织设计单位统一实施，施工单位应联测 CP0 点作为 CPⅠ 控制网平差的起算依据。

复测工作开展前应编写复测技术设计书。施工复测时采用的方法、复测的精度应与原控制测量相同，复测的精度不能低于原控制测量等级。复测使用的仪器和精度应符合相应等级的 GNSS 测量、导线测量、水准测量的技术要求。对于丢失和破坏的控制点，在复测过程中应按原控制网标准用同精度内插方法恢复，对连续破坏的控制点应由设计单位组织恢复。复测值与设计值的较差限差在规范允许的范围内时，采用设计单位的测量成果作为施工依据。复测较差超限时，必须重新复测，确认设计单位控制测量成果有误时，及时与设计单位沟通解决。

复测工作完成后，编写复测报告或复测技术总结。复测报告或技术总结主要包含控制网概况、遵循的技术标准、采用的坐标高程系统、作业方法及测量精度等级、复测控制网测量成果质量及精度统计分析、复测与原测成果对比分析及复测结论等内容。

9.2.2 控制网复测技术要求

1. 平面控制网复测技术要求

平面控制网复测的目的就是复核设计单位所交基础平面控制网 CPⅠ，线路控制网 CPⅡ 是否满足相应测量等级的要求。当复测值与设计值的较差限差在规范允许的范围内时，采用设计单位的测量成果作为施工依据。基础平面控制网 CPⅠ 的复测采用 GNSS 测量进行，线路控制网 CPⅡ 的复测可采用 GNSS 或导线测量方法进行。

施工复测等级要求符合表 9.1 和表 9.2 的规定。

表 9.1 新建铁路控制网复测等级要求

等级	设计行车速度 /(km/h)	测量方法	测量等级	点间距	备 注
CP0	200	GNSS	—	50km 左右一个	
	≤160				
CPⅠ	200	GNSS	三等	≤4km 一对点	每对点距离≥800m
	≤160	GNSS	四等		
CPⅡ	200	GNSS	四等	400～600m	附（闭）合导线长度≤5km
		导线	四等		
	≤160	GNSS	五等		
		导线	一级		

表 9.2   高速铁路控制网复测等级要求

控制网	测量方法	测量等级	点间距	相邻点的相对 中误差/mm	备注
CP0	GNSS	—	50km	20	
CPⅠ	GNSS	二等	≤4km	10	点距离≥800m
CPⅡ	GNSS	三等	600~800m	8	
	导线	三等	400~800m	8	附合导线网

注 相邻点的相对中误差为平面 x、y 坐标分量中误差；设计行车速度250km/h有砟轨道铁路测量技术标准同高速铁路标准一致。

2. 高程控制网复测技术要求

高程控制网施工复测的目的就是复核设计单位所交相邻水准基点间的高差是否满足相应水准测量等级的要求。当复测高差与设计高差的较差限差在规范允许的范围内时，采用设计单位的测量成果作为施工依据。

高速铁路水准测量等级为二等，高铁的 CPⅢ 水准测量称为精密水准测量，精度介于在国家二等和三等水准之间。

若测段路线往返测不符值超限，应先就可靠程度较小的往测或返测进行整测段重测；附合路线和环线闭合差超限，应就路线上可靠程度较小、往返测高差不符值较大或观测条件较差的某些测段进行重测，如重测后仍不符合限差，则需重测其他测段。

线路跨越江河、深沟时，用相应等级的跨河水准测量方法和精度复测。水准测量在视线长度为 100m 以内时，在测站上变换仪器高度观测两次，两次高差之差不得超过 1.5mm，取用两次结果的中数。当视线长度超过 100m 时，按跨河水准测量要求进行测量。

3. 复测结论

复测结果与设计单位提供的勘测成果不相符时，必须重新测量。当确认设计勘测资料有误或精度不符合规定要求时，应与设计单位协商，对勘测成果进行改正。复测结果与设计单位勘测成果的不符值满足下列规定时，应采用设计单位勘测成果。

（1）高速铁路复测成果与原测成果的较差应满足下列规定：

1）采用 GNSS 复测 CPⅠ、CPⅡ控制点时，复测成果与原测成果较差应满足表 9.3 的规定。

表 9.3   高速铁路 CPⅠ、CPⅡ 控制点复测限差

控制网类型	GNSS 等级	复测坐标较差限差/mm	相邻点间坐标差之差的相对精度限差
CPⅠ	二等	20	1/130000
CPⅡ	三等	15	1/80000

注 表中坐标较差限差是指 x、y 坐标分量较差。

2）采用导线复测 CPⅡ控制点时，水平角、边长和坐标较差应满足表 9.4 的规定。

表 9.4   水平角、边长和坐标较差

控制网	导线等级	水平角较差限差/(″)	边长较差限差	坐标较差限差
CPⅡ	三等	3.6	$2m_D$	15

（2）新建铁路复测成果与原测成果的较差应满足表 9.5 规定。

表 9.5   **GNSS 复测相邻点间坐标差之差的相对精度限差**

控 制 网 等 级	相邻点间坐标差之差的相对精度限差
二等	1/130000
三等	1/80000
四等	1/50000
五等	1/20000

对于新建铁路 CPⅠ、CPⅡ 控制网复测坐标较差限差，可以采用 20mm 和 15mm 的限差要求进行，相邻点间坐标差之差的相对精度限差根据上表各等级的要求进行衡量。

采用导线复测 CPⅡ 控制点时，水平角、边长和坐标较差应满足表 9.6 规定。

表 9.6   **导 线 复 测 较 差**

控制网	等级	水平角较差限差/(″)	边长较差限差/mm
CPⅡ	四等	7	$2\sqrt{2}\,m_D$
CPⅡ	一等	11	$2\sqrt{2}\,m_D$

注 m_D 为仪器标称精度。

9.2.3 CPⅠ 控制网复测实施

高速铁路基础平面控制网 CPⅠ 复测应采用 GNSS 双频接收机，按二等 GNSS 测量作业的有关精度要求进行。对点设备必须采用精密对点器及木质脚架，对点器的精度应小于 1mm。对点器在运输过程中容易发生对点及气泡偏心，因此要求测量前及测量过程中随时对气泡和对点进行检查，防止对中粗差。

1. CPⅠ 控制网外业观测

高速铁路 CPⅠ 点的布设为每 4km 一对点或一个点，点间距大于 800m。CPⅠ 复测网应形成大地四边形或三角形组成的带状网，以 CPⅠ 对点作为联结边，采用边联式构网。实际作业时为了提高工作效率，CPⅠ、CPⅡ 的复测工作可以同时进行，但必须以 CPⅠ 对点作为联结边。

2. CPⅠ 复测网观测成果质量及精度统计

CPⅠ 复测网外业观测完成后，首先要对 GNSS 外业观测的质量进行分析，只有 GNSS 复测网的精度达到相应的精度等级要求后，才可进行下一步的平差计算工作。

（1）基线向量异步环闭合差。基线向量异步环闭合差是检验基线向量网质量的一项重要技术指标，当满足限差要求时，能说明组成基线向量网的所有基线解算质量合格、成果可靠。要求 GNSS 控制基线向量网所有异步环闭合差应符合下式规定：

$$\left.\begin{array}{l} W_x \leqslant 3\sqrt{n}\times\sigma \\[4pt] W_y \leqslant 3\sqrt{n}\times\sigma \\[4pt] W_z \leqslant 3\sqrt{n}\times\sigma \\[4pt] W \leqslant 3\sqrt{3n}\times\sigma \end{array}\right\} \tag{9.1}$$

式中　n——闭合环边数；

　　　σ——标准差，即基线向量弦长中误差，mm。

$$\sigma = \sqrt{a^2 + (b \times d)^2} \tag{9.2}$$

式中　a——固定误差；

　　　b——比例误差系数；

　　　d——弦长，km。

各级 GNSS 控制网测量的 a、b 取值见表 9.7。

表 9.7　　　　　　　　　　　　GNSS 复测控制网的主要技术要求

等级	固定误差 a /mm	比例误差系数 b /(mm/km)	基线方位中误差 /(″)	约束点间的边长 相对中误差	约束平差后最弱边 边长相对中误差
一等	≤5	≤1	0.9	1/500000	1/250000
二等	≤5	≤1	1.3	1/250000	1/180000
三等	≤5	≤1	1.7	1/180000	1/100000
四等	≤5	≤2	2	1/100000	1/70000
五等	≤10	≤2	3	1/70000	1/40000

（2）重复基线较差。同一边不同观测时段基线较差应满足 $ds \leqslant 2\sqrt{2}\sigma$ mm。

3. 平差处理

GNSS 外业观测质量检验合格后，即可进行 CP I 复测网的平差处理。

GNSS 基线处理可采用 GNSS 随机后处理软件进行，平差处理应采用国家或铁道部评审通过的软件进行。

外业观测结束后首先对观测基线进行处理和质量分析，检查基线质量是否符合规范和技术设计要求。影响伪距定位结果的一个主要原因是使用了工作状态不佳的卫星数据，基线处理时，删除工作状态不佳的卫星数据是提高伪距定位精度的重要途径。在卫星残差图上观察某个卫星在某段时间内的残差是否过大且有明显的系统误差，则删除该时间段，不让其参与平差。

基线处理合格后即可进行 CP I 复测网的三维无约束平差，输入一个点的三维坐标作为起算数据，在 WGS-84 坐标系内进行无约束平差。检查 GNSS 基线向量网本身的内符合精度，并剔除含有粗差的基线边。

无约束平差中基线向量各分量的改正数绝对值应满足下式要求：

$$V_{\Delta X} \leqslant 3\sigma$$
$$V_{\Delta Y} \leqslant 3\sigma$$
$$V_{\Delta Z} \leqslant 3\sigma$$

不满足要求的基线认为其存在粗差，应予以剔除，不参与平差。

CP I 复测网三维无约束平差完成后即可进行二维约束平差（或三维约束平差），输入标段内联测的 CP0 点的平面坐标作为起算数据，对 CP I 复测网进行整网约束平差，获得 CP I 控制点复测坐标。

设计单位为了控制高速铁路坐标系统的投影长度变形值不大于 10mm/km 的要求，采用任意中央子午线和高程投影面进行投影而建立工程独立平面直角坐标系。因此在标段内可能存在不同中央子午线或投影面大地高的多个坐标系，这时在作 CPⅠ 复测网的整网平差时，可以约束 CP0 的三维坐标进行整网平差，然后根据标段内坐标系的详细分带，采用坐标转换软件（例如 Geotrans 转换软件）将 CPⅠ 整网约束平差成果的坐标转换为各坐标系内的平面坐标。

二维或三维约束平差后，基线向量各分量改正数与无约束平差同一基线改正数较差的绝对值应符合下式要求：

$$dV_{\Delta X} \leqslant 2\sigma$$
$$dV_{\Delta Y} \leqslant 2\sigma$$
$$dV_{\Delta Z} \leqslant 2\sigma$$

若设计单位没有提供 CP0 控制点作为 CPⅠ 控制网约束平差的起算数据，这时可以在 CPⅠ 控制网中选择分布均匀的控制点作为已知点（一般选择标段首中尾 3 个 CPⅠ 点），对复测网进行约束平差。但应先对选择的已知点进行可靠性检查，以保证起算数据的可靠。

约束平差后检验 CPⅠ 最弱边边长相对中误差应不大于 1/180000，基线方位角中误差应不大于 1.3″ 的精度要求。

4. 与相邻标段及坐标换带处的联测

为了保证相邻标段之间的正确贯通，复测时贯通至相邻标段至少两个平面控制点，一个水准基点作为双方的共用点。

在坐标换带处，复测时相互贯通至相邻坐标带两个 CPⅠ 控制点，以保证两投影带重合部分线路中线放样时位置的一致和线路的顺接。

9.2.4　CPⅡ控制网复测实施

高速铁路线路控制网 CPⅡ 复测应采用 GNSS 双频接收机，按三等 GNSS 测量作业的有关精度要求进行。采用导线法复测 CPⅡ 应按三等导线测量的有关精度要求进行。对点设备必须采用精密对点器及木质脚架。

1. CPⅡ 控制网外业观测

CPⅡ 点按 GNSS 复测的点间距为 600～800m，与相邻的 CPⅠ 点构成附合网。CPⅡ 点按 GNSS 复测的外业观测与 CPⅠ 网相近，按规范执行即可。

2. CPⅡ 复测网观测成果质量及精度统计

CPⅡ 复测网外业观测完成后，应对 GNSS 外业观测的质量进行分析，同样应检测 CPⅡ 网基线向量异步环闭合差和重复基线较差（与 CPⅠ 网的限差要求相同）。

3. 平差处理

基线解算、平差处理与 CPⅠ 网的处理相同，分为三维无约束平差和二维约束平差。三维无约束平差中，基线向量各分量的改正数及二维约束平差基线向量各分量改正数与无约束平差同一基线改正数较差的绝对值也应符合规范要求。约束平差时将所有经复测点位稳固、精度可靠的 CPⅠ 点的平面坐标作为已知点。

约束平差后检验 CPⅡ 最弱边边长相对中误差应不大于 1/100000，基线方位角中误差应不大于 1.7″ 的精度要求。

9.2.5　二等水准网复测实施

高程控制网施工复测的目的就是复核设计单位所交相邻水准基点间的高差是否满足相应水准测量等级的要求。当复测高差与设计高差的较差限差在规范允许的范围内时，采用设计单位的测量成果作为施工依据。若测区存在区域沉降，还应以深埋水准点为起算数据对高程网进行平差计算，得到各水准点复测高程并与设计高程进行比较，以确认区域沉降量。

根据水准测量各种误差的性质及其影响规律，对二等水准测量的实施作出了各种相应的规定，目的在于尽可能消除或减弱各种误差对观测成果的影响。只有掌握了误差来源及精密水准的实施步骤，才能保证水准测量工作顺利进行，减少返工。

由 n 个测段往返测的高差不符值 Δ 计算每公里单程高差的偶然中误差（相当于单位权观测中误差）的公式为

$$\mu = \pm \sqrt{\dfrac{\dfrac{1}{2}\left[\dfrac{\Delta\Delta}{R}\right]}{n}} \tag{9.3}$$

往返测高差平均值的每公里偶然中误差为

$$M_\Delta = \frac{1}{2}\mu = \pm \sqrt{\frac{1}{4n}\left[\frac{\Delta\Delta}{R}\right]} \tag{9.4}$$

式中　Δ——各测段往返测的高差不符值，mm；

　　　R——各测段的距离，km；

　　　n——测段的数目。

按水准规范规定，一等、二等水准路线须以测段往返高差不符值按上式计算每公里水准测量往返高差中数的偶然中误差 M_Δ。

偶然中误差 M_Δ 和全中误差 M_w 超限时，应分析原因，重测有关测段或路线。

9.2.6　施工控制网加密测量

设计单位布设 CPI 控制点间距约为 4km，相邻 CPII 控制点间距为 600~800m，相邻水准点间距约为 2km，这样的点位密度不能满足线下工程施工放样的需要，因此需要在设计单位布设的控制点基础上进行施工控制网加密测量。

施工控制网加密测量采用同级扩展或向下一级发展的方法进行，加密前应根据现场情况制定施工控制网加密测量技术设计书。

1. 施工控制网选点布网

（1）加密施工控制点的选点布网。加密桩选点时应充分利用设计单位的 CPI、CPII 控制点，必须就近附合到 CPI 或 CPII 控制点，并结合施工放样的要求，加密点应按少而精的原则选布。

加密点应选埋在便于施工放样和保存的地方，应在设计单位的 CPI 或者 CPII 控制点间进行加密。

采用 GNSS 测量方法加密时，两相邻加密点间的距离不宜短于 300m，采用导线加密时，两相邻加密点间的距离以 200~400m 为宜，相邻点之间要求通视。

如采用 GNSS 测量，加密点应埋设在开阔地带，远离高压线、发射塔、树木、房屋等遮盖物。选点位置直接影响 GNSS 测量的观测质量，点位务必选在高度角 15°以上无障碍物遮挡的地方。

（2）加密水准点的选点布网。水准点的加密应与平面加密点结合布设，加密水准点应埋设稳固，位置应避开大型车辆碾压的地方。水准加密测量应按附合水准路线起闭于设计线路水准基点。采用同级扩展的方法按二等水准测量的要求施测。

2. 加密施工控制网测量技术要求

（1）平面控制点加密技术要求。采用 GNSS 测量进行加密，测量等级和技术标准按《高速铁路工程测量规范》（TB 10601—2009）执行，按四等 GNSS 网的精度要求施测。

（2）GNSS 测量网形设计。应在相邻 CPⅠ、CPⅡ 控制点间布设加密点，不得中间跳开设计单位布设的 CPⅠ、CPⅡ 控制点，避免点位误差分布不均匀。控制网以大地四边形或三角形为基本图形组成带状网。每个控制点至少有 3 个以上的基线方向。

（3）GNSS 测量数据处理。GNSS 平面控制网采用 GNSS 随机后处理软件或专业平差软件进行基线解算和平差处理；基线处理时删除观测条件差的时段和观测条件差的卫星，不让其参与平差，基线处理合格后在 WGS-84 坐标系内进行三维无约束平差。

加密网约束平差前应对设计控制点进行检核，以经过复测确认正确无误的 CPⅠ、CPⅡ 控制点为已知点。约束平差时，中央子午线经度、坐标系统的椭球参数、投影面与设计成果保持一致，确保坐标基准一致。

（4）加密 GNSS 网的平差。平差处理分为三维无约束平差和二维约束平差。三维无约束平差中基线向量各分量的改正数及二维约束平差基线向量各分量改正数与无约束平差同一基线改正数较差的绝对值应符合规范要求。约束平差时将所有经复测点位稳固、精度可靠的 CPⅠ、CPⅡ 控制点的平面坐标作为已知点。

（5）水准点加密测量。水准点加密按二等水准测量的技术要求进行施测。各项限差满足要求后，以经过复测确认正确可靠的设计单位线路水准基点为固定数据进行严密平差计算。

9.3 线下工程结构物变形监测

高速铁路无砟轨道对线下工程的工后沉降要求十分严格，轨道板施工完后只有通过扣件进行调整，扣件调整范围为 -4～+26mm，因此高速铁路无砟轨道施工前对线下构筑物沉降、变形进行系统观测是一项非常重要的工作。规范规定，变形监测成果经分析评估附合设计要求后，方可进行后续线上无砟轨道工程施工。

线下工程结构物变形监测主要工作包括建立沉降变形监测网并按要求进行复测、埋设观测点、按规定的项目和频次进行全过程观测和记录，整理、平差和分析变形观测数据，提供观测成果数据，对沉降异常地段及时进行分析。

9.3.1 沉降变形观测基准网

线下工程结构物沉降、位移变形观测根据《铁路工程沉降变形观测与评估技术规程》（QCR 9230—2016）的要求，沉降、位移变形观测点的水准测量应采用三等变形观测测量技术要求。

垂直位移监测网可根据需要独立建网,高程应采用施工高程控制网系统,不能利用水准基点的监测网,在施工阶段至少应与一个施工高程控制点联测,使垂直位移监测网与施工高程控制网高程基准一致,全线二等水准贯通后,应将垂直位移监测网与二等水准基点联测,将垂直位移监测网高程基准归化到二等水准基点上,垂直位移监测网应布置成闭合环状、结点或附合水准路线等形式,水准点设置在变形区以外的基岩上或原状土层上,也可以利用稳固的建筑物设立墙上水准点。为满足沉降变形观测的精度要求,在沿线已设水准基点的基础上,两工作基点间距宜小于300m,工作基点距路基中心的距离应小于100m。垂直位移监测网布设示意如图9.3所示。

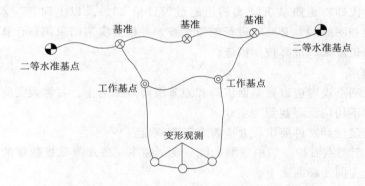

图9.3 垂直位移监测网布设示意

沉降变形工作基点网和观测点的主要技术要求如下。

(1)沉降、位移变形观测网主要技术按表9.8要求执行。

表9.8　　　　　　　　　　沉降、位移变形观测网的主要技术要求　　　　　　　单位:mm

等级	相邻基准点高差中误差	每站高差中误差	往返较差、附合或环线闭合差	检测已测高差较差	使用仪器、观测方法的要求
三等	1.0	0.3	$4\sqrt{L}$	$6\sqrt{L}$	DS_{05}型仪器,按暂行规定二等水准测量的技术要求施测

(2)沉降、位移变形观测点的精度按表9.9要求执行。

表9.9　　　　　　　　　　沉降、位移变形观测点的精度要求　　　　　　　　单位:mm

沉降变形测量等级	垂直位移测量		水平位移观测
	沉降变形点的高程中误差	相邻沉降变形点的高差中误差	沉降变形点点位中误差
三等	±1.0	±0.5	±6.0

(3)水准观测技术要求。水准网的观测按照国家二等水准施测,对线下工程变形点的观测必须采用闭合或附合水准路线,严禁采用支水准路线或中视法,水准路线经过的工作基点或基准点数量不得少于两个。

当相邻观测周期的沉降量超过限差或出现反弹时，应重测并分析工作基点的稳定性，必要时联测基准点进行检测。

数据处理时，闭合差、中误差等均满足要求后进行平差计算，水准路线要进行严密平差，选用经鉴定合格的软件进行。

9.3.2　路基沉降、位移变形观测的具体实施方法

1. 一般规定

路堤填筑完成后沉降变形观测不应少于 6 个月，并应经过一个雨季。个别情况沉降变形收敛快，沉降变形趋于稳定后，经论证后沉降满足设计要求，沉降变形观测时间可适当调整。

观测期内，无砟轨道路基沉降实测值超过设计值 20% 及以上时，应及时会同建设、勘察设计等单位查明原因，必要时进行地质复查，并根据实测结果调整计算参数，对设计预测沉降进行修正或采取沉降控制措施。

2. 观测点布置

路基沉降观测点设置应以路基面沉降和地基沉降观测为主。过渡段沉降观测点设置应以路基面沉降和不均匀沉降观测为主。

观测点应满足设计文件要求，并应符合下列规定：

（1）为有利于测点看护，集中观测，统一观测频率，各观测项目数据的综合分析，各部位观测点应设在同一横断面上。

（2）一般路堤地段观测断面包括沉降观测桩和沉降板，沉降观测桩每断面设置 3 个，布置于双线路基中心及左右线中心外侧各 2m 处；沉降板每断面设置 1 个，布置于双线路基中心。

（3）软土、松软土路堤地段观测断面一般包括剖面沉降管、沉降观测桩、沉降板和位移观测桩。沉降观测桩每断面设置 3 个，布置于双线路基中心及两侧各 2m 处，沉降板位于双线路基中心，位移观测边桩分别位于两侧坡脚外 2m、10m 处，并与沉降观测桩及沉降板位于同一断面上，剖面沉降管位于基底，如图 9.4 所示。

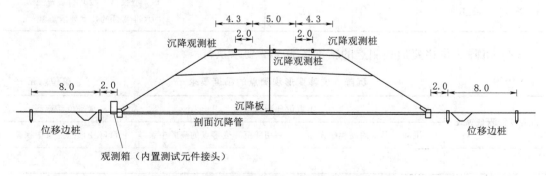

图 9.4　松软土地段观测断面布置图（单位：m）

（4）路堑地段观测断面分别于路基中心、左右中心线以外 2m 的路基面处各设 1 根沉降观测桩，用以观测路基面的沉降。

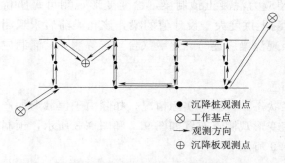

● 沉降桩观测点
⊗ 工作基点
→ 观测方向
⊕ 沉降板观测点

图 9.5 沉降观测点位布设及水准路线观测示意图

3. 观测路线布置

路基水准路线观测按二等水准测量精度要求形成附合水准路线，沉降观测点位布设及水准路线观测示意图如图 9.5 所示。

4. 观测频次

路堤地段应从路基填土开始进行沉降观测；路堑地段应从级配碎石顶面施工完成开始观测。路基沉降观测的频次不应低于表 9.10 的规定。

表 9.10 路 基 沉 降 观 测 频 次

观测阶段		观 测 频 次
填筑或堆载	一般	1次/天
	沉降量突变	2～3次/天
	两次填筑间隔时间较长	1次/3天
堆载预压或路基施工完毕	第1个月	1次/周
	第2、3个月	1次/2周
	3个月以后	1次/月
架桥机（运梁车）通过	全程	前2次通过前后各1次；其后1次/天，连续2次；其后1次/3天，连续3次；以后1次/周
铺轨后	第1个月	1次/2周
	第2、3个月	1次/月
	3～12个月	1次/3月

9.3.3 桥涵

1. 一般规定

桥涵主体工程完工后，沉降观测期应不少于 6 个月；岩石地基等良好地质区段的桥梁，沉降观测期应不少于 2 个月。观测数据不足或工后沉降评估不能满足设计要求时，应适当延长观测期。

观测期内，基础沉降实测值超过设计值 20％及以上时，应及时会同建设、勘察设计等单位查明原因，必要时进行地质复查，并根据实测结果调整计算参数，对设计预测沉降进行修正或采取沉降控制措施。

2. 观测点布置

桥梁变形观测应以墩台基础的沉降和预应力混凝土梁的徐变变形为主，涵洞除应进行自身的沉降观测外，还应进行洞顶填土的沉降观测。

岩石地基、嵌岩桩基础的桥涵基础沉降可选择典型墩（台）、涵洞进行观测；对原材料变化不大、预制工艺稳定、批量生产的预应力混凝土预制梁，徐变变形观测可每座桥 1～3 孔或每 100～300 孔桥测一孔；对于实测上拱度大于设计值的梁，该孔梁前后未观测的梁均应补充观测标志进行逐孔观测；其余现浇梁应逐跨、逐墩（台）布置测点，涵洞应逐个布置进行变形观测。

墩身及基础沉降观测标志宜按图 9.6 布置。

在徐变变形观测中，应根据桥梁的施工状态、恒载等实际情况，扣除由于恒载增加产生的弹性变形。简支梁和连续梁的梁体徐变变形观测点布置如图 9.7 和图 9.8 所示，预制梁的观测点宜布置在箱梁两侧腹板，如图 9.9 所示。

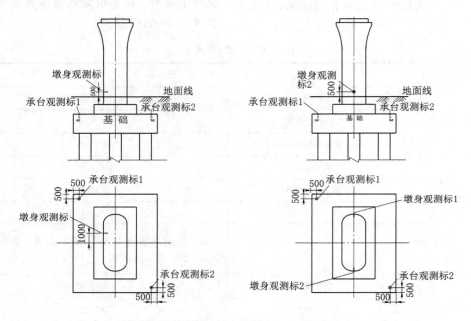

图 9.6　墩身及基础沉降观测布置图

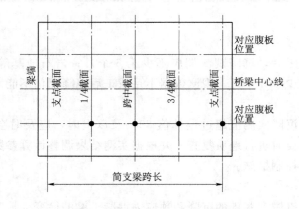

图 9.7　简支梁观测标志平面布置图

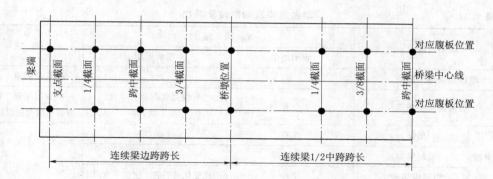

图 9.8 连续梁观测标志平面布置图

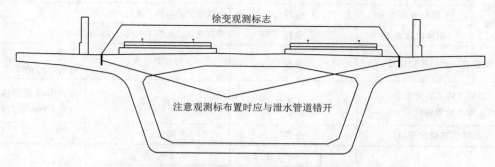

图 9.9 预制梁观测标志平面布置图

3. 观测路线设计

（1）桥梁梁部。桥梁梁部水准路线观测按二等水准测量精度要求形成闭合水准路线，沉降观测点位布设及水准路线观测示意图如图 9.10 所示，其中测点 1、2、3、4 构成第一个闭合环，测点 3、4、5、6 构成第二个闭合环。

（2）桥梁墩台。桥梁墩台水准路线观测按二等水准测量精度要求形成闭合水准路线，沉降观测点位布设于墩台两侧，水准路线观测示意图如图 9.11 所示。

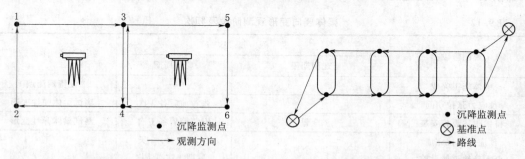

图 9.10 桥梁梁部沉降观测水准路线示意图　　图 9.11 桥梁墩台沉降观测水准路线示意图

4. 观测频次

（1）墩台观测点布置及观测应符合下列要求：墩台沉降观测点可在墩顶、墩身或承台上布置，每个墩台的测点总数不应少于 4 个。墩台基础施工完成至无砟轨道铺设前，应系统观测墩台沉降。沉降观测阶段及频次宜按表 9.11 的规定进行。

151

表 9.11 墩台沉降观测阶段及频次

观测阶段		观 测 频 次		备 注
		观测期限	观测周期	
墩台基础施工完成		—	—	设置观测点
墩台混凝土施工		全程	荷载变化前后各 1 次或 1 次/周	承台回填时，测点应移至墩身或墩顶
预制梁桥	架梁前	全程	1 次/周	
	预制梁架设	全程	前后各 1 次	
	附属设施施工	全程	荷载变化前后各 1 次或 1 次/周	
桥位施工桥梁	制梁前	全程	1 次/周	
	上部结构施工中	全程	荷载变化前后各 1 次或 1 次/周	
	附属设施施工	全程	荷载变化前后各 1 次或 1 次/周	
架桥机（运梁车）通过		全程	前后各 1 次	至少进行 2 次通过前后的观测
桥梁主体工程完工至无砟轨道铺设前		≥6 个月	1 次/2 周	岩石地基的桥梁，一般不宜少于 2 个月
无砟轨道铺设期间		全程	1 次/周	
无砟轨道铺设完成后	24 个月	0～3 个月	1 次/月	工后沉降长期观测
		4～12 个月	1 次/3 个月	
		13～24 个月	1 次/6 个月	

注 观测墩台沉降时，应同时记录结构荷载状态、环境温度及天气日照情况。

（2）预应力混凝土梁观测点布置及观测应符合下列要求：梁体变形观测点应设置在支点和跨中截面，每孔梁的测点数量应不少于 6 个。自梁体预应力终张拉开始至无砟轨道铺设前，应系统观测梁体的竖向变形。预应力终张拉前为变形起始点，变形观测的阶段及频次宜按表 9.12 规定进行。

表 9.12 梁体竖向变形观测阶段及频次

观测阶段		观 测 频 次		备 注
		观测期限	观测周期	
梁体施工完成		—	—	设置观测点
预应力张拉期间		—	张拉前后各 1 次	测试梁体弹性变形
桥梁附属设施安装		全程	安装前后各 1 次	测试梁体弹性变形
预应力张拉完成至无砟轨道铺设前		≥2 个月	1 次/1、3、5 天后期 1 次/2 周	
无砟轨道铺设期间		全 程	1 次/周	
无砟轨道铺设完成后	24 个月	0～3 个月	1 次/月	残余徐变变形长期观测
		4～12 个月	1 次/3 个月	
		13～24 个月	1 次/6 个月	

注 测试梁体竖向变形时，应同时记录梁体荷载状态、环境温度及天气日照情况。

（3）涵洞观测点布置及观测应符合下列要求：涵洞边墙两侧应设置沉降观测点，测点数量不少于 4 个。涵洞施工完成至无砟轨道铺设前，应系统观测涵洞的沉降。沉降观测的阶段及频次可按表 9.13 规定进行。

涵洞顶填土沉降的观测应与路基沉降观测同步进行，观测点布置和观测频次按路基执行。

表 9.13 涵洞沉降观测阶段及频次

观测阶段	观 测 频 次		备 注
	观测期限	观测周期	
涵洞基础施工完成	—	—	设置观测点
涵洞主体施工完成	全程	荷载变化前后各 1 次 或 1 次/周	观测点移至边墙两侧
洞顶填土施工	全程	荷载变化前后各 1 次 或 1 次/周	
架桥机（运梁车）通过	全程	前后	至少进行 2 次通过前后的观测，且数据稳定
涵洞完工～ 无砟轨道铺设前	≥6 个月	1 次/2 周	岩石地基的涵洞，一般不宜少于 2 个月
无砟轨道铺设期间	全程	1 次/周	
无砟轨道铺设完成后	24 个月 0～3 个月	1 次/月	工后沉降长期观测
	4～12 个月	1 次/3 个月	
	13～24 个月	1 次/6 个月	

注 测试涵洞沉降时，应同时记录结构荷载状态、环境温度及天气日照情况。

9.3.4 隧道

1. 一般规定

隧道内采用无砟轨道时，应进行沉降观测及评估。沉降观测从仰拱施工结束后进行观测，变形观测期一般不应少于 3 个月。观测数据不足或工后沉降评估不能满足设计要求时，应适当延长观测期。有砟轨道隧道内需进行沉降观测的特殊工点，应根据设计要求执行。

隧道沉降观测从仰拱施工结束后进行观测，变形观测期一般不应少于 3 个月。观测数据不足或工后沉降评估不能满足设计要求时，应适当延长观测期。

2. 观测点布置

隧道内一般地段沉降观测断面的布设根据地质围岩级别确定，一般情况下，Ⅲ级围岩每 400m、Ⅳ级围岩每 300m、Ⅴ级围岩每 200m 布设一个观测断面，地应力较大、断层破碎带、膨胀土、湿陷性黄土等不良和复杂地质区段适当加密布设。总长小于 500m 的隧道，观测断面间距宜为 50～100m。

隧道洞口至分界里程范围内应至少布设一个观测断面。

隧道仰拱施作完成后，每个观测断面在仰拱两侧布设一对沉降观测点。待水沟电缆槽施工完成，将观测点转移至两侧边墙，高于水沟盖板顶面 0.2m 处，如图 9.12 所示。观测点转移之前，应同步对仰拱上观测点和边墙上观测点进行观测，其高程差应反映在沉降观测成果图表中并消除高程突变。

埋设于仰拱上的观测点，可按桥梁承台观测点设置；埋设于边墙上的观测点，可按桥梁墩身观测点设置要求进行设置。

3. 观测线路布置

隧道水准路线观测按二等水准测量精度要求形成附合水准路线，沉降观测点位布设于观测断面隧道内壁两侧，图 9.13 为水准路线观测示意图。

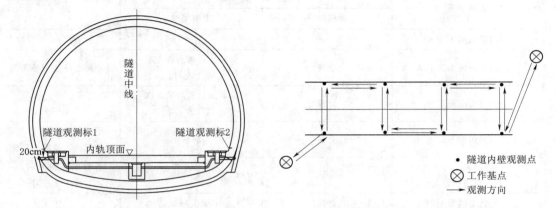

图 9.12　隧道观测标最终埋设位置示意图　　　图 9.13　隧道沉降观测水准路线图

4. 观测频次

隧道基础沉降观测的频次不应低于表 9.14 的规定，沉降稳定后可不再进行观测。

表 9.14　　　　　　　　　　　　　隧道基础沉降观测频次

观测阶段	观 测 频 次		
	观测期限		观测周期
无砟轨道隧底工程完成后	3 个月		1 次/周
无砟轨道铺设后	3 个月	0～1 个月	1 次/周
		1～3 个月	1 次/2 周

9.4　轨道控制网（CPⅢ）测量

CPⅢ 控制网是高速铁路轨道铺设、精调以及运营维护的基准，是轨道平顺性控制的基础和施工测量的核心工作。CPⅢ 控制网是沿线路布设的平面、高程控制网，平面起闭于基础平面控制网（CPⅠ）或线路平面控制网（CPⅡ）、高程起闭于线路水准基点，一般在线下工程施工完成通过沉降和变形评估后施测。

CPⅢ 控制网作为高速铁路线上工程施工期间无砟轨道和长钢轨精调施工以及运营期间的轨道维护提供的测量控制基准，是一个平面相邻点位相对误差要求小于 1mm 和高程相邻点位相对误差要求小于 0.5mm 的高精度三维控制网（CPⅢ 高程网点与平面网点共点）。CPⅢ网点的测量标志是强制对中的棱镜组件，它包括预埋件、棱镜杆、高程杆和反射棱镜，整套棱镜组件的安装误差要求小于0.5mm。

CPⅢ控制网测量主要包括CPⅢ点埋设及标志组件要求、构网形式、测量方法和数据处理等内容。

9.4.1　CPⅢ控制点埋设及标志组件要求

1. CPⅢ测量标志组件

CPⅢ测量标志组件包括预埋件、插杆和棱镜。

CPⅢ控制点的预埋件和插杆必须采用工厂精加工元器件（要求采用数控机床），用不易生锈及腐蚀的金属材料制作，有带支架的反射镜、轨道标记销钉、标记点锚固螺栓、栓孔保护销钉（塑料）等。平面和高程控制标志分别为短标、长标，观测时进行平面、高程标互换。

CPⅢ控制网的测量标志必须达到以下要求：具有强制对中、能在其上安置和整平棱镜、可将标志上的高程准确地传递到棱镜中心、能够校准棱镜上的圆水准气泡等功能，而且能够长期保存、不变形、体积小、结构简单、安装方便。

CPⅢ点应设置强制对中标志，标志连接件的加工误差不应大于0.05mm，CPⅢ标志棱镜组件的安装精度应满足表9.15要求。

表 9.15　　　　　　　CPⅢ标志棱镜组件安装精度要求

CPⅢ标志	重复性安装误差/mm	互换性安装误差/mm
X	0.4	0.4
Y	0.4	0.4
H	0.2	0.2

2. CPⅢ控制点布设

CPⅢ控制点一般按60m左右一对布设，且不应大于80m，点位设置高度不应低于轨道面0.3m，且应设置在稳固、可靠、不易破坏和便于测量的地方，并应防冻、防沉降和抗移动，控制点标识要清晰、齐全、便于准确识别和使用。

（1）一般路基地段宜布置在接触网杆基础上，也可设置在专门的混凝土立柱上，如图9.14所示，现场如图9.15所示。

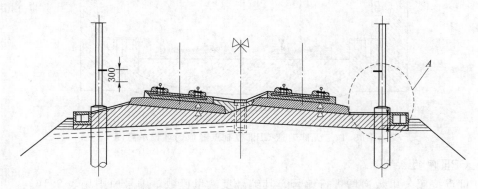

图 9.14　无砟轨道CPⅢ路基地段

（2）桥梁上一般布置在防护墙上，如图 9.16 所示。

（3）隧道里一般布置在电缆槽顶面以上 30～50cm 的边墙内衬上，如图 9.17 所示。

图 9.15　无砟轨道 CPⅢ路基地段埋设现场图

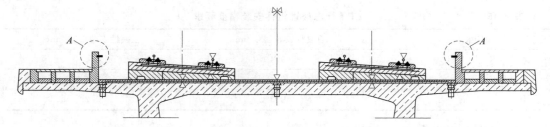

图 9.16　无砟轨道 CPⅢ控制点桥梁上埋设示意图

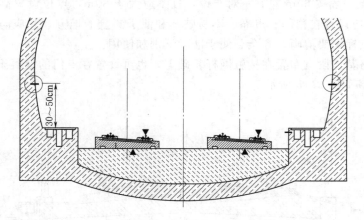

图 9.17　无砟轨道 CPⅢ控制点隧道内埋设示意图

3. CPⅢ网的点编号原则

CPⅢ点按照公里数递增进行编号，其编号反映里程数，编号原则见表 9.16。

CPⅢ点以数字 CPⅢ为数字代码。

所有处于线路里程增大方向轨道左侧的标记点，编号为奇数，处于线路里程增大方向轨道右侧的标记点编号为偶数，在有长短链地段应注意编号不能重复。

表 9.16   **CPⅢ点名编号原则**

点编号	含　义	数字代码	在里程内点的位置
0356301	表示线路里程 DK356 范围内线路里程增大方向左侧的 CPⅢ第 1 号点，"3"代表"CPⅢ"	0356301	（轨道左侧）奇数 1、3、5、7、9、11 等
0356302	表示线路里程 DK356 范围内线路里程增大方向右侧的 CPⅢ第 2 号点，"3"代表"CPⅢ"	0356302	（轨道右侧）偶数 2、4、6、8、10、12 等

9.4.2　CPⅢ平面控制网构网形式

1. CPⅢ平面控制网基本网形

轨道控制网 CPⅢ 的平面控制网宜采用图 9.18 所示的构网形式。平面观测测站间距应为 120m 左右，自由测站到 CPⅢ 点的最远观测距离不应大于 180m，每个 CPⅢ 控制点应有三个方向交会。

当观测条件较差或遇施工干扰或在曲线段时，CPⅢ平面控制网可采用图 9.19 所示的构网形式，CPⅢ 平面控制网可观测测站间距应为 60m 左右采用构网形式，每个 CPⅢ 控制点应有四个方向交会。

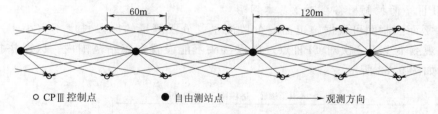

○ CPⅢ控制点　　　● 自由测站点　　　——→ 观测方向

图 9.18　测站间距为 120m 的 CPⅢ 平面网观测网形示意图

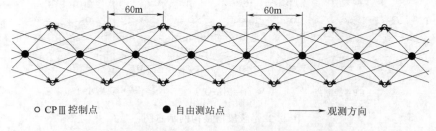

○ CPⅢ控制点　　　● 自由测站点　　　——→ 观测方向

图 9.19　测站间距为 60m 的平面网观测网形示意图

2. CPⅢ平面控制网与 CPⅠ、CPⅡ控制点联测构网图形

CPⅢ平面控制网与上一级 CPⅠ、CPⅡ 控制点联测有两种方式：一是通过自由测站置镜观测 CPⅠ、CPⅡ 控制点，二是采用在 CPⅠ、CPⅡ 控制点置镜观测 CPⅢ 点的方式与 CPⅠ、CPⅡ 控制点进行联测。

当采用在自由测站置镜观测 CPⅠ、CPⅡ 控制点时，应在两个或以上连续的自由测站上观测 CPⅠ、CPⅡ 控制点，其观测图形如图 9.20 所示。

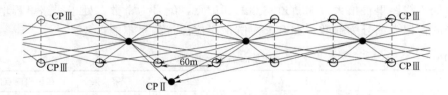

图 9.20　自由测站上联测 CPⅠ、CPⅡ控制点观测网形示意图

当采用在 CPⅠ、CPⅡ控制点置镜观测 CPⅢ点时，应在 CPⅠ、CPⅡ控制点上置镜观测三个以上 CPⅢ控制点，观测网形如图 9.21 所示。

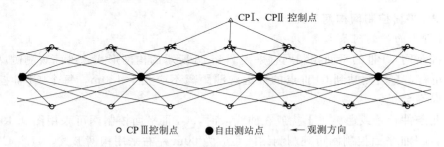

图 9.21　CPⅠ、CPⅡ控制点上置镜观测 CPⅢ点观测网形示意图

3. CPⅢ平面控制网搭接测量基本网形

CPⅢ平面控制网可根据施工需要分段测量，分段测量的区段长度不宜小于 4km，区段间重复观测不少于 6 次对 CPⅢ点，区段接头不能设置在车站范围内。区段搭接测量的基本网形如图 9.22 所示。

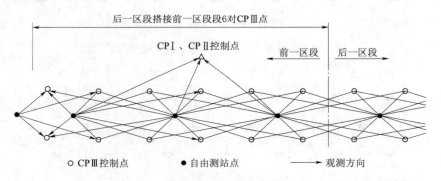

图 9.22　区段搭接构网示意图

区段搭接测量时，应共同搭接测量一个 CPⅡ控制点，区段搭接处的 CPⅡ控制点宜位于搭接区段的中间，且与前后区段自由测站点通视良好，有条件时，可搭接测量区段交界处的两个 CPⅡ控制点。

9.4.3　CPⅢ高程控制网构网形式

CPⅢ高程控制网测量可以采用水准测量和自由测站三角高程测量方式施测，采用水准测量方法时，有矩形环测量路线和中视测量路线，需要与平面网分开单独测量；自由测站三角高程测量可以随 CPⅢ平面控制网一次测量，最大限度节约测量成本提高工效，具有良好的应用前景。

1. 矩形环水准测量

测量时, 左边第一个闭合环的四个高差应该由两个测站完成, 其他闭合环的三个高差可由一个测站按照后-前-前-后或前-后-后-前的顺序进行单程观测, 观测路线示意图如图9.23所示。

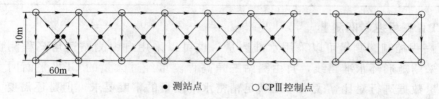

图 9.23 矩形环水准测量路线观测示意图

矩形环水准测量路线形成的闭合图形如图 9.24 所示。

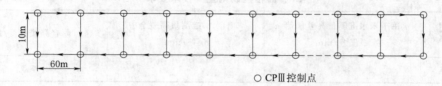

图 9.24 矩形环水准测量路线闭合环图形示意图

由于通过闭合环闭合差可以检核水准观测数据质量, 因此可以采用单程水准测量, 从而减少外业观测工作量。

2. 自由测站三角高程测量

由单个CPⅢ测站、12个测点可计算16段CPⅢ相邻点间的高差, 如图9.25所示。

多个测站所形成的CPⅢ三角高程网如图9.26所示。

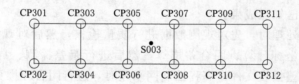

图 9.25 单个测站 CPⅢ 控制网自由测站三角高程网示意图

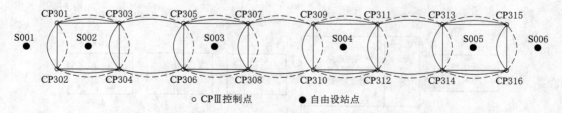

图 9.26 多个测站 CPⅢ 控制网自由测站三角高程网示意图

9.4.4 CPⅢ平面控制网测量

CPⅢ平面控制网测量的主要技术要求见表9.17。

表 9.17　　　　　　　　CPⅢ平面控制网测量的主要技术要求

控制网名称	测量方法	方向观测中误差/(″)	距离观测中误差/mm	相邻点的相对中误差/mm
CPⅢ平面网	自由测站边角交会	±1.8	±1.0	±1.0

9.4.5 CPⅢ高程控制网测量

CPⅢ高程控制网测量可以采用水准测量，也可以采用自由测站三角高程测量，水准测量一般采用矩形环水准路线，自由测站三角高程测量经过大量的 CPⅢ平面网实测数据与水准测量数据进行对比，表明可以满足精密水准测量的精度要求，但是还需要大量的实践去验证，因此该方法还没有普遍推广，CPⅢ高程控制网测量还是以水准测量为主。

CPⅢ高程控制网测量的精度等级为精密水准，主要技术要求见表9.18。

表 9.18　　　　　　　　CPⅢ高程控制网主要技术要求

水准测量等级	每千米水准测量高差偶然中误差/mm	每千米水准测量高差全中误差/mm	附合路线长度/km
精密水准	≤2	≤4	≤3

9.4.6 CPⅢ网数据处理

采用通过铁道部主管部门评审通过的数据处理软件进行 CPⅢ控制网观测数据的平差计算，数据处理软件应具有直接导入观测数据并对数据进行质量检核、粗差探测、平差计算、精度评定、成果输出等功能，能够实现从外业数据采集到内业平差计算一体化的作业模式，尽量减少人工干预，消除人为因素产生的错误，提高测量工效。

1. 数据处理流程

运行 CPⅢ数据处理专用软件，建立平差工程文件，将观测手簿或数据存储卡中的数据导入计算机，导入已知点成果。

平面控制网数据处理时，先对观测数据进行质量检核，然后对观测数据进行预处理，包括长度改化、概略坐标计算、闭合差推算，然后进行粗差探测、自由网平差、约束平差，最后输出各种平差报表文件；高程控制网平差时，进行闭合环推算，然后进行约束平差、输出平差报表。

数据处理流程如图9.27所示。

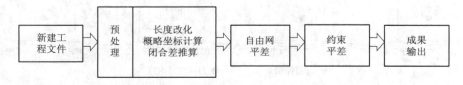

图 9.27　数据处理流程框图

2. 数据取位要求

（1）CPⅢ平面控制网数据取位要求。CPⅢ平面控制网数据处理时，数据取位应遵循表9.19的要求。

表 9.19　　　　　　　　　　CPⅢ平面控制网数据取位要求

控制网名称	水平方向观测值 /(")	水平距离观测值 /(")	方向改正数 /(")	距离改正数 /mm	点位中误差 /mm	点位坐标 /mm
CPⅢ平面网	0.1	0.1	0.01	0.01	0.01	0.1

（2）CPⅢ高程控制网数据取位要求。CPⅢ高程控制网数据处理时，数据取位应遵循表9.20的要求。

表 9.20　　　　　　　　　　CPⅢ高程控制网数据取位要求

控制网名称	往（返）测距离总和/km	往（返）测距离中数/km	各测站高差 /mm	往（返）测高差总和 /km	往（返）测高差中数 /km	高程 /mm
CPⅢ高程网	0.01	0.1	0.01	0.01	0.01	0.1

3. CPⅢ控制网平差后主要精度指标

（1）CPⅢ平面控制网平差主要技术指标。自由网平差后的主要技术要求见表9.21。

表 9.21　　　　　　　　　　CPⅢ平面自由网平差后的主要技术要求

控制网名称	方向改正数/(")	距离改正数/mm
CPⅢ平面网	3	2

CPⅢ平面网约束平差后的精度应满足表9.22的要求。

表 9.22　　　　　　　　　　CPⅢ平面网约束平差后的精度指标

控制网名称	与CPⅠ、CPⅡ联测		与CPⅢ联测		点位中误差 /mm
	方向改正数/(")	距离改正数/mm	方向改正数/(")	距离改正数/mm	
CPⅢ平面网	4.0	4	3.0	2	2

（2）CPⅢ高程控制网平差主要技术指标。CPⅢ水准测量控制网平差后相邻CPⅢ点高差中误差不应大于±0.5mm。

CPⅢ自由设站三角高程网应采用线路水准基点进行固定数据严密平差，平差后的各项精度指标应满足表9.23的要求。

表 9.23　　　　　　　CPⅢ控制网自由测站三角高程网平差后的精度指标

高差改正数 /mm	高差观测值中误差 /mm	高程中误差 /mm	平差后相邻点高差中误差 /mm
≤1	≤0.5	≤2	±0.5

4. 相邻测量区段衔接及坐标换带处数据处理原则

CPⅢ控制网前后两个区段衔接时，区段与区段之间重叠测量不少于 6 对 CPⅢ 点。CPⅢ平面控制网区段衔接时，前后区段独立平差重叠点坐标差值应不大于±3mm，满足该条件后，后一区段 CPⅢ平面控制网应采用本区段联测的 CPⅠ、CPⅡ 控制点及重叠段前一区段连续的 1～3 对 CPⅢ点作为约束点进行平差计算。CPⅢ高程控制网前后两个区段采用水准测量的方法衔接时，前后区段独立平差重叠点高程差值应不大于±3mm，满足条件后采用本区段联测的水准基点及重叠前一区段 1～2 对 CPⅢ点高程成果进行约束平差；CPⅢ高程控制网前后两个区段采用 CPⅢ平面控制网平差自由测站三角高程测量时，重叠点的高程较差应不大于±3mm，满足条件后采用本区段联测的水准基点及重叠前一区段 1 对 CPⅢ点高程成果进行约束平差。

坐标换带处 CPⅢ平面控制网平差时，应分别采用相邻两个投影带的 CPⅠ、CPⅡ 坐标进行约束平差，分别提交相邻投影带两套坐标成果，提供两套坐标的区段长度不应小于 800m。

5. CPⅢ控制网数据处理注意事项

（1）当发现控制网平差不收敛或者闭合差显著超限时，应仔细分析原因，找出有问题的测段或者测站，进行补测，分析错误测站一定要准确，以免造成大量的不必要返工。

（2）控制网数据处理出现严重超限的时候，应先检查已知点数据是否正确，其次检查各个测站观测点编号。

（3）检查错误测站最直接的方法是分段法，先将控制网分成两段分别进行计算，检查错误测站在哪个分段内，然后将有问题的测段再分成两个测段进行检查，最后将问题测站锁定在某一小段测段内，最后将逐站检查测站数据，直至发现错误测站，若错误测站点号错误就对错误点号进行更正，必要时返工重测。

（4）数据处理时，应按照数据处理的流程和步骤逐步进行，当所有精度指标都满足要求时，才能进行约束平差。

（5）CPⅢ控制网数据处理造成超限的原因主要有：点名错误，目标学习错误，对点错误，已知点成果有误，联测的 CPⅠ、CPⅡ 控制兼容性较差，系统误差没有消除，棱镜没有瞄准，水准尺没有安放到位，测站数据质量太差等，以上问题必须在测量过程中得到处理，否则控制网精度很难达到精度要求。

6. 提交成果

CPⅢ控制网数据处理完成后应提交如下成果资料：

（1）CPⅢ控制网测量技术设计书。

（2）外业观测数据文件及记录簿。

（3）测量仪器检定证书文件。

（4）测量平差报告。

（5）CPⅢ平面、高程控制网示意图。

（6）CPⅢ控制点成果表。

（7）技术总结报告。

9.5 轨道施工测量

轨道施工测量主要包括无砟轨道混凝土底座及支承层放样、加密基标测量（CRTS Ⅰ、CRTS Ⅱ型板式无砟轨道）、轨道板铺设和长轨精调等工作内容。

9.5.1 概述

1. 无砟轨道主要轨道结构形式

CRTS Ⅰ型板式无砟轨道技术引进自日本，将预制的轨道板精确铺设到现场浇筑的钢筋混凝土底座上，通过水泥乳化沥青砂浆进行调整的单元板式无砟轨道结构形式，应用于沪宁、哈大城际客运专线等高速铁路。

CRTS Ⅱ型板式无砟轨道技术引进自德国，将预制的轨道板精确铺设到现场浇筑的钢筋混凝土底座上，通过水泥乳化沥青砂浆进行调整的单元板式无砟轨道结构形式，应用于京津城际、京沪、郑武、沪昆等高速铁路。

CRTS Ⅲ型板式无砟轨道具有自主知识产权，将预制的轨道板精确铺设到现场摊铺的混凝土支承层或现场浇筑的钢筋混凝土底座上，通过水泥乳化沥青砂浆进行调整的总体结构方案为带挡肩的新型单元板式无砟轨道结构。该系统吸收了 CRTS Ⅰ、CRTS Ⅱ型板式无砟轨道制造及施工便利的优点，高度重视制造和铺设精度，施工便捷，稳定耐久，维修方便，轨道几何平顺性好，乘坐舒适度好。2009 年首次应用于成都至都江堰城际客运专线，进一步在湖北城际、盘营和沈丹客专推广之后，成为我国高速铁路建设首选的无砟轨道结构形式。

2. 轨道铺设精度

轨道工程施工前应建立轨道控制网 CPⅢ，对线下工程竣工测量成果进行评估，检查线路平、纵断面是否满足轨道铺设条件，必要时应对线路平、纵断面进行调整，满足铺轨要求。

轨道铺设精度应满足表 9.24、表 9.25 中轨道静态平顺度允许偏差的要求。

表 9.24　　　　　　　　　　高速铁路轨道静态平顺度允许偏差

序号	项目	无 砟 轨 道		有 砟 轨 道	
		允许偏差	检测方法	允许偏差	检测方法
1	轨距	±1mm	相对于 1435mm	±1mm	相对于 1435mm
		1/1500	变化率	1/1500	变化率
2	轨向	2mm	弦长 10m	2mm	弦长 10m
		2mm/ 8a（m）	基线长 48a（m）	2mm/5m	基线长 30m
		10/ 240a（m）	基线长 480a（m）	10mm/150m	基线长 300m
3	高低	2mm	弦长 10m	2mm	弦长 10m
		2mm/ 8a（m）	基线长 48a（m）	2mm/5m	基线长 30m
		10/ 240a（m）	基线长 480a（m）	10mm/150m	基线长 300m
4	水平	2mm	—	2mm	—

序号	项目	无砟轨道		有砟轨道	
		允许偏差/mm	检测方法	允许偏差/mm	检测方法
5	扭曲（基长 3m）	2	—	2	—
6	与设计高程偏差	10	—	10	—
7	与设计中线偏差	10	—	10	—

注 1. 表中 a 为轨枕/扣件间距。

　　 2. 站台处的轨面高程不应低于设计值。

表 9.25 　　　　　　　高速铁路道岔（直向）静态平顺度允许偏差

项目	高低	轨向	水平	扭曲（基长 3m）	轨距	变化率
幅值/mm	2	2	2	2	±1	1/1500
弦长/mm		10			—	

9.5.2　无砟轨道混凝土底座及支承层放样

1. 测量设备

测量设备的组成见表 9.26。

表 9.26 　　　　　　　　　　测量设备组成

序号	设备名称	主要技术参数	数量
1	全站仪	测距精度≤2mm＋2ppm，测角精度≤1″，具有自动搜索目标，自动照准目标，自动跟踪目标功能，如：索佳 NET05、NET01，徕卡 TCA1800、TCA2003、TRIMBLES6 等	1 台
2	底座混凝土钢模适配器		4 个
3	气象传感器	温度量程/精度：－55～＋125℃/±0.1℃湿度量程/精度：10%～100%/3%气压量程/精度：300～1100HPa/±1.5HPa	1 只
4	无线数据显示器		4 只
5	外接电源	8Ah/12V	1 个
6	棱镜	确保棱镜的各向异性差别≤±0.3mm 和加常数的一致性	4 个

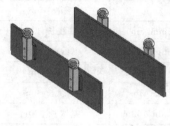

图 9.28　底座混凝土钢模适配器

底座混凝土钢模适配器用于将测量目标球棱镜固定在底座混凝土钢模板上，其外形结构和安装位置如图 9.28 所示。钢模适配器内部安装了磁钢，可以稳定地吸附在边模的安装板上。

2. 作业流程

（1）架站位置要有足够的视野，能够通视本站点规定线路两侧的 3～4 对 CPⅢ控制点，以及本站要进行轨道板底座混凝土放样作业的全部观测位置,并且位于线路中线附近。

(2) 对线路两侧指定的 3~4 对 CPⅢ 点进行后视观测,进行自由设站操作,自由设站点精度要求见表 9.27。

表 9.27　　　　自由设站点精度要求

轴线方向	允许误差
X	≤2mm
Y	≤2mm
H	≤2mm
定向精度	≤3″

(3) 预先在全站仪上的轨道板底座混凝土钢模放样软件中输入待测线路的线路设计平面参数、纵坡参数以及超高参数或者通过施工布板软件计算的放样数据。

(4) 将 4 个适配器及球型棱镜安放到待放样钢模的规定位置。

(5) 启动全站仪上的轨道板底座混凝土钢模放样软件,人工将全站仪瞄准待测底座混凝土钢模的 1 号棱镜,完成 1 号棱镜坐标的测量。然后全站仪将自动照准底座混凝土钢模上其余 3 个棱镜的位置,自动完成这 3 个棱镜坐标的测量。

(6) 全站仪上放样软件将根据线路设计参数和线路偏移计算模型,计算得到这 4 个棱镜位置的理论坐标。再由这 4 个棱镜位置实测坐标和理论坐标,计算出这 4 个棱镜位置的轨道横向、高程方向的调整量数据。

(7) 全站仪上放样软件通过无线数传电台将调整量数据分别发送到标架对应位置的 4 个无线数据显示器上,施工人员根据调整量数据进行钢模板调整操作,直到钢模板的横向偏差和高程偏差满足相应规范要求为止。

(8) 本轮 8 对底座混凝土钢模都已经调整到位后,测站点搬到下一站,应该对上一站的最后 1~2 对底座混凝土钢模的放样结果进行复测,以作检核。

3. 底座及支承层复测

为保证底座与轨道板之间的水泥乳化沥青砂浆层的厚度满足设计规范要求,在轨道板粗铺前必须对底座板及支承层进行外形尺寸的复测。

9.5.3 轨道板精调

1. 轨道板铺设工艺流程

轨道板铺设工艺流程如图 9.29 所示。

2. 轨道板粗铺

轨道板粗铺前应复测底座高程,符合设计要求后方可进行轨道板粗铺工作。

轨道板粗铺应根据设计资料,采用 CRTSⅢ型板布板软件计算每块板的坐标位置及高程。轨道板粗铺的平面定位允许偏差:纵向不应大于 10mm,横向不应大于 5mm。

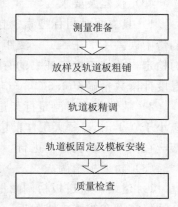

图 9.29　轨道板铺设工艺流程

在铺板前按要求应该用全站仪进行放样轨道板粗铺线并弹出墨线,但为满足现场施工进度要求,粗铺点由技术人员根据底座板与轨道板间的几何关系用钢尺引测于土工布上,并弹出墨线,铺板以此线为准。

铺设时需要特别注意轨道板放置方向，如图 9.30 所示，在 32m 简支梁端特别注意 P4925 型轨道板的方向，P4925 型轨道板第一个承轨台距离板端 245mm（另一侧为 270mm）的应靠近梁缝位置。

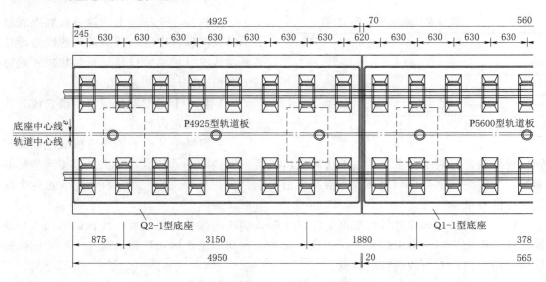

图 9.30　轨道板粗铺示意图（单位：mm）

3. 轨道板精调

（1）精调数据计算。根据设计资料编辑好线路平面数据、坡度数据、断链数据，利用 CRTSⅢ型板布板软件计算轨道板精调数据。

（2）仪器及要求。

1）具有自动目标搜索、自动照准、自动观测、自动记录功能，其精度应满足：方向测量中误差不大于 $\pm1''$，测距中误差不大于 $\pm1mm+2ppm$；全站仪须经过专门检定机构的检定，并处于检定证书的有效期内，在进行轨道板精调测量前，应进行气压温度改正，温度计读数精确至 $0.5℃$，气压计读数精确至 $0.5hPa$。

2）精调前应对测量标架进行检校。标准标架每天检校一次，在轨道板场校验，误差应小于 0.1mm；每天工作前应用检测合格的标准标架对其他测量标架进行校验，校验标架应在同一对承轨台上进行。

（3）轨道板精调。

1）建站。轨道板精调测量采用全站仪自由设站，每站精调工作范围宜在 30m 以内，全站仪宜设在线路中线附近，位于所观测的 CPⅢ控制点的中间，仪器架设高度不宜大于 100cm，更换测站时，相邻测站重叠观测的 CPⅢ控制点不应少于 2 对。

全站仪利用 8 个 CPⅢ点进行自由建站，全站仪的定向在利用基准点作为定向点观测后，还必须参考前一块已铺设好的轨道板上的最后一个支点，以消除搭接误差。

2）安置精调系统。CRTSⅢ型板精调系统在精调时需要使用 6 个标架，放置在当前调整的轨道板的正数第二排承轨台和倒数第二排承轨台上。进行搭接时，搭接标架放置在搭接板临近当前精调板的第二排承轨台上，如图 9.31 所示。

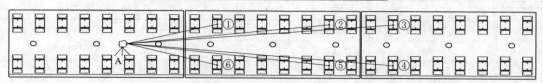

图 9.31 轨道板精调示意图

A—全站仪；①～⑥—标识

3）轨道板精调。调板分两次进行。

第一次为粗调，看轨道板状态是否正常，发现问题及时调整，调板精度为横向高程 2mm 内，结束粗调，支模板并加固等待精调。

第二次为轨道板精调，要求横向及高程满足表 9.26 轨道板精调控制允许偏差的相关指标。

轨道板精调原则为先平面后高程，偏差先大后小，循序渐进，边调边测，直到调到允许范围内；调板过程中当所有数据偏差相近时，四个精调位置就可以同时调整。

横向、高程偏差值满足表 9.28 要求时，轨道板精调完成，保存成果，转入下一轨道板的精调，重复以上工作。

表 9.28　　　　　　　　　　　　　　轨道板精调控制允许偏差

序号	项　　　目	允许偏差/mm	
1	中线位置	0.5	
2	测点处承轨面高程	±0.5	
3	相邻轨道板接缝处承轨面相对横向偏差	±0.5	不允许连续 3 块以上轨道板出现同向偏差
4	相邻轨道板接缝处承轨面相对高差	±0.5	
5	纵向位置曲线地段	2	
6	纵向位置直线地段	5	

注　1. 序号3，面向里程增加方向，相邻轨道板接缝处承轨面相对横向偏差，偏向左侧的横向偏差为正（＋）、偏向右侧的横向偏差为负（一）。

　　2. 序号4，面向里程增加方向，相邻轨道板接缝处承轨面相对高差，前块轨道板承轨面高程减后块轨道板承轨面高程，按计算结果标记正负高差。

4. 轨道板复测

自密实混凝土层灌注后，应及时复测轨道板平面位置及高程，允许偏差应符合表 9.29 的规定。

表 9.29　　　　　　　　自密实混凝土灌注后轨道板位置允许偏差

序号	项　　　目	允许偏差/mm
1	中线位置	2
2	测点处承轨面高程	±2

序号	项　　　目		允许偏差/mm
3	相邻轨道板接缝处承轨面相对横向偏差	±1	不允许连续 3 块以上轨道板
4	相邻轨道板接缝处承轨面相对高差	±1	出现同向偏差
5	纵向位置曲线地段		5
6	纵向位置直线地段		10

复测流程及方法如下：

全站仪在进行自由设站时，设站精度应满足要求。

具体复测方式分为两种，一种是单块板复测方式；另一种是"U"字形复测单块板复测方式。第一种方式是分别在轨道板第二块和倒数第二块放置标架进行复测，第二种方式是使用标准标架对轨道板上的 4 个支撑点进行数据采集，具体采集方法为一站测量大约 6～7 块板（40m 左右为宜），将每一测站的板看作一个整体，先用标准标架的触及端密贴轨道板锚栓孔由远及近或者由近及远单边方法测量，然后再用标准标架的触及端密贴轨道板的锚栓孔由近及远或者由远及近另一边方法测量，路线为"U"字形。不管使用哪种方式，换站测量的时候要搭接上一测站的 1～2 块板，以减少测站间的误差（在换站的时候最好测量搭接区轨道板坐标和上一站所测坐标进行比较，如相差较大则检查测站精度，进行重新设站）。

9.5.4　长钢轨精调

高速铁路轨道精调是在高速铁路联调联试之前根据轨道静态测量数据对轨道进行全面、系统地调整，将轨道几何尺寸调整到允许范围内，进一步对轨道线型进行优化整合，合理控制轨距、水平、轨向、高低等变化率，使轨道静态精度满足高速行车条件。

1. 轨道数据测量

轨道数据测量是无砟轨道调整的关键一步，其数据采集的精度与可靠性直接关系到调整量的大小和调整是否到位，是否满足轨道的高平顺性要求。

（1）如图 9.32 所示，对使用的轨道几何状态测量仪和全站仪进行常规鉴定校核，需满足要求后方能使用。

（2）对每台轨道几何状态测量仪合理的分配任务，每台设备应尽量连续测量某一股轨道，避免在某一区段采用不同的设备进行测量，因为每台设备的系统误差是不相同的，递加越频繁，越易造成轨向和高低的不平顺。

图 9.32　高精度全站仪和轨道几何状态测量仪

（3）在进行静态数据采集时，每站距离不宜大于 65m。对轨道进行逐根轨枕连续测量、分次测量时，两次测量搭接长度不少于 20 根轨枕；20 根轨枕基本达到 13m 长度，便于轨道短波的计算与保持一致性，这样轨道的轨向、高低衔接会更好。

（4）测量过程中，每次设站精度要达到 0.7mm 以内，最大不能大于 1mm，否则应检查 CPⅢ 点的相对点位精度。搭接的 20 根轨枕两站测的数值相比不能大于 2mm，包括高程、平面、超高、轨距等，否则重新设站。此项工作作为静态精调计算正确的保障，只有采集的数据真实地反映出轨道实际的几何尺寸状况，才能根据数据作出正确的判断，否则就会越调越不理想。

（5）在采集过程中，不能盲目地追求进度，必须以精度为前提，当现场条件不满足采集时应停止测量，不在雨天或太阳光较强时间段等情况下采集，尽量在阴天采集。

（6）设站采集后，隔段时间或本测站数据采集完成后，应对初始观测点进行校核，便于发现在采集过程中仪器是否发生变化，以确定本站数据采集是否有效，否则应重新采集。

（7）现场采集数据时，如进行第二次采集或搭接测量时要使两次轨道几何状态测量仪的传感器对准同一个位置；否则如果坡度较大，两次数据会产生很大误差。

2. 静态数据分析

静态数据分析是对采集的轨道静态几何状态数据进行分析、模拟适算，以达到轨道的高平顺性和高舒适性要求，同时兼顾一定的经济性。

（1）静态数据分析基本原则。调整计算的基本原则："先轨向，后轨距""先高低，后水平""先整体，后局部"。即在进行平面调整时，先调整平面基准轨的轨向，然后通过轨距来调整非基准轨的轨向，同时保证轨距满足要求。在进行高程调整时，先调整高程基准轨的高低，然后通过水平来调整非基准轨的高低，同时保证超高满足要求。在进行一段数据的分析时应先将此段轨道整体变化进行分析，确定大体调整方案后进行短波不平顺的调整。静态数据分析一般采用软件模拟计算，如图 9.33 所示。

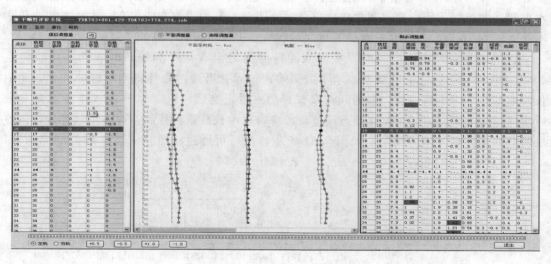

图 9.33　静态数据模拟适算

（2）轨向调整。应先根据输入参数确定的导向轨是否一致，确定一股钢轨作为基准股（曲线地段选择高股，直线地段选择与前方曲线高股同侧钢轨），对基准股钢轨方向进行精确调整。

在计算时从两个方面控制基准轨的轨向调整，即平面位置、轨向短波。在计算完成后，轨向的标准要达到短波 2mm/30m 合格率 100％，1mm/30m 合格率不小于 96％；长波 10mm/300m 合格率 100％；线型平顺，无突变，无周期性小幅振荡，这样才能满足要求，进行下步的轨距调整。

（3）轨距调整。固定基准股钢轨，调整另一股钢轨，轨距精度控制：±2mm 合格率 100％，±1mm 合格率不小于 96％，轨距变化率不大于 1.5‰；该股钢轨方向线型应平顺，无突变，无周期性小幅振荡。通过本次轨检数据看，按照轨距±2mm 的标准控制轨距有点偏大，应按照±1mm 控制轨距，这也是本次轨检后轨距不合格率偏高的主要原因。除横向方向调整了轨距以外，还应纵向方向看轨距的变化率满足要求，同时 5m 间距的两根轨枕轨距相对差值也必须在 1mm 以内，最大不得超过 1.5mm。

（4）高低调整。应先选定一股钢轨为基准股（曲线地段选择低股，直线地段选择与前方曲线低股同侧钢轨），对基准股钢轨高低进行精确调整，在计算时也从两个方面控制基准轨的高低调整，一是从高程的数据考虑 2mm/5m，二是从高低短波考虑 2mm/5m，在高低短波计算时不能只从单点考虑 2mm 是否满足要求，还应考虑相对差值必须在 2mm 以内，要不然会被计算软件形成一个误区。在计算时还应考虑三角坑的高低，应从第一根轨枕数据往下计算与第五根轨枕的数据，要同时满足要求，综合考虑，才能保证高低的平顺性。短波（30m）2mm 合格率 100％，1mm 合格率不小于 96％；长波（300m）10mm 合格率 100％；线型平顺，无突变，无周期性小幅振荡。

（5）水平调整。固定基准股钢轨，调整另一股钢轨高低，校核水平精度，1mm 合格率 100％；水平变化率，相邻两根轨枕不大于 1mm，间隔五根轨枕不大于 2mm；该股钢轨高低线型应平顺，无突变，无周期性小幅振荡。经过对轨道车检测结果的分析看，在数据处理过程中，1mm 合格率对动态检测的影响很大。而三角坑的出现位置附近都伴随着水平超高的超限，所以静态调整精度应该对轨距和水平的要求有所提高，主要控制变化率不能大于 0.7mm，合格率不能小于 90％。

利用数据分析软件虽然可以提高效率，但同时也有一个弊端，即软件上反映的是 30m 弦和 300m 弦，300m 弦基本上不需调整，30m 弦可通过软件得到很好的优化，而中长波则基本上得不到控制，根据联调联试经验来看，高低、轨向 50～70m 中长波是导致后期晃车的主要原因，因此在静态调整阶段急需对中长波进行控制，可在用软件进行调整之前对数据进行大体的控制，如图 9.34 所示，然后再通过轨道精调软件进行细部调节，

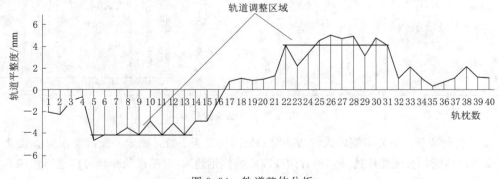

图 9.34　轨道整体分析

从而得到较为理想的轨道线型。

数据模拟适算完成后形成轨道调整量，现场轨道调整即按调整量进行扣件的更换。

3. 轨道调整后的复测

静态调整第一次完成以后，应对调整量比较大和连续调整地段进行复核测量，其目的是：①防止换错、换反现象的发生；②可以对比模拟计算量与实际变化量，为后续模拟计算提供依据；③可以作为动态调整的基础数据。

小　　结

本章详细介绍了高速铁路施工测量工作，内容包括精密控制网复测、线下工程结构物变形监测、轨道控制网测量及无砟轨道施工测量等工作。

思　考　题

1. 简述高速铁路施工测量工作内容及流程。
2. 高速铁路施工复测内容有哪些？
3. 高速铁路线下需要对哪些工程结构进行监测？
4. 什么是CPⅢ控制网？其平面网与高程网主要网形各有哪些？
5. 高速铁路轨道施工测量主要包括哪些内容？

第 10 章　建筑物变形观测

本章主要介绍建筑物变形观测的基本工作内容，重点介绍编写变形监测技术设计书；变形控制网的建立；变形测量方法，包括垂直位移的监测、水平位移的监测、裂缝的观测、倾斜观测、观测资料的整理及资料编制。

10.1　变形监测控制网的建立

10.1.1　概述

改革开放以来，我国建设了大型的水利工程设施、工业与交通设施及高大建筑物。在这些设施的使用与运营过程中都会产生变形，如建筑物基础下沉、倾斜，建筑物墙体及其构件挠曲。变形或多或少都是存在的，但变形超过一定的限度就危害到人们的生命和财产安全。因此，了解变形，研究其产生的根源、特征及其随空间与时间的变化规律，及时预测、预报，避免或尽可能减小损失，是变形观测的主要任务。

建筑物产生变形的原因较多，一般来说，建筑物变形主要由两个方面原因引起：一是自然条件及其变化，即建筑物地基的工程地质、水文地质、土壤的物理性质、大气温度等，如地下水的升降、地下开采及地震等；二是与建筑物自身相关联的，即建筑物本身的荷重、建筑物的结构形式及力荷载的作用，如风力和机械振动等的影响。

既然变形超过一定限度会产生危害，那么就必须通过变形观测的手段了解其变形。在变形影响范围外设置稳定的测量基准点，在变形体上设置被观测的测量标志（变形观测点），从基准点出发，定期地测量观测点相对于基准点的变化量，从历次观测结果比较中了解变形随时间的发展情况，这个过程就称为变形观测。

变形观测按时间特性可分为静态式、运动式和动态式。根据变形观测的工作内容划分的变形观测工作由三部分组成：

（1）根据不同观测对象、目的设置基准点及观测点。

（2）进行多周期的重复观测。

（3）进行数据整理与统计分析。

不同观测对象变形观测的目的和内容也不同，虽然工程建筑物的变形观测在我国还是一门比较年轻的科学，但也积累了许多成功的经验并研究出了实用的理论，这些经验和理论在国民经济建设中起到愈来愈重要的作用。

10.1.2　编写变形监测技术设计书

1. 技术设计书内容

测量技术设计书是整个测量作业的技术依据。要根据项目性质与环境条件，在收集资料、分析工程布局状况和查勘现场的基础上，进行变形监测技术设计书编制。

收集资料包括：相关水文地质资料、岩土工程资料、设计图纸及已有测量成果资料。

分析工程布局状况内容包括：岩土工程地质条件、工程类型、工程规模、基础埋深、建筑结构和施工方法等。

变形监测技术设计书的内容一般包括：概述项目的来源、变形观测的范围、内容、目的、任务量与完成时间等；作业依据和精度等级要求；已有资料分析和利用情况，坐标系统和高程系统；监测方案，仪器设备配置，基准网和工作基点网的精度估算和布设与观测方法及复测要求，监测点的布设与观测方法，观测周期，项目预警值、数据处理与变形分析要求，质量保证措施、上交成果内容和要求及费用计算等。

2. 监测精度估算

（1）根据表 10.1 确定最终变形与沉降量观测中误差。

表 10.1　　　　　　　　最终变形与沉降量的观测中误差的要求

序号	监测项目	观测中误差的要求
1	绝对沉降（如沉降量、平均沉降量等）	对于一般精度要求的工程，可按低、中、高压缩性地基土的类别，分别为±0.5mm、±1.0mm、±2.5mm
2	（1）相对沉降（如沉降差、地基倾斜、局部倾斜部等）； （2）局部地基沉降（如基坑回弹，地基土分层沉降），以有膨胀土地基变形	不应超过其变形允许值的 1/20
3	建筑物整体性变形（如工程设施的整体垂直挠曲等）	不应超过允许垂直偏差的 1/10
4	结构段变形（如平置构件挠度等）	不应超过允许值的 1/6
5	科研项目变形量的观测	可视所需提高观测精度的程度，将上列各项观测中误差乘以 1/5～1/2 系数后采用

（2）以最终沉降量观测中误差估算单位权中误差 μ，估算公式为

$$\mu = \frac{m_s}{\sqrt{2Q_H}} \tag{10.1}$$

$$\mu = \frac{m_{\Delta s}}{\sqrt{2Q_h}} \tag{10.2}$$

式中　m_s——沉降量 s 的观测中误差，mm；

$m_{\Delta s}$——沉降差 Δs 的观测中误差，mm；

Q_H——网中最弱观测点高程（H）的权倒数；

Q_h——网中待求观测点间高差（h）的权倒数。

3. 观测等级的确定

依据估算精度，按表 10.2 选择相应的监测等级。监测目标少时，可将监测基准点与监测点布设在同一网中，当工程规模大、监测对象复杂时，按监测基准网、监测网分级布设，一般监测基准网比监测网高一个等级。

表 10.2   变形监测等级划分及精度要求

等级	垂直位移监测		水平位移监测	适 用 范 围
	变形观测点的高程中误差/mm	相邻变形观测点的高差中误差/mm	变形观测点的点位中误差/mm	
一等	0.3	0.1	1.5	变形特别敏感的高层建筑、高耸构筑物、工业建筑、重要古建筑、大型坝体、精密工程设施、特大型桥梁、大型直立岩体、大型坝区地壳变形监测等
二等	0.5	0.3	3.0	变形比较敏感的高层建筑、高耸构筑物、工业建筑、古建筑、大中型坝体、特大型和大型桥梁、直立岩体、高边坡、重要工程设施、重大地下工程、危害性较大的滑坡监测等
三等	1.0	0.5	6.0	一般性的高层建筑、多层建筑、工业建筑、高耸构筑物、直立岩体、高边坡、深基坑、工程设施、一般地下工程、危害性一般的滑坡监测、大型桥梁等
四等	2.0	1.0	12.0	观测精度要求较低的建（构）筑物、普通滑坡监测、中小型桥梁等

上表中变形观测点的高程中误差和点位中误差是指相对于邻近基准点的中误差。特定方向的位移中误差，可取表中相应等级点位中误差的 $1/\sqrt{2}$。垂直位移观测可根据需要按变形观测点的高程中误差或相信变形观测点的高差中误差，确定监测精度等级。

10.1.3　变形监测控制网的测设

变形监测控制网分垂直位移监测基准网和水平位移监测基准网。基准网由基准点和工作基点构成。基准点要布设在变形影响范围外稳固可靠的地方，工作基点布设在基础相对稳定和方便使用的位置。在监测基准网的基础上，基准点、工作基点和监测点构成监测网。

10.1.3.1　垂直位移监测基准网的布设与观测

1. 基本要求

布设成环形网并采用水准测量方法观测。按测量精度一般分为一等、二等、三等、四等，也有规范分为特级、一级、二级、三级。其基点埋设、观测要求按规范执行。详见 10.2 垂直位移观测。按现行的《工程测量规范》（GB 50026—2020）规定，各项主要技术要求见表 10.3。

表 10.3　　　　　　　　　垂直位移监测基准网的主要技术要求　　　　　　单位：mm

等级	相邻基准点 高差中误差	每站高差 中误差	往返较差或 环线闭合差	检测已测 高差较差
一等	0.3	0.07	$0.10\sqrt{n}$	$0.2\sqrt{n}$
二等	0.5	0.10	$0.30\sqrt{n}$	$0.4\sqrt{n}$
三等	1.0	0.30	$0.60\sqrt{n}$	$0.8\sqrt{n}$
四等	2.0	0.70	$1.40\sqrt{n}$	$2.0\sqrt{n}$

注　n 为测站数。

2. 高程控制的网点布设要求

（1）对于建筑物较少的测区，宜将控制点连同观测点按单一层次布设；对于建筑物较多且分散的大测区，宜按两个层次布网，即由控制点组成基准网、观测点与所联测的控制点组成监测网。

（2）控制网应布设为闭合环、节点网或附合高程路线，监测网亦应布设为闭合或附合高程路线。

（3）每测区的水准基准点不应少于 3 个，对于小测区当确认点位稳定可靠时水准基点可少于 3 个，但连同工作基点不得少于 3 个。水准基点的标石，应埋设在基岩层或原状土层中。在建筑区内，点位与邻近建筑物的距离应大于建筑物基础较大宽度的 1 倍，其标石埋深应大于邻近建筑物基础的深度。在建筑物内部的点位，其标石埋深应大于地基土压缩层的深度。

（4）工作基点与联系点布设的位置应视构网需要确定。作为工作基点的水准点位置与邻近建筑物的距离不得小于建筑物基础深度的 1.5～2.0 倍，工作基点与联系点也可在稳定的永久性建筑物墙体或基础上设置。

（5）各类水准点应避开交通干道、地下管线、仓库堆栈、水源地、河岸、松软填土、滑坡地段、机器振动区，以及其他能使标石、标志易遭腐蚀和破坏的地点。

3. 基点的标志与埋设

垂直位移包括地面垂直位移和建筑物垂直位移。

地面垂直位移指地面沉降或上升，其原因除了地壳本身的运动外，主要是人为因素。建筑物垂直位移观测是测定基础和建筑物本身在垂直方向上的位移。为了测定地面和建筑物的垂直位移，需要在远离变形区的稳定地点设置水准基点，并以它为依据来测定设置在变形区的观测点的垂直位移。

为了检查水准基点本身的高程是否有变动，可将其成组地埋设。通常每组三个点，并形成一个边长约 100m 的等边三角形，如图 10.1 所示，在三角形的中心与三点等距的地方设置固定测站，由此测站上可以经常观测三点间的高差，这样就可以判断出水准基点的高程有无变动。

水准基点是沉陷观测的基准点，它的构造与埋设必须保证稳定不变和长久保存，水准基点应尽可能埋设在基岩上，如地

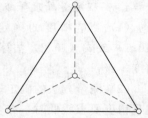

图 10.1　判断水准基点高

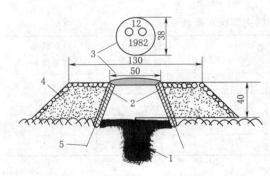

图 10.2　地表岩石标志（单位：cm）

1—抗蚀金属制造的标志；2—钢筋混凝土井圈；

3—井盖；4—土丘；5—井圈保护层

面的覆盖层很浅，则水准基点可采用如图 10.2 所示的地表岩石标志类型。在覆盖层较厚的平坦地区，采用钻孔穿过上层和风化岩层达到基岩埋设钢管标志。这种钢管式基岩标志如图 10.3 所示，对于冲积层地区，覆盖层深达几百米，这时钢管内部不允许填水泥砂浆，为防止钢管弯曲，可用钢丝索（即钢管内穿入钢丝束）下端固定住钢管底部地面，用平衡锤平衡，使钢丝索处于伸张状态，使钢管处于钢管底部的基岩上。上端高出为避免钢管受土层的影响，外面套以比钢管直径稍大的保护管。在城市建筑区，亦可利用稳固的永久建筑物设置墙脚水准标志，如图 10.4 所示。

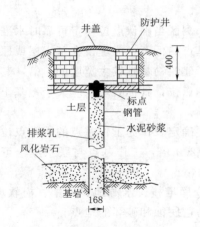

图 10.3　钢管式基岩标志

（单位：cm）

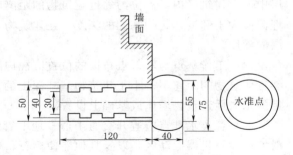

图 10.4　墙脚水准标志（单位：cm）

　　水准基点可根据观测对象的特点和地层结构从上述类型中选取。但为了保证基准点本身的稳定可靠，应尽量使标志的底部坐落在岩石上，因为埋设在土中的标志受土壤膨胀和收缩的影响不易稳定。

　　4. 高程测量精度等级和方法的确定

　　(1) 测量精度的确定。先根据表 10.1 确定最终沉降量观测中误差。再根据式 (10.1) 或式 (10.2) 估算单位权中误差 μ，最后根据 μ 与表 10.1 的规定选择高程测量的精度等级。

　　(2) 测量方法的确定。高程控制测量宜采用几何水准测量方法，当测量点间的高差较大且精度要求较低时，亦可采用短视线光电测距三角高程测量方法。

　　5. 几何水准测量的要求

　　几何水准测量的仪器精度要求、技术指标、限差要求分别见表 10.4～表 10.6。

表 10.4 仪器精度要求和观测方法

变形测量等级	仪器型号	水准尺	观测方法	仪器 i 角要求
特级	DSZ05 或 DS05	铟瓦合金标尺	光学测微法	≤10″
一级	DSZ05 或 DS05	铟瓦合金标尺	光学测微法	≤10″
二级	DS05 或 DS1	铟瓦合金标尺	光学测微法	≤10″
三级	DS1 DS1	铟瓦合金标尺 木质标尺	光学测微法 中丝读数法	≤20″

注 光学测微法和中丝读数法的每测站观测顺序和方法应按现行国家水准测量规范的有关规定执行。

表 10.5 水准观测的技术指标 单位：m

等级	视线长度	前后视距差	前后视距累积差	视线高度
特级	≤10	≤0.3	≤0.5	≥0.5
一级	≤30	≤0.7	≤1.0	≥0.3
二级	≤50	≤2.0	≤3.0	≥0.2
三级	≤75	≤5.0	≤8.0	三丝能读数

表 10.6 水准观测的限差要求 单位：mm

等级		基辅分划（黑红面）读数之差	基辅分划（黑红面）所测高差之差	往返较差及附合或环线闭合差	单程双测站所测高差较差	检测已测测段高差之差
特级		0.10	0.2	≤$0.1\sqrt{n}$	≤$0.07\sqrt{n}$	≤$0.10\sqrt{n}$
一级		0.3	0.5	≤$0.3\sqrt{n}$	≤$0.2\sqrt{n}$	≤$0.45\sqrt{n}$
二级		0.5	0.7	≤$1.0\sqrt{n}$	≤$0.7\sqrt{n}$	≤$1.5\sqrt{n}$
三级	光学测微法	1.0	1.5	≤$0.1\sqrt{n}$	≤$0.1\sqrt{n}$	≤$4.5\sqrt{n}$
	中丝读数法	2.0	3.0			

注 n 为测站数。

6. 基准点观测方法

现以大坝变形观测为例，介绍沉降观测分级观测的具体实施过程，首先介绍基准点观测。

（1）观测内容。采用精密几何水准测量方法测量水准基点与工作基点之间的高差，水准路线宜构成闭合形式。

（2）观测方法。采用国家一等、二等水准测量方法，或参考有关规范，变形测量等级取"特级"或"一级"。

（3）精度要求。精度要求为每公里水准测量高差中数的中误差不大于 0.5mm，即

$$m_0 = \mu km = \sqrt{\frac{[p \cdot dd]}{4n}} \leq 0.5\text{mm} \tag{10.3}$$

$$p_i = \frac{1}{R_i} \tag{10.4}$$

式中 d_i——各测段往返测高差之差值；

n——测段数；

p_i——各测段的权值；

R_i——各测段水准路线长度，km。

（4）质量保证与控制措施。

1）观测前，仪器、标尺应晾置 30min 以上，以使其与作业环境相适应。

2）各期观测应固定仪器、标尺和固定观测人员。

3）各期观测应固定仪器位置，即安置水准仪时要对中。

4）读数基辅差误差 $\Delta K \leqslant 0.10mm$（特级），或 $\Delta K \leqslant 0.30mm$（一级）。

7. 水平位移监测基准网的布设与观测

水平位移监测基准网可采用 GPS 网、三角网、导线网和视准轴线形式。当采用视准轴线形式时，在轴线上或轴线两端要设立校核点。

水平位移监测基准网，宜采用独立坐标系并与国家坐标系联测，狭长形建筑物的主轴线或平行线应纳入网内，如大坝的轴线，根据工程设计坐标，在坝轴延长线上，选择稳定可靠的点位，建立基准网点。

基准网的等级按测量精度一般分为一等、二等、三等、四等，也有规范分为特级、一级、二级、三级。其基点埋设要埋设混凝土观测墩并安置强制对中装置，以保证较高的测量精度。或埋设倒垂线装置，用来测定建筑物的绝对位移。

强制对中装置，可直接埋设有连接螺丝的对中杆，或强制对中盘，前者是将仪器直接旋转安在杆上，仪器或照准标志安上后会发生晃动，一般用于短期观测项目；后者是通过连接螺丝，将仪器基座与对中装置进行连接，安置后仪器或照准标志稳定可靠。

按现行的《工程测量规范》（GB 50026—2020）规定，各项主要技术要求见表 10.7。

表 10.7　　　　　　　　　　水平位移监测基准网的主要技术要求

等级	相邻基准点点位中误差/mm	平均边长/m	测角中误差/(″)	测距仪器精度等级
一等	1.5	≤300	0.7	1mm 级仪器
		≤200	1.0	
二等	3.0	≤400	1.0	2mm 级仪器
		≤200	1.8	
三等	6.0	≤450	1.8	5mm 级仪器
		≤350	2.5	
四等	12.0	≤600	2.5	10mm 级仪器

注　GPS 水平位移监测基准网，没有测角中误差的限制。

监测基准网的水平角观测一般用全圆方向观测法。观测的测站限差等技术要求，根据不同的等级，按规范规定的执行。

10.1.3.2　基准网的复测与平差计算

首次观测，要在较短的时间内连续观测 2 次，较差符合要求时，取平均值作为首次观测值。基准点观测的周期一般为 1 年或半年，即 1 年观测 1 次或 1 年观测 2 次。每期观测要采用相同的网形和观测方法。在短时间内完成，所用仪器要检定合格。平差计算要用相同的基准、方法。

10.2 垂 直 位 移 观 测

10.2.1 沉降观测概述

1. 沉降观测的目的

监测建筑物在垂直方向上的位移（沉降）的目的是确保建筑物及其周围环境的安全。建筑物沉降观测应测定建筑物地基的沉降量、沉降差及沉降速度，并计算基础倾斜、局部倾斜、相对弯曲及构件倾斜。

2. 沉降产生的主要原因

（1）自然条件及其变化，即建筑物地基的工程地质、水文地质、大气温度、土壤的物理性质等。

（2）与建筑物本量相联系的原因，即建筑物本身的荷重、建筑物的结构形式及动载荷（如风力、震动等）的作用。

3. 沉降观测的原理

定期地测量观测点相对于稳定的水准点的高差以计算观测点的高程，并将不同时间所得同一观测点的高程加以比较，从而得出观测点在该时间段内的沉降量。

$$\Delta H = H_i^{j+1} - H_i^j \qquad (10.5)$$

式中　i——观测点点号；

　　　j——观测期数。

10.2.2 沉降观测点的布置

沉降观测点应布设在最有代表性的地方，对于建筑物沉降观测点的布设，要考虑建筑物基础的地质条件、建筑结构、内部应力的分布情况，还要考虑便于观测等情况，埋设时注意观测点与建筑物的联结要牢靠，使得观测点的变化能真正反映建筑物的沉降情况。

观测点位宜选设在下列位置：

（1）建筑物的四角、大转角处及沿外墙 1~10m 处或每隔 2~3 根柱基上。

（2）高低层建筑物、新旧建筑物、纵横墙等交接处的两侧。

（3）建筑物裂缝和沉降缝两侧、基础埋深悬殊处、人工地基与天然地基接壤处、不同结构的分界处及挖填方分界处。

（4）宽度大于等于 10m 或小于 10m 而地质复杂以及膨胀地区的建筑物，在承重内隔墙中部设内墙点，在室内地面中心及四周设地面点。

（5）临近堆置重物处、受震动有显著影响的部位及基础下的暗浜（沟）处。

（6）框架结构建筑物的每个或部分柱基上或沿纵、横轴线设点。

（7）片筏基础、箱形基础底板或接近基础的结构部分的四角及其中部位置。

（8）重型设备基础和动力设备基础的四角、基础或埋深改变处以及地质条件变化处两侧。

（9）电视塔、烟囱、水塔、油罐、炼油塔、高炉等高耸建筑物沿周边在与基础轴线相交的对称位置上布点，点数不少于 4 个。

10.2.3 观测点的标志与埋设

工业与民用建筑物常采用图 10.5 所示的各种观测标志。其中图 10.5（a）为钢筋混凝土基础上的观测点，它是埋设在基础面上的直径为 20mm、长 80mm 的铆钉；图 10.5（b）为钢筋混凝土柱上的观测点，它是一根截面为 30nm×30mm×5mm、长 100mm 的角钢，以 60°的倾斜角埋入混凝土内；图 10.5（c）为钢柱上的标志，它是在角钢上焊一个铜头后再焊到钢柱上的；图 10.5（d）为隐藏式的观测标志，观测时将球形标志旋入孔洞内，用后即将标志旋下，用罩盖上。

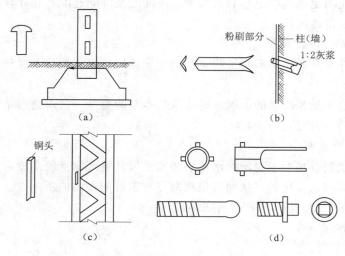

图 10.5 各种观测标志

沉降观测的标志可根据不同的建筑结构类型和建筑材料，采用墙（柱）标志、基础标志和隐蔽式标志（用于宾馆等高级建筑物）等形式。各类标志的立尺部位应加工成半球形或有明显的突出点，并涂上防腐剂。标志的埋设位置应避开雨水管、窗台线、暖气片、暖气管、电气开关等有碍设标与观测的障碍物，并应视立尺需要离开墙（柱）面和地面一定距离。普通观测点的埋设如图 10.6 所示；隐蔽式沉降观测点标志的型式如图 10.7 所示。

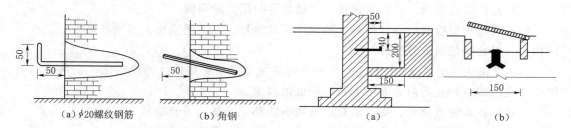

图 10.6 普通观测点的埋设（单位：cm） 图 10.7 隐蔽式沉降观测点标志（单位：cm）

10.2.4 观测精度要求

按监测基准网技术设计中的方法，按监测对象的要求，确定最终沉降量观测中误差和监测精度和等级。

大坝沉降观测最弱点沉降量的测量中误差应满足±1mm 的精度要求，即

$$m_{Hii} \leqslant \pm 1.0mm$$

10.2.5 观测周期

沉降观测的周期和观测时间可按下列要求并结合具体情况确定：

（1）建筑物施工阶段的观测应随施工进度及时进行。一般建筑可在基础完工后或地下室砌完后开始观测，大型、高层建筑可在基础垫层或基础底部完成后开始观测，观测次数与间隔时间应视地基与加载情况而定。民用建筑可每加离 1～2 层观测一次；工业建筑可按不同施工阶段（如回填基坑、安装柱子和屋架、砌筑墙体、设备安装等）分别进行观测。如建筑物均匀增高，应至少在增加荷载的 25%、50%、75% 和 100% 时各测一次。施工过程中如暂时停工，在停工、重新开工时应各观测一次。停工期间可每隔 2～3 月观测一次。

（2）建筑物使用阶段的观测次数，应视地基土类型和沉降速度大小而定，除有特殊要求者外。一般情况下，要在第一年观测 4 次，第二年观测 3 次，第三年后每年 1 次，直至稳定为止。观测期限一般不少于如下规定：砂土地基 2 年，膨胀土地基 3 年，黏土地基 5 年，软土地基 10 年。

（3）在观测过程中，如有基础附近地面荷载突然增减、基础四周大量积水、长时间降雨等情况，均应及时增加观测次数。当建筑物突然发生大量沉降、不均匀沉降或严重裂缝时，成立即进行几天一次或逐日或一天几次的连续观测。

（4）沉降是否进入稳定阶段可由几种方法进行判断：①根据沉降量和时间关系曲线来判定；②列重点观测和科研观测工程，若最后二期观测中，每期沉降量均不大于 $2\sqrt{2}$ 倍测量中误差，则可认为已进入稳定阶段；③对于一般观测工程，若沉降速度小于 0.01mm/天，可认为已进入稳定阶段，具体取值宜根据各地区地基土的压缩性确定。

10.2.6 沉降观测的工作方式

建筑物沉降观测的水准点一定要有足够的稳定性，水准点必须设置在受压、受震的范围以外。同时，水准点与观测点相距不能太近，但水准点和观测点相距太远会影响精度。为了解决这个矛盾，沉降观测一般采用"分级观测"方式。将沉降观测的布点分为三级：水准基点、工作基点和沉降观测点。大坝沉降观测的测点布置如图 10.8 所示，为了测定坝顶和坝基的

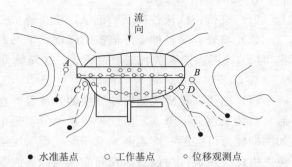

图 10.8 大坝沉降观测点布置图

垂直位移，分别在坝顶以及坝基处各布设了一排平行于坝轴线的垂直位移观测点。一般要在每个坝段布置一个观测点，重要部位则应当增加，由于图中 4、5 坝段处于大坝最高处，且地质条件较差，所以每坝段增设一点。此外，为了在该处测定大坝的转动角，在上游方向增设观测点，故 4、5 坝段内各布设了 4 个水平位移观测点。

沉降观测分两级进行：①水准基点——工作基点；②工作基点——沉降观测点。

工作基点相当于临时水准点，其点位应力求坚固稳定。定期由水准基点复测工作基点，由工作基点观测沉降点。

如果建筑物施工场地不大，则可不必分级观测，但水准点应至少布设 3 个，并选择其中最稳定的一个点作为水准基点。

10.2.7　沉降点观测

1. 观测内容

采用精密几何水准测量方法测量工作基点与沉降观测点之间的高差，水准路线多构成闭合形式，或在多个工作基点之间构成附合形式。

2. 观测方法

采用国家二等水准测量方法，详见表 10.1，变形测量等级取"一级"或"二级"。

3. 作业具体措施

大坝沉降观测大部分观测是在大坝廊道内进行的，有的廊道净空高度偏小，作业不便；有的廊道（如基础廊道）高低不平，坡度变化大，视线长度受限制，给精密水准测量带来了很大困难。为了保证精度，除执行国家规范的有关规定外还根据生产单位的作业经验，对沉降观测补充如下具体措施：

（1）每次观测前（包括进出廊道前后），仪器、标尺应晾置 30min 以上。

（2）各期观测应固定仪器、标尺和固定观测人员。

（3）设置固定的架镜点和立尺点，使每次往返测量能在同一线路上进行。

（4）仪器至标尺的距离不宜超过 40m，每站的前后视距差不宜大于 0.7m，前后视距累积不宜大于 10m，基辅差误差不得超过 0.30mm（一级）或 0.50mm（二级）。

（5）在廊道内观测时，要用手电筒增强照明。

10.2.8　沉降观测数据处理

1. 观测资料的整理

（1）校核：校核各项原始记录，检查各次变形观测值的计算有否错误。

（2）填表：对各种变形值按时间逐点填写观测数值表。

（3）绘图：绘制各种变形过程线、建筑物变形分布图等。

2. 沉降观测中常遇到的问题

（1）曲线在首次观测后即发生回升现象。在第二次观测时即发现曲线上升，至第三次后，曲线又逐渐下降。发生此种现象一般都是由于首次观测成果存在较大误差所引起的。如周期较短可将第一次观测成果作废，而采用第二次观测成果作为首测成果。因此，为避免发生此类现象，建议首次观测应适当提高测量精度。第一次应更加认真施测，或进行两次观测进行比较，确保首次观测成果可靠。

（2）曲线在中间某点突然回升。发生此种现象的原因多半是水准基点或沉降观测点有变动。如水准基点被压低，或沉降观测点被撬高，此时应仔细检查水准基点和沉降观测点的外形有无损伤，如果众多沉降观测点出现此种现象，则水准基点被压低的可能性很大，此时可改用其他水准点作为水准基点来继续观测，并再埋设新水准点以保证水准点个数不少于三个。如果只有一个沉降观测点出现此种现象，则多半是该点被撬高（如果采用隐蔽式沉降观测点，则不会发生此现象），如观测点被撬后已活动，则需另行埋设新点，若点位尚牢固，则可继续使用。对于该点的沉降量计算，则应进行合理处理。

（3）曲线自某点起渐渐回升。产生此种现象一般是由于水准基点下沉所致。此时，应根据水准点之间的高差来判断出最稳定的水准点，以此作为新水准基点，将原来下沉的水准基点废除。另外，埋在裙楼上的沉降观测点，由于受主楼的影响，有可能会出现属于正常的渐渐回升的现象。

（4）曲线的波浪起伏现象。曲线在后期呈现微小波浪起伏现象一般是由测量误差所造成的。曲线在前期波浪起伏之所以不突出，是因下沉量大于测量误差；但到后期，由于建筑物下沉极微或已接近稳定，因此在曲线上就出现测量误差比较突出的现象。此时，可将波浪曲线改成水平线，后期测量宜提高测量精度等级，并适当地延长观测的间隔时间。

10.2.9 垂直位移观测需提交成果内容

（1）沉降观测成果表。

（2）沉降观测点位分布图及各周期沉降展开图。

（3）$u-t-s$（沉降速度、时间、沉降量）曲线图。

（4）$p-t-s$（载荷、时间、沉降量）曲线图（视需要提交）。

（5）建筑物等沉降曲线图（如观测点数量较少可不提交）。

（6）沉降观测分析报告。

10.3 水 平 位 移 观 测

10.3.1 基准线法

直线型建筑物的位移观测采用基准线法具有速度快、精度高、计算简便等优点。

基准线法测量水平位移的原理是通过大型建筑物轴线（例如大坝轴线、桥梁主轴线等）或者平行于建筑物轴线的固定不变的铅直平面为基准面，根据它来测定建筑物的水平位移。由两基准点构成基准线，此法只能测量建筑物与基准线垂直方向的变形。图 10.9 为某坝坝顶基准线示意图。图中 A、B 分别为在坝两端所选定的基准线端点。经纬仪安置在点 A，觇牌安置在点 B，则通过仪器中心的铅直线与点 B 处

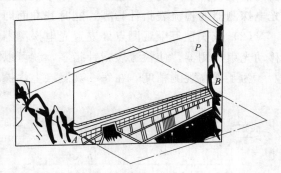

图 10.9　基准线法测量水平位移

固定标志中心所构成的铅直平面 P 即形成基准线法中的基准面，这种由经纬仪的视准面形成基准面的基准线法，称为视准线法。

视准线法按其所使用的工具和作业方法的不同，又可分为测小角法和活动觇牌法。测小角法是利用精密经纬仪精确地测出基准线方向与置镜点到观测点的视线方向之间所夹的小角，从而计算出观测点相对于基准线的偏离值。活动觇牌法则是利用活动觇牌上的标

尺，直接测定此项偏离值。

随着激光技术的发展，出现了由激光光束建立基准面的基准线法，根据其测量偏离值的方法不同，该法有激光经纬仪准直法和波带板激光准直法两种。

在大坝廊道的特定条件下，采用通过拉直的钢丝竖直面作为基准面来测定坝体偏离值具有一定的优越性，这种基准线法称为引张线法。

由于建筑物的位移一般来说都很小，因此对位移值的观测精度要求很高（例如混凝土坝位移观测的中误差要求不超过 1mm），因而在各种测定偏离值的方法中都要采取些高精度的措施，对基准线端点的设置、中装置构造、觇牌设计及观测程序等均进行不断的改进。

因建立基准面使用工具和方法的不同，常用的基准线法可分为激光准直法（有激光经纬仪准直法和波带板激光准直法两种）、引张线法、视准线法（又分为测小角法和活动觇牌法）等。

10.3.1.1　激光准直法

激光准直法根据其测量偏离值的方法不同，可分为激光经纬仪准直法和波带板激光准直法，现分别简述如下。

1. 激光经纬仪准直法

采用激光经纬仪准直时，活动觇牌法中的觇牌是由中心装有两个圆的硅光电池组成的光电探测器，两个硅光电池各连接在检流表上，如激光束通过觇牌中心时，硅光电池左右两半圆上接收相同的激光能量，检流表指针在零位；反之，检流表反指针就偏离零位。这时，移动光电探测器使检测表指针指零，即可在读数尺上读取读数，为了提高读数精度，通常利用游标卡尺，可读到 0.1mm。当采用测微器时，可直接读到 0.01mm。

激光经纬仪准直法的操作要点如下：

（1）将激光经纬仪安置在端点 A 上，在另一端点 B 上安置光电探测器，将光电探测器的读数安置在零上，调整经纬仪水平度盘微动螺旋，移动激光束的方向，使在点 B 的光电探测器的检流表指针指零，这时基准面即已确定，经纬仪水平度盘就不能再动。

（2）依次在每个观测点处安置光电探测器，将望远镜的激光束投射到光电探测器上，移动光束探测器，使检流表指针指零，就可以读取每个测点相对于基准面的偏离值。

为了提高观测精度，在每一观测点上，探测器的探测需进行多次。

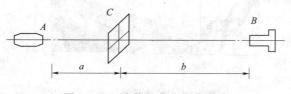

图 10.10　波带板激光准直测量

2. 波带板激光准直法

波带板激光准直系统由三个部件组成：激光器点光源、波带板装置和光电探测器。用波带板激光准直系统进行准直测量如图 10.10 所示。

在基准线两端点 A、B 分别安置激光器点光源和探测器。在需要测定偏离值的观测点 C 上安置波带板。当激光管点燃后，激光器点光源就会发射出一束激光，照满波带板，通过波带板上不同透光孔的绕射光波之间的相互干涉，就会在光源和波带板连线的延伸方向线上的某一位置形成一个亮点（采用图 10.11 所示的圆形波带板）或十字线（采用图 10.12 所示的方形波带板）。根据观测点的具体位置，对每一观测点可以设计专用的波带板，使所成的像正好落在接收端点 B 的位置上。利用安置在点 B 的探测器可以测出 AC 连线在点 B 处相对于基准面的偏离值 $\overline{BC'}$，则点 C 对基准面的偏离值为（图 10.13）。

$$l_c = \frac{S_c}{L}\overline{BC'} \tag{10.5}$$

图 10.11 圆形波带板

图 10.12 方形波带板

波带板激光准直系统中，在激光器点光源的小孔光缆后安置一个机械斩波器，使激光束成为交流调制光，这样即可大大削弱太阳光的干涉，可以在白天成功地进行观测。

尽管一些实验表明，激光经纬仪准直法在照准精度上可以比直接用经纬仪时提高 5 倍，但对于很长的基准线观测，外界影响（旁折射影响）已经成为精度提高的障碍，因

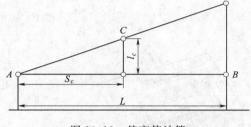

图 10.13 偏离值计算

而，有研究者建议将激光束包在真空管中克服大气折光的影响。

10.3.1.2 引张线法

在坝体廊道内，利用一根拉紧的不锈钢丝所建立的基准面来测定观测点的偏离值的引张线法，可以不受旁折光的影响。

为了解决引张线垂曲度过大的问题，通常采用在引张线中间设置若干浮托装置，它使垂径大为减小且保持整个线段的水平投影仍为一条直线。

1. 引张线装置

引张线的装置由端点、观测点、测线（不锈钢丝）与测线保护管等四部分组成。

（1）端点：它由墩座、夹线装置、滑轮、垂线连接装置及重锤等部件组成（图 10.14）。夹线装置是端点的关键部件，它起着固定不锈钢丝位置的作用。为了不损伤钢丝，夹线装置的 V 形槽底及压板底部镶嵌铜质类软金属。端点处用拉紧钢丝的重锤，其质量视允许拉力而定，一般在 $10\sim50\mathrm{kg}$ 之间。

（2）观测点：由浮托装置、标尺、保护箱组成，如图 10.15 所示。浮托装置由水箱和浮船组成，浮船置入水箱内，用以支撑钢丝。浮船的大小（或排水量）可以依据引张线各观测点间的间距和钢丝的单位长度重量来计算。一般浮船体积为排水量的 $12\sim15$ 倍，而水箱体积为浮船体积的 $1.5\sim2$ 倍。标尺系由不锈钢制成，其长度为 $10\mathrm{cm}$ 左右，标尺上的最小分划为 $1\mathrm{mm}$，它固定在槽钢面上，槽钢埋入大坝廊道内，并与之牢固结合。引张线各观测点的标尺基本位于同一高度面上，尺面应水平，尺域垂直于引张线，尺面刻画线

平行于引张线、保护箱用于保护观测点装置，同叫也可以防风、提高观测精度。

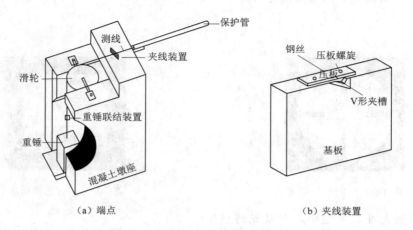

（a）端点 （b）夹线装置

图 10.14 引张线的端点

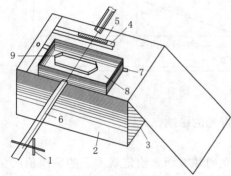

图 10.15 引张线观测点
1—保护管支架；2—保护箱；3—钢筋；4—槽钢；
5—标尺；6—测线保护管；7—角钢；
8—液体（油）；9—浮船

（3）测线：测线一般采用直径为 0.6～1.2mm 的不锈钢丝（碳素钢丝），在两端重锤作用下引张为一条直线。

（4）测线保护管：保护管保护测线不受损坏，同时起防风作用。保护管可以用直径大于 10cm 的塑料管，以保证测线在管内有足够的活动空间。

2. 引张线读数

引张线法中假定钢丝两端点固定不动、因而引张线是固定的基准线，由于各观测点上的标尺是与坝体固连的，所以对于不同的观测周期，钢丝在标尺上的读数变化值就直接表示该观测电的位移值。

观测钢丝在标尺上的读数方法很多，现介绍读数显微镜法，该法是利用刻有测微分划线的读数显微镜进行的，测微分划线最小刻划为 0.1mm，可估读到 0.01mm。由于通过显微镜后钢丝与标尺分划线的像都变得很粗大，所以采用测微分划线读数时，应采用读两个读数取平均值的方法，图 10.16 给出了观测情况与读数显微镜中的成像情形，钢丝左边缘读数为 $b=62.00$mm，钢丝右边缘读数为 $b=62.20$mm，故该观测结果为 $\dfrac{a+b}{2}=62.10$mm。

通常观测是从靠近端点的第一个观测点开始读数，依次观测到测线的另一端点，此为 1 个测回，钢丝需要观测 3 个测回，各测回之间应轻微拨动中间观测点上的浮船，使整条引张线浮动，待其静止后，再进行下一个测回的观测工作，各测回之间观测值互差的限差为 0.2mm。

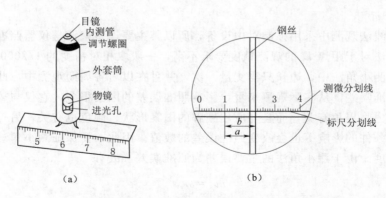

（a）　　　　　　　　　　　　（b）

图 10.16　引张线读数

为了使标尺分划与钢丝的像能在读数显微镜场内同样清晰，观测前加水调节浮船高度，使测丝距标尺面约 0.3～0.5mm。根据生产单位对引张线大量观测资料进行统计分析的结果，3 个测回观测平均值的中误差约为 0.03mm。可见引张线测定水平位移的精度是较高的。

10.3.1.3　视准线法

1. 测小角法

测小角法是视准线法测定水平位移的常用方法。测小角法是利用精密经纬仪精确地测出基准线与置镜点到观测点（P_i）视线所夹的微小角度 β_i（图 10.17），并按下式计算偏离值：

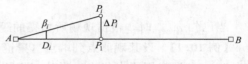

图 10-17　视准线测小角

$$\Delta P_i = \frac{\beta_i}{\rho} D_i \tag{10.6}$$

式中　　D_i——端点 A 到观测点 P_i 的水平距离；

　　　　ρ——$\rho = 206265''$。

2. 活动觇牌法

活动觇牌法是视准线法的另一种方法。观测点的位移值是直接利用安置于观测点 E 的活动觇牌（图 10.18）直接读数来测算，活动觇牌读数尺上最小分划为 1mm，采用游标可以读数到 0.1mm。

观测过程如下：在点 A 安置精密经纬仪，精确照准点 B 目标（觇标）后，基准线就已经建立好了，此时，仪器就不能左右旋转了；然后，依次在各观测点上安置活动觇牌，观测者在点 A 用精密经纬仪观看活动觇牌（注：仪器不能左右旋转），并指挥活动觇牌操作人员利用觇牌上的微动螺旋左右移动活动觇牌，使之精确对准经纬仪的视准线，此时在活动觇牌上直接读数，同一观测点各期读数之差即为该点的水平位移值。

图 10.18　活动觇牌

187

3. 误差分析

由于视准线法观测中采用强制对中设备，所以其主要误差来源是仪器照准觇牌的照准误差。测小角法对于距离 D 的观测精度要求不高，一般取相对精度的 1/2000 即可满足要求。所以，在测小角法中，边长只需丈量一次，并且在以后各周期观测中，此值可以认为不变。对于照准曝差，从实际观测来看，影响照准误差的因素很多，它仅与望远镜放大倍率、人眼的视力临界角有关，而且与所用觇牌的图案形状、颜色也有关，另外，不同的视线长度、外界条件的影响等也会改变照准误差的数值。因此，要保证测小角法的精度关键是提高照准精度。由于测小角法的主要误差为照准误差，故有

$$m_\beta = m_V$$

$$m_V = \frac{60''}{V} \tag{10.7}$$

式中　m_V ——照准误差，若取肉眼的视力临界为 $60''$；

　　　V——望远镜的放大倍数。

测小角法测量小角度的精度要求可按式（10.8）估算，由式（10.6）对 β_i 全微分得

$$m_{\beta_1} = \frac{\rho}{D_i} m_{\Delta P_i} \tag{10.8}$$

当已知 $m_{\Delta P_i}$ 时，根据现场所量得的距离 D_i，即可计算对小角度观测的要求。

【例 10.1】　设某观测点到端点（置镜点）距离为 100m，若要求测定偏离值的精度为 ± 0.3mm，试问用测小角法观测时，测量小角度的精度 m_β 应为多少？

解：将已知数值代入式（10.8）可求得

$$m_\beta \leqslant \pm 0.62''$$

【例 10.2】　续［例 10.1］，若设 $m_V = \dfrac{60''}{V}$，则当采用望远镜放大倍数为 40 倍的 DJ_1 型精密经纬仪观测时，小角度至少应观测几个测回？

解：由式（10.7）可计算得小角度观测 1 测回的中误差为

$$m_{\beta_1} = m_V = \frac{60''}{40} = 1.5''$$

所以，要使小角度达到 $\pm 0.62''$ 的测量精度，则小角度观测的测回数 n 应满足下式：

$$m_\beta = \frac{m_{\beta_1}}{\sqrt{n}} \leqslant \frac{1.5''}{\sqrt{n}} \leqslant \pm 0.62''$$

由上式求得 $n \geqslant 59$，即小角度应至少观测 6 个测回。

10.3.2　交会法测定水平位移

1. 测量原理

图 10.19 所示为双曲线拱坝变形观测图。

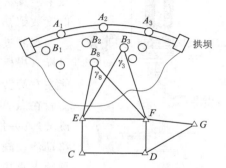

图 10.19　双曲线拱坝变形观测图

为精确测定 B_1、B_2，…，B_u 等观测点的水平位移，首先在大坝的下游面合适位置处选定供变形观测用的两个工作基准点 E 和 F；为对工作基准点的稳定性进行检核，根据地形条件和实际情况，设置一定数量的检核基准点（如 C、D、G 等），并组成良好图形条件的网形，用于检核控制网中的工作基点（如 E、F 等）。各基准点上应建立永久性的观测墩，并且利用强制对中设备和专用的照准觇牌，对 E、F 两个工作基点，除满足上面的这些条件外，还必须满足以下条件：用前方交会法观测各变形观测点时，交会角 γ 如图 10.20 不得小于 30°，且不得大于 100°。

变形观测点应预先埋设好合适的、稳定的照准标志，标志的图形和式样应考虑在前方交会中观测方便、照准误差小。此外，在前方交会观测中，最好能在各观测周期由同一观测人员以同样的观测方法，使用同一台仪器进行。

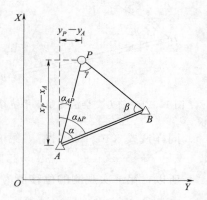

图 10.20 角度前方交会法测量原理

利用前方交会法测量水平位移的原理如下：如图 10.20 所示，A、B 两点为工作基准点，P 为变形观测点，假设测得两水平夹角为 α 和 β，则由 A、B 两点的坐标值和水平角 α、β 可求得点 P 的坐标。

$$x_P - x_A = D_{AP}\cos\alpha_{AP} = \frac{D_{AB}\sin\beta}{\sin(\alpha+\beta)}\cos(\alpha_{AB}-\alpha)$$

$$y_P - y_A = D_{AP}\sin\alpha_{AP} = \frac{D_{AB}\sin\beta}{\sin(\alpha+\beta)}\sin(\alpha_{AB}-\alpha)$$

$$(10.9)$$

其中 D_{AB}、α_{AB} 可由 A、B 两点的坐标值通过"坐标反算"求得，经过对式（10.9）的整理可得

$$x_P = \frac{x_A\cot\beta + x_B\cot\alpha - y_A + y_B}{\cot\alpha + \cot\beta}$$

$$y_P = \frac{y_A\cot\beta + y_B\cot\alpha + x_A - x_B}{\cot\alpha + \cot\beta}$$

$$(10.10)$$

第一次观测时，假设测得两水平夹角为 α_1 和 β_1，由式（10.10）求得点 P 坐标值为（x_{P_1}，y_{P_1}），第二次观测时，假设测得的水平夹角为 α_2 和 β_2，则点 P 坐标值变为（x_{P_2}，y_{P_2}），那么在此两期变形观测期间，点 P 的位移可按下式解算：

$$\Delta x_P = x_{P_2} - x_{P_1}, \quad \Delta y_P = y_{P_2} - y_{P_1} \tag{10.11}$$

$$\Delta P = \sqrt{\Delta x_P^2 + \Delta y_P^2} \tag{10.12}$$

点 P 的位移方向 $\alpha_{\Delta P}$ 为

$$\alpha_{\Delta P} = \arctan\frac{\Delta y_P}{\Delta x_P} \tag{10.13}$$

2. 前方交会法测量注意事项

（1）各期变形观测应采用相同的测量方法，固定测量仪器，固定测量人员。

（2）应对目标觇牌图案进行精心设计。

（3）采用角度前方交会法时，应注意交会角 γ 要大于 $30°$，且要小于 $100°$。

（4）仪器视线应离开建筑物一定距离（防止由于热辐射而引起旁折光影响）。

（5）为提高测量精度，有条件时最好采用边角交会法。

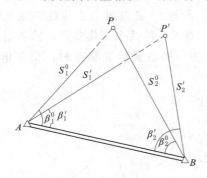

图 10.21　前方交会法测量水平位移

【例 10.3】　如图 10.21 所示，已知 $x_A = 2417.2145\text{m}$，$y_A = 6324.2871\text{m}$，$x_B = 2229.2866\text{m}$，$y_B = 6509.9063\text{m}$，$S_{AB} = 304.9321\text{m}$。（角度前方交会法）首次测量（角度）值：$\beta_1^0 = 60°31'25.5''$，$\beta_2^0 = 63°11'36.3''$；$i$ 次测量（角度）值：

$$\beta_1^i = 60°31'29.8'' , \quad \beta_2^i = 63°11'41.3''。$$ 试求第 i 次观测的位移值。

解：按式（10.10）计算，首次观测时，点 P 坐标值为

$$x_P^0 = 2516.8708\text{m} , \quad y_P^0 = 6648.2877\text{m}$$

同样按式（10.10）计算，第 i 次观测时，点 P 坐标值为

$$x_P^i = 2516.8795\text{m} , \quad y_P^i = 6648.3004\text{m}$$

所以，第 i 次观测的位移值为

$$\Delta x_P = x_P^i - x_P^0 = 8.7\text{mm}$$

$$\Delta y_P = y_P^i - y_P^0 = 12.7\text{mm}$$

$$\Delta P = \sqrt{\Delta x_P^2 + \Delta y_P^2} = 15.4\text{mm}$$

$$\alpha_{\Delta P} = \arctan \frac{\Delta y_P}{\Delta x_P} = 55°35'14''$$

10.3.3　导线测量法测定水平位移

对于非直线型建筑物，如重力拱坝、曲线型桥梁以及一些高层建筑物的位移观测，宜采用导线测量法、前方交会法以及地面摄影测量等方法。

与一般测量工作相比，由于变形测量是通过重复观测，由不同周期观测成果的差值而得到观测点的位移，因此用于变形观测的精密导线在布设、观测及计算等方面都具有其自身的特点。

1. 导线的布设

应用于变形观测中的导线，是两端不测定向角的导线。可以在建筑物的适当位置（如重力拱坝的水平廊道中）布设，其边长根据现场的实际情况确定，导线端点的位移在拱坝廊道内可用倒垂线来控制，在条件许可的情况下，其倒垂点可与坝外三角点组成适当的联系图形，定期进行观测以验证其稳定性。图 10.22 为在某拱坝水平廊道内进行位移观测而采用的精密导线布置形式示意图。

导线点的装置，在保证建筑物位移观测精度的情况下，应稳妥可靠。它由导线点装置（包括槽钢支架、特制滑轮拉力架、底盘、重锤和微型觇标等）及测线装置（引张线-钢瓦线，其端头均有刻划可读数。固定钢瓦线的装置，越牢固则其读数越方便且读数精度越稳定）等组成、其布置形式如图 10.23（a）所示。图中微型觇标供观测时照准用，当测点

要架设仪器，微型觇标可取下微型觇标顶部刻有中心标志供边长丈量使用，如图 10.23 （b）所示。

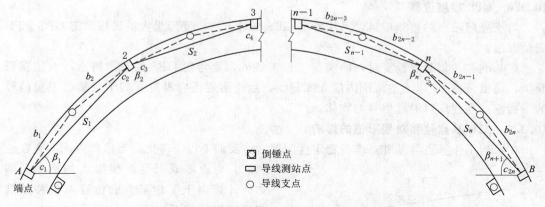

图 10.22 某拱坝位移观测的精密导线布置形式

S_i — 投影边长；β_i — 实测折角；b_i — 实测边长；c_i — 实测投影角端点；A、B — 导线端点（不测角度）

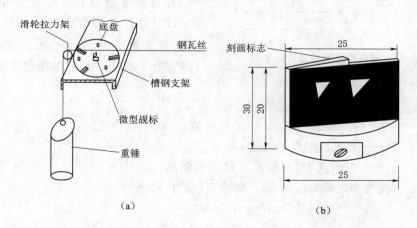

（a）　　　　　　　　　　　（b）

图 10.23 导线测量用的小觇标布置形式（单位：cm）

2. 导线观测

在拱坝廊道内，由于受条件限制，一般布设的导线边长较短，为减少导线点数使边长较长，可由实测边长（b_i）计算投影边长 s_i。实测边长 b_i 应用特制的基线尺来测定。为减少方位角的传算误差，提高测角效率，可采用隔点设站的办法，即实测转折角（β_i）和投影角（c_i），如图 10.22 所示。

3. 导线的平差与位移值的计算

由于导线两端不观测定向角 $\beta_i\beta_{n+1}$，因此导线点坐标计算相对要复杂一些。假设首次观测精密地测定了图 10.22 振弦式压力计边长 s_1，s_2，…，s_n 与转折角 β_2，β_3，…，β_n，则可根据无定向导线平差计算出各导线点的坐标作为基准值。以后各期观测各边边长 s'_1，s'_2…，s'_n 及转折角 β'_2，β'_3，…，β'_n，同样可以求得各点的坐标，各点的坐标变化值即为该点的位移值。值得注意的是，端点 A、B 同其他导线点一样，也是不稳定的，每期

观测均要测定 A、B 两点的坐标变化值（δ_{x_A}、δ_{y_A}、δ_{x_B}、δ_{y_B}），端点的变化对各导线点的坐标值均有影响。

10.3.4　GPS 观测位移

对于变形量小的监测项目，采用静态 GPS 测量方法。变形量大的采用动态 GPS RTK 测量方法。

在基准点、监测点设置时，除满足工程需要外，要考虑 GPS 的观测特点，点位视野开阔，高度角在 10°以上的范围内应无障碍物，点位附近还应没有强烈干扰接收卫星信号的干扰源或强烈反射卫星信号的物体。

10.3.5　工作基点位移对变形值的影响

在谈到工作基点与基准点本身稳定性问题时，我们不得不考虑：当这些点确实存在位移时，对观测成果会产生多大的影响，即如何计算由于工作基点的位移对位移的观测值施加的改正数。

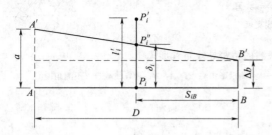

图 10.24　端点位移对偏离值的影响

对于基准线观测，当端点 A、B 由于本身位移而变动到了 A'、B' 的位置时，则对点 P_i 进行观测所得的偏离值将不再是 l_i'（$\overline{P_i P_i''}$）而变成，l_i'（$\overline{P_i' P_i''}$）。由图 10.24 不难看出，端点位移对偏离值的影响为

$$\delta_i = l_i' - l_i = \frac{s_{iB}}{D}(\Delta a - \Delta b) + \Delta b \tag{10.14}$$

式中　Δa、Δb ——基准线端点 A、B 的位移值；

$\quad\quad\quad D$ ——基准线 AB 的长度；

$\quad\quad\quad s_{iB}$ ——观测点 P_i 与端点 B 之间的距离。

设点 P_i 首次观测之偏离值为 l_{Oi}，则改正后的位移值为

$$d = (l_i + \delta_i) - l_{Oi} \tag{10.15}$$

将式（10.14）的 δ_i 值代入，并令 $K = \frac{s_{iB}}{D}$，则式（10.15）可写成

$$d = [l_i + K\Delta a + (1-K)\Delta B] - l_{Oi} \tag{10.16}$$

将上式微分，并写成中误差形式：

$$m_d^2 = m_{l_i}^2 + K^2 m_{\Delta a}^2 + (1+K)^2 m_{\Delta b}^2 + m_{l_{Oi}}^2 \tag{10.17}$$

假设

$$m_{l_{Oi}} = m_{l_i} = m_{测}$$

$$m_{\Delta a} = m_{\Delta b} = m_{端}$$

则得

$$m_d^2 = 2m_{测}^2 + (2K^2 - 2K + 1)m_{端}^2 \tag{10.18}$$

当观测点在基准线中间时，即 $K = \frac{1}{2}$ 时，有

$$m_d^2 = 2m_{测}^2 + \frac{1}{2}m_{端}^2 \tag{10.19}$$

当观测点靠端点时，即 K 近似等于 1 或 0 时，有

$$m_d^2 = 2m_测^2 + m_端^2 \qquad\qquad (10.20)$$

从上式可以看出，端点位移测定误差对越靠近端点的观测点的影响越大。另外，由于这些点距端点较近，因而它们的偏离值测定精度较高（$m_测$较小）。考虑到这些情况，可以采用位移值测定的精度要求±1mm 作为端点位移测定的精度要求，此时位移值测定的精度仍将接近±1mm。

当前方交会的测站点产生位移时，可以将测站点的位移看作仪器偏心，而对各交会方向施加仪器归心的改正数，然后利用改正后的方向值来计算位移量。

10.4 裂 缝 观 测

10.4.1 裂缝观测的内容

裂缝观测应测定建筑物上的裂缝分布位置，以及裂缝的走向、长度、宽度及其变化程度。观测的裂缝数量视需要而定，对主要的或变化大的裂缝应进行观测。

10.4.2 裂缝观测点的布设

对需要观测的裂缝应统一进行编号，每条裂缝至少应布设两组观测标志，一组在裂缝最宽处；另一组在裂缝末端。每组标志由裂缝两侧各一个标志组成。

裂缝观测标志应具有可供量测的明晰端或中心，如图 10.25 所示。观测期较长时，可采用镶嵌式或埋入墙体的金属标志、金属杆标志或楔形板标志；观测期较短或要求不高时可采用油漆平行线标志或用建筑胶粘贴的金属片标志。要求较高、需要测出裂缝纵横向变化值时，可采用坐标方格网板标志。使用专用仪器设备观测的标志，可按具体要求另行设计。

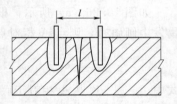

图 10.25 裂缝观测标志

10.4.3 裂缝观测方法

对于数量不多、易于量测的裂缝，可视标志型式不同，用比例尺、小钢尺或游标卡尺等工具定期量出标志间距离求得裂缝变位值，或用方格网板定期读取"坐标差"计算裂缝变化值；对于较大面积且不便于人工量测的众多裂缝，宜采用近景摄影测量方法；当需连续监测裂缝变化时，还可采用裂缝计或传感器自动测记方法观测。

裂缝观测中，裂缝宽度数据应量取至 0.1mm，每次观测应绘出裂缝的位置、形态和尺寸，并注明日期，附上必要的照片资料。

10.4.4 裂缝观测的周期

裂缝观察的周期应视裂缝变化速度而定。通常开始可半个月测一次，以后 1 个月左右测一次。当发现裂缝加大时，应增加观测次数，几天或逐日一次地连续观测。

10.4.5 提交成果

（1）裂缝分布位置图。

（2）裂缝观测成果表。

（3）观测成果分析说明资料。

（4）当建筑物裂缝和基础沉降同时观测时，可选择典型剖面绘制两者的关系曲线。

10.5　倾　斜　观　测

　　建筑物产生倾斜的原因主要有：地基承载力不均匀；建筑物体型复杂，形成不同载荷；施工未达到设计要求，承载力不够；受外力作用结果，如风荷、地下水抽取、地震等。一般用水准仪、经纬仪或其他专用仪器来测量建筑物的倾斜度。

　　建筑物主体倾斜观测，应测定建筑物顶部相对于底部或各层间上层相对于下层的水平位移与高差，分别计算整体或分层的倾斜度、倾斜方向以及倾斜速度；对具有刚性建筑物的整体倾斜，通过测量顶面或基础的相对沉降间接测定。

　　测定建筑物倾斜的方法较多，归纳起来可分为两类：一是直接测定建筑物的倾斜；二是通过测定建筑物基础相对沉陷来确定建筑物的倾斜。

10.5.1　直接测定建筑物的倾斜

　　直接测定建筑物倾斜的方法中，最简单的是悬吊垂球的方法，根据其偏差值可直接确定建筑物的倾斜，但是，由于有时在建筑物上无法悬挂垂球，因此对于高层建筑物（水塔、烟囱等建筑物）通常采用经纬仪投影或观测水平角的方法来测定它们的倾斜。

　　1. 经纬仪投影法

　　如图 10.26（a）所示，根据建筑物的设计点 A 与点 B 应位于同一铅垂线上，当建筑物发生倾斜时，则点 A 相对点 B 移动了数值 a，该建筑物的倾斜为

$$i = \tan\alpha = \frac{a}{h} \tag{10.21}$$

式中　a——顶点 A 相对于底点杆的水平位移量；

　　　h——建筑物的高度。

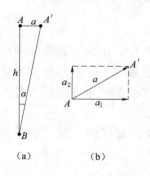

图 10.26　经纬仪投影法

　　为了确定建筑物的倾斜，必须测出 a 和 h 值，其中 h 值一般为已知数，当 h 未知时，则可对着建筑物设置一条基线，用三角高程测量的方法测定。这时经纬仪应设置在离建筑物 $1.5h$ 以外的地方，以减小仪器竖轴不垂直的影响。对于 a 值的测定方法，可用经纬仪将点 A' 投影到水平面上量得。投影时，经纬仪严格安置在固定测站上，用经纬仪分中法得点 A'。然后，量取点 A' 至甲点 A 在视线方向的偏离值 a_1，再将经纬仪移到与原观测方向约成 $90°$ 的方向上，用前述方法可量得偏离值 a_2。最后根据偏离值，即可求得该建筑物顶底点的相对水平位移量 a，如图 10.26（b）所示。

　　2. 观测水平角法

　　如图 10.27 所示，在离烟囱 $(1.5\sim2.0)h$ 的地方，于互相垂直的方向上，选定两个固定标志作为测站。在烟囱顶部和底部分别标出点 1、2、3 、⋯ 、8，同时，选择通视良好的远方点 M_1 和点 M_2 作为后视目标。然后在测站 1 测得水平角（1）、（2）、（3）和（4），并计算两角和的平均值 $\frac{(2)+(3)}{2}$ 及 $\frac{(1)+(4)}{2}$，它们分别表示烟囱上部中心和勒脚部

分中心 b 的方向差，可计算偏离分量 a_1。

同样，在测站 2 上观测水平角（5）、（6）、（7）和（8），重复前述计算，得到另一偏离分量 a_2，根据分量 a_1 和 a_2，按矢量相加的方法求得合量 a 即得烟囱上部相对于勒脚部分的偏离值。然后，利用式（10.21）可算出烟囱的倾斜度。

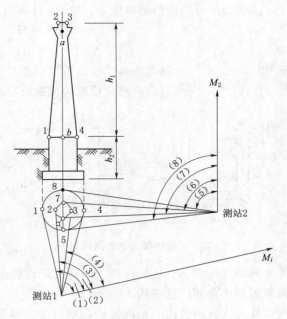

图 10.27　观测水平角法

10.5.2　用基础相对沉陷确定建筑物的倾斜

以混凝土重力坝为例，由于各坝段基础的地质条件和坝体结构的不同，使得各部分的混凝土重量不相等。水库蓄水后，库区地壳承受很大的静水压力，使得地基失去原有的平衡条件，这些因素都会使坝的基础产生不均匀沉陷，因而使坝体产生倾斜。

倾斜观测点的位置往往与沉陷观测点 M 合起来布置。通过对沉陷观测点的现测，可以计算这些点的相对沉陷量，获得基础倾斜的资料。目前，我国测定基础倾斜常用的方法如下。

1. 水准测量法

用水准仪测出两个观测点之间的相对沉陷，由相对沉陷与两点侧距离之比，可换算成倾斜角，即

$$K = \frac{\Delta h_a - \Delta h_b}{L} \tag{10.22}$$

或

$$\alpha = \frac{\Delta h_a - \Delta h_b}{L} \rho \tag{10.23}$$

式中　$\Delta h_a - \Delta h_b$——a、b 点的累积沉陷量；

L——a、b 两观测点之间的距离；

K——相对倾斜（朝向累积沉陷量较大的一端）；

α——倾斜角；

ρ——$\rho = 206265''$。

按二等水准测量施测，求得的倾斜角精度小于 $2''$。

2. 液体静力水准测量法

液体静力水准测量的原理，就是在相连接的两个容器中盛有同类并取自同样参数的均匀液体，液体的表面处于同一水平面上，利用两容器内液体的读数可求得两观测点的高差，其与两点间距离之比即为倾斜度。要测定建筑物倾斜度的变化，可进行周期性的观测。这种仪器不受倾斜度的限制，并且距离越长，测定倾斜度的精度越高。

如图 10.28 所示，容器 1 与容器 2 由软管联结，分别安置在欲测的平面 A 与平面 B

上，高差 Δh 可用液面的高度 H_1 与 H_2 计算

$$\Delta h = H_1 - H_2 \tag{10.24}$$

或

$$\Delta h = (a_1 - a_2) - (b_1 - b_2) \tag{10.25}$$

式中　a_1、a_2——容器的高度或读数零点相对于工作底面的位置；

　　　b_1、b_2——容器中液面位置的读数值，亦即读数零点至液面的距离。

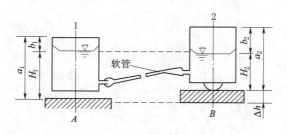

图 10.28　液体静力水准测量原理

用目视法读取零点至液面距离的精度为 ±1mm。我国国家地震局地震仪器厂制造的 KSY-1 型液体静力水准遥测仪，采用自动观测法来测定液面位置，也是采用目视接触来测定液面位置。

3. 用倾斜仪观测

常见的倾斜仪有水准管式倾斜仪、气泡式倾斜仪、滑动式测斜仪和电子倾斜仪等。倾斜仪一般具有连续读数、自动记录和数字传输等特点，有较高的观测精度，因而在倾斜观测中得到广泛应用。

气泡式倾斜仪由一个高灵敏度的气泡水准管 e 和一套精密的测微器组成（图 10.29）。气泡水准管 e 固定在架 a 上，a 可绕 c 点转动，a 下装一弹簧片 d，在底板 b 下有置放装置 m。测微器中包括测微杆 g、读数盘 h 和指标 k。观测时将倾斜仪安置在需要观测的位置上以后，转动读数盘，使测微杆向上（向下）移动，直至水准气泡居中为止。此时，在读数盘上读数，即可得出该位置的倾斜度。

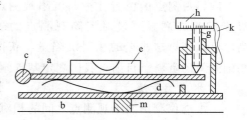

图 10.29　气泡式倾斜仪

我国制造的气泡式倾斜仪，灵敏度为 $2''$，总的观测范围为 $1°$。气泡式倾斜仪适用于观测较大的倾斜角或量测局部地区的变形，例如测定设备基础和平台的倾斜。

10.6　观测资料的整编

变形观测除了现场进行观测取得第一手资料外，还必须进行观测资料的整理分析：观测资料整理分析主要包括两个方面的内容：①观测资料的整理和整编。这一阶段的主要工作是对现场观测所取得的资料加以整编，编制成图表和说明，使它成为便于使用的成果。②观测资料的分析。这一阶段是分析归纳建筑变形过程、变形规律、变形幅度，分析变形的原因、变形值与引起变形因素之间的关系，找出它们之间的函数关系；进而判断建筑物的工作情况是否正常。在积累了大量观测数据后，又可以进一步找出建筑物变形的内在原因和规律，从而修正设计的理论以及所采用的经验系数。

10.6.1　变形观测资料的校核

校核各项原始记录，检查各次变形观测值的计算是否错误。

（1）原始观测记录应填写齐全，字迹清楚，不得涂改、擦改和转抄；凡划改的数字和超限划去的成果，均应注明原因，并注明重测结果所在页数。

（2）平差计算成果、图表及各种检验、分析资料，应完整清晰、无误。

（3）使用的图式、符号应统一规格，描绘工整，注记清楚。

（4）观测成果计算和分析中的数字取位要求见表10.8。

表10.8   观测成果计算和分析中的数字取位要求

等级	类别	角度 /(")	边长 /mm	坐标 /mm	高程 /mm	沉降值 /mm	位移值 /mm
一级	控制点	0.01	0.1	0.1	0.01	0.01	0.1
二级	观测点	0.01	0.1	0.1	0.01	0.01	0.1
三级	控制点	0.1	0.1	0.1	0.1	0.1	0.1
	观测点	0.1	0.1	0.1	0.1	0.1	0.1

注　特级的数字取位，根据需整确定。

10.6.2　变形观测资料的插补

当由于各种主、客观条件的限制，实测资料出现漏测叫缺漏，或在数据处理时需要利用等间隔观测值时，则可利用已有的相邻测次或相邻测点的可靠资料进行插补，作为补值。

1. 按照物理联系进行插补

按照物理意义，根据对已测资料的逻辑分析找出主要原因之间的函数关系，再利用这种关系将缺漏值插补出来。

2. 按照数学方法进行插补

（1）线性内插法：由某两个实测值内插比两值之间的观测值时，可用

$$y = y_i + \frac{t - t_i}{t_{i+1} - t_i}(y_{i+1} - y_i) \tag{10.26}$$

式中　y——效应量；

　　　t——时间。

（2）拉格朗日内插计算：对变化情况复杂的效应量，可用

$$y = \sum_{i=1}^{n} y_i \sum_{j=1}^{n} \left(\frac{x - x_j}{x_i - x_j} \right) \tag{10.27}$$

式中　y——效应量；

　　　x——自变量。

（3）多项式进行曲线拟合，即

$$y = f(x) = a_0 + a_1 x + a_2 x^2 + \cdots + a_n x^n \tag{10.28}$$

其中，方次和拟合所用点数必须根据实际情况适当选择。

（4）周期函数的曲线拟合，即

$$y_t = a_0 + a_1 \cos\omega t + b_1 \sin\omega t + a_2 \cos2\omega t + \cdots + a_n \cos n\omega t + b_n \sin n\omega t \tag{10.29}$$

式中　y_t——时刻 t 的期望值；

　　　ω——频率，$\omega = 2\pi/M$；

M——在一个季度性周期中所包含的时段数，如以一年为周期，每月观测一次，则 $M=12$。

（5）多面函数拟合法，多面函数拟合曲线的方法由美国 Hardy 教授于 1977 年提出并用于地壳形变分析，任何一个圆滑的数为表面总可用一系列有规则的数学表面的总和以任意精度逼近，一个数学表面上点（x，y）处速率 $s(x，y)$ 可表达为

$$s(x，y)=\sum_{j=1}^{u}a_jQ(xyx_jy_j)\tag{10.30}$$

式中　　　u——所取节点的个数；

$Q(xyx_jy_j)$——核函数；

a_j——待定系数。

核函数可以任意选用，为了简单，一般采用具有对称性的距离型，例如：

$$Q(xyx_jy_j)=[(x-x_j)^2+(y-y_j)^2+\delta^2]^{\frac{1}{2}}\tag{10.31}$$

式中　δ^2——光滑因子，称为正双曲面型函数。

10.6.3　填表

对各种变形值按时间逐点填写观测数值表，例如，某大坝变形观测点根据观测记录整理填写的位移数值见表 10.9。

表 10.9　　　　　某大坝 5 号观测点 1967 年累计位移数值　　　　　单位：mm

时间	1.10	2.10	3.10	4.11	5.10	6.10	7.11	8.11	9.10	10.11	11.11	12.10
累计位移值 ΔP	+4.0	+6.2	+6.5	+4.2	+4.3	+5.0	+2.2	+3.8	+1.5	+2.0	+3.5	+4.0

10.6.4　绘图

绘图包括绘制各种变形过程线、建筑物变形分布图等。观测点变形过程线可明显地反映出变形的趋势、规律和幅度，对于初步判断建筑物的工作情况是否正常是非常有用的。图 10.30 是根据表 10.9 绘制的某大坝 5 号观测点的位移过程线。图中横坐标表示时间，纵坐标为观测点的累计位移值。

在实际工作中，为了便于分析，常在各种变形过程线上绘出与变形有关因素的过程线，如库水位过程线、气温过程线等。图 10.31 为某土石坝 160m 高程处沉降观测点的沉降过程线。

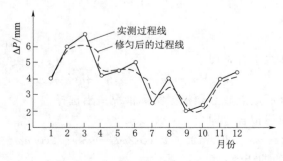

图 10.30　某大坝 5 号观测点的位移过程线

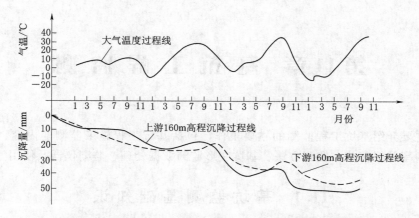

图 10.31　某土坝 160m 高程处沉降观测点的沉降过程线

小　　结

　　本章简述了工程变形测量的基本方法和要求；控制网的测量；一般的变形测量内容和方法：垂直位移观测、水平位移观测、裂缝观测、倾斜观测等，并详细讲解了垂直位移观测从布点、埋设标志、观测、数据处理、上交成果的内容；变形观测资料的整编方法。

思　考　题

1. 工程变形测量控制网的建立方法。
2. 变形观测资料整理分析主要包括哪两个方面的内容？
3. 观测资料整理的主要方法步骤是什么？

第11章 基坑工程监测

本章主要介绍基坑工程监测的主要工作，包括基坑工程施工监测的内容、监测点布设、监测频率及报警值、监测方法、基坑变形监测数据处理、监测仪器及使用等内容。

11.1 基坑监测基础知识

11.1.1 基坑工程监测概述

随着深基坑的大量涌现，基坑工程事故的发生数量也在不断增加，其造成的经济损失和社会影响也越来越大。因此，加强对施工过程中基坑围护体及周边环境的监测也越来越受到重视。

由于基坑工程中土体和结构的受力性质及地质条件复杂，在基坑支护结构设计和变形预估时，通常对地层条件和支护结构进行一定的简化和假定，因而与工程实际存在一定的差异；同时由于基坑支护体系所承受的土压力等荷载存在着较大的不确定性，加之基坑开挖与支护结构施工过程中基坑工作性状存在的时空效应，以及气象、地面堆载和施工等偶然因素的影响，使得在基坑工程设计时，对构件内力计算以及结构和土体变形的预估与工程实际情况之间存在较大的差异。因此，通过对实测数据的分析可以验证和改进设计的计算和方法。基坑工程事故的发生伴随着基坑围护体及临近土体结构的破坏，从而导致周边土体应力状态的显著改变，使临近土体发生明显的变形，当周边建筑物、道路和管线距离基坑较近时，会造成邻近建筑物的倾斜和开裂，以及管道的渗漏等事故。因此，在基坑施工过程中，对基坑支护结构、基坑周围的土体和相邻的建（构）筑物进行全面、系统的监测十分必要。

1. 基坑工程监测的目的

（1）为施工开展提供及时的反馈信息。

（2）作为设计与施工的重要补充手段。

（3）作为施工开挖方案修改的依据。

（4）积累经验以提高基坑工程的设计和施工水平。

2. 基坑工程现场监测的对象

（1）支护结构。

（2）相关的自然环境。

（3）施工工况。

（4）地下水状况。

（5）基坑底部及周围土体。

（6）周围建（构）筑物。

（7）周围地下管线及地下设施。

（8）周围重要的道路。

（9）其他应监测的对象。

3. 基坑工程等级

基坑工程等级见表 11.1。

表 11.1 基 坑 工 程 等 级

等级	分 类 标 准
一级	（1）重要工程或支护结构做主体结构的一部分； （2）开挖深度大于 10m； （3）与邻近建筑物、重要设施的距离在开挖深度以内的基坑； （4）基坑范围内有历史文物、近代优秀建筑、重要管线等需严加保护的基坑
二级	一级和三级外的基坑属二级基坑
三级	开挖深度小于 7m，且周围环境无特别要求时的基坑

4. 基坑工程施工监测的内容及监测设备

基坑工程施工监测的内容及监测设备见表 11.2。

表 11.2 基坑工程施工监测内容及监测设备

序号	监测对象	监测内容	监测仪器和仪表
（一）		围 护 结 构	
1	围护桩墙	桩墙顶水平位移与沉降	全站仪、水准仪等
		桩墙深层位移	测斜仪等
		桩墙内力	钢筋应力传感器、频率仪等
		桩墙水土压力	压力盒、孔隙水压力探头、频率仪等
2	水平支撑	轴力	钢筋应力传感器、位移计、频率仪等
3	围檩、圈梁	内力	钢筋应力传感器、频率仪等
		水平位移	全站仪等
4	立柱	沉降	水准仪等
5	坑底土层	隆起	水准仪等
6	坑内地下水	水位	监测井、孔隙水压力探头、频率仪等
（二）		周 围 环 境	
7	周围土层	分层沉降	分层沉降仪、频率仪等
		水平位移	全站仪等
8	地下管线	沉降	水准仪等
		水平位移	全站仪等

序号	监测对象	监测内容		监测仪器和仪表
9	周围建筑	沉降		水准仪等
		倾斜		全站仪等
		裂缝		裂缝监测仪等
10	坑外地下水	水位		监测井、孔隙水压力探头、频率仪等
		分层水压		孔隙水压力探头、频率仪等

5. 基坑工程监测项目要求

基坑工程监测项目要求见表 11.3。

表 11.3　　　　　　　　　　　　　基坑工程监测项目要求

监 测 项 目		一级	二级	三级
（坡）顶水平位移		应测	应测	应测
墙（坡）顶竖向位移		应测	应测	应测
围护墙深层水平位移		应测	应测	宜测
土体深层水平位移		应测	应测	宜测
墙（桩）体内力		宜测	可测	可测
支撑内力		应测	宜测	可测
立柱竖向位移		应测	宜测	可测
锚杆、土钉拉力		应测	宜测	可测
坑底隆起	软土地区	宜测	可测	可测
	其他地区	可测	可测	可测
土压力		宜测	可测	可测
孔隙水压力		宜测	可测	可测
地下水位		应测	应测	宜测
土层分层竖向位移		宜测	可测	可测
墙后地表竖向位移		应测	应测	宜测
周围建（构）筑物变形	竖向位移	应测	应测	应测
	倾斜	应测	宜测	可测
	水平位移	宜测	可测	可测
	裂缝	应测	应测	应测
周围地下管线变形		应测	应测	应测

注　基坑类别的划分按照国家标准《建筑地基基础工程施工质量验收规范》（GB 50202—2002）执行。

基坑施工前应对周边建（构）筑物和有关设施的现状、裂缝开展情况等进行前期调查，并详细记录或拍照、摄像，作为施工前档案资料。前期调查范围宜达到基坑边线以外3倍基坑深度。监测范围宜达到基坑边线以外2倍以上的基坑深度，并符合工程保护范围的规定，或按工程设计要求确定。

6. 巡视检查

变形监测除用先进的仪器设备测量监测点的变形量外，还应配合巡检工作，可早期发现基坑不稳定因素。巡检工作是变形监测中的基本方法之一，配合先进仪器监测，是防止基坑及周围环境隐患事故发生的重要手段。巡检主要依靠人的感觉器官（手、眼、鼻），对基坑及周围环境进行检查。巡检人员应由有高度责任感和丰富的监测经验并有一定的人员承担。

巡视检查的内容包括：支护结构、施工工况、周边环境、监测设施。

巡视检查的基本要求：

（1）巡检工作的频率与仪器监测频率相同，但监测点变形量达到报警地段应重点检查。

检查地段主要在：

1）支撑差异沉降或支撑受力较大地段。

2）基坑渗水、流沙地段。

3）周围地表土体沉降段。

4）周围房屋沉降段。

5）管线变形报警地段。

6）在搅拌桩施工时，在施工段 30m 范围内，对地表、道路、地下管线、建筑物等进行裂缝观察。

7）其他异常段。

（2）巡检记录应当归档。

（3）裂缝观察的内容主要指裂缝的长度、宽度，除了用裂缝计及仪器观察外，还可用下列方法测量裂缝的宽度与长度，供选择使用。

1）沿裂缝嵌入石膏粉。

2）裂缝拓片对比。

3）使用厘米（或毫米）量板。

4）对裂缝定期照相。

7. 监测方案编写的依据

《建筑基坑工程监测技术规范》（GB 50497—2009）规定，监测单位在基坑工程施工前须制定合理的监测方案。监测方案应包括工程概况、监测依据、监测目的、监测项目、测点布置、监测方法及精度、监测人员及主要仪器设备、监测频率、监测报警值、异常情况下的监测措施、监测数据的记录制度和处理方法、工序管理及信息反馈制度等。编写监测方案有关的规范及依据：

（1）《工程测量规范》（GB 50026—2020）。

（2）《建筑基坑工程监测技术规范》（GB 50497—2009）。

（3）《建筑变形测量规程》（JGJ 8—2016）。

（4）有关的地方规范和规程。

（5）岩土工程勘察成果文件。

（6）基坑工程设计说明书及图纸。

（7）基坑工程影响范围内的道路、地下管线、地下设施及周边建筑物的有关资料。

11.1.2 监测点布设原则

（1）基坑边坡顶部的水平位移和竖向位移监测点应沿基坑周边布置，基坑周边中部、阳角处应布置监测点。监测点间距不宜大于 20m，每边监测点数目不应少于 3 个。监测点宜设置在基坑边坡坡顶上。

（2）围护墙顶部的水平位移和竖向位移监测点应沿围护墙的周边布置，围护墙周边中部、阳角处应布置监测点。监测点间距不宜大于 20m，每边监测点数目不应少于 3 个。监测点宜设置在冠梁上，布置在两根支撑的中间部位，布置在围护墙侧向变形（测斜）监测点处。

（3）围护墙深层水平位移监测孔宜布置在围护墙周边的中心处，间距宜为 20～50m，每边至少应设 1 个监测孔。

当用测斜仪观测深层水平位移时，设置在围护墙内的测斜管深度不宜小于围护墙的入土深度。

（4）围护墙内力监测点应布置在受力、变形较大且有代表性的部位，监测点数量和横向间距视具体情况而定，但每边至少应设 1 处监测点。竖直方向监测点应布置在弯矩较大处，监测点间距宜为 3～5m。监测点平面间距宜为 20～50m。

（5）支撑内力监测点的布置应符合下列要求：

1）监测点宜设置在支撑内力较大或在整个支撑系统中起关键作用的杆件上。

2）每道支撑的内力监测点不应少于 3 个，各道支撑的监测点位置宜在竖向保持一致。

3）钢支撑的监测截面根据测试仪器宜布置在支撑长度的 1/3 部位或支撑的端头，每个截面内传感器埋设不应少于 2 个。钢筋混凝土支撑的监测截面宜布置在支撑长度的 1/3 部位，每个截面内传感器埋设不宜少于 3 个。

4）每个监测点截面内传感器的设置数量及布置应满足不同传感器测试要求。

（6）立柱的竖向位移监测点宜布置在基坑中部、多根支撑交汇处、施工栈桥下、地质条件复杂处的立柱上，监测点不宜少于立柱总根数的 10%，逆作法施工的基坑不宜少于 20%，且不应少于 5 根。

监测点竖直布置在受力较大的立柱上，每个截面内传感器埋设不应少于 3 个，监测点宜布置在坑底以上立柱长度的 1/3 部位。

（7）锚杆的拉力监测点应选择在受力较大且有代表性的位置，基坑每边跨中部位和地质条件复杂的区域宜布置监测点。每层锚杆的拉力监测点数量应为该层锚杆总数的 1%～3%，并不应少于 3 根。每层监测点在竖向上的位置宜保持一致。每根杆体上的测试点应设置在锚头附近位置。

（8）土钉的拉力监测点应沿基坑周边布置，基坑周边中部、阳角处宜布置监测点。监测点水平间距不宜大于 30m，每层监测点数目不应少于 3 个。各层监测点在竖向上的位置宜保持一致。每根杆体上的测试点应设置在受力、变形有代表性的位置。

（9）基坑底部隆起监测点应符合下列要求：

1）监测点宜按纵向或横向剖面布置，剖面应选择在基坑的中央、距坑底边约 1/4 坑底宽度处以及其他能反映变形特征的位置。数量不应少于 2 个。纵向或横向有多个监测剖面时，其间距宜为 20～50m。

2）同一剖面上监测点横向间距宜为 10～20m，数量不宜少于 3 个。

（10）围护墙侧向土压力监测点的布置应符合下列要求：

1）监测点应布置在受力、土质条件变化较大或有代表性的部位。

2）平面布置上基坑每边不宜少于 2 个测点，监测点平面间距宜为 20～50m。在竖向布置上，测点间距宜为 2～5m，测点下部宜密。

3）当按土层分布情况布设时，每层应至少布设 1 个测点，且布置在各层土的中部。

4）土压力盒应紧贴围护墙布置，宜预设在围护墙的迎土面一侧。

（11）孔隙水压力监测点宜布置在基坑受力、变形较大或有代表性的部位。监测点竖向布置宜在水压力变化影响深度范围内按土层分布情况布设，监测点竖向间距一般为 2～5m，并不宜少于 3 个。

（12）基坑内地下水位监测点的布置应符合下列要求：

1）当采用深井降水时，水位监测点宜布置在基坑中央和两相邻降水井的中间部位；当采用轻型井点、喷射井点降水时，水位监测点宜布置在基坑中央和周边拐角处，监测点数量视具体情况确定。

2）水位监测管的埋置深度（管底标高）应在最低设计水位之下 3～5m。对于需要降低承压水水位的基坑工程，水位监测管埋置深度应满足降水设计要求。

（13）基坑外地下水位监测点的布置应符合下列要求：

1）水位监测点应沿基坑周边、被保护对象（如建筑物、地下管线等）周边或在两者之间布置，监测点间距宜为 20～50m。相邻建（构）筑物、重要的地下管线或管线密集处应布置水位监测点，如有止水帷幕，宜布置在止水帷幕的外侧约 2m 处。

2）水位监测管的埋置深度（管底标高）应控制在地下水位下 3～5m。对于需要降低承压水水位的基坑工程，水位监测管埋置深度应满足设计要求。

3）回灌井点观测井应设置在回灌井点与被保护对象之间。

（14）土体深层侧向变形（测斜）监测点布置应符合下列要求：测点应布置在邻近需要重点监护的地下设施或建（构）筑物周围的土体中，测点布置间距宜为围护墙侧向变形监测点布置间距的 1～2 倍，并宜布置在围护墙顶部水平位移监测点旁，每侧边监测点至少 1 个；土体侧向变形监测（测斜）孔埋设深度宜大于围护墙（桩）埋深的 5～10m。

（15）土体分层垂直位移监测点布置应符合下列要求：监测点应布置在紧邻保护对象处，监测点在竖向上宜布置在各土层分界面上，在厚度较大土层中部应适当加密；测点布置深度宜大于 2.5 倍基坑开挖深度，且不应小于基坑围护结构以下 5～10m。

（16）周边建（构）筑物的测点布置原则：

1）从基坑边缘以外 1～3 倍开挖深度范围内需要保护的建（构）筑物、地下管线等均应作为监控对象。必要时，应扩大监控范围。

2）位于重要保护对象（如地铁、上游引水、合流污水等）安全保护区范围内的监测点的布置，应满足相关部门的技术要求。

3）建（构）筑物的竖向位移监测点布置应符合下列要求：①建（构）筑物四角、沿外墙每 10～15m 处或每隔 2～3 根柱基上，且每边不少于 3 个监测点；②不同地基或基础的分界处；③建（构）筑物不同结构的分界处；④变形缝、抗震缝或严重开裂处的两侧；

⑤新、旧建筑物或高、低建筑物交接处的两侧；⑥烟囱、水塔和大型储仓罐等高耸构筑物基础轴线的对称部位，每一构筑物不得少于4点。

4）建（构）筑物的水平位移监测点应布置在建筑物的墙角、柱基及裂缝的两端，每侧墙体的监测点不应少于3处。

5）建（构）筑物倾斜监测点应符合下列要求：①监测点宜布置在建（构）筑物角点、变形缝或抗震缝两侧的承重柱或墙上；②监测点应沿主体顶部、底部对应布设，上、下监测点应布置在同一竖直线上；③当采用铅锤观测法、激光铅直仪观测法时，应保证上、下测点之间具有一定的通视条件。

6）建（构）筑物的裂缝监测点应选择有代表性的裂缝进行布置，在基坑施工期间当发现新裂缝或原有裂缝有增大趋势时，应及时增设监测点。每一条裂缝的测点至少设2组，裂缝的最宽处及裂缝末端宜设置测点。

7）地下管线监测点的布置应符合下列要求：①应根据管线年份、类型、材料、尺寸及现状等情况，确定监测点设置；②监测点宜布置在管线的节点、转角点和变形曲率较大的部位，监测点平面间距宜为15～25m，并宜延伸至基坑以外20m；③上水、煤气、暖气等压力管线宜设置直接监测点，直接监测点应设置在管线上，也可以利用阀门开关、抽气孔以及检查井等管线设备作为监测点；④在无法埋设直接监测点的部位，可利用埋设套管法设置监测点，也可采用模拟式测点将监测点设置在靠近管线埋深部位的土体中。

8）基坑周边地表竖向沉降监测点的布置范围宜为基坑深度的1～3倍，监测剖面宜设在坑边中部或其他有代表性的部位，并与坑边垂直，监测剖面数量视具体情况确定。每个监测剖面上的监测点数量不宜少于5个。

9）土体分层竖向位移监测孔应布置在有代表性的部位，数量视具体情况确定，并形成监测剖面。同一监测孔的测点宜沿竖向布置在各层土内，数量与深度应根据具体情况确定，在厚度较大的土层中应适当加密。

11.1.3　监测频率及报警值

1. 监测频率

监测项目的监测频率应考虑基坑工程等级、基坑及地下工程的不同施工阶段以及周边环境、自然条件的变化。当监测值相对稳定时，可适当降低监测频率。对于应测项目，在无数据异常和事故征兆的情况下，开挖后仪器监测频率的确定可参照表11.4。

表 11.4　　　　　　　　　　　现场仪器的监测频率

基坑类别	施工进程		基坑设计开挖深度			
			≤5m	5～10m	10～15m	>15m
一级	开挖深度 /m	≤5	1次/1d	1次/2d	1次/2d	1次/2d
		5～10		1次/1d	1次/1d	1次/1d
		>10			2次/1d	2次/1d
	底板浇筑 后时间/d	≤7	1次/1d	1次/1d	2次/1d	2次/1d
		7～14	1次/3d	1次/2d	1次/1d	1次/1d
		14～28	1次/5d	1次/3d	1次/2d	1次/1d
		>28	1次/7d	1次/5d	1次/3d	1次/3d

基坑类别	施工进程		基坑设计开挖深度			
			≤5m	5～10m	10～15m	>15m
二级	开挖深度 /m	≤5	1 次/2d	1 次/2d		
		5～10		1 次/1d		
	底板浇筑 后时间/d	≤7	1 次/2d	1 次/2d		
		7～14	1 次/3d	1 次/3d		
		14～28	1 次/7d	1 次/5d		
		>28	1 次/10d	1 次/10d		

注 1. 当基坑工程等级为三级时，监测频率可视具体情况要求适当降低。

2. 基坑工程施工至开挖前的监测频率视具体情况确定。

3. 宜测、可测项目的仪器监测频率可视具体情况要求适当降低。

4. 有支撑的支护结构各道支撑开始拆除到拆除完成后 3d（d 指"天"）内监测频率应为 1 次/1d。

当出现下列情况之一时，应加强监测，提高监测频率，并及时向委托方及相关单位报告监测结果：

（1）监测数据达到报警值。

（2）监测数据变化量较大或者速率加快。

（3）存在勘察中未发现的不良地质条件。

（4）超深、超长开挖或未及时加撑等未按设计施工。

（5）基坑及周边大量积水、长时间连续降雨、市政管道出现泄漏。

（6）基坑附近地面荷载突然增大或超过设计限值。

（7）支护结构出现开裂。

（8）周边地面出现突然较大沉降或严重开裂。

（9）邻近的建（构）筑物出现突然较大沉降、不均匀沉降或严重开裂。

（10）基坑底部、坡体或支护结构出现管涌、渗漏或流沙等现象。

（11）基坑工程发生事故后重新组织施工。

（12）出现其他影响基坑及周边环境安全的异常情况。

当有危险事故征兆时，应实时跟踪监测。

2. 监测报警值

（1）周边环境监测报警值的限值应根据主管部门的要求确定，如无具体规定，可参考表 11.5 确定。

表 11.5 建筑基坑工程周边环境监测报警值

监测对象			累计值		变化速率 /(mm/d)	备 注
			绝对值/mm	倾斜		
1	地下水位变化		1000	—	500	—
2	管线 位移	刚性 管道	压力	10～30	—	1～3	直接观察 点数据
			非压力	10～40	—	3～5	
		柔性管线		10～40	—	3～5	—

续表

监测对象		累计值		变化速率/(mm/d)	备注
		绝对值/mm	倾斜		
3	邻近建（构）筑物 最大沉降	10～60	—	—	—
	差异沉降	—	2/1000	0.1H/1000	—

注　1. H 为建（构）筑物承重结构高度。

　　2. 第 3 项累计值取最大沉降和差异沉降两者的小值。

（2）基坑及支护结构监测报警值应根据监测项目、支护结构的特点和基坑等级确定，可参考表 11.6。

表 11.6　　　　　　　　　　　　基坑及支护结构监测报警值

序号	监测项目	支护结构类型	一级 累计值/mm	一级 相对基坑深度(h)控制值	一级 变化速率/(mm/d)	二级 累计值/mm	二级 相对基坑深度(h)控制值	二级 变化速率/(mm/d)	三级 累计值/mm	三级 相对基坑深度(h)控制值	三级 变化速率/(mm/d)
1	墙（坡）顶水平位移	放坡、土钉墙、喷锚支护、水泥土墙	30～35	0.3%～0.4%	5～10	50～60	0.6%～0.8%	10～15	70～80	0.8%～1.0%	15～20
		钢板桩、灌注桩、型钢水泥土墙、地下连续墙	25～30	0.2%～0.3%	2～3	40～50	0.5%～0.7%	4～6	60～70	0.6%～0.8%	8～10
2	墙（坡）顶竖向位移	放坡、土钉墙、喷锚支护、水泥土墙	20～40	0.3%～0.4%	3～5	50～60	0.6%～0.8%	5～8	70～80	0.8%～1.0%	8～10
		钢板桩、灌注桩、型钢水泥土墙、地下连续墙	10～20	0.1%～0.2%	2～3	25～30	0.3%～0.5%	3～4	35～40	0.5%～0.6%	4～5
3	围护墙深层水平位移	水泥土墙	30～35	0.3%～0.4%	2～3	50～60	0.6%～0.8%	4～6	70～80	0.8%～1.0%	8～10
		钢板桩	50～60	0.6%～0.7%		80～85	0.7%～0.8%		90～100	0.9%～1.0%	
		灌注桩、型钢水泥土墙	45～55	0.5%～0.6%		75～80	0.7%～0.8%		80～90	0.9%～1.0%	
		地下连续墙	40～50	0.4%～0.5%		70～75	0.7%～0.8%		80～90	0.9%～1.0%	
4	立柱竖向位移		25～35		2～3	35～45		4～6	55～65		8～10
5	基坑周边地表竖向位移		25～35		2～3	50～60		4～6	60～80		8～10
6	坑底回弹		25～35		2～3	50～60		4～6	60～80		8～10

续表

序号	监测项目	支护结构类型	基坑类别								
			一级			二级			三级		
			累计值/mm	相对基坑深度（h）控制值	变化速率/(mm/d)	累计值/mm	相对基坑深度（h）控制值	变化速率/(mm/d)	累计值/mm	相对基坑深度（h）控制值	变化速率/(mm/d)
7	支撑内力										
8	墙体内力										
9	锚杆拉力			(60%~70%)f			(70%~80%)f			(80%~90%)f	
10	土压力										
11	孔隙水压力										

注　1. h 为基坑设计开挖深度；f 为设计极限值。

　　2. 累计值取绝对值和相对基坑深度（h）控制值两者的小值。

　　3. 当监测项目的变化速率连续 3 天超过报警值的 50%，应报警。

当出现下列情况之一时，必须立即报警，若情况比较严重，应立即停止施工，并对基坑支护结构和周边的保护对象采取应急措施。

1）当监测数据达到报警值。

2）基坑支护结构或周边土体的位移出现异常情况或基坑出现渗漏、流沙、管涌、隆起或陷落等。

3）基坑支护结构的支撑或锚杆体系出现过大变形、压屈、断裂、松弛或拔出的迹象。

4）周边建（构）筑物的结构部分、周边地面出现可能发展的变形裂缝或较严重的突发裂缝。

5）根据当地工程经验判断，出现其他必须报警的情况。

11.2　监测仪器简介

11.2.1　振弦式孔隙水压力计

振弦式孔隙水压力计（渗压计）如图 11.1 所示。

1. 主要技术指标

现在以 JTM 系列型振弦式孔隙水压力计为例介绍其技术指标（表 11.7）。

振弦式孔隙水压力计是一种供长期测量混凝土或地基内的孔隙（渗透）水压力，并可同步测量埋设点温度的数字式压力传感器。加装配套附件即可在测压管、地基钻孔中使用。

图 11.1　振弦式孔隙水压力计

表 11.7　　　　　　　　JTM 系列型振弦式孔隙水压力计技术指标

型号	JTM - V3000	JTM - V3000B	JTM - V3000E（F）	JTM - V3000A	JTM - V3000C
规格	2、4、6、8、10、16、25、40			1、2、4、6、8、10、16、25、40	
外形尺寸　最大直径/mm	58	58	30	117～128	
长度/mm		250	130	28～40	
压力测量范围/MPa	0.2、0.4、0.6、0.8、1.0、1.6、2.5、4.0			0.1、0.2、0.4、0.6、0.8、1.0、1.6、2.5、4.0	
分辨率/(%F・S)	≤0.07	≤0.05		≤0.07	≤0.05
测量范围/℃	−25～+60				
测量精度/℃	±0.5				

2. 埋 设 与 安 装

孔隙水压力计的埋设可采用钻孔法和压入法。孔隙水压力计探头埋设前符合下面两个要求：

（1）进水条件：必须确保仪器的进水口畅通，谨防水泥浆堵塞进水口，为此应在进水口用中砂、细砂做成人工的过滤层，滤层直径为 8cm。

（2）仪器预饱和：孔隙水压力计前盖空腹内有一定容积，需要一定的水量才能充填满。因此，在仪器埋设前必须将前盖空腹装满水，排除水泡，滤层的中细砂也需充分饱和。同时要防止上下层水压力的贯通。

孔隙水压力计的埋设方法如下：

（1）钻孔法。埋设点采用钻机钻孔，钻孔直径宜为 110～130mm，不宜使用泥浆护壁成孔，钻孔应圆直、干净；达到要求的深度或标高后，先在孔底填入部分干净的砂，然后将探头放入，再在探头周围填砂，最后采用直径 10～20mm 的干燥膨润土球将钻孔上部封好，使得探头测得的是该标高土层的孔隙水压力。

采用钻孔法施工时，泥浆护壁成孔后钻孔不易清洗干净，会引起孔隙水压力计前端透水石的堵塞。因此原则上不得采用泥浆护壁工艺成孔。如因地质条件差，不得不采用泥浆护壁时，钻孔完成之后，需用清水洗孔，直至泥浆全部清除为止。接着，在孔底填入部分净砂后，将孔隙水压计送至设计标高，再在周围填上约 0.5m 高的净砂作为滤层。其技术关键在于保证探头周围垫砂渗水流畅，其次是断绝钻孔上部的向下渗漏。若采用这种一钻多探头方法埋设则应保证封口质量，需要用干土球或膨胀性钻土将各个探头进行严格相互隔离，防止上下层水压力形成贯通，否则达不到测定各土层孔隙水压力变化的作用。

封口是孔隙水压力计埋设质量好坏的关键工序。封口材料宜使用塑性指数不小于 17 的干燥钻土球，最好采用膨润土。封口时应从滤层顶一直封至孔口，如在同一钻孔中埋设多个探头，则封至上一个孔隙水压力计的深度。一般来说，为保证封口质量，孔隙水压力计之间的间距应大于 1.0m，以免水压力贯通。在地层的分界处附近埋设孔隙水压力计时应十分谨慎，滤层不得穿过滤水层，避免上下层水压力的贯通。

（2）压入法。采用压入法时宜在无硬壳层的软土层中使用，用外力将孔隙水压力计缓缓压入土中至设计埋设标高。如土质稍硬，则可先用钻孔法钻入到软土层再采用压入的方法埋设。

无论采用哪一种方法埋设，都要扰动地层，有可能产生超孔隙水压力，使初始孔隙水压力发生变化。为使这一变化对后期测量数据的影响减小到最低限度，一般应在基坑施工前2～3周埋设，有利于超孔隙水压力的消散，得到的初始值更加合理。

孔隙水压力计埋设后应测量初始值，且宜逐日量测1周以上并取得稳定初始值。并应在孔隙水压力监测的同时测量孔隙水压力计埋设位置附近的地下水位，以便在计算中去除水位变化影响，获得真实的超孔隙水压力值。

3. 测量及计算

（1）JTM系列振弦式孔隙水压力计的手工测量用JTM - V10系列或其他型号振弦频率读数仪完成。测量完成后，记录传感器的频率值（或频率模数值）、温度值、仪器编号、设计编号和测量时间。

（2）振弦式孔隙水压力的计算公式：

$$p = K(f^2 - f_0^2) + b\Delta T + B \tag{11.1}$$

式中　p——被测孔隙水压力值，MPa；

K——仪器标定系数，MPa/Hz^2；

f——孔隙水压力计实时测量频率值，Hz；

f_0——孔隙水压力计基准值频率值，Hz；

b——孔隙水压力计的温度修正系数，MPa/℃；

ΔT——孔隙水压力计的温度实时测量值相对于基准值的变化量，℃；

B——孔隙水压力计的计算修正值，MPa。

注：频率模数 $F = f^2 \times 10^{-3}$。

11.2.2　振弦式土压力计

振弦式土压力计如图11.2所示，它适用于长期测量土石坝、防波堤、护岸、码头岸壁、高层建筑、管道基础、桥墩、挡土墙、隧道、地铁、防渗墙结构等建筑基础与土体的压应力的监测。

图11.2　振弦式土压力计

1. 埋设与安装

土压力计埋设于土压力变化的部位，即压力曲线变化处，用于监测界面土压力。土压力计水平埋设间距原则上为盒体间距的3倍以上（≥0.6m），垂直间距与水平间距同，土压力计的受压面须面对欲测量的土体。埋设时，承受土压力计的土面须严格整平，回填的土料应与周围土料相同（去除石料），小心用人工分层夯实，土压力计及其他电缆上压实的填土超过1m以上，方可用重型碾压机施工。

压力盒的埋设方法如下：

（1）挂布法。挂布法的基本方法是将土压力传感器按监测方案设定的布设位置，首先安装在预先制备的维尼龙或帆布挂帘上，在设计位置上缝制口袋，装入土压力盒，使压力膜向外。然后将维尼龙或帆布平铺在需要量测土压力的钢筋笼表面并与钢筋笼绑扎固定。挂帘随钢筋笼一起吊入槽孔,放入导管浇筑水下混凝土。由于混凝土在布帘的内侧,因而利用流塑状混凝土的侧向挤压力将挂帘连同土压力盒一起压向槽壁,并随水下混凝土液面上升所造成的侧压力增大,使得土压力盒与土层垂直面密贴。在下钢筋笼时应要有监测人员在现场,保护土压力盒、导线以及布帘不受损坏。浇筑混凝土时,应通过接表,观测压力盒压力逐步增大的情况。

挂布法的特点是方法可靠,埋设元件成活率高。缺点在于所需材料和工作量大,由于大面积铺设很可能改变量测槽段或桩体的摩擦效应,影响结构受力。此法更适用于地下连续墙施工的监测。

(2)顶入法。顶入法有气压顶和液压顶两种方法,其基本原理是将土压力盒安装在小型千斤顶端头,将千斤顶水平固定在钢筋笼对应于土压力量测的位置。在钢筋笼吊入槽段后,通过连接管道将气压或液压传送驱动千斤顶活塞腔,利用千斤顶活塞杆将压力盒推向槽壁土层。当读数表明压力盒表面与槽壁土层有所接触后,适当增大推力以读取压力盒初始值,维持该值至流态混凝土液面抵达压力盒所在标高以上之后再卸载。顶入法操作简便,效果理想,但需将千斤顶埋入桩墙,投入成本较高。

(3)弹入法。弹入法的原理与顶入法大致相同,但其顶力来自弹簧装置,成本可大大降低。主要由弹簧、钢架和限位插销三部分组成。首先将装有压力盒的机械装置焊接在钢筋笼上,利用限位插销将弹簧压缩贮存向外弹力的能量,待钢筋笼吊入槽孔之后,在地面通过牵引铁丝将限位插销拔除,由弹簧弹力将压力盒推向土层侧壁,根据压力盒读数的变化可判定压力盒安装状况。从实际使用情况看,所埋设的压力盒具有较高的成活率,基本上未出现钢膜被砂浆包裹的情况。

弹入法的关键在于必须保证弹入装置具备足够的量程,保证压力盒抵达槽壁土层,同时需与地墙施工单位密切配合,在限位插销拔除诸方面做到万无一失。上述三种方法适用于地下连续墙类的刚度较大的支护结构。

(4)插入法。在钢筋混凝土柔性板桩或钢板桩的土压力量测位置上预留孔洞,然后将土压力盒镶嵌在板桩上,使其压力膜与待测土压力的结构面平齐,在压力盒的后面应配以具有良好刚度的支架,其在土压力作用下不产生任何位移,以保证测量的可靠性。最后,土压力盒随板桩打入土层中。此法用于入土深度不大的柔性挡土支护结构。

(5)钻孔法。对于因受施工条件或结构形式限制,只能在成桩或成墙之后埋设压力盒的情况,通常采用在墙后或桩后钻孔、沉放和回填的方式埋设。测量桩(墙)后土压力时,孔位与桩(墙)的距离要适当,一般可控制在1m左右。距离过小容易引起塌孔,距离过大则与桩(墙)后的实际土压力相差太大。成孔时,根据土质状况决定是否采用泥浆护壁,同时将土压力盒按不同设计标高固定在钢筋支架上,等到钻孔完毕,立即放入带钢筋支架的土压力盒,注意压力膜应与所测土压力的方向对应。随后,向孔内回填细砂堆至孔口。由于回填砂需要一定的时间才能充分固结,因而,采用钻孔法埋设的土压力盒的前期数据偏小,只有当回填材料充分固结后才能较为准确地反映实际土压力。所以,采用钻孔法要在正式测量前一个月左右进行埋设施工。另外,考虑到钻孔位置与桩(墙)本身存在一定的距离,因而测读到的数据与桩(墙)实际所受到的土压力有一定的近似性,一般认为，测读到的主动土压力值偏大，被动土压力值偏小。因此成果资料整理时应予以注意。钻孔法埋设测试元件工程适应性强，特别适用于预制打入式排桩结构。由于钻孔回填砂石的固结需要一定的时间，因而传感器前期数据偏小。另外，考虑钻孔位置与桩墙之间不可能直接密贴，需要保持一段距离，因而测得的数据与桩墙作用荷载相比有一定的近似，这是钻孔法不及上述挂布法、顶入法和弹入法之处。

（6）埋置法。监测基底反力或地下室侧墙的回填土压力可用埋置法。在结构物基底埋置土压力盒时可先将其埋设在预制的混凝土块内，整平地面，然后将土压力盒放上，并将预制块浇筑在基底内。在结构物侧面安装土压力盒，应在混凝土浇筑到预定标高处，将土压力盒固定在测量位置上，压力膜必须与结构外表面平齐。采用埋置法施工时，应注意尽量减少对原状土体的扰动，土压力盒周围回填土的性状要与附近土体一致，否则会引起应力重分布。压力计埋设在围护墙构筑期间或完成后均可进行。若在围护墙完成后进行，由于土压力计无法紧贴围护墙埋设，因而所测数据与围护墙上实际作用的土压力有一定差别。若土压力计埋设与围护墙构筑同期进行，则须解决好土压力计在围护墙迎土面上的安装问题。在水下浇筑混凝土过程中，要防止混凝土将面向土层的土压力计表面钢膜包裹，使其无法感应土压力作用，造成埋设失败。另外，还要保持土压力计的承压面与土的应力方向垂直。

2. 测量及计算

振弦式土压力计的测量用振弦频率读数仪完成。测量完成后，记录传感器的频率值（或频率模数值）、温度值。

振弦式土压力的计算公式：

$$p = K(f^2 - f_0^2) + b\Delta T + B \tag{11.2}$$

式中　p——被测土压力，MPa；

　　K——仪器标定系数，MPa/Hz²；

　　f——土压力计实时测量频率模数值，Hz；

　　f_0——土压力计基准值频率模数值，Hz；

　　b——土压力计的温度修正系数，MPa/℃；

　　ΔT——土压力计的温度实时测量值相对于基准值的变化量，℃；

　　B——土压力计的计算修正值，MPa。

注：频率模数 $F = f^2 \times 10^{-3}$。

11.2.3　振弦式钢筋测力计

振弦式钢筋测力计即钢筋计如图 11.3 所示，它可埋设于各类建筑基础、桩、地下连续墙、隧道衬砌、桥梁、边坡、码头、船坞、闸门等混凝土工程及深基坑开挖安全监测中，测量混凝土内部的钢筋应力、锚杆的锚固力、拉拔力等。

1. 技术指标

现在以 JTM-V1000 型振弦式钢筋测力计为例介绍主要技术指标（表 11.8）。

图 11.3　振弦式钢筋测力计

表 11.8　　　　　　**JTM－V1000 型振弦式钢筋测力计技术指标**

规　格	$\phi10$、$\phi12$、$\phi14$、$\phi16$、$\phi18$、$\phi20$、$\phi22$、$\phi25$、$\phi28$、$\phi30$、$\phi32$、$\phi34$、$\phi36$、$\phi38$、$\phi40$	
测量范围	最大压应力：100MPa	最大拉应力：200MPa
分辨力/(%F・S)	≤0.12	≤0.06
非直线度/(%F・S)	≤1.0	
综合误差/(%F・S)	≤1.2	
温度测量范围/℃	$-25\sim+60$	
温度测量精度/℃	±0.5	

2. 埋设与安装

（1）钢筋计可在钢筋加工场预先与钢筋焊好，焊接时应将钢筋与钢筋计的连接杆对中之后采用对接法焊接在一起。如果在现场焊接，可在埋设钢筋计的位置上将钢筋截下相应的长度，之后将钢筋计焊上。为了保证焊接强度，在焊接处需加焊条，并涂沥青，包上麻布，以便与混凝土脱开。为了避免焊接时仪器温度过高而损坏仪器，焊接时仪器要包上湿麻布并不断在棉纱上浇冷水，直到焊接完毕后钢筋冷却到一定温度为止。

（2）一般直径小于 25mm 的仪器才能使用对焊机对焊，直径大于 25mm 的仪器不宜采用对焊焊接，现场电焊安装前应先将仪器及钢筋焊接处按电焊要求打好 $45°\sim60°$ 的坡口，并在接头下方垫上 10cm 略大于钢筋的角钢，以盛熔池中的钢液，焊缝的焊接强度应得到保证。

3. 测量及计算

振弦式钢筋测力计的测量用振弦频率读数仪完成。测量完成后，记录传感器的频率值（或频率模数值）、温度值。

计算公式：

$$P = K(f^2 - f_0^2) + b\Delta T + B \tag{11.3}$$

式中　　P——被测钢筋的荷载，kN；

　　　　K——仪器标定系数，kN/Hz^2；

　　　　f——钢筋计实时测量频率值，Hz；

　　　　f_0——钢筋计基准值频率值，Hz；

　　　　b——钢筋计的温度修正系数，kN/℃；

　　ΔT——钢筋计的温度实时测量值相对于基准值的变化量，℃；

　　　　B——钢筋计的计算修正值，kN。

注：频率模数 $F = f^2 \times 10^{-3}$。

11.2.4　钢尺水位计

JTM－9000 型钢尺水位计如图 11.4 所示，通常用于测量井、钻孔及水位管中的水位。

1. 主要技术指标

主要技术指标见表 11.9。

2. 结构原理

水位变化量的测读由两大部分组成：

图 11.4　JTM－9000 型钢尺水位计

（1）钢尺水位计：由测头、钢尺电缆、接收系统和绕线盘等部分组成。

表 11.9　　　　　　　　　　JTM－9000 型钢尺水位计技术指标

规格	30	50	100	150
测量深度/m	0～30	0～50	0～100	0～150
最小读数/mm	1.0			
重复性误差/mm	±2.0			
仪器重量/kg	3.5	4.5	6.5	10
工作电压/V	DC＝9			

1）测头：不锈钢制成，内部安装了水阻接触点，当触点接触到水面时，便会接通接收系统，当触点离开水面时，就会自动关闭接收系统。

2）钢尺电缆：由钢尺和导线采用塑胶工艺合二为一，既防止了钢尺锈蚀，又简化了操作过程，测读更加方便、准确。

3）接收系统：由音响器和峰值指示组成，音响器由蜂鸣器发出连续不断的蜂鸣声响，峰值指示为电压表指针指示，两者可通过拨动开关来选用，不管用何种接收系统，测读精度是一致的。

4）绕线盘：由绕线圆盘和支架组成，接收系统和电池全置于绕线盘的芯腔内，腔外绕钢尺电缆。

（2）水位管：由 PVC 工程塑料制成，主管内径 $\phi45mm$，外径 $\phi53mm$，连接管内径 $\phi53mm$，外径 $\phi63mm$，连接管套于两节主管接头处，起着连接固定作用。主管上打有四排 $\phi7mm$ 的孔，使水顺利进入管内，埋设时，应在卡管外包上土工布，并固定好，起过滤作用。

底盖：由注塑制成，安装在水位管的低端和顶端，能有效地防止泥沙进入，或异物掉入管内，从而避免影响测量。

3. 埋设与安装

埋设点采用钻机钻孔，将水位管放入孔中，然后在孔壁与水位管间填入细砂，在孔口用钻土封填。

4. 测量及计算

测量时，拧松绕线盘后的止紧螺丝，让绕线盘自由转动后，按下电源按钮（电源指示灯亮），把测头放入水管内，手拿钢尺电缆，让测头缓慢地向下移动，当测头的触点接触到水面时，接收系统的音响器便会发出连续不断的蜂鸣声，此时读写出钢尺电缆在管口处的深度尺寸，即为地下水位离管口的距离。

若是在噪声比较大的环境中测量时，蜂鸣声听不见，可改用峰值指示，只要把仪器面板上的选择开关拨至电压挡即可，测量方法同上，此时的测量精度与音响器测得的精度相同。

水位管内水面应以绝对高程表示，计算公式如下：

$$h = H - D \tag{11.4}$$

式中　　h——水位管内水面绝对高程，m；

　　　　H——水位管管口绝对高程，m；

D——水位管内水面距管口的距离，m。

11.2.5 测斜仪

1. JTM-U6000FB 型测斜仪

JTM-U6000FB 型测斜仪如图 11.5 所示，其主要技术指标如下。

图 11.5 JTM-U6000FB 型测斜仪

技术指标：

（1）探头尺寸：长 780mm、直径 ϕ28mm，导轮间距：500mm。

（2）测量精度：±0.01mm/500mm；分辨率：±2s，系统精度：±2mm/30m；数字量显示：45 位；记录方式：自动采集。

（3）角度测量范围：0°～±15°。

（4）测试深度最大 300m；水压 3MPa。

（5）工作电压：内置可充锂电池组。

（6）工作温度：－10～＋60℃。

（7）抗震性 50000g（国内最高 200g，进口 2000g）（彻底解决由于碰撞而损坏仪器的可能性）。

2. 测斜管的埋设

（1）钻孔。采用工程钻探机，一般采用 ϕ108cm 钻头钻孔，为了使管子顺利地安装到位，一般都需比安装深度深一些，它的原则是每 10m 多钻深 0.5m，即 10m＋0.5m＝10.5m、20m＋1m＝21m，以此类推。

（2）清孔。钻头钻到预定位置后，不要立即提钻，需把泵接到清水里向下灌清水，直至泥浆水变成清浑水为止，再提钻后立即安装。

（3）安装。安装的全过程可分以下三步：

1）管子的连接。管子一般有长度为 2m/根和 4m/根两种，需要一根一根地连接到设计的长度。连接的方法是采用插入连接法，首先拿起一根测斜管，在没有外接头的一端套上底盖，用三只 M4×10 自攻螺钉拧紧（这是每孔最下面的一节管子），然后向孔内下管子，每下一节管子向外接头内插一节管，必须注意的是一定要插到管子端平面相接为止，再用三只 M4×10 自攻螺钉把它固定好，才算该接头连接完毕，按此方法一直连接到设计的长度。

2）调整方向。管子安装到位后，需要调整方向后才能回填，调整方向的要求是，管子内壁上有两对凹槽，首先需把孔口以上那节测斜管上的外接头拿掉（松开三只螺钉就可以拿掉了）才能看清管内凹槽，需要把管内的一对凹槽垂直于测量面，转动管子就可以实行，一人转不动时，可用多人，转动前可先把管子向上提起后再转动对准，对准后再把管子压到位，方向就调整好了，盖上盖子，拧好螺钉就可以回填了。

3）向孔内回填。管子调整方向后可回填，回填的原料是现场用砂（中粗砂）或现场的细土，一边回填，一边轻轻地摇动管子，使之填实为止，回填速度千万不能太快，以免塞孔后回填料下不去形成空隙，最好时隔一两天后再检查一下，回填料若有下沉再回填满即可，管子周围加保护措施后，方可放心待后测量。

（4）注意事项。

1）下管子时为减少其浮力，可向管内充清水（自来水、河水等），一边下管子，另一边充清水，直至能顺利地放到位。清水也不能放得太多，否则管子会迅速下沉，使人抓不住而掉在孔中，无法继续工作。但管子全（一孔）下到位置后，一定要把清水充满，这样做可减少泥浆进入管内形成沉淀。

2）测斜管外面有一对凹槽，此槽是偏心地（为保证测斜管的精度，尽量减少扭角的产生，使其按管子的制作方向连接）与外接头内的凸槽相配合后把管子插入的，若插不下，把管子转动一个方向就可顺利地插入，因为该连接方法只有一个方向能插入，其余方向均插不进去。

3. 测量及计算

（1）测量方法（以 JTM-U6000FB 型测斜读数仪为例）。把测斜探头的接头接入到 JTM-U6000FB 型测斜读数仪的输入端口。然后按下开关键 2s，系统开机。此时液晶屏上显示有了两个按键，可用标牌上的左右导航键来进行选择。选中功能键后，轻触一下开关键（开机后用作确认键）确认，进入下拉式菜单选中测量再确认，就开始测量了。液晶屏上显示测斜探头输出的 X 轴、Y 轴的倾斜角度。如需测量其他测斜探头，把待测的测斜探头重新接入到读数仪的输入端口。

（2）计算公式。

1）倾斜角度计算公式：

$$\theta = K(V_i - V_0) \tag{11.5}$$

式中　θ——测斜仪的倾斜角度，(°)；

V_i——倾斜仪的当前输出值，mV；

V_0——倾斜仪的初始输出值，mV；

K——倾斜仪的转换系数，(°)/mV。

每一测段上、下导轮间相对水平偏差量 δ 用下式计算：

$$\delta = l \sin\theta$$

式中　l——上、下导轮间距；

θ——探头敏感轴与重力轴夹角。

2）测段 n 相对于起始点的水平偏差量 Δ_n，由从起始点起连续测试得到的水平偏差量累计而成

$$\Delta_n = \sum \delta_i = \sum L \sin\theta_i \tag{11.6}$$

式中　δ_i——i 测段的水平偏差量，mm；

Δ_n——测点 n 相对于起始点的水平偏差量；

L——上、下导轮间距，通常 $L=500\text{mm}$。

实际计算时，读数仪显示的数值一般已经是经计算转化而成的水平量，因此按仪器使用说明书中告知的计算式计算即可。注意不同厂家生产的测斜仪计算的差异。

11.2.6 钢尺沉降仪

JTM-8000 型钢尺沉降仪如图 11.6 所示，它与 PVC 沉降管（外径有 ϕ53mm、ϕ70mm 两种，对应内径分别为 ϕ45mm、ϕ60mm）和沉降磁环（图 11.7）及底盖配套使用，可用于在软土地基加固、土石坝、基坑开挖、回填、路堤等工程中，测量土体的分层沉降或隆起。

图 11.6　钢尺沉降仪

图 11.7　沉降管和磁环

1. 主要技术指标

JTM-8000 型钢尺沉降仪的主要技术指标见表 11.10。

表 11.10　　　　　　　　　JTM-8000 型钢尺沉降仪技术指标

规格	30	50	100	150
测量深度/m	0～30	0～50	0～100	0～150
最小读数/mm	1.0			
重复性误差/mm	±2.0			
仪器重量/kg	3.5	4.5	6.5	10
工作电压/V	DC＝9			

2. 土体分层沉降观测设备的安装方法

（1）用 ϕ108mm 钻头钻孔，为了使管子顺利地放到底，一般需比安装深度深一些，它的原则是 10m＋0.5m＝10.5m，20m＋1m＝21m，以此类推。

（2）清孔，钻头钻到预定的位置后，不要立即提钻，需把泵接至清水里向下灌清水，直至泥浆水变成清浑水为止，再提钻后安装。

（3）安装管子的连接采用外接头，一边下管子一边向管子内注入清水（管子浮力太大时）。

（4）磁环的安装，按设计要求在每节管子上套上磁环和定位环，并用螺丝固定定位环，然后再把管子插入外接头内，拧紧螺钉，这样边接边向下放到设计深度止。

（5）若磁环的间隔距离不是正好 2m 时，可采取调节管子长短来实现，也可采用管子上套定位环的办法解决，但要掌握一个原则：磁环向下要有足够的沉降距离，必须满足其设计要求。

（6）沉降管放到设计要求后，盖上盖子就可以进行回填。回填原料为现场干细土或中粗沙，回填速度千万不能太快，以免堵塞后回填料进不去，从而形成空隙。

3. 使用方法

PVC沉降管是沉降测量系统中的主导管，外安装沉降环，内放入沉降仪探头进行沉降量的测量。

沉降磁环是沉降测量系统中的关键部件，外壳注塑成形，内安装磁性材料，与沉降仪的探头性能相配合。

4. 测量及计算

测量时，拧松绕线盘后面的止紧螺丝，让绕线盘转动自由后，按下电源按钮（电源指示灯亮），把测头放入导管内，手拿钢尺电缆，让测头缓慢地向下移动，当测头接触到土层中的磁环时，接收系统的音响器便会发出连续不断的蜂鸣声，此时读写出钢尺电缆在管口处的深度尺寸，这样一点一点地测量到管底，称为进程测读，用字母 J_i 表示，当在该导管内收回测量电缆时，也能通过土层中的磁环，接收系统的音响器发出音响，此时也须读写出测量电缆在管口处的深度尺寸，如此测量到孔口，称为回程测读，用字母 H_i 表示。该孔各磁环在土层中的实际深度用字母 S_i 表示。

若是在噪声比较大的环境中测量时，蜂鸣声听不见，可改用峰值指示，只要把仪器面板上的选择开关拨至电压即可，测量方法同上，此时的测量精度与音响器测得的精度相同。

测量时须注意：

（1）当测头又进入到土层中磁环时，音响器会立即发出声音或电压表有指示，此时应缓慢地收、放测量电缆，以便仔细地寻找到发音或指示瞬间的确切位置后读出该点距管口的深度。

（2）读数的准确性，决定于如何判定发音或指示的起始位置，测量的精度与操作者的熟练程度有关，故应反复练习与操作。

（3）沉降测头进入每一只磁环时都有两次响声，但必须以第一次响声为标准测读，即进程是第一次响声，回程也是第一次响声。

计算公式：

$$S_i = (J_i + H_i)/2 \tag{11.7}$$

式中　i——孔中测读的点数，即土层中磁环个数；

　　S_i——测点距管口的实际深度，mm；

　　J_i——测点在进程测读时距管口的深度，mm；

　　H_i——测点在回程测读时距管口的深度，mm。

磁环的绝对高程计算公式如下：

$$h_i = H - S_i \tag{11.8}$$

式中　h_i——磁环绝对高程，mm；

　　H——沉降管管口绝对高程，mm。

11.2.7　钢尺收敛计

1. 技术指标

钢尺收敛计主要技术指标见表11.11。

表 11.11　　　　　　　　　　**JTM-J7100 型钢尺收敛计技术指标**

规格	20	30	规格	20	30
标准量程/m	0～20	0～50	钢尺拉力/kg	8	
最小读数/mm	0.1		温度修正系数/(mm/℃)	$12×10^{-6}$	
系统误差/mm	≤0.2		仪器重量/kg	1.8	

图 11.8　JTM-J7100 型钢尺收敛计

JTM-J7100 型钢尺收敛计如图 11.8 所示，它是用于测量两点间相对距离的一种便携式仪器。

其构造由百分表、钢尺、恒力弹簧、挂钩、调节螺母等组成。仪器结构简单、操作方便、体积小、重量轻，可用来测量地下厂房、坑道、隧道式坑口对应的墙体间或顶面到地面间距的微小变化，也可以用于监测结构与支撑的变形，以及测量不稳定边坡的移动性。

2．测头制作和埋设

（1）测头制作。测头可用 ϕ14mm 的长杆膨胀螺栓或 ϕ16～22mm 螺纹钢筋 20～30cm。在顶端加工一个 M6×25 左右的螺孔，把不锈钢制作的挂钩拧上即可。

（2）测头埋设。在岩壁或混凝土测点位置用冲击钻打一个稍大于膨胀螺栓直径的孔，然后将膨胀螺栓拧紧。在岩石破碎较严重的地方，可用冲击钻或堑子打一个较深较大的孔，然后用快干水泥砂浆测头埋入，待砂浆凝固即可。

（3）测量。收敛计观测窗面板上有两条直线，第一条直线在观测窗的中央，第二条直线靠近观测窗的下限，观测窗内还有一条直线称为第三条直线，收敛观测时，转动调节螺母使钢尺收紧到观测窗内第三条直线与面板上的直线重合时读取测值。这里需要提醒的是：测距在 10m 以内用面板的第一条直线与第二条直线重合即可，测距在 10m 以上必须用面板上的第一条直线与第三条直线重合才正确。测量方法如下：

1）将收敛计百分表读数预调在 25～30mm 位置。

2）将收敛计钢尺挂钩分别挂在两个测点上，然后收紧钢尺，将销钉插入钢尺适当的小孔内，并用卡钩将钢尺固定。

3）转动调节螺母，使钢尺收紧到观测窗内的读数线与面板上刻度线成一直线为止。读取钢尺及百分表中的数值，两者相加即可得到测点距离。

4）每次测量完毕后，先松开调节螺母，然后退出卡钩将钢尺取出，擦净收好，并定期涂上防锈油脂。

每个测点应连续读数 3 次，取平均值作为本次测试读数。当环境温度较大时，到达测试现场后，应将收敛计保护箱打开，放置十五分钟以上进行观测，以消除温度影响。

（4）计算。相对位移按下式计算：

$$U_n = R_n - R_0 - \Delta L_c \tag{11.9}$$

式中　U_n——第 n 次量测时的相对位移，mm；

　　　R_n——第 n 次量测时的观测值，mm；

R_0——初始观测值，mm；

ΔL_c——温度修正值，mm。

温度的修正：确定初值时应同时记下当时的温度值，以后每次进行收敛观测也应同时测量环境温度，通过温度修正后的数据才能与初始值进行收敛变化的比较。当温度升高时，测值将变小；温度降低时，测值将变大。

修正计算公式为

$$\Delta L_c = K \Delta T L \tag{11.10}$$

式中 ΔL_c——温度修正值，mm；

  K——修正系数，选取 12×10^{-6} mm/℃；

  ΔT——温度变化量，℃；

  L——测点距离，mm。

修正计算举例：

设测点距离为10.5m，首次测量时温度为20℃，测值为：10500.36mm，本次测量时的温度为18℃，测值为10500.86mm，则温度修正值为

$$\Delta L_c = K \Delta T L = 12 \times 10^{-6} \text{mm/℃} \times (20-18) \text{℃} \times 10.5 \text{m} = 0.252 \text{mm}$$

本次实测值为

$$10500.86 - 0.252 = 10500.608 \ (\text{mm})$$

收敛变化量为

$$10500.608 - 10500.36 \approx 0.25 \ (\text{mm})$$

11.2.8 振弦式测缝计

以 JTM - V7000 型振弦式测缝计为例，其外形如图 11.9 所示。

1. 主要技术指标

JTM - V7000 型测缝计的组成原理和主要技术指标见表 11.12。

特点与适用范围：

（1）特点。长期稳定、灵敏度高、温度影响小、不锈钢结

图 11.9 JTM - V7000 型振弦式测缝计

构、高防水性能、同步测量温度、不受长电缆影响、适合自动化监测。

表 11.12　　　　　　　　　**JTM - V7000 型测缝计技术指标**

规格	2	5	10
测量范围/mm	0～20	0～50	0～100
分辨率/(%F·S)	≤0.04		
温度测量范围/℃	−25～+60		
温度测量精度/℃	±0.5		

（2）适用范围。JTM - V7000 型振弦式测缝计可用于混凝土建筑物内或外表面，测量结构物伸缩缝或周边缝的开合度（变形），并可同步测量埋设点的温度。加装配套附件可组成基岩变位计、表面裂缝计、多点变位计等测量变形的仪器。

（3）仪器组成。JTM - V7000 型振弦式测缝计由前端座、后端座、保护钢管、弹性

梁、信号传输电缆、振弦及激振电磁线圈等组成。

（4）工作原理。结构物发生的变形，通过前、后端座传递给转换机构，带动振弦使其产生应力变化，从而改变振弦的振动频率。电磁线圈激振振弦并测量其振动频率，频率信号经电缆传输至频率读数仪上，即可测出被测结构物的变形量，并可同步测出埋设点的温度值。

2. 埋设与安装

（1）埋入式测缝计用于监测施工缝，如混凝土的浇筑缝，当混凝土浇筑到设计埋设高程时，在浇筑缝的一侧建立模板，模板上接一个安装附件底座，并将底座埋入浇筑层内。混凝土固化后即可拆下模板，将测缝计旋入底座中，按设计量程将仪器调整到希望位置并固定，即可在测缝周围填筑下一层混凝土，随即测量接缝的开合度，选用万向接头可允许一定程度的切向位移。

（2）在仪器的两端增加活动的铰链锚杆（安装位置与仪器轴线垂直），两锚杆跨缝锚固于基础之上即可测量表面裂缝的变化。

（3）调好安装频率初值，固定好仪器的电缆引线，按设计要求引到临时或永久观测站。

3. 测量及计算

计算公式：

$$P = K(f^2 - f_0^2) + b\Delta T + B \tag{11.11}$$

式中　　P——缝的开合度，mm；

　　　　K——仪器标定系数，mm/Hz^2；

　　　　f——测缝计实时测量频率值，Hz；

　　　　f_0——测缝计基准值频率值，Hz；

　　　　b——测缝计的温度修正系数，MPa/℃；

　　　　ΔT——测缝计的温度实时测量值相对于基准值的变化量，℃；

　　　　B——测缝计的计算修正值，MPa。

注：频率模数：$F = f^2 \times 10^{-3}$。

11.2.9　振弦式位移计

JTM-V7000H 型振弦式位移计（图 11.10）可用于测量土坝、土堤、边坡等结构物的位移、沉陷、应变、滑移，并可同步测量埋设点的温度。加装配套附件可组成基岩变位计、土应变计等测量变形的仪器。

1. 主要技术指标

JTM-V7000H 型振弦式位移计主要技术指标见表 11.13。

图 11.10　JTM-V7000H
型振弦式位移计

表 11.13　　　　　　　　JTM-V7000H 型振弦式位移计技术指标

规　格	10	20
测量范围/mm	0～100	0～200
分辨率/(%F·S)	≤0.02	
温度测量范围/℃	−25+60	
温度测量精度/℃	±0.5	

位移计结构及工作原理：

（1）结构：JTM－V7000H 型振弦式位移计由前、后万向连轴节、保护钢管、二级机械负放大机构、信号传输电缆、振弦及激振电磁线圈等组成。

（2）工作原理：当结构物发生变形时将会引起位移计的位移，通过前、后万向连轴节传递给二级机械负放大机构，经负放大后的位移传递给振弦，转变成振弦应力的变化，从而改变振弦的振动频率。电磁线圈激振振弦并测量其振动频率，频率信号经电缆传输到频率读数仪上，即可测出被测结构物的位移量。同时可同步测出埋设点的温度值。

2．位移计埋设与安装

（1）附件的埋设。根据设计要求确定埋设高程、方位，在定位好的基岩上打孔并埋设定位锚杆。同时将仪器的护管、万向连轴节及加长测杆连接在一起。附件安装一定要牢固，并且转动要灵活。

（2）位移计的埋设安装。按设计编号将对应的位移计（已接长电缆）与已固定的定位锚杆连接在一起，调整位移计的埋设零点，护管和位移计四周的空隙用专用封堵器或麻丝填塞。将电缆按设计走向埋设固定好，集中引出。

3．测量及计算

计算公式：

$$P = K(f^2 - f_0^2) + b\Delta T + B \tag{11.12}$$

式中　　P——位移量，mm；

　　　　K——仪器标定系数，mm/Hz^2；

　　　　f——位移计实时测量频率值，Hz；

　　　　f_0——位移计基准值频率值，Hz；

　　　　b——位移计的温度修正系数，MPa/℃；

　　　ΔT——位移计的温度实时测量值相对于基准值的变化量，℃；

　　　　B——位移计的计算修正值，MPa。

注：频率模数 $F = f^2 \times 10^{-3}$。

11.2.10 振弦式锚索测力计（锚索计）

1．使用范围

JTM－V1800 型振弦式锚索测力计，主要用来测量和监测各种锚杆、锚索、岩石螺栓、支柱、隧道与地下洞室中的支撑以及大型预应力钢筋混凝土结构（桥梁和大坝等）中的载荷和预应力的损失情况。

2．仪器组成

JTM－V1800 型振弦式锚索测力计（锚索计），由弹性圆筒、密封壳体、信号传输电缆、振弦及电磁线圈等组成。

3．工作原理

当被测载荷作用在锚索测力计上，将引起弹性圆筒的变形并传递给振弦，转变成振弦应力的变化，从而改变振弦的振动频率。电磁线圈激振钢弦并测量其振动频率，频率信号经电缆传输至振弦式读数仪上，即可测读出频率值，从而计算出作用在锚索测力计的载荷值。为了减少不均匀和偏心受力影响，设计时在锚索测力计的弹性圆筒周边内平均安装了三套振弦系统，测量时只要接上振弦读数仪就可直接读出三根振弦的频率平均值。

4. 安装与使用

（1）根据结构设计要求，锚索计安装在张拉端或锚固端，安装时钢绞线或锚索从锚索计中心穿过，测力计处于钢垫座和工作锚之间。

（2）安装过程中应随时对锚索计进行监测，并从中间锚索开始向周围锚索逐步加载以免锚索计偏心受力或过载。

5. 测量及计算

JTM－V1800 型振弦式锚索测力计（锚索计）的手工测量用 JTM－V10 系列或其他型号振弦频率读数仪完成。测量方法请参照相应读数仪的使用说明书，测量完成后，记录传感器的频率值（或频率模数值）、温度值、仪器编号、设计编号和测量时间。

JTM－V1800 型振弦式锚索测力的计算公式：

$$p = K(f^2 - f_0^2) + b\Delta T + B \tag{11.13}$$

式中　p——被测锚索荷载值，kN；

　　　K——仪器标定系数，kN/Hz^2；

　　　f——锚索测力计（锚索计）三弦或四弦实时测量频率的平均值，Hz；

　　　f_0——锚索测力计（锚索计）三弦或四弦基准频率的平均值，Hz；

　　　b——锚索测力计（锚索计）的温度修正系数，kN/℃；

　　　ΔT——锚索测力计的温度实时测量值相对于基准值的变化量，℃；

　　　B——锚索测力计（锚索计）的计算修正值，kN。

注：频率模数 $F = f^2 \times 10^{-3}$。

11.3　监　测　方　法

11.3.1　水平位移与竖向位移监测

变形测量点分为基准点、工作基点和变形监测点。其布设应符合下列要求：

（1）每个基坑工程至少应有 3 个稳固可靠的点作为基准点。

（2）工作基点应选在稳定的位置。在通视条件良好或观测项目较少的情况下，可不设工作基点，在基准点上直接测定变形监测点。

（3）施工期间，应采用有效措施，确保基准点和工作基点的正常使用。

（4）监测期间，应定期检查工作基点的稳定性。

对同一监测项目，监测时宜符合下列要求：

（1）采用相同的观测路线和观测方法。

（2）使用同一监测仪器和设备。

（3）固定观测人员。

（4）在基本相同的环境和条件下工作。

监测项目初始值应为事前至少连续观测 3 次的稳定值的平均值。

1. 水平位移监测

测定特定方向上的水平位移时可采用视准线法、小角度法、投点法等。测定监测点任意方向的水平位移时可视监测点的分布情况，采用前方交会法、自由设站法、极坐标法等。当基准点距基坑较远时，可采用 GNSS 测量法或三角、三边、边角测量与基准线法相结合的综合测量方法。

视准线法：视准线两端各自向外的延长线上，宜埋设检核点。在观测成果的处理中，应顾及视准线端点的偏差改正。

用活动觇牌法进行视准线测量时，观测点偏离视准线的距离不应超过活动觇牌读数尺的读数范围。应在视准线一端（如 BM_1）安置经纬仪或视准仪，瞄准安置在另一端（BM_2）的固定觇牌进行定向，待活动觇牌（置于测点 M 处）的照准标志正好移至方向线上时读数，如图 11.11（a）所示。每个观测点应按固定的测回数进行往测与返测。偏离值等于本次读数与上次读数之差。

小角度法：用小角法进行视准线测量时，视准线应按平行于待测建筑边线布置，观测点偏离视准线的偏角不应超过 $30''$，如图 11.11（b）所示。

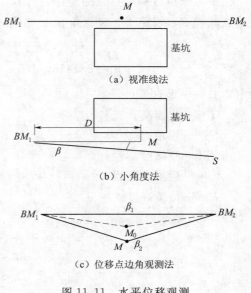

图 11.11　水平位移观测

偏离值可按下式计算：

$$d = \frac{\alpha}{\rho}D \tag{11.14}$$

式中　α——偏角，$('')$；

　　　D——从工作测点到测点的距离，m；

　　　ρ——常数，其值为 206265。

当测点零乱，可采用小角度法。工作点照准方向的参照物应选择稳定、标志明显的特征物。例如：高楼的顶角、墙角等特殊、牢固部位。

位移点边角观测法：位移点边角观测法是以变形观测的位移点为测站，向基准点观测边长和水平角，以计算水平位移。如图 11.11（c）所示，BM_1、BM_2 为基准点，M 为位移点。BM_1、BM_2 和 M 应大致位于一直线上，并且，基准线大致垂直于建筑物水平位移的方向。先测定 M 点至两点的距离取 DA 和 DB；变形观测时在 M 点安置经纬仪，设第一期观测测得水平角 β_1；第二期观测时，设已平移至 M 点测得水平角为 β_2。两次观测角度的差值 $\Delta R = \beta_2 - \beta_1$，则水平位移 Δ 与 $\Delta\beta$ 的关系为

$$\Delta = \left(\frac{DA \times DB}{DA + DB}\right)\frac{\Delta\beta}{\rho} \tag{11.15}$$

水平位移监测基准点应埋设在基坑开挖深度 3 倍范围以外不受施工影响的稳定区域，或利用已有稳定的施工控制点，不应埋设在低洼积水、湿陷、冻胀、胀缩等影响范围内；基准点的埋设应按有关测量规范、规程执行。宜设置有强制对中的观测墩；采用精密的光

学对中装置，对中误差不宜大于 0.5mm。

（1）用全站仪测水平位移。

1）计算仪器高。

①坐标原点（基准点）的坐标为（0，0，Z_0），Z_0 为高程；②若已知后视点高程 Z_0、测站点高程 Z、视距 S、竖直角 β_v、棱镜高度 h，则仪器高的计算公式如下：

$$H = -S\cos(\beta_v) + Z_0 - Z + h \tag{11.16}$$

$$\beta_v = 3.14159/180 \times (\beta_v^\circ + \beta_v''/60 + \beta_v'/3600)$$

式中　β_v——垂直角；

　　　H——仪器高；

　　　S——视距；

　　　Z——测站点高程；

　　　Z_0——后视点高程；

　　　h——棱镜高度。

2）测点坐标为

$$\begin{cases} x = x_1 + S\sin\beta_v\cos\beta_h \\ y = y_1 + S\sin\beta_v\sin\beta_h \\ z = z_1 + S\cos\beta_v + H - h \end{cases} \tag{11.17}$$

式中　β_h——水平角；

　　　h——棱镜高度；

x_1、y_1、z_1——工作点坐标。

3）位移矢量的方向角为

$$\begin{cases} \beta_x = \text{arctg}[\Delta x/(\Delta x^2 + \Delta y^2 + \Delta z^2)^{0.5}] \\ \beta_y = \text{arctg}[\Delta y/(\Delta x^2 + \Delta y^2 + \Delta z^2)^{0.5}] \\ \beta_z = \text{arctg}[\Delta z/(\Delta x^2 + \Delta y^2 + \Delta z^2)^{0.5}] \end{cases} \tag{11.18}$$

坐标至原点的水平距离为

$$D_{xy} = S\sin\beta_v \tag{11.19}$$

式中　S——坐标至原点的斜距。

4）两点间的位移在坐标轴上的投影为

$$\begin{cases} \Delta x = x_2 - x_1 \\ \Delta y = y_2 - y_1 \\ \Delta z = z_2 - z_1 \end{cases} \tag{11.20}$$

式中　x_1、y_1、z_1——上次测点坐标；

　　　x_2、y_2、z_2——本次测点坐标。

总的位移的大小为

$$\Delta S = (\Delta x^2 + \Delta y^2 + \Delta z^2)^{0.5} \tag{11.21}$$

方向角由式（11.18）确定。

（2）水平位移监测精度要求。基坑围护墙（坡）顶水平位移监测精度应根据围护墙（坡）顶水平位移报警值按表 11.14 确定。

表 11.14　　　　　　基坑围护墙（坡）顶水平位移监测精度要求　　　　　　单位：mm

设计控制值	≤30	30～60	＞60
监测点坐标中误差	≤1.5	≤3.0	≤6.0

注　监测点坐标中误差指监测点相对测站点（如工作基点等）的坐标中误差，为点位中误差的 $\frac{\partial u}{\partial x}$。

地下管线的水平位移监测精度宜不低于 1.5mm。

2. 竖向位移监测

竖向位移监测可采用几何水准或液体静力水准等方法。

坑底隆起（回弹）宜通过设置回弹监测标，采用几何水准并配合传递高程的辅助设备进行监测，传递高程的金属杆或钢尺等应进行温度、尺长和拉力等项修正。

几何水准测量通常采用的方法有闭合回路法、往返测法和二次仪器高法等。

进行水准点高程测量时，应尽可能使前后视距离相等，并应成像清晰稳定。视线长度不应大于规范要求，为避免大气折光的影响，视线应高出地面 0.3m 以上。

光电测距三角高程测量时，地球曲率及大气折光对三角高程产生共同影响（简称球气差），其中地球曲率的影响可用往返测取平均值的方法抵消；而大气折光的影响因素十分复杂，不同地区、不同时间相差较大，若取用的折光系数与实际不符，反而影响观测结果的准确性。转点间的距离和竖直角必须往返观测，斜距应加气象改正，为了减少残余折光的影响，往返测的间隔时间应尽可能地缩短，使往返测时的气象条件大致相同，并宜在大气折光系数比稳定的时段（一般为 8：00—16：00）作业。

（1）竖向位移监测精度要求。基坑围护墙（坡）顶、墙后地表与立柱的竖向位移监测精度应根据竖向位移报警值按表 11.15 确定。

表 11.15　　　基坑围护墙（坡）顶、墙后地表与立柱的竖向位移监测精度　　　单位：mm

竖向位移报警值	≤20（35）	20～40（35～60）	≥40（60）
监测点测站高差中误差	≤0.3	≤0.5	≤1.5

注　1. 监测点测站高差中误差指相应精度与视距的几何水准测量单程一测站的高差中误差；
　　2. 括号内数值对应于墙后地表及立柱的竖向位移报警值。

地下管线的竖向位移监测精度宜不低于 0.5mm。

坑底隆起（回弹）监测精度不宜低于 1mm。

各等级几何水准法观测时的技术要求应符合表 11.16 的要求。

表 11.16　　　　　　　　　几何水准法观测的技术要求

基坑类别	使用仪器、观测方法及要求
一级	DS05 级别水准仪，铟瓦合金标尺，按光学测微法观测，宜按国家二等水准测量的技术要求施测
二级	DS1 级别及以上水准仪，铟瓦合金标尺，按光学测微法观测，宜按国家二等水准测量的技术要求施测
三级	DS3 或更高级别及以上的水准仪，宜按国家二等水准测量的技术要求施测

各监测点与水准基准点或工作基点应组成闭合环路或附合水准路线。

（2）水准基准点的设置。水准基准点宜均匀埋设，数量不应少于 3 点，设置方法如下：

1）沉降基准点。基准点设置以保证其稳定可靠为原则，在监测基坑的四周适当的位置，必须设 3 个沉降监测基准点。沉降监测基准点必须设置在基坑开挖影响范围之外，基准点应埋设在基岩或原状土层上，亦可设置在沉降稳定的建筑物或构筑物基础上。

2）坑底回弹标志。

①辅助杆压入式标志应按图 11.12 所示埋设：

a. 回弹标志的直径应与保护管内径相适应，可取长约 20cm 的圆钢一段，一端中心加工成半球状（$r=15\sim20\text{mm}$），另一端加工成楔形。

b. 钻孔可用小口径（如 127mm）工程地质钻机，孔深应达孔底设计平面以下数厘米。孔口与孔底中心偏差不宜大于 3/1000，并应将孔底清除干净。

c. 图 11.12（a）为回弹标落底图。应将回弹标套在保护管下端顺孔口放入孔底。

d. 图 11.12（b）为利用辅助杆将回弹标压入孔底图。不得有孔壁土或地面杂物掉入，应保证观测时辅助杆与标头严密接触。

e. 图 11.12（c）为观测前后示意图。先将保护管提起约 10cm，在地面临时固定，然后将辅助杆立于回弹标头进行观测。测毕，将辅助杆与保护管拔出地面，先用白灰回填厚约 50cm，再填素土至填满全孔，回填应小心缓慢进行，避免撞动标志。

②钻杆送入式标志（图 11.13）。

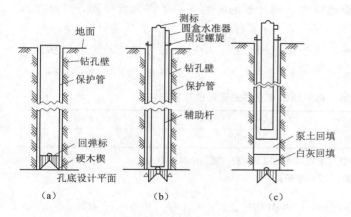

图 11.12　辅助杆压入式标志

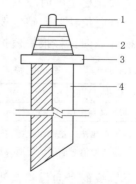

图 11.13　钻杆送入式标志
1—标头；2—连接钻杆反丝扣；
3—连接圆盘；4—标身

a. 标志的直径应与钻杆外径相适应。标头可加工成直径 20mm、高 25mm 的半球体。

b. 圆盘可用直径 100mm、厚 18mm 钢板制成；标身可由断面 50mm×50mm×5mm、长 200～500mm 的角钢制成，图 11.13 中 4 所指部分应焊接成整体。

c. 钻孔要求与埋设辅助杆压入式标志相同。

d. 当用磁锤观测时，孔内应下套管至基坑设计标高以下，提出钻杆卸下钻头，换上标志打入土中，使标头进至低于坑底面 20～30cm，以防开挖基坑时被铲坏。

e. 拧动钻杆使之与标志自然脱开，提出钻杆后即可进行观测。

f. 当用电磁探头观测时，在上述埋标过程中可免除下套管工序，直接将电磁探头放入钻杆内进行观测。

11.3.2　深层水平位移监测

围护墙体或坑周土体深层水平位移的监测宜采用在墙体或土体中预埋测斜管、通过测斜仪观测各深度处水平位移。测斜仪的精度要求不宜小于表 11.17 的规定。

表 11.17　测 斜 仪 精 度

基坑类别	一级	二级和三级
系统精度/(mm/m)	0.10	0.25
分辨率/(mm/500mm)	0.02	0.02

测斜管宜采用 PVC 工程塑料管或铝合金管，直径宜为 45～90mm，管内应有两组相互垂直的纵向导槽。测斜管应在基坑开挖 1 周前埋设，埋设时应符合下列要求：

（1）埋设前应检查测斜管质量，测斜管连接时应保证上、下管段的导槽相互对准顺畅，接头处应密封处理，并注意保证管口的封盖。

（2）测斜管长度应与围护墙深度一致或不小于所监测土层的深度；当以下部管端作为位移基准点时，应保证测斜管进入稳定土层 2～3m；测斜管与钻孔之间孔隙应填充密实。

（3）埋设时测斜管应保持竖直无扭转，其中一组导槽方向应与所需测量的方向一致。

测斜仪应下入测斜管底 5～10min，待探头接近管内温度后再量测，每个监测方向均应进行正、反两次量测。当以上部管口作为深层水平位移相对基准点时，每次监测均应测定孔口坐标的变化。

（4）不动点的确定。

1）当测管深度足够深，可以孔底为已知不动点。

$$
\left.
\begin{aligned}
S_1 &= X_1 \\
S_2 &= X_1 + X_2 \\
S_3 &= X_1 + X_2 + X_3 \\
&\ \ \vdots \\
S_n &= X_1 + X_2 + X_3 + \cdots + X_n = \sum_{i=1}^{n} X_i
\end{aligned}
\right\}
\tag{11.22}
$$

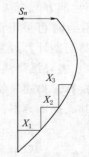

图 11.14　测斜管
位移示意图

此时 $S_0 = 0$。各测点的位移按图 11.14 所示计算。

2）当测管深度不够或不能确定某点为已知不动点时，以孔顶为已知点。孔顶用其他等精方法测量出该点的绝对水平位移。令 X_0 为孔顶位移，则

$$
\left.
\begin{aligned}
S_n &= X_0 \\
S_{n-1} &= X_0 - X_n \\
S_{n-2} &= X_0 - X_{n-1} \\
&\ \ \vdots \\
S_0 &= X_0 - \sum_{i=1}^{n} X_i
\end{aligned}
\right\}
\tag{11.23}
$$

11.3.3 倾斜监测及裂缝监测

1. 倾斜监测

建筑物倾斜监测应测定监测对象顶部相对于底部的水平位移与高差，分别记录并计算监测对象的倾斜度、倾斜方向和倾斜速率。

当从建筑物外部观测时，测站点或工作基点的点位应选在与照准目标中心连线呈接近正交或呈等分角的方向线上距照准目标 1.5～2.0 倍目标高度的固定位置处；当利用建筑物内竖向通道观测时，可将通道底部中心点作为测站点。按纵横轴线或前方交会布设的测站点，每点应选设 1～2 个定向点。建筑物顶部和墙体上的观测点标志可采用埋入式照准标志型式。不便埋设标志的塔形、圆形建筑物以及竖直构件，可以照准视线所切同高边缘认定的位置或用高度角控制的位置作为观测点位。位于地面的测站点和定向点，可根据不同的观测要求，采用带有强制对中设备的观测墩或混凝土标石。

（1）倾斜监测方法。应根据不同的现场观测条件和要求，选用投点法、水平角法、前方交会法、差异沉降法等。

1）投点法。观测时，应在底部观测点位置安置量测设施（如水平读数尺等）。在每测站安置经纬仪投影时，应按正倒镜法以所测每对上下观测点标志间的水平位移分量，按矢量相加法求得水平位移值（倾斜量）和位移方向（倾斜方向）。

2）测水平角法。对塔形、圆形建筑物或构件，每测站的观测应以定向点作为零方向，以所测各观测点的方向值和至底部中心的距离，计算顶部中心相对底部中心的水平位移分量。矩形建筑物可在每测站直接观测顶部观测点与底部观测点之间的夹角或上层观测点与下层观测点之间的夹角，以所测角值与距离值计算整体的或分层的水平位移分量和位移方向。

3）前方交会法。所选基线应与观测点组成最佳构形，交会角宜在 60°～120°之间。水平位移计算可采用直接由两周期观测方向值之差解算坐标变化量的方向差交会法，亦可采用按每周期计算观测点坐标值，再以坐标差计算水平位移的方法。

4）差异沉降法。在基础上选设观测点，采用水准测量方法，以所测各周期的基础沉降差换算求得建筑物整体倾斜度及倾斜方向。

基础局部倾斜计算公式：

$$a = (S_i - S_j)/L \qquad (11.24)$$

式中　a——基础倾斜；

S_i——基础倾斜方向 i 端点的沉降量，mm；

S_j——基础倾斜方向 j 端点的沉降量，mm；

L——基础两端点（i，j）间的距离，mm。

（2）倾斜监测的精度。

1）相对位移（如基础的位移差、转动挠曲等）、局部地基位移（如受基础施工影响的位移、挡土设施位移等）的观测中误差，均不应超过其变形允许值分量的 1/20（分量值按变形允许值的 1/2 倍采用）。

2）建筑物整体性变形（如建筑物的顶部水平位移、全高垂直度偏差、工程设施水平轴线偏差等）的观测中误差，不应超过其变形允许值分量的 1/10。

2. 裂缝监测

裂缝监测应包括裂缝的位置、走向、长度、宽度及变化程度，需要时还包括深度。裂缝监测数量根据需要确定，主要或变化较大的裂缝应进行监测。

裂缝监测可采用以下方法：

(1) 对裂缝宽度监测，可在裂缝两侧贴石膏饼、划平行线或贴埋金属标志等，采用千分尺或游标卡尺等直接量测的方法；也可采用裂缝计、粘贴安装千分表法、摄影量测等方法。

(2) 对裂缝深度量测，当裂缝深度较小时宜采用凿出法和单面接触超声波法监测；深度较大裂缝宜采用超声波法监测。

裂缝宽度监测精度不宜低于 0.1mm，长度和深度监测精度不宜低于 1mm。

11.3.4 支护结构内力监测

支撑轴力测试的目的是了解随基坑工况变化和支撑受力的变化情况。基坑开挖过程中支护结构内力变化可通过在结构内部或表面安装应变计或应力计进行量测。根据支撑类型不同，具体可分为钢筋应力计、混凝土应变计、表面应变计及轴力计。

对于钢筋混凝土支撑，宜采用钢筋应力计（钢筋计）或混凝土应变计进行量测；对于钢结构支撑，宜采用轴力计进行量测。围护墙、桩及围檩等内力宜在围护墙、桩钢筋制作时，在主筋上焊接钢筋应力计的预埋方法进行量测。支护结构内力监测值应考虑温度变化的影响，对钢筋混凝土支撑尚应考虑混凝土收缩、徐变以及裂缝开展的影响。

应力计或应变计的量程宜为最大设计值的 1.2 倍，分辨率不宜低于 0.2%F·S，精度不宜低于 0.5% F·S。

1. 仪器安装

围护墙、桩及围檩等的内力监测元件宜在相应工序施工时埋设并在开挖前取得稳定初始值。

(1) 钢筋（应力）计安装方法。

1) 将钢筋计的配件圆钢平头一端与同直径的钢筋碰焊，螺丝口一端与钢筋计螺母拧紧，联成一体。

2) 钢筋应力计一般埋设在支撑截面的 4 个角上。将碰焊好的钢筋计电焊在支撑的钢筋上，电焊长度大于 10 倍钢筋直径，焊接要平整、充实。可将焊好的钢筋计的钢筋连接在支撑的钢筋上。

3) 将钢筋计的导线用护套管保护好，引至集线箱并编号。

(2) 混凝土应变计。混凝土应变计直接安放在混凝土支撑断面 4 个角上，要求混凝土应变计长轴与支撑长轴平行，注意防止混凝土浇捣损坏混凝土应变计。

将应变计的导线保护后引至集线箱并编号。

(3) 轴力计。

1) 轴力计安装配件是一个直径略大轴力计外径的圆形钢筒，钢筒外侧焊接 4 片对称、与圆形钢筒长度相当的钢板（厂家可配）制成的安装支架，安装时先将安装支架的一端与钢支撑牛腿钢板焊在一起，然后将轴力计装入安装支架的圆筒内，加压时另一端顶在围护墙体的钢垫板上，电焊时注意支撑中心轴线与轴力计中心点对齐。

2）保护好导线，将导线引至集线箱并编号。

2. 轴力计算

应根据仪器生产厂家提供的公式和参数进行计算，对于振弦式传感器，计算公式如下：

1）钢筋应力计轴力计算公式：

$$F = K(f_0^2 - f_i^2)\left(\frac{A_c E_c}{A_g E_g} + 1\right) \tag{11.25}$$

2）混凝土应变计、表面应变计轴力计算公式：

$$F = K(f_0^2 - f_i^2)SE \tag{11.26}$$

3）轴力计算公式：

$$F = K(f_0^2 - f_i^2) \tag{11.27}$$

式中 F——支撑轴力值，kN；

K——标定系数，kN/ Hz² （应力计或轴力计），$\mu\varepsilon$/Hz² （应变计）；

f_0——初始频率值，Hz；

A_c——混凝土支撑横截面积，m²，$A_c = -A - A_g$ （A 为混凝土支撑横截面总面积）；

A_g——钢筋横截面积，m²；

S——钢支撑横截面积，m²；

f_i——i 时刻测得频率值，Hz；

E_c——混凝土弹性模量，MPa；

E_g——钢筋弹性模量，MPa。

若同一断面有若干个应力计或应变计，则支撑轴力值取其平均值。

4）支撑弯矩的计算公式：

钢筋混凝土梁 $\quad M = \frac{1}{2}(p_1 - p_2)\left(n + \frac{bhE_c}{6E_g A}\right)h \tag{11.28}$

地下连续墙弯矩 $\quad M = \frac{1000h}{t}\left(1 + \frac{thE_c}{6E_g A}\right)\frac{p_1 - p_2}{2} \tag{11.29}$

式中 n——埋设钢筋计层钢筋的受力主筋总根数；

t——受力主筋间距，m；

b——支撑宽度，m；

p_1，p_2——支撑或地下连续墙两对边受力主筋实测拉压力平均值，kN；

h——支撑高度或地下连续墙厚度，m。

11.3.5 土压力与孔隙水压力监测

孔隙水压力、土压力是土和水对挡土结构之间相互作用的结果，与挡土结构的变形有密切的关系。水压力、土压力测试的主要目的是：①掌握土体中水压力、土压力的分布规律；②作为基坑稳定性分析的依据；③进行反演计算，提高理论和设计水平。

土压力宜采用土压力计量测。土压力计的量程应满足被测压力的要求，其上限可取最大设计压力的 1.2 倍，精度不宜低于 0.5％F・S，分辨率不宜低于 0.20％ F・S。选择线性变化小、重复性好、零漂稳定的传感器。

土压力计埋设以后应立即进行检查测试，基坑开挖前至少经过 1 周时间的监测并取得稳定初始值。

孔隙水压力宜通过埋设钢弦式、应变式等孔隙水压力计，采用频率计或应变计量测。孔隙水压力计应满足以下要求：量程应满足被测压力范围的要求，可取静水压力与超孔隙水压力之和的 1.2 倍；精度不宜低于 0.5％F・S，分辨率不宜低于 0.20％F・S。

孔隙水压力计埋设后应测量初始值，且宜逐日量测 1 周以上并取得稳定初始值。

采用压入法、钻孔法埋设仪器如图 11.15、图 11.16 所示。

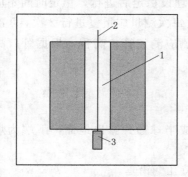

图 11.15 压入法埋设示意图
1—回填物；2—导线；3—传感器

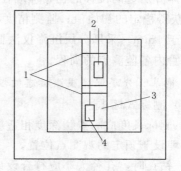

图 11.16 钻孔法埋设示意图
1—膨润土（泥球）；2—导线；3—黄沙；4—传感器

11.3.6 地下水位监测

通过基坑内、外地下水位的变化，了解基坑围护结构止水效果以及基坑内降水效果，可间接了解地表土体沉降。

地下水位监测宜采通过孔内设置水位管，采用水位计等方法进行测量。

检验降水效果的水位观测井宜布置在降水区内，采用轻型井点管降水时可布置在总管的两侧，采用深井降水时应布置在两孔深井之间，水位孔深度宜在最低设计水位下 2~3m。

潜水水位管应在基坑施工前埋设，滤管长度应满足测量要求；承压水位监测时被测含水层与其他含水层之间应采取有效的隔水措施。水位管埋设后，应逐日连续观测水位并取得稳定初始值。注意避免雨天，雨天后 1~2 天测试水位值也可作为初始值。

地下水位监测精度不宜低于 10mm。

管口至管内水面之深度即为本次地下水位观测值。若水位以本地区高程进行计算时，应测量水位管口高程进行。计算公式为

$$H = h - \Delta h_{测} \tag{11.30}$$

式中 H——水位高程，mm；

h——管口高程，mm；

$\Delta h_{测}$——地下水位至管口的深度，mm。

11.3.7　锚杆拉力监测

锚杆拉力量测宜采用专用的锚杆测力计，钢筋锚杆可采用钢筋应力计或应变计，当使用钢筋束时应分别监测每根钢筋的受力。锚杆轴力计、钢筋应力计和应变计的量程宜为设计最大拉力值的 1.2 倍，量测精度不宜低于 0.5%F·S，分辨率不宜低于 0.2%F·S。应力计或应变计应在锚杆锁定前获得稳定初始值。

11.3.8　坑外土体分层竖向位移监测

坑外土体分层竖向位移可通过埋设分层沉降磁环或深层沉降标，采用分层沉降仪结合水准测量方法进行量测。

土体分层竖向位移的初始值应在分层竖向位移标埋设稳定后进行，稳定时间不应少于 1 周并获得稳定的初始值；监测精度不宜低于 1mm。每次测量应重复进行 2 次，2 次误差值不大于 1mm。采用分层沉降仪法监测时，每次监测应测定管口高程，根据管口高程换算出测管内各监测点的高程。

1. 地基土分层沉降观测标志的埋设

（1）测标式标志。

1）测标长度应与点位深度相适应，顶端应加工成半球形并露出地面，下端为焊接的标脚，埋设于预定的观测点位置。

2）钻孔时，孔径大小应符合设计要求，并须保持孔壁铅垂。

3）图 11.17（a）为在钻孔中下标志图，下标志时须用活塞将套管（长约 50mm）和保护管挤紧。

4）图 11.17（b）为标志落底图。测标、保护管与套管三者应整体徐徐放入孔底，如钻孔较深（即测杆较长），应在测标与保护管之间加入固定滑轮，避免测标在保护管内摆动。

5）图 11.17（c）为用保护管压标脚入土示意图。整个标脚应压入孔底面以下，如遇孔底土质紧硬，可用钻机钻一小孔后再压入标脚。

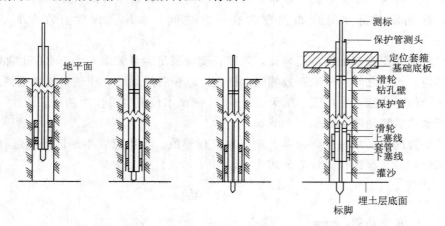

（a）钻孔中下标志　　（b）标志落底　　（c）保护管压标脚入土　　（d）保护管的提升、定位

图 11.17　分层沉降观测标志埋设示意图

6）图 11.17（d）为保护管的提升、定位示意图。标志埋好后，用钻机卡住保护管提 30～50cm；并在提出部分和保护管与孔壁之间的空隙内灌沙，以提高标志随所在土层活动的灵敏性。最后，用定位套箍将保护管固定在基础底板上，并以保护管测头随时检查保护管在观测过程中有无脱落情况。

（2）磁铁环式标志。

1）钻孔要求与埋设测标式标志相同。遇到土质松软的地层，应下套管或用泥浆护壁。

2）成孔后，将保护管放入，保护管可逐节连接直至预定的最低部观测点位置。然后稍许拔起套管，在保护管与孔壁间用膨胀钻土球填充，并捣实。

3）用专用工具将磁铁环套在保护管外送至填充的钻土面上，用力压环，迫使环上的三角爪插入土中。然后，将套管拔到上一预埋磁铁环的深度，并用膨胀钻土球填充钻孔，按上述方法埋设第二个磁铁环。按此进行直至完成最上土层的磁铁环埋设。

4）在淤泥地层内埋设时，应另行设计标志规格，可采用其密度与泥土相当的捆扎泡沫塑料铁皮环形标志。

2. 计算

基坑开挖前，对管口高程及磁环位置进行 2 次测量（图 11.18），取高程平均值作为初始值。

磁环高程按下式计算：

$$H = h - \Delta h_n \qquad (11.31)$$

式中　H——磁环高程，mm；

　　　h——管口高程，mm；

　　Δh_n——管口与磁环之间的距离，mm。

本次磁环高程与该磁环上次高程之差又称为本次垂直位移变化量，与该磁环初始高程之差为垂直位移累计变化量。

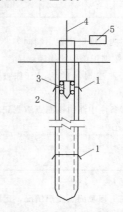

图 11.18　分层沉降观测示意图
1—磁铁环；2—保护管；
3—探测头；4—钢尺；5—指示器

11.4　基坑变形监测数据处理

11.4.1　监测数据整理

基坑监测内容较多，监测前应设计各种不同的外业记录表格，记录表格的设计应以记录和数据处理的方便为原则。在监测中观测到的或出现的异常情况也应在记录表格中有所体现。为表明原始成果的真实性，记录表格中的原始数据不得随意更改，必须更改时，应加以说明。外业观测完成后，应及时分类整理外业记录表格。

监测成果是施工安排和调整的依据，对外业监测数据应尽快进行计算处理，向工程建设、监理等有关单位提交日报表或当期的监测技术报告。日报表中不但要体现当期的监测成果还要体现当期与以往相关成果的关系，方便其他单位或人员更直观地理解和把握。以沉降监测为例，表 11.18 给出了基坑监测常用的记录表样式，可供参考。

表 11.18   桩、墙体内力及土压力、孔隙水压力检测记录样表

（   ）监测日报表   第   页   共   页

工程名称：   报表编号：   天气：

观测者：   计算者：   测试日期：   年   月   日

组号	点号	深度/m	本次应力/kPa	上次应力/kPa	本次变化/kPa	累计变化/kPa	备注	组号	点号	深度/m	本次应力/kPa	上次应力/kPa	本次变化/kPa	累计变化/kPa	备注

说明	说明： 1. 测点埋设位置、朝向等要素，所填写数据正负号的物理意义； 2. 测点损坏的状况（如被压、被毁）； 3. 备注中注明该测点数据正常或超限状态	测点布置示意图
工况		

项目负责人：   监测单位：

注 应视工程及测点变形情况，定期绘制测点的数据变化曲线图。

    对于大型的基坑工程，必要时可提交周报表和月报表。为了使工程管理人员更清楚地了解和把握监测点的变化情况，在提交报表的同时，应提交监测点的点位布置略图，并提交监测点变化的时程曲线，如图 11.19、图 11.20 为部分监测方法所监测的时程曲线示意图。

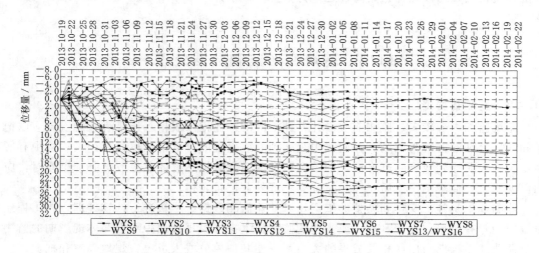

图 11.19   水平位移时程曲线

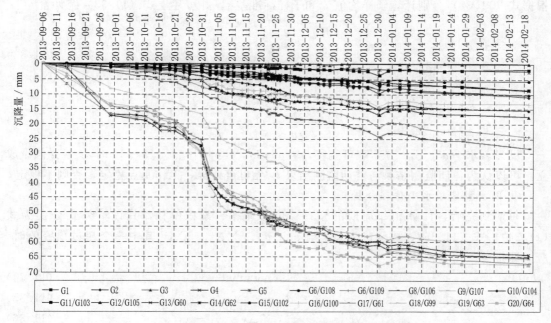

图 11.20　沉降时程曲线

　　监测工作全部结束后，应提交完整的监测技术总结报告，总结报告至少包括以下内容：①工程概况；②监测内容和控制指标；③监测仪器仪表、监测方法、监测周期、数据处理方法；④监测点布置与埋设方法、平面和立面布置图、监测成果汇总表、成果分析曲线；⑤结论与建议。

曲线图

11.4.2　监测结果分析

　　获得一定数量的监测成果后，应进行变形分析，以便更好地指导施工。监测全部结束后，应采用全部监测成果进行变形分析，总结出基坑变形的规律和特点，也为今后的基坑监测积累经验。变形分析应充分结合工程施工过程中出现的各种具体情况，结合监测人员所做的监测日记。由于基坑监测内容较多，这里只结合水平位移和沉降监测介绍变形分析的基本方法，供实际工作中参考。

　　1. 基准点工作基点的稳定性分析

　　基坑水平位移和沉降监测一般需要选埋 3 个及以上基准点，基准点可以选埋在变形区以外的岩石上或深埋在原状土上，也可以选埋在稳固的建（构）筑物上。由于基坑监测一般首选柱、圈梁的混凝土等固定基准，因此为了检查基准点自身的稳定性，可将基准点构成简单的网形，定期进行复测查，必要时根据复测平差成果，采用统计检验方法进行基准点的稳定性分析。

　　工作基点一般离基坑较近，其稳定性可以通过与稳定的基准点联测结果来判定。设某一工作基点与稳定的基准点之间首期联测结果为 l_0，l_0 为精确测得并假设为母体的均值 μ，以后检测 n 次的结果为 $l_i(i=1, 2, \cdots, n)$，以 n 期检测结果作为母体的分子，可以根据式（11.32）分别计算子样均值 $\bar{l}$ 和子样标准差 s，并可建立式（11.33）统计量 t：

$$\begin{cases} \bar{l} = \dfrac{l_i}{n} \\ s = \pm\sqrt{\dfrac{v^2 v}{n-1}} \end{cases} \tag{11.32}$$

$$t = \dfrac{\bar{l} - \mu}{s/\sqrt{n}} \sim t(n-1) \tag{11.33}$$

设显著水平 α，由 t 分布表可查得 $t_{\alpha/2}(n-1)$，当 $|t| < t_{\alpha/2}(n-1)$ 时，$l_0 = \mu$ 假设成立，可以认为各期监测结果与首期监测结果 l_0 无显著差异，工作基点稳定，否则不稳定。

2．围护桩墙顶水平位移分析

每期测完后，计算相邻周期的位移、位移速率、累积位移，其计算公式分别为式（11.34）、式（11.35）、式（11.36）。当 v_x、v_y、$\sum\Delta x$、$\sum\Delta y$ 其中一个超过预警值时，应立即报警。

$$\Delta x = x_i - x_j，\Delta y = y_i - y_j \tag{11.34}$$

$$v_x = \Delta x/d，v_y = \Delta y/d \tag{11.35}$$

$$\sum\Delta x = x_1 - x_j，\sum\Delta y = y_1 - y_j \tag{11.36}$$

根据各期监测的累积时间和累积位移，可以采用 Excel 等方法绘制位移的时程曲线，直观描述位移随时间的变化关系和变化趋势，结合监测日记（如施工进度、挖土部位和出土量、现场堆载情况、天气等）分析位移变化的主要因素，必要时可以建立合理的数学模型进行位移的趋势分析。

3．围护桩墙顶和周围建筑物沉降分析

每期测完后，计算相邻周期的沉降、沉降速率、累积沉降，其计算公式类似式（11.34）、式（11.35）、式（11.36）。当 v_h、$\sum\Delta h$ 其中一个超过预警值时，应立即报警。

根据各期监测的累积时间和累积位移，可以采用 Excel 等方法绘制沉降的时程曲线，直观描述沉降随时间的变化关系和变化趋势，结合监测日记分析沉降变化的主要因素，必要时可以建立合理的数学模型进行沉降的趋势分析。在进行周围建筑物沉降分析时，应考虑同一建筑物各监测点的位置关系和沉降变化，必要时计算监测点的差异沉降和基础倾斜。

小　　结

本章详细介绍了基坑工程施工监测的内容、监测点的布设、监测频率及报警值，监测方法、基坑变形监测数据处理、监测仪器及使用等内容。

思 考 题

1．监测项目布设的原则是什么？

2．出现什么情况时，应加强监测，提高监测频率，并及时向委托方及相关单位报告监测结果？

    3. 基坑监测中常用的监测仪器有哪些？其各自的功能是什么？

    4. 基坑监测水平位移和深层水平位移的区别是什么？

    5. 基坑监测中测斜管的埋设方法是什么？埋设过程中应注意什么？

    6. 土压力监测仪器埋设需要注意什么问题？其监测目的是什么？

    7. 基坑监测中地下水位监测的目的是什么？如何保证地下水位监测的准确性？

    8. 基坑监测项目布设的原则是什么？

第 12 章 水利水电工程施工测量

本章介绍了水利水电工程施工测量控制网测量的方法和内容、平面控制网的施测主要布网形式、建网步骤与特点、高程控制网的布网形式、施工控制网维护的要求、复测要求和加密要求。介绍了水利水电工程施工测量的主要施工项目测量内容，根据各种水工建筑物的结构特点，详细介绍了土坝的施工、混凝土重力坝和拱坝的施工、水闸施工及其闸门安装、厂房发电机组设备安装、压力钢管安装等各自的放样测量方法。

12.1 概 述

12.1.1 水利水电工程各阶段的任务

水利水电工程测量包括工程规划设计阶段、施工建设阶段和运行管理阶段进行的测量工作。

在工程规划设计阶段主要有平面控制测量、高程控制测量、地形图测量（包括人工测量、航空摄影测量与遥感、地面摄影测量）与水下地形测量、河道纵横断面测量、水库淹没线和库容测量、渠堤测量、线路测量等，其主要目的和任务是为规划设计提供地形图等基础性资料和数据。

在施工建设阶段的测量任务主要是将图上设计的建筑物放样测量到实地，为工程施工提供基准和保障数据，有平面控制测量、高程控制测量、工区地形图测量和水下地形测量，开挖、填筑及混凝土工程测量、金属结构与机电设备安装测量、地下工程测量、疏浚与渠堤测量、围堰与戗堤及拌和系统等附属工程测量、施工期变形观测、竣工测量、资料整编等。

运行管理阶段主要有平面和高程控制测量（包括水平位移和竖直位移基准测量）、水库水下地形测量与断面测量、疏浚测量、水工建筑物的变形测量、边坡变形测量等。

本章主要讲解施工阶段的控制测量和水利枢纽的大坝、闸门与和水轮发电机组、压力钢管设备安装测量等，对与其他章节相近的内容不再阐述，可参考其他相关章节。

12.1.2 水利水电工程施工的过程概述

水利水电工程施工，一般采用招标形式选取施工单位和施工监理单位，由业主提供基本控制资料和施工图纸，通过监理发给施工单位，施工单位对图纸进行检查、对控制成果进行检核，监理单位组织技术交底会，由设计单位对图纸设计做出介绍和问题解答。控制成果不能满足有关规范要求，通过书面形式报告监理。

施工单位用经检核合格的控制成果进行施工控制网加密、原始地面地形复测，并报监理确认，进行施工，验收。整个施工过程由监理单位进行监理检查。

12.2　水利水电工程施工控制网测量

12.2.1　控制网基本工作介绍

1. 工程控制网的分类、作用和建网步骤

（1）分类。按用途分为测图控制网、施工（测量）控制网、变形监测网、安装（测量）控制网，按网点性质分为一维网（或称水准网、高程网）、二维网（或称平面网）、三维网；按网型分为三角网、导线网、混合网、方格网；按施测方法分为测角、测边网、GPS网；按坐标系和基准分为约束网、独立网、经典自由网、自由网；按其他标准分为首级网、加密网、特殊网、专用网（如隧道控制网、建筑方格网、桥梁控制网等）。

（2）作用。工程控制网的作用是为工程建设提供工程范围内统一的参考框架，为各项测量工作提供位置基准，满足工程建设不同阶段对测绘在质量（精度、可靠性）、进度（速度）和费用等方面的要求。工程控制网也具有控制全局、提供基准和控制测量误差积累的作用。工程控制网与国家控制网既有密切联系，又有许多不同的特点。

（3）建网步骤。工程控制网的布设也遵循大地测量学的基本原理，如要有坐标系和基准，要构成网，采用逐级布设方式。根据工程的精度要求进行网的布设，建网步骤主要是：

1）收集资料、分析、查勘、进行技术设计、确定控制网的等级、确定布网形式、确定仪器和操作规程（国家或专业规范）、在图上选取点构网、进行优化设计。

2）到实地踏勘，进行初步选点，进一步完善方案。

3）实地选点、埋石。

4）外业观测。

5）内业数据处理。

6）提交成果。

2. 施工控制网的特点

施工控制网的布设，应根据总平面设计和施工地区的地形条件来确定。对于起伏较大的山岭地区（如水利枢纽）及跨越江河的工程（如大桥），过去一般采用三角测量（或边角测量）的方法建网；对于地形平坦通视比较困难地区，例如扩建或改建的工业场地，多采用导线网；而对于建筑物多为矩形且布置比较规则和密集的工业场地，亦可将施工控制网布置成规则的矩形格网，即所谓建筑方格网，现在大多数已为GPS网所代替。对于高精度的施工控制网，则将GPS网与地面边角网或导线相结合，使两者的优势互补。

施工平面控制网具有以下特点：

（1）控制网点位置应考虑到施工放样的方便。如桥梁和隧道施工控制网在其轴线的两端点必须要设置有控制点。同时由于施工现场的复杂条件，施工控制网的点位分布应尽可能供放样时有较多的选择，且应有足够的点位密度，否则无法满足施工期间的放样工作。

（2）控制网精度较高，且具有较强的方向性和非均匀性。施工控制网不像测图控制网要求精度均匀，而是常常要求和保证某一方向或某几个点相对位置的高精度。

如为保证桥梁轴线长度和桥墩定位的准确性，要求沿桥轴线方向的精度较高。隧道施

工则要求保证隧道横向贯通的正确，这说明施工控制网具有一定的方向性。

放样建筑物时，有时该建筑群的绝对位置精度要求不高，但建筑物间的相对关系必须保证，相对精度要求很高。故施工控制网具有针对性的非均匀精度，其二级网的精度不一定比首级网精度低，这里说的精度主要是指相对精度。

（3）常采用施工坐标系统。施工坐标系统，是根据工程总平面图所确定的独立坐标系统，其坐标轴平行或垂直于建筑物的主轴线。

一般工程的主轴线通常由工艺流程方向、运输干线（铁路或其他运输线）或主要建筑物的轴线所决定。施工场地上的各个建筑物轴线常平行或垂直于这个主轴线。水利枢纽工程中通常以大坝轴线或其平行线为主轴线，桥梁工程中通常以桥轴线或其平行线作为主轴线等。布设施工控制网时应尽可能将主轴线包括在控制网内使其成为控制网的一条边。施工坐标系统的坐标原点设在施工场地以外的西南角，使所有建筑物的设计坐标均为正值。

采用施工坐标系统时，由于坐标轴平行或垂直于主轴线，因此同一矩形建筑物相邻两点间的长度可以方便地由坐标差求得，用西南角和东北角两个点的坐标可以确定矩形建筑物的位置和大小。同样相邻建筑物间距也可由坐标差求得。

由于我们通常所用的坐标系统、城市坐标系统等均属测量坐标系统，其与施工坐标系统的轴系、原点规定不一致。施工坐标系统和测量坐标系统往往会涉及相互转换问题。

至于施工场地的高程系统除统一的国家高程系统或城市高程系统外，设计人员习惯于为每一个独立建筑物规定一个独立的高程系统。该系统的零点位于建筑物主要入口处室内地坪上，设计名称为"±0.000"。在"±0.000"以上标高为正，以下标高为负。当然设计人员要说明"±0.000"所对应的绝对高程（国家或城市高程系统）为多少。

（4）投影面的选择应满足"按控制点坐标反算的两点长度与两点间实地长度之差尽可能小"原则。

由于施工放样是在实地放样，故需要的是两坐标点之间的实地长度。而传统控制网平差把长度投影到参考椭球面然后再改化到高斯平面上。此时按坐标计算出的两点间实地长度相比，已经有了一定差值，出现长度误差。这必然导致实地放样结果的不准确，影响设计效果或工程质量。

因此施工控制网的实测边长通常不是投影到参考椭球面上而是投影到特定的平面上。例如，工业建设场地的施工控制网投影到厂区的平均高和面上；桥梁施工控制网投影到桥墩顶部平面上；隧道施工控制网投影到隧道贯通平面上。也有的工程要求将长度投影到定线放样精度要求最高的平面上。

12.2.2　水工建筑物施工测量的基本要求

1. 水利水电工程施工控制测量要求

施工控制网主要作用在于限制施工放样时测量误差的积累，使整个建筑区的建（构）筑物能够在平面和竖向上正确衔接，以便对工程的总体布置和施工定位起到宏观控制作用，同时便于不同施工区同时施工。控制网由整体到局部，由高级到低级进行布设，其布设应根据总平面设计图和施工地区的地形条件来进行，宜按两级布设，即首级控制网和定线控制网，其精度要满足施工放样的要求。

施工控制网的平面坐标系统要与规划勘测设计阶段的坐标系统一致，因为施工设计是在规划勘测设计阶段的测绘成果资料的基础上进行的。但为了施工方便或其他需要可建立独立的平面坐标系，相应地要建立与规划勘测设计阶段的平面坐标系的换算关系。同样原因，施工控制网的高程系统应与规划勘测设计阶段的高程系统相一致，并根据需要与邻近的国家水准点进行联测，其联测精度不低于国家四等水准测量的要求。对相对测量精度要求高的工程部位可单独建立专用的高精度高程控制网。

2. 水工建筑物的施工放样测量要求

水工建筑物包括有水闸、大坝、水电站厂房、泄水建筑物等，它们的施工放样程序与其他测量工作一样，也是先控制后放样的工作原则进行。即先布设施工控制网，进行主轴线放样，然后放样辅助线及建筑物的细部。建筑物的细部施工放样包括测设各种建筑物的立模线、填筑轮廓点，对已架立的模板、预制件或埋件进行体型的位置的检查。立模线的填筑轮廓点可直接由等级控制点测设，也可由测设的建筑物纵横轴线点放样。放样点密度因建筑物的轮廓线的形状和建筑材料而不同。例如混凝土直线形建筑物相邻放样点间的最长距离为 5～8m，而曲线形建筑物相邻放样点间的最长距离为 2～4m 或更密一点；在同一形状的建筑物中，混凝土建筑物上相邻放样点间的距离应小于土石料建筑物放样点的间距。当直线形混凝土建筑物相邻放样点最长距离为 5～8m 时，土石料建筑物放样点的间距则为 10～15m。对于曲线型建筑物细部放样点，除了按建筑材料不同而规定相邻点间的最长距离外，曲线的起点、中点和折线的拐点必须测设出，小半径的圆曲线，可加密放样点或放出圆心点；曲面预制模板，应酌情增放模板拼缝位置点。

建筑物的细部放样方法，可从书中介绍的基本方法中选用，也可采用能够保证放样精度的其他方法。放样水工建筑物立模线、填筑轮廓点的点位中误差及其平面位置中误差及其分配见表 12.1 的规定。

以混凝土为建筑材料的水工建筑物，是分段分块浇筑或用预制构件拼装的，为了保证建筑物的整体精度，除点位中误差应当符合规定外，在《水利水电工程施工测量规范》（SL 52—2015）中，对竖向偏差也有明确规定，见表 12.2，H 为水工建筑物的总高度。

水工建筑物除土建部分的放样工作外，还有金属结构与机电设备安装测量。它们包括闸门安装、钢管安装、拦污栅安装、水轮发电机组安装和起重机设备的轨道安装测量等，本章主要介绍水工建筑物的施工放样测量以及几种闸门的安装测量。

表 12.1　　　　主要水工建筑立模线、填筑轮廓点点位中误差及其分配　　　　单位：mm

建筑物类别	建筑材料	建筑物名称	点位中误差		平面位置中误差分配	
			平面	高程	测站点（轴线点）	放样
I	混凝土	闸、坝、厂房等主要水工建筑物	±20	±20	±17	±10
II		各种导墙及井洞衬砌	±25	±20	±23	±10
III		副坝、护坦、护坡等其他水工建筑物	±30	±30	±25	±17
IV	土石料	碾压式坝、堤上下游边线、心墙等	±40	±30	±30	±25
V		各种坝、堤内设施定位	±50	±30	±30	±40

表 12. 2	竖 向 测 量 偏 差 限 值		单位：mm
工程项目	相邻两层对楼中心线相对偏差	相对基础中心线的偏差	累计偏差
厂房、开关站等各种构架、立柱　闸墩、船闸、厂房等的侧墙拌和楼、筛分楼、堆料高排架等	±3	±H/2000	±20
	±5	±H/1200	±30
	±5	±H/1200	±36

12.3　原始地面测量与清基测量

12.3.1　原始地面测量

水利工程施工测量，在开工前要对原始地面进行测量，并得到监理的认可。一般采用段面测量，其段面间距根据地形和工程要求而定。以能反映现状和准确计算工程量为原则。测量范围按工程设计的边界为准，一般向外测 5～10m。

测量可用经纬仪、全站仪、GPS－RTK 等方法。对于有设计断面或原观测断面的工程，要注意与原设计段面位置一致，以便后续工程量计算等工作。

12.3.2　清基开挖线的放样

填筑工程施工前，必须对基础进行清理，挖掉覆盖的土层和彻底清除风化、半风化层、自然表面的松散土壤、树根等杂物。为此应放出清基开挖线，即坝体与原地面的交线。

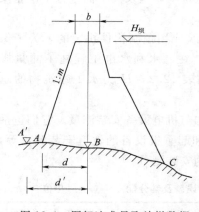

图 12.1　图解法求量取放样数据

清基开挖线的放样精度要求不高，可用图解法求得放样数据在现场放样，如图 12.1 所示。先沿坝轴线测量纵断面，即测定轴线上各里程桩的高程，绘出纵断面图，求出各里程桩的中心填土高度，再在每一里程桩进行横断面测量，绘出横断面图，最后根据里程桩的高程、中心填土高度与坝面坡度，在横断面图上套绘大坝的设计断面。坝体的设计断面与地面上、下游的交点，即为坡脚点的位置，可量出交点到轴线的距离 d_i，作为放线依据。

由于清基开挖有一定的深度和坡度，所以应按估算的放坡宽度确定清基开挖线。当从断面图上量取 d_i 时，应按深度和坡度加上一定的放坡长度。

放样时，可在纵断面桩上设站，按图解的距离在相应的方向放样点位；用石灰将各断面开挖点连线即为清基开挖线。如图 12.2 所示。

也可把中桩号和 d_i 构成坐标，用全站仪或 GPS－RTK 进行放样。

全站仪测量时，为便于观测，可采用测角测距离两点后方交会测定测站点的坐标。如图 12.3 所示，全站仪观测测站坐标，调用全站仪两点边角后方交会程序进行后方交会，点 P 为设站点，A、B 为控制点。根据测得的 PA 的距离以及 PA、PB 间的夹角可迅速

计算出点 P 的坐标，根据测得 P、A 间的高差可计算出点 P 的高程。采用该种方法，可以在施工干扰较大的环境下迅速架设好仪器并测量计算出测站坐标，在保证测量放样精度的同时极大地提高了测量工作效率。

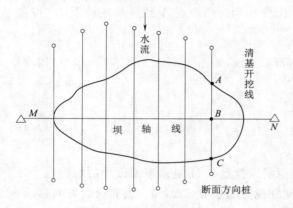

图 12.2　标定清基开挖线

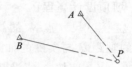

图 12.3　两点测距后方交会

12.4　坡脚线的放样

基础覆盖层清理后，应及时在清基后的地面上测定坝体与地面的交线，即坝体坡脚线，以便填土修筑坝体。清基后，各断面的形状已发生变化，用图解法量取的放样数据，其精度已不能满足坝体施工的要求，因此坝坡脚线可用下列方式放样。

1. 平行线法

这种方法以不同高程坝坡面与地面的交点获得坡脚线。平行线法测设坡脚线的原理，是由已知平行线距离（平行控制线与坝轴线的间距为已知）求高程（坝坡面的高程），而后实地在平行控制线方向上用高程放样的方法，定出坡脚点。

坝身控制测量时，设置的平行于坝轴线的直线与坝坡面相交处的高程可按式（12.1）计算，即

$$H_i = H_顶 - \frac{1}{m}\left(d_i - \frac{b}{2}\right) \qquad (12.1)$$

式中　H_i——第 i 条平行线与坝线坡面相交处的高程；

　　$H_顶$——坝顶的设计高程；

　　d_i——第 i 条平行线与坝轴线之间的距离，简称轴距；

　　b——坝顶的设计宽度；

　　$1/m$——坝坡面的设计坡度。

各条平行线与坝坡面相交处的高程计算后，即可在各平行线上，用高程放样的方法放样 H_i 的坡脚点。各个坡脚点的连线，即为坝体的坡脚线，如图 12.2 所示。

坡脚线作为混凝土浇灌的立模依据和土方填筑的依据。在土方填筑工程中，为了确保坡面碾压密实，坡脚处填土的位置应比现场标定的坡脚线范围向外扩大一些。多余的填土部分称为余坡，余坡的厚度取决于土质及施工方法，一般为 $0.3\sim0.5\text{m}$。

2. 趋近法

清基完工后，应先恢复坝轴线上各里程桩的位置，并测定桩点地面高程，然后将全站仪分别安置在各里程桩上，定出各断面方向，根据设计断面预估的距离，沿断面方向立棱镜，测出立镜点的轴距 d' 及高程 H_A'。如图 12.1 所示。图中点 A 到点 B 的轴距 d，按式（12.1）推得计算出 d，即

$$d = \frac{b}{2} + m(H_顶 - H_A')$$ (12.2)

式中　b——坝顶设计宽度；

　　　m——坝坡面设计坡度 1：m 中的分母；

　　　$H_顶$——坝顶设计高程；

　　　H_A'——立镜（尺）点 A' 的高程。

若计算的轴距 d 与实测的轴距 d' 不等。说明该镜点 A' 不是该断面设计的坡脚点。计算差值 $\Delta = d' - d$，应按 Δ 值沿断面方向移动立镜点的位置：$\Delta > 0$，则向仪器方向移动；$\Delta < 0$，向远离仪器方向移动。用可编程序计算器完成以上计算，及时指挥棱镜移动。重复上述的观测与计算。经几次试测，直至实测的轴距与计算的轴距之差在允许范围内为止，这时的立尺点即为设计的坡脚点。按上述方法，施测其他断面的坡脚点，用白灰线连接各坡脚点，即为坝体的坡脚线，坡脚线的形状类似清基开挖线。

12.5　坝 体 施 工 放 样

建大坝需按施工顺序进行下列测量工作：布设平面和高程基本控制网，控制整个工程的施工放样；确定坝轴线和布设控制坝体细部放样的定线控制网；清基开挖的放样；坝体细部放样等。对于不同筑坝材料及不同坝型施工放样的精度要求有所不同，内容也有些差异，但施工放样的基本方法大同小异。进行大坝施工测量，要分析大坝的形式和结构，按不同的标准，大坝的分类也有所不同。比如，根据抵抗水头压力的机制不同，可分为重力坝和拱坝；按筑坝材料的不同，可分为土石坝、混凝土坝、橡胶坝、钢闸门坝等。

12.5.1　土石坝的施工放样

1. 土石坝种类与施工

（1）土石坝的种类。土石坝是目前世界坝工建设工程中应用最为广泛和发展最快的一种坝型。土石坝的施工是将这些材料经过抛填、碾压等方法堆筑成的挡水坝，故土石坝又称作当地材料坝，对于坝体材料以土和砂砾为主时，称土坝；以石渣、卵石、爆破石料为主时，称堆石坝；当两类当地材料均占相当比例时，称土石混合坝。

土石坝按施工方法的不同可分为：碾压式土石坝、冲填式土石坝、水中填土坝和定向爆破堆石坝等。其中应用最为广泛的是碾压式土石坝，其主要特点是对基础要求低、适应基础变形强。土石坝按坝高可分为：低坝、中坝和高坝。而高坝筑坝技术是近代才发展起来的。

碾压式土石坝按照土料在坝身内的配置和防渗体所用的材料种类，又可分为均质坝、土质心墙坝、土质斜墙坝、多种土质坝、人工材料心墙坝、人工材料面板坝等。如图 12.4 所示。

246

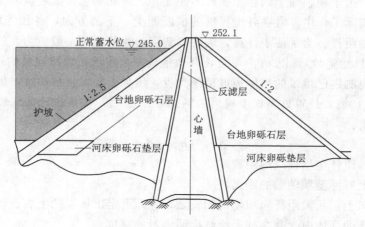

图 12.4　石门大坝横剖面图

（2）土石坝的施工问题。土石坝建设最大的病害即是渗流。做好基础处理，必须万无一失。很多大型土石坝，必须要满足坝基承载力及基础防渗的情况下，完成基础处理的稳固后，方可进行填筑施工，特别是在深覆盖层上修建工程，基础处理工程量大、不可预见因素多，常采用防渗墙、振冲、帷幕灌浆、固结灌浆等对地基进行综合处理。

确定合理的坝面分区，是填筑工作施工的关键，由于土石坝体型较大，为坝面分区流水作业提供了必要的场面，土石坝工程一般在填筑工序上分为铺料、摊铺、洒水、压实、质检等工作。在坝面分区流水作业中，防渗土料的施工应根据填筑的需要，根据实际情况合理划分填筑区域和进行流水作业，以及采用的机械设备及填筑情况进行调整。

材料的碾压试验也是非常重要的一项工作。对土石坝而言，碾压试验是填筑前最为重要的技术参数论证工作。其测量工作主要是基面高程测量、铺土厚度测量，碾压到一定程度时碾压面的高程测量，一般按均匀断面进行。

（3）土石坝的施工测量过程。土坝施工放样的主要内容包括：坝轴线的测设、坝身控制测量、清基开挖线的放样、坡脚线和坝体边坡线的放样以及修坡桩的标定等。

2. 坝体边坡放样

坝体坡脚线标定后，即可在坡脚线范围内填土，土坝施工时是分层上料，每层填土厚度按现场施工碾压实验取得，一般不超 0.5m，上料后即进行碾压，为了保证坝体的边坡符合设计要求，每层碾压后应及时确定上料边界，各个断面上料桩的标定常用下列方法。

（1）轴距杆法。根据土坝的设计断面，根据坡比，按式（12.2）计算坝坡面不同高程点至坝轴线的距离，该距离是坝体筑成后的实际轴距。放样上料桩时，必须加上余坡厚度的水平距离放出余坡的边线，如图 12.5 所示。

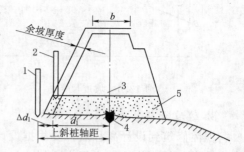

图 12.5　轴距杆法放样上料桩设计
1—轴距杆；2—上料桩；3—坝轴线；
4—里程桩；5—第一层填土

在施工中，由于坝轴线上的各里程桩不便保存，因此从里程桩起量取轴距标定上料桩极为困难。在实际工作中，常在各里程桩的横断面上、下游方向，各预先埋设一根竹竿，这些竹竿称为轴距杆。为了便于计算，轴距杆到坝轴线的距离一般应为 5 的倍数，即轴距 $d_\text{轴}=5n$（n 取自然整数），以 m 为单位，其数值应根据坝坡面距里程桩的远近而定。

放样时，先测定已填筑的坝体边坡顶的高程，再加上待填土的高度，即得上料桩的高程 H_i，按式（12.3）计算该断面上料后的轴距 d_i。然后，按下式计算从轴距杆向坝体方向应丈量的距离：

$$\Delta d_i = d' - d_i \qquad\qquad (12.3)$$

式中　d'——轴距杆至坝轴线的距离；

　　　d_i——上料桩至坝轴线的距离。

在断面方向上，从轴距杆向坝体内测设 Δd_i，即可定出该层的上料桩的位置。一般用竹竿插在已碾压的坝体内，并在杆上涂红标明上料的高度。

（2）坡度尺法。坡度尺是根据坝体设计的边坡坡度用木板制成的直角三角形尺。例如，坝坡面的设计坡度若为 1∶2，则坡度尺的一直角边长为 1m，另一直角边长应为 2m，这样就构成坡度为 1∶2 的坡度板。在较长的一条直角边上安装一个水准管。若没有水准管，也可在直角边的板上画一条平行于 AB 的直线 MN，在点 M 钉上挂一个垂球，如图 12.6 所示。

放样时，将绳子的一端系于坡脚桩上，在绳子的另一端竖竹竿，然后，将坡度尺的斜边坡紧贴绳子，当垂球线与尺子上 MN 直线垂重合时，拉紧的绳子斜度即为边坡设计的坡度，竹竿上标明绳子一端的高度，如图 12.7 中的点 A。由于拉紧的绳子影响施工，平时将绳子取下，当需要确定上述坡度时，再把绳子挂上即可。如果坡度尺上安装有水准管，当水准管气泡居中，坡度尺的斜面边紧靠拉紧的绳子时，绳子的斜坡也就是设计的坡度。

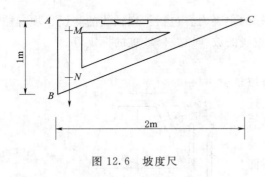

图 12.6　坡度尺

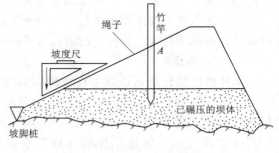

图 12.7　用坡度尺放样边

3. 边坡修整

坝体修筑到设计高程后，要根据设计的坡度修整坝坡面。修坡是根据标明削去厚度的修坡桩进行的。修坡桩常用水准仪或经纬仪施测。常用方法如下：

（1）水准仪法。在已填筑的坝坡面上，钉上若干排平行于坝轴线的木桩。木桩的纵、横间距都不宜过大，以免影响修坡质量。用钢卷尺丈量各木桩至坝轴线的距离，并按式（12.2）计算桩的坝面设计高程。用水准仪测定各木桩的坡面高程，各点坡面高程与各点设计高程之差即为该点的削坡厚度。

（2）全站仪（经纬仪）法。先根据坡面的设计坡度计算坡面的倾角。例如，当坝坡面的设计度为 $i = 1 : 2$ 时，则坡面的倾角为

$$\alpha = \arctan^{-1}(1/2) = 26°33'54''$$

在填筑的坝顶边缘上安置全站仪（经纬仪），量取仪器高度 i。将望远镜视线向下倾斜 α 角，固定望远镜，此时视线平行于设计坡度。然后沿着视线方向每隔几米竖立标尺，设中丝读数为 L，则该立尺点的修坡厚度为 $\Delta = i - L$。

若安置全站仪（经纬仪）地点的高程与坝顶设计高程不符，则计算削坡量时应加改正数，如图 12.8 所示。所以，实际的修坡厚度应按下式计算：

$$\Delta l = (i - L) + (H_i - H_0) \tag{12.4}$$

式中　i——全站仪（经纬仪）的仪器高度；

　　L——全站仪（经纬仪）的中丝读数；

　　H_i——安置仪器的坝顶实测高程；

　　H_0——坝顶的设计高程。

4. 护坡桩的标定

坝坡面修整后，需要护坡，为此应标定护坡桩。护坡桩从坝脚线开始，沿坝坡面高差每隔 5m 布设一排，每排都与坝轴线平行。在一排中每 10m 钉一木桩，使木桩在坝面上构成方格网形状，按设计高程测设于木桩上。然后在设计高程处钉一小钉，称为高程钉。在大坝横断面方向的高程钉上拴一根绳子，以控制坡面的横向坡度；在平行于坝轴线方向系一活动线，当活动线沿横断面线的绳子上、下移动时，其轨迹就是设计的坝坡面，如图 12.9 所示。因此可以用活动线作为砌筑护坡的依据。如果是草皮护坡，高程钉一般高出坝面 5cm；如果是块石护坡，应以设计要求预留铺盖厚度。

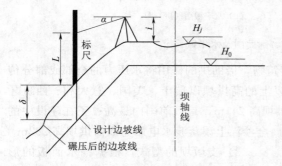

图 12.8　用全站仪测定削坡桩

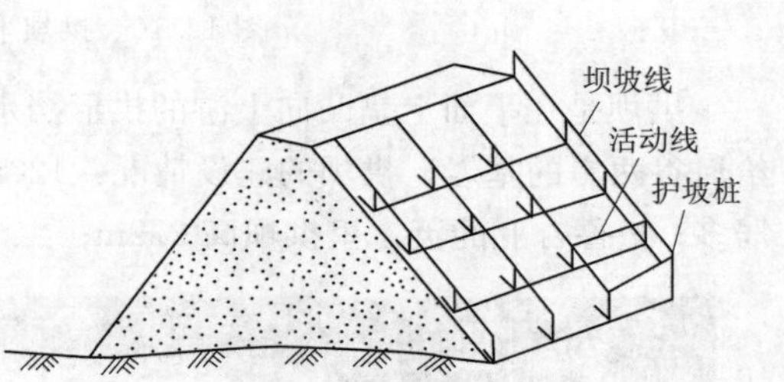

图 12.9　护坡桩的标定

12.5.2　混凝土坝体施工放样

1. 混凝土坝的种类与施工

（1）混凝土坝的种类。混凝土坝分为重力坝、拱坝、支墩坝、溢流坝。

1）重力坝的型式：重力坝按作用分为非溢流重力坝、溢流重力坝；按建筑材料分为混凝土重力坝、碾压混凝土重力坝、浆砌石重力坝；按内部结构分为实体重力坝、宽缝重力坝、空腹重力坝。

三峡大坝是混凝土重力坝。

2）拱坝的型式：控制拱坝型式的主要参数有拱弧的半径、中心角、圆弧中心沿高程的迹线和拱厚。按照拱坝的拱弧半径和拱中心角，可将拱坝分为：单曲拱和双曲拱。单曲拱又称为定外半径定中心角拱，双曲拱坝分为两种：变外半径等中心角、变外半径变圆心，如图 12.10 所示。

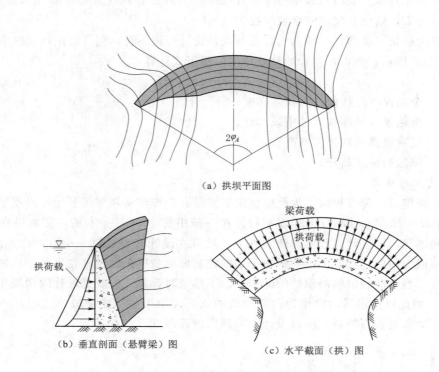

（a）拱坝平面图

（b）垂直剖面（悬臂梁）图　　　（c）水平截面（拱）图

图 12.10　拱坝平面、剖面图及水平截面

拱坝是在平面上呈凸向上游的拱形挡水建筑物，借助拱的作用将水压力的全部或部分传给河谷两岸的基岩。拱坝的建设情况：120m 以上的高拱坝以瑞士、美国、意大利、西班牙居多；格鲁吉亚的英古里拱坝高 272m；二滩拱坝高 241m，是目前国内最高；正在建设中的金沙江上溪落渡水电站为双曲拱坝高 282m。

3）支墩坝的型式：根据挡水面板的形状可将支墩坝分为平板坝、连拱坝、大头坝。

4）坝身设有溢流面、底孔、中孔的重力坝称为泄水重力坝。它既是泄水建筑物，又是挡水建筑物。泄水重力坝的泄水方式分为坝顶溢流式、大孔口溢流式和深式泄水孔。

图 12.11　建设中的三里坪电站双曲碾压混凝土拱坝

如图 12.11 所示，为亚洲第一高程双

曲碾压混凝土拱坝。混凝土坝由坝体、闸墩、闸门、廊道、电站厂房和船闸等多种构筑物组成。因此混凝土坝施工较复杂，要求也较高。不论是施工程序，还是施工方法，都与土坝有所不同。

（2）混凝土坝的施工条件和立模线、放样线。坝体浇筑前要清除坝基表面的覆盖层，直至裸露出新鲜基岩，混凝土坝基础开挖线的放样精度要求较高，用图解法求放样数据，不能达到精度要求，必须以坝基开挖图有关轮廓点的坐标和选择的定线网点，用角度交会法或用全站仪坐标法放样基础开挖线。

坝基开挖到设计高程后，要对新鲜基岩进行冲刷清理，才开始浇筑混凝土坝体，由于混凝土的物理和化学特性，以及施工程序和施工机械的性能，坝体必须分层浇筑。分段分块浇筑，如图 12.12 所示，其分段线一般就是温度缝，分块线称为施工缝，所以开挖竣工验收后，应放出分段分块控制线（即温度缝和施工缝），以便据此竖立模板，浇筑混凝土。

每一层又要分段分块（或称分跨分仓）进行浇筑，如图 12.13 所示，每块的 4 个角点都有施工坐标，连接这些角点的直线称为立模线。但是，为了安装模板的方便和浇筑混凝土前检查立模的正确性，通常不是直接放样立模线，而是放出与立模线平行且与立模线相距 0.5～1.0m 的放样线作为立模的依据。

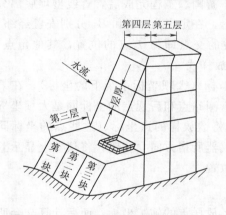

图 12.12　混凝土坝体分段分块

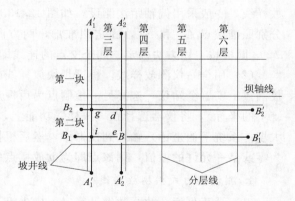

图 12.13　方向线交会法测设放样线

（3）混凝土坝的施工测量过程。混凝土坝的施工测量是先布设施工控制网，测设坝轴线，放出清基线、开挖线、坡角线，根据坝轴线放样各坝段的分段线。然后由分段线标定每层每块的放样线，再由放样线确定立模线。

2. 混凝土坝直线型坝体的放样定向点的测设方法

坝体分段分块线向外延伸，其端点称为该线的定向点。点位可定义为与围堰或任意位置上直线相交的交点。以分段分块的大坝坐标系统下的坐标来测定定向点。

（1）测定分段线定向点：如图 12.14 所示，在上围堰上任意定一条直线 A、B，精确

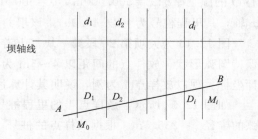

图 12.14　定向点测设

测定其位置（两点的坐标或一个点坐标和直线的方位角 α）。

（2）根据分段线的设计坐标，计算坝两端的分段线与直线 AB 的交点 M_0、M_i。

（3）精确放出 M_0、M_i。

（4）计算各分段线 d_i 在直线 AB 上的投影长度 D_i。

$$D_i = \frac{d_i}{\sin\beta} \tag{12.5}$$

式中　β——分段线与直线 AB 的小夹角。当 $\beta=90°$ 时，直线 AB 与坝轴线平行，$D_i=d_i$。

（5）在 M_0、M_i 之间依次测出各分段的长 D_i。用上述方法可放出坝轴线另一方面的分段线定向点。同理，可放出坝两端分块线的定向点。

3. 混凝土坝放样线的测设方法

坝体放样线的测设，应根据坝型、施工区域地形及施工程序等，采用不同的方法。对于直线型水坝，用偏轴距法放样较为简便，拱坝则采用全站仪自由设站法，前方交会法或极坐标法较为有利。

（1）直线型水坝用定向点测放样线。在上、下游围堰工程完成后，直线型坝底部分的放样线，一般采用偏轴距法测设。如图 12.13 所示，在定向点 A_1 和 B_1 分别安置经纬仪，分别照准端点 A_1' 和 B_1'，固定照准部，两方向线的交点即为 f 点的位置，其他角点 g、d、e 同样按上述方法确定。四个交点的连线即为放样线。

（2）用全站仪测放样线。根据坝块放样线的坐标（大坝坐标系统下的坐标），在某一控制点上安置全站仪，选择另一控制点为后视点（测站点和后视点的坐标同是大坝坐标系统下的坐标），将仪器选择在"放样"功能上，并将欲放样的点坐标（这些点的坐标同是大坝体系统下的坐标）输入到仪器中，然后根据仪器所指方向立棱镜，将仪器上显示差值为零或某一允许的差值，则该点即为欲放样点的位置。

4. 测设重力式拱坝放样线

（1）计算坐标。放样数据计算时，应先算出各放样点的施工坐标，而后计算交会所需的放样数据。

图 12.15 为某水利枢纽工程拦河坝平面图，该大坝是重力式空腹溢流坝，圆弧对应的夹角为 125°，坝轴线半径为 243m，坝顶弧长为 487.732m。里程桩号沿坝轴线计算。圆心 O 的施工坐标 $x=500.000$m，$y=500.000$m，以圆心 O 与 12～13 坝段分段线的连线为 x 轴，其里程桩号为（2+40.00），该坝共分 27 段，施工时分段分块浇筑。

图 12.16 为大坝第 20 段第一块（上游面），高程为 170m 时的平面图。为了使放样线保持圆弧形状、放样点的间距以 4～5m 为宜。根据以上有关数据，可以计算放样点的设计坐标。现以放样点 1 为例，说明其计算过程与方法。

如图 12.17 所示，放样点 1 的里程桩号为（3+71），当高程为 170m 时，该点所在圆弧的半径 $r=236.5$m。根据放样点的桩号，可求出坝轴线上的弧长 L 和相应的圆心角。

$$L=371-240=131(\text{m})$$
$$\alpha=180L/3.1416/R=180\times131/3.1416/243=30°53'16.2''$$

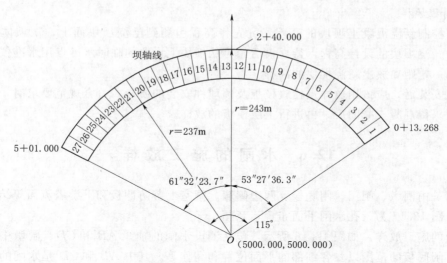

图 12.15　重力拱坝平面

根据放样点的半径 R 和圆心 α，求出放样点 1 对于圆心 O 点的坐标增量，及点 1 的设计坐标 (X_1, Y_1) 即

$$\Delta x = R\cos\alpha = 236.5(\mathrm{m}) \quad \cos30°53'16.2'' = 202.958(\mathrm{m})$$

$$\Delta y = -R\sin\alpha = -236.5(\mathrm{m}) \quad \sin30°53'16.2'' = -121.409(\mathrm{m})$$

$$X_1 = X_0 + \Delta x = 500.000 + 202.958 = 702.958(\mathrm{m})$$

$$Y_1 = Y_0 + \Delta y = 500.000 - 121.409 = 378.591(\mathrm{m})$$

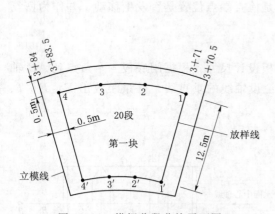

图 12.16　拱坝分段分块平面图

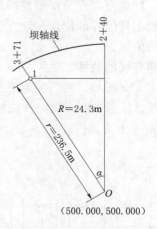

图 12.17　放样点 1 的相关数据

（2）拱坝的立模放样。拱坝坝体的立模放样，一般多采用前方交会法。用全站仪则用极坐标法。放出放样线后，画出立模线，进行架立模板。

直立模板垂直度的检查是在模板顶部的两头，各垂直量取一段距离，其长度等于立模线到放样线的距离，挂上垂球，待垂球稳定后，看它们的尖端是否通过立模线，如不通过则应校正模板，直到两端垂球的尖端都通过立模线为止。

5. 高程放样

为了控制新浇混凝土坝块的高程，可先将高程引测到已浇坝块面上，从坝体分块图上，查取新浇坝块的设计高程，待立模后，再从坝块上设置的临时水准点用水准仪在模板内侧每隔一定距离放出新浇坝块的高程。

模板安装后，应该用放样点检查模板及预埋件安装的质量，符合规范要求时，才能浇筑混凝土。待混凝土凝固后，再进行上层模板的放样。

12.6　水 闸 的 施 工 放 样

水闸是由闸墩、闸门、闸底板、两边侧墙、闸室上游防冲板和下游溢流面等结构物所组成的。图 12.17 为三孔水闸平面布置示意图。

水闸的施工放样，如图 12.18 所示，包括测设水闸的轴线 AB 和 CD、闸墩中线、闸孔中线、闸底板的范围以及各细部的平面位置和高程等。其中 AB 和 CD 是水闸的主要轴线，其他中线是辅助轴线，主要轴线是辅助轴线和细部放样的依据。

12.6.1　水闸主要轴线的放样

在施工现场标定轴线端点的位置，如图 12.18 中的点 A、B 和点 C、D 的位置。

主要轴线端点的位置，可根据端点施工坐标换算成测图坐标，利用测图控制点进行放样。对于独立的小型水闸，也可在现场直接选定端点位置。

主要轴线端点 A、B 确定后，精密测设 AB 的长度，并标定中点 O 的位置，在点 O 安置经纬仪，测设中心线 AB 的垂线 CD。用木桩或水泥桩，在施工范围外能够保存的地点标定 C、D 两点。在 AB 轴线两端应定出 A'、B' 两个引桩。引桩应位于施工范围外地势较高、稳固易保存的位置，设立引桩的目的是检查端点位置是否发生移动、并作为恢复端点位置的依据。

12.6.2　闸底板的放样

如图 12.19 所示，闸底板为矩形，根据底板设计尺寸，根据闸底板 4 个角点到 AB 轴线的距离及 AB 的长度，用经纬仪加钢尺，用测设轴线的垂直线，并量距放出 E、F、I、K 闸底板的 4 个角点。

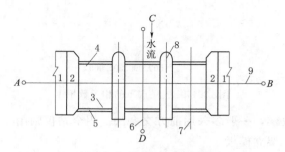

图 12.18　水闸平面位置图

1—坝体；2—侧墙；3—闸墩；4—检修闸门；
5—工作闸门；6—水闸中线；7—闸孔中线；
8—闸墩中线；9—水闸中心轴线

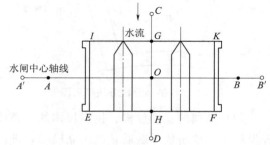

图 12.19　放样水闸的主点线

　　或由主要轴线的交点为坐标原点,推算出各角点的坐标,用全站仪极坐标法或在 A、B 两点用前方交会法放出 4 个角点。

　　闸底板的高程放样是根据底板的设计高程及临时水准点的高程采用水准测量法,根据水闸的不同结构和施工方法,在闸墩上标出底板的高程位置。

12.6.3　闸墩的放样

　　闸墩的放样是先放出闸墩中线,再以中线为依据放样闸墩的轮廓线。

　　放样前,由水闸的基础平面图计算有关的放样数据。放样时,以水闸主要轴线 AB 和 CD 为依据,在现场定出闸孔中线、闸墩中线、闸墩基础开挖线以及闸底板的边线等。待水闸基础打好混凝土垫层后,在垫层上再精确地放出主要轴线的闸墩中线等。根据闸墩中线放出闸墩平面位置的轮廓线。

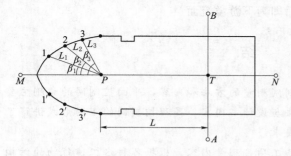

图 12.20　极坐标法放样闸墩曲线部分

　　闸墩平面位置的轮廓线,分为直线和曲线。直线部分可根据平面图上设计的有关尺寸,用直角坐标法放样。闸墩上游一般设计成椭圆曲线,如图 12.20 所示,放样前,应按设计的椭圆方程式计算曲线相隔一定距离点的坐标,同各点坐标可求椭圆的对称中心点 P 至各点的放样数据 B_2 和 L_2。

　　根据已定的水闸轴线 AB、闸墩中线 MN 定出两轴线的交点 T,沿闸墩中线测设距离定出 P 点。在 P 点安置经纬仪,以 PM 方向为后视,用极坐标法放样点 1、2、3 等。由于 PM 两侧曲线是对称的,左侧的曲线点 $1'$、$2'$、$3'$ 等也按上述方法放样定出。施工人员根据测设的曲线放样线立模。闸墩椭圆部分的模板,若为预制块并进行预安装,只要放曲线上几个点,即可满足立模的要求。

　　闸墩各部位的高程,根据施工场地布设的临时水准点,按高程放样方法在模板内侧标出高程点。随着墩体的增高,有些部位的高程不能用水准测量法放样,这时可用钢卷尺从已浇筑的混凝土高程点上直接丈量放出设计高程。

12.6.4　下游溢流面的放样

　　为了减小水流通过闸室下游时的能量,常把闸室下游溢流面设计成抛物面。由于溢流面的纵剖面是一条抛物线。因此纵剖面上各点的设计高程是不同的。抛物线的方程式注记在设计图上,根据放样要求的精度,可以选择不同的水平距离。通过计算求出纵剖面上相应点的高程,才能放出抛物面,所以溢流面的放样步骤如下所述。

　　如图 12.21 所示,采用局部坐标系,以闸室下游水平方向线为 x 轴,闸室底板下游高程为溢流面的起点,该点称为变坡点,也就是局部坐标系的原

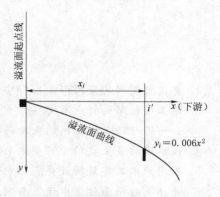

图 12.21　溢流面局部坐标系

点 O，通过原点的铅垂方向为 y 轴，即溢流面的起始线。

沿 x 轴方向每隔 $1 \sim 2m$ 选择一点，则抛物线上各相应点的高程可按下式计算，即

$$H_i = H_0 - y_i$$

其中

$$y_i = 0.0006x^2 \tag{12.6}$$

式中　H_i——i 点的设计高程；

　　　H_0——下游溢流面的起始高程，可从设计的纵断面图上查得；

　　　y_i——与点 O 相距水平距离为 x_i 的 y 值，由图 12.21 可见，y 值就是高差。

在闸室下游两侧设置垂直的样板架，根据选定的水平距离，在两侧样板架上作一垂线。再用水准仪按放样已知高程点的方法，在各垂线上标出相应点的位置。

将各高程标志点连接起来，即为设计的抛物面与样板架的交线，该交线就是抛物线。施工员根据抛物线安装模板，浇筑混凝土后即为下游溢流面。

小　　结

本章讲解了水利水电工程施工测量控制网测量的方法和内容，平面控制网的施测主要布网形式、建网步骤与特点和技术设计方法与设计书内容。高程控制网的布网形式讲解了施工控制网维护的要求、复测要求和加密要求。

讲解了水利水电工程施工测量的主要施工项目测量内容，根据各种水工建筑物的结构特点，详细介绍了土坝的施工、混凝土重力坝和拱坝的施工、水闸施工及其闸门安装、厂房发电机组设备安装、压力钢管安装等各自的放样测量方法。讲解了土坝的控制测量，包括土坝坝身控制线的测设，土坝高程控制测量；土坝施工过程中的测量工作，包括清基开挖线的放样，坡脚线的放样，坝体边坡的放样，坡面修整；混凝土坝控制测量，包括基本控制网的建立，坝身控制网的建立，高程控制网的建立；混凝土坝施工测量主要介绍了重力堆石坝施工测量和拱坝施工测量；水闸的施工测量，包括主轴线的测设和高程控制网的建立，基础开挖线的放样，水闸底板的放样，各种型式闸门的安装测量与关键轴线的放样；介绍了厂房发电机组设备安装测量的控制网建立方法和吸出管、座环、蜗壳安装放样和压力钢管安装测量方法等。简要介绍了南水北调中线工程的渠道施工测量内容和测量方法。

思　考　题

1. 施工控制网的布网形式有哪些？
2. 施工控制网的特点有哪些？
3. 如何进行施工控制网的坐标转换？
4. 代水准测量主要用于哪些方面？
5. 不同的水工建筑物放样点位中误差有何区别？
6. 放样点的平面位置中误差与测站点及放样误差有何关系？
7. 水闸轴线是怎样测设的？

8. 说明闸墩的放样方法。

9. 说明下游溢流面的放样方法？

10. 怎样确定土坝的坝轴线？

11. 说明土坝坝身控制测量的方法。

12. 说明土坝清基线的放样方法。

13. 说明标定修坡桩的方法。

14. 说明用偏轴距法测设直线型坝体放样线的方法。

15. 安装轴线及安装点如何测设？

第13章 地下工程施工测量

本章主要介绍了地下工程的地面控制测量、联系测量、洞内控制测量和施工测量，测定和调整贯通误差以及编写测绘技术总结等内容。学习本章后，应会进行坐标和高程的传递、洞内控制和施工测量、测定并调整贯通误差和编写测绘技术总结。

13.1 概　　述

13.1.1　地下坑道工程种类及其特点

1. 地下坑道工程的主要类型

（1）平峒：是指从地面直接通向岩体，水平开掘的坑道。一般隧道工程多为平峒形式。

（2）巷道：是指在地下岩体内所形成的坑道，包括水平巷道和倾斜巷道。平峒和巷道的横断面形状呈梯形或拱形。

（3）斜井：是指由地面直接通向岩体，具有较大坡度的坑道。

（4）竖井：是指由地面按一定断面尺寸垂直向地下掘进所形成的竖直空间。

（5）巷井：是指由上平巷向下平巷开凿的小断面垂直坑道。

（6）天井：是指由下平巷向上平巷开凿的小断面垂直坑道。

2. 坑道工程的特点

（1）地下不具有地面上的广阔空间，只能设计开挖呈现出较窄的带状井巷空间。

（2）地下坑道条件较差，黑暗、潮湿、狭窄、曲折，常有较大坡度。

（3）施工周期较长，安全问题突出。

（4）生产管理在测量工作中占重要地位。

（5）巷道工程中的一项重要任务是实现井巷贯通，这是一个主要特点。

13.1.2　坑道工程施工测量的主要内容和作用

坑道工程施工测量的主要内容有以下几点：

（1）地面平面与高程控制。

（2）将地面控制点坐标、方向和高程传递到地下的联系测量。

（3）地下洞内平面与高程控制测量。

（4）根据洞内控制点进行施工放样，以指导隧道的正确开挖、衬砌与施工。

（5）在地下进行设备安装与调校测量。

（6）竣工测量。

所有这些测量工作的作用是标出隧道设计中心线与高程，为开挖、衬砌与洞内施工确定方向和位置，保证相向开挖的隧道按设计要求准确贯通，保证设备的正确安装，并为设计和管理部门提供竣工资料。

坑道工程施工测量责任重大、测量周期长、要求精度高，不能有一丝的疏忽和误差，各项测量工作必须认真仔细做好，并采取多种措施反复核对，以便及时发现误差并加以改正。

13.2 地 面 控 制 测 量

隧道地面的控制测量应在隧道开挖以前完成，它包括平面控制测量和高程控制测量，它的任务是测定地面各洞口控制点的平面位置和高程，作为向地下洞内引测坐标、方向及高程的依据，并使地面和地下在同一控制系统内，从而保证隧道的准确贯通。

在工程施工测量中，根据隧道相向开挖的长度，确定贯通误差的限差，其限差在不同行业的规范中有不同的要求。一般按不同的长度段定出相应的限差，并按洞内、洞外测量条件不同，确定控制测量对贯通中误差的影响值的限差。隧道长度、线路形状和对贯通误差的要求，以及地形情况是进行隧道控制网设计的依据。

隧道洞外平面控制网一般布设成自由网形式，依据线路测量的控制点进行定位和定向，控制网的边长应投影到隧道进、出口的平高程面上；根据隧道长度、地形及现场和精度要求，采用不同的布设方法，如三角锁（网）法、边角网法、精密导线网以及 GPS 定位技术等，而高程控制网一般采用水准测量、三角高程测量等。在水电水利工程施工中，洞外控制网的等级见表 13.1。

表 13.1 洞外控制网等级选择

隧道相向开挖的长度（含支洞在内）/km	平面、高程控制网等级
<5	三等、四等
5~10	二等、三等

13.2.1 地面导线测量

在隧道施工中，地面导线测量可以作为独立的地面控制，也可用以进行三角网的加密，将三角点的坐标传递到隧道的入口处。这里讨论的是第一种情况。地面导线测量主要技术要求见表 13.2 和表 13.3。

在直线隧道，为了减小导线量距对隧道横向贯通的影响，应尽可能地将导线沿着隧道中线敷设，导线点数不宜过多，以减小测角误差对横向贯通的影响；对于曲线隧道而言，导线亦应沿着两端洞口连线方向布设成直伸形导线为宜，但应将曲线的始点和终点及切线

表 13.2 地面导线测量主要技术要求（铁路隧道）

等级	隧道适用长度/km	测角中误差/(′)	边长相对中误差
二等	8~20	±1.0	1/20000
	6~8	±1.0	1/20000
三等	6~8	±1.8	1/20000
四等	4~6	±2.5	1/20000
五等	<2	±4.0	1/20000

表 13.3　　　　　　　　　　　　　地面导线测量主要技术要求（公路隧道）

两开挖洞口间长度/km		测角中误差	边长相对中误差		导线边最小边长/m	
直线隧道	曲线隧道	/(′)	直线隧道	曲线隧道	直线隧道	曲线隧道
4~6	2.5~4.0	±2.0	1/5000	1/15000	500	150
3~4	1.5~2.5	±2.5	1/3500	1/10000	400	150
2~3	1.0~1.5	±4.0	13500	1/10000	300	150
<2	<1.0	±10.0	1/2500	1/10000	200	150

上的两点包括在导线中。这样，曲线转折点上的总偏角度便可根据导线测量的结果计算出来，据此便可将定测时所测得的总偏角加以修正，从而获得较精确的数值，以便用以计算曲线要素，在有平峒、斜井和竖井的情况下，导线应经过这些洞口，以利于洞口投点。

如图 13.1 所示，为了增加检核条件，提高导线测量精度，一般导线应使其构成闭合环线，可采用主、副导线闭合环。其中副导线只观测水平角而不测距，为了便于检查，保证导线测量精度，应考虑每隔 1~3 条主导线边与副导线联系，形成增加小闭合环系数，以减少闭合环中的导线点数，以便将闭合差限制在较小范围内。另外，导线边不宜短于 300m，相邻边长之比应超过 1:3，图 13.1 为主、副导线闭合环。对于长隧道地面控制，宜采用多个闭合环的闭合导线网（环）。

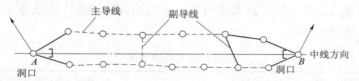

图 13.1　主、副导线闭合环

我国已建成的长达 14km 的大瑶山铁路隧道和 8km 长的军多山隧道都采用导线法作为地面平面控制测量。

13.2.2　地面 GPS 测量

采用 GPS 定位技术建立隧道地面平面控制网已普遍应用，它只需在洞口处布点。对于直线隧道，洞口点应选在隧道中线上。另外，应在洞口附近布设至少 2 个定向点，并要求洞口点与定向点间通视，以便于全站仪观测，而定向点间不要求通视。对于曲线隧道，除洞口点外，还应把曲线上的主要控制点（如曲线的起、终点）包括在网中。GPS 选点和埋石与常规方法相同，但应注意使所选点位的周围环境适宜 GPS 接收机测量。图 13.2 为采用 GPS 定位技术布设的隧道地面平面控制网方案。该方案每个点均有三条独立基线相连，可靠性较好。GPS 定位技术是近代先进方法，在平面精度方面高于常规方法，由于不需要点位间通视，经济节省、速度快、自动化程度高，故已被广泛采用。

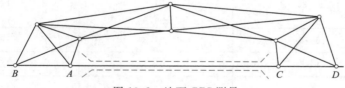

图 13.2　地面 GPS 测量

13.2.3 地面水准测量

隧道地面高程控制测量主要采用水准测量的方法，利用线路定测时的已知水准点作为高程起算数据，沿着拟定的水准路线在每个洞口至少埋设两个水准点，水准路线应构成闭合环线或者两条独立的水准路线，由已知水准点从一端测至另一端洞口。

水准测量的等级不但取决于隧道的长度，还取决于隧道地段的地形情况，即决定于两洞口之间的水准路线的长度（表 13.4）。

目前，光电测距三角高程测量方法已广泛应用，用全站仪进行精密导线三维测量，其求的高程可以代替三、四等水准测量。

表 13.4   水准测量的等级及两洞口间水准路线长度

测量等级	两洞口间水准路线长度 /km	水准仪型号	水准尺类型	说 明
二等	>36	$S_{0.5}$、S_1	线条式钢瓦水准尺	按二等水准测量要求
三等	13～36	S_3	区格式木质水准尺	按三等水准测量要求
四等	5～13	S_3	区格式木质水准尺	按四等水准测量要求

13.3 地 下 控 制 测 量

地下洞内的施工控制测量包括地下导线测量和地下水准测量，它们的目的是以必要的精度，按照地面控制测量统一的坐标系统，建立地下平面与高程控制，用以指示隧道开挖方向，并作为洞内施工放样的依据，保证相向开挖隧道在精度要求范围贯通。

13.3.1 地下导线测量

隧道内平面控制测量通常有两种形式：当直线隧道长度小于 1000m，曲线隧道长度小于 500m 时，可不作洞内平面控制测量，而是直接以洞口控制桩为依据，向洞内直接引测隧道中线，作为平面控制。但当隧道长度较长时，必须建立洞内精密地下导线用作洞内平面控制。

地下导线的起始点通常设在隧道的洞口、平坑口、斜井口，而这些点的坐标是通过联系测量或直接由地面控制测量确定的。地下导线等级的确定取决于隧道的长度和形状表 13.5。

表 13.5   地下导线等级的确定

等级	两开挖洞口间长度/km		测角中误差 /(')	边长相对中误差	
	直线隧道	曲线隧道		直线隧道	曲线隧道
二等	7～20	3.5～20	±1.0	1/10000	1/10000
三等	3.5～7	2.5～3.5	±1.8	1/10000	1/10000
四等	2.5～3.5	1.5～2.5	±2.5	1/10000	1/10000
五等	<2.5	<1.5	±4.0	1/10000	1/10000

1. 地下导线的特点和布设

（1）地下导线由隧道洞口等处定向点开始，按坑道开挖形状布设，在隧道施工期间，只能布设成支导线形式，然后随隧道的开挖而逐渐向前延伸。

（2）地下导线一般采用分级布设的方法：先布设精度较低、边长较短（边长为 2.5～50m）的施工导线；当隧道开挖到一定距离后，布设边长为 50～100m 的基本导线；随着隧道开挖延伸，还可布设边长 150～800m 的主要导线。如图 13.3 所示，三种导线的点位可以重合，有时基本导线这一级可能根据情况舍去，即直接在施工导线的基础上布设长边主要导线。长边主要导线的边长在直线段不宜短于 200m，曲线段不宜短于 70m，导线点力求沿隧道中线方向布设。对于大断面的长隧道，可布设成多边形闭合导线或主、副导线环，如图 13.4 所示。有平行导坑时，应将平行导线与正洞导线联测，以资检核。

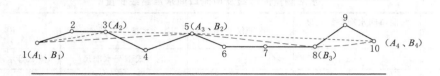

图 13.3　洞内导线分级布设

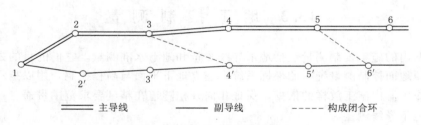

图 13.4　主、副导线环形式

（3）洞内地下导线应选在顶板或底板岩石等坚固、安全、测设方便与便于保存的地方。控制导线（主要导线）的最后一点应尽量靠近贯通面，以便于实测贯通误差。对于地下坑道相交处，也应埋设控制导线点。

（4）洞内地下导线应采用往返观测，由于地下导线测量的间歇时间较长且又取决于开挖面进展速度，故洞内导线（支导线）采取重复观测的方法进行检核。

2. 地下导线观测及注意事项

（1）每次建立新导线点时，都必须检测前一个"旧点"，确认没有发生位移后，才能发展新点。

（2）有条件地段，主要导线点应埋设带有强制对中装置的观测墩或内外架式的金属吊篮，并配有灯光照明，以减小对中与照准误差的影响，这有利于提高观测精度。

（3）使用 J_2 级经纬仪（或全站仪）观测角度，施工导线观测 1～2 测回，测角中误差为 ±6′以内，控制长边导线宜采用全站仪（Ⅰ、Ⅱ级）观测，左、右角两个测回，测角中误差为 ±5′以内，圆周角闭合差 ±6′以内。边长往返两个测回，往返测平均值小于 7mm。

（4）如导线长度较长，为限制测角误差积累，可使用陀螺经纬仪加测一定数量导线边的陀螺方位角。一般加测一个陀螺方位角时，宜加测在导线全长 2/3 处的某导线边上；若加测两个以上陀螺方位角时，宜以导线长度均匀分布。根据精度分析，加测陀螺方位角数量以 1～2 个为宜，对横向精度的增益较大。

（5）对于布设如图 13.4 所示的主副导线环，一般副导线仅测角度，不测边长。对于螺旋形隧道，由于难以布设长边导线，每次施工导线向前引伸时，都应从洞外复测。对于长边导线（主要导线）的测量宜与竖井定向测量同步进行。重复点的重复测量坐标与原坐标较差应小于 10mm，并取加权平均值作为长边导线引伸的起算值。

13.3.2 地下水准测量

地下水准测量应以通过水平坑道、斜井或竖井传递到地下洞内水准点作为高程起算依据，然后随隧道向前延伸，测定布设在隧道内的各水准点高程，作为隧道施工放样的依据，并保证隧道在高程（竖向）准确贯通。

地下水准测量的等级和使用仪器主要根据两开挖洞口间洞外水准路线长度确定，有关规定见表 13.6。

表 13.6　　　　　　　　　　　　地下水准测量主要技术要求

测量等级	两洞口间水准路线长度 /km	水准仪型号	水准尺类型	说　明
二等	＞32	$S_{0.5}$、S_1	线条式钢瓦水准尺	按二等水准测量要求
三等	11～32	S_3	区格式木质水准尺	按三等水准测量要求
四等	5～11	S_3	区格式木质水准尺	按四等水准测量要求

1. 地下水准测量的特点和布设

（1）地下洞内水准路线与地下导线线路相同，在隧道贯通前，其水准路线均为支水准路线，因而需往返或多次观测进行检核。

（2）在隧道施工过程中，地下支水准路线随开挖面的进展向前延伸，一般先测定精度较低的临时水准点（可设在施工导线上），然后每隔 200～500m 测定精度较高的永久水准点。

（3）地下水准点可利用地下导线点位，也可以埋设在隧道顶板、底板或边墙上，点位要稳固、便于保存。为施工方便，应在导坑内拱部边墙至少每隔 100m 埋设一对临时水准点。

2. 观测与注意事项

（1）地下水准测量的作业方法与地面水准测量相同。由于洞内通视条件差。视距不宜大于 50m，用目估法保持前、后视距相等；水准仪可安置在三脚架或悬臂的支架上，水准尺可直接立在洞内底板水准点（导线点）上，有时也可用倒尺法顶立在洞顶水准点标志上，如图 13.5 所示。

此时，每一测站高差计算仍为 $h = a - b$，但对于倒尺法，其读数应作为负值计算，如图 13.5 中各测站高差分别为

$$h_{AB} = a_1 - (-b_1)$$

$$h_{BC} = (-a_2) - (-b_2)$$

$$h_{CD} = (-a_3) - (-b_3)$$

$$h_{DE} = (-a_4) - b_4$$

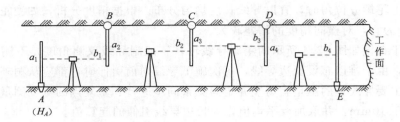

图 13.5 地下水准测量

则 $$h_{AE} = h_{AB} + h_{BC} + h_{CD} + h_{DE}$$

（2）在开挖工作面向前推进的过程中，对布设的支水准路线，要进行往返观测，其往返测不符值应在限差以内，取平均值作为最后成果，用于推算各洞内水准点高程。

（3）为检查地下水准点的稳定性，还应定期根据地面近井水准点进行重复水准测量，将所得高差成果进行分析比较。若水准标志无变动，则取所有高差平均值作为高差成果，若发现水准标志变动，则应取最后一次的测量成果。

（4）当隧道贯通后，应根据相向洞内布设的支水准路线，测定贯通面处高程（竖向）贯通误差，并将两条支水准路线联成附合于两洞口水准点的附合水准路线。要求对隧道末衬砌地段的高程进行调整。高程调整后，所有开挖、衬砌工程均应以调整后高程指导施工。

13.4 竖 井 联 系 测 量

对于山岭铁路隧道或公路隧道、过江隧道或城市地铁工程，为了加快工程进度，除了在线路上开挖横洞、斜井增加工作面外，还可以用开挖竖井的方法增加工作面。此时，为了保证相向开挖隧道能准确贯通，就必须将地面洞外控制网的坐标、方向及高程经过竖井传递至地下洞内，作为地下控制测量的依据，这项工作称为竖井联系测量。其中将地面控制网坐标、方向传递至地下洞内，称为竖井定向测量。

通过竖井联系测量，使地面和地下有统一的坐标与高程系统，为地下洞内控制测量提供起算数据，所以这项测量工作精度要求高，需要非常仔细地进行。

根据地面控制网与地下控制网的形式不同，定向测量形式可分为以下几种：

（1）经过一个竖井定向（一井定向）。

（2）经过两个竖井定向（两井定向）。

（3）经过平洞与斜井定向。

（4）应用陀螺经纬仪定向等。

每种定向形式也有不同的定向方法。我们归纳为：几何定向（如一井定向、两井定向）和物理定向（如陀螺经纬仪定向）。

13.4.1 单井定向测量（一井定向）

对于山岭隧道或过江隧道以及矿山坑道，由于隧道竖井较深，一井定向大多采用联系三角形法进行定向测量，如图 13.6 所示。

图 13.7 中，地面控制点 C 为连接点，D 为近井点，它与地面其他控制点通视（如图中 E 方向），实际工作中至少有两控制点通视。C' 为地下连接点，D' 为地下近井点，它与地下其他控制点通视（如图中 E' 方向）。O_1、O_2 为悬吊在井口支架上的两根细钢丝，钢丝下端挂上重锤，并将重锤置于机油桶中，使之稳定。

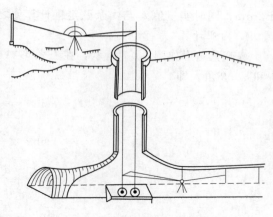

图 13.6 一井定向三角形示意图

1. 联系三角形布设

按照规范规定，对联系三角形的形状要求是：联系三角形应是伸展形状，三角形内角 α 及 β 应尽可能小，在任何情况下，α 及 β 角都不能大于 $3°$；联系三角形边长 $\dfrac{b}{a}\left(\dfrac{b'}{a'}\right)$ 的比值约等于 1.5；两吊锤线（$O_1 \sim O_2$）的间距 $c(c')$ 应尽量选择最大的数值。

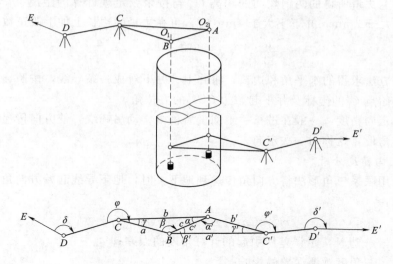

图 13.7 一井定向示意图

2. 投点

投点就是在井筒中悬挂重锤线至定向水平，然后利用悬挂的两钢丝将地面的点位坐标和方向角传递到井下。投点的设备如图 13.7 所示。

3. 联系三角形测量

一般使用 J_2 级经纬仪或全站仪观测地面和地下联系三角形角度 $\alpha(\alpha')$、$\delta(\delta')$、$\varphi(\varphi')$ 各 $4 \sim 6$ 个测回；地面联系三角形闭合差控制在 $\pm 4''$ 以内，地下联系三角形闭合差应在 $\pm 6''$ 以内；使用经检定的具有毫米刻划的钢尺在施加一定拉力条件下，悬空水平丈量地面、地下联系三角形边力 a、b、c 和 a'、b'、c'，每边往返丈量 4 次，估读到 0.1mm；边长丈量精度 $m_s = \pm 0.8$mm；地面与地下实量两吊锤间距离 a 与 a' 之差不得超过

$\pm2\mathrm{mm}$，同时实量值 a 与由余弦定理计算值之差也应该小于 $2\mathrm{mm}$。

4. 内业计算

解算三角形如图 13.7 所示，在三角形 ABC 和三角形 ABC' 中，可按正弦定理求 α'、β' 和 α、β 角。即

$$\left.\begin{aligned}\sin\alpha=\frac{a\sin\gamma}{c}\\\sin\beta=\frac{b\sin\gamma}{c}\end{aligned}\right\} \tag{13.1}$$

$$\left.\begin{aligned}\sin\alpha'=\frac{a'\sin\gamma'}{c}\\\sin\beta'=\frac{b'\sin\gamma'}{c}\end{aligned}\right\} \tag{13.2}$$

5. 检查测量和计算成果

首先，连接三角形的三个内角 α、β、γ、和 α'、β'、γ' 的和均应为 $180°$，一般均能闭合、若有少量残差，符合限差要求时，可平均分配到 α、β 和 α'、β' 上。

其次，井上丈量所得的两钢丝间的距离 $C_{\mathrm{丈}}$ 与按余弦定理计算的距离 $C_{\mathrm{计}}$，两者的差值 d，井上不大于 $2\mathrm{mm}$，井下不大于 $4\mathrm{mm}$ 时，可在丈量的边长上加上改正数。

$$u_a=-\frac{d}{3}\ ,\quad u_b=-\frac{d}{3}\ ,\quad u_c=-\frac{d}{3} \tag{13.3}$$

根据上述方法求得的水平角和边长，将井上、井下看成一条导线，按照导线的计算方法求出井下起始点 C' 的坐标及井下起始边 $C'D'$ 的方位角。

为了提高定向精度，一般在进行一组测量后稍微移动吊锤线，使方向传递经过不同的三组联通系三角形，这称为一次定向。

6. 一井定向精度分析

经过竖井用联系三角形法将方向角传递到地下去时，地下导线起始方向角的误差，可以用下式表示：

$$m_0^2=(m_0)_s^2+(m_0)_\beta^2+(m_0)_p^2 \tag{13.4}$$

式中　$(m_0)_s$——边长丈量误差所引起的计算角度的误差；

$(m_0)_\beta$——角度观测误差的影响；

$(m_0)_p$——用吊锤投点误差的影响。

为了确定边长丈量误差所引起的计算角度的误差，可由图 13.6 写出下列公式：

$$\sin\beta=\frac{b\sin\gamma}{C} \tag{13.5}$$

将上式微分并变换为中误差即得

$$m_\beta^2=\tan^2\beta_1\left(\frac{m_{b_1}^2}{b^2}+\frac{m_{a_1}^2}{a^2}\right)p^2+\frac{b^2}{a^2}\times\frac{\cos^2\alpha}{\cos^2\beta}m^2 \tag{13.6}$$

同理可得

$$m_{\beta_1}^2=\tan^2\beta_1\left(\frac{m_{b_1}^2}{b_1^2}+\frac{m_{a_1}^2}{a_1^2}\right)p^2+\frac{b_1^2}{a_1^2}\times\frac{\cos^2\alpha_1}{\cos^2\beta_1}m_{a_1}^2 \tag{13.7}$$

以上两式的右边第一项分别表示地面及地下丈量边长误差对 β 和 β_1 的影响。

当 $m_u = m_b = m_{u_1} = m_{u_1} = m_s$ 时，可写成下式：

$$(m_0)_s^2 = m_s^2 p^2 \left(\frac{a^2 + b^2}{a^2 b^2} \tan^2 \beta + \frac{a_1^2 + b_1^2}{a_1^2 b_1^2} \tan^2 \beta_1 \right) \qquad (13.8)$$

在联系三角形中，一般 α、β 均小于 $3°$，故可认为

$$\tan\beta = \frac{b}{c} \tan\gamma$$

由此，式（13.8）可写为

$$(m_0)_s^2 = m_s^2 p^2 \left(\frac{a^2 + b^2}{a^4} \tan^2 \alpha + \frac{a_1^2 + b_1^2}{a_1^4} \tan^2 \alpha_1 \right) \qquad (13.9)$$

当地面与地下联系三角形的形状相似时，即得

$$(m_0)_s = \frac{m_s \rho'' \tan\alpha}{a^2} \sqrt{2(a^2 + b^2)} \qquad (13.10)$$

如果 $m_s = 0.8\text{mm}$，$\alpha = 3°$，$a = 4.5\text{m}$，$\dfrac{b}{a} = 1.5$，则

$$(m_0)_s = \pm 4.6''$$

现在再来研究联系三角形角度观测的误差对定向精度的影响。

由图 13.6 得，可写出由地面传递方位角至地下时，地下导线起始边的方位角为

$$\alpha_{A_1 M} = \alpha_{AT} + \omega + \beta - \beta_1 \pm i 180° \qquad (13.11)$$

式中　i——某一整数；

α_{AT}——地面上的起始方位角。

将其变换为中误差，并以 m 表示地面上观测方向的中误差，m_1 表示地下观测的中误差，则得

$$(m_0)_\beta^2 = m^2 + \left(1 + \frac{b}{a}\right) m^2 + \left(\frac{b}{a}\right) m^2 + \left(1 + \frac{b_1}{b_1}\right) m_1^2 + \left(\frac{b_1}{a_1}\right) m_1^2 + m_1^2$$

$$= 2m^2 \left(1 + \frac{b}{a} + \frac{b^2}{a^2}\right) + 2m n_1^2 \left(1 + \frac{b_1}{a_1} + \frac{b_1^2}{a_1^2}\right) \qquad (13.12)$$

当地上和地下联系三角形的形状相似时，式（13.12）可写成

$$(m_0)_\beta^2 = 2(m^2 + m_1^2) \left(1 + \frac{b}{a} + \frac{b^2}{a^2}\right) \qquad (13.13)$$

在实际工作中，可以认为地下方向观测的误差约等于地面上方向观测误差的 1.5 倍，即 $m_1 = 1.5m$。若再取 $\dfrac{b}{a} = 1.5$，则

$$(m_0)_\beta^2 = m^2 + (1.5m)^2 = 1 + 1.5 + 1.5^2 = 30.9(\text{m}^2)$$

$$(m_0)_\beta = 5.5m$$

如前所述，地面测角中误差规定为 $\pm 4''$，于是方向中误差为 $m = \pm 2.8''$，故得 $(m_0)_\beta = \pm 15.4''$ 当竖井深度约为 80mm 时，吊锤线间的距离为 5m 时，其投点误差引起的方向误差大约为 $(m_0)_\beta = \pm 8''$。

将以上数据代入式（13.4）中，得到地下导线起始方向角的误差为

$$m_P = \pm\sqrt{(m_0)^2_\beta + (m_0)^2_\beta + (m_0)^2_P} = \pm\sqrt{4.6^2 + 15.4^2 + 8^2} = \pm 18''$$

在进行竖井向时，一般均要移动吊锤线，使方向传速经过不同的三组联系三角形进行定向，称为一次定向。则平均中误差为 $\pm 18''/\sqrt{3} = \pm 10.4''$。

13.4.2　两井定向测量（两井定向）

在隧道施工时，为了通风和施工方便，往往在竖井附近增加一通风井和施工竖井。此时，联系测量可采用两井定向法，以克服一井定向时的某些不足，有利于提高方向传递的精度。其方法有如下两种形式。

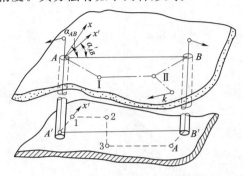

图 13.8　两井定向示意图

1. 外业工作

如图 13.8 所示，若地面上采用导线测量测定两吊锤线的坐标，在地下使地下导线的两端点分别与两吊锤线联测，这样就组成一个闭合图图形，在这个图形中，两吊锤线处缺少两个连接角，这样的地下导线是无起始方向角的，故称它为无定向导线。

两井定向外业工作包括投点、地面与地下连接测量。

（1）投点：投点所用设备与一井定向相同。两竖井的投点与联测工作可以同时进行或单独进行。

（2）地面连接测量：根据地面已知控制点的分布情况，可采用导线测量或插点的方法建立近井点，由近井点开始布设导线与两竖井中的 A、B 吊锤线连接。

（3）地下连接测量：在地下沿两竖井之间的坑道布设导线。根据现场情况尽可能地布设长边导线，减少导线点数，以减少测角误差的影响。进行连接测量时，先将吊锤线悬挂好，然后在地面与地下导线点上分别与吊锤联测。地面与地下导线中的角度与边长可在另外的时间进行测量。

2. 内业计算

两井定向的内业计算过程如下。

（1）计算两吊锤线在地面坐标系的方向角与距离：

$$\alpha_{AB} = \arctan\frac{Y_B - Y_A}{X_B - X_A} \tag{13.14}$$

$$S_{AB} = \sqrt{(X_B - X_A)^2 + (Y_B - Y_A)^2} \tag{13.15}$$

式中　X_A、Y_A、X_B、Y_B——两吊锤线在地面坐标系中测定的坐标。

（2）计算地下导线点在假定坐标系中的坐标。设吊锤线点 A 为原点，其坐标为 $X'_a = Y'_A = 0$，$Y_A A_1$ 边为 X' 轴方向，其方位角 $\alpha'_{A_{11}} = 0$。利用地下导线的测量成果，可计算出导线点在假定坐标系中的坐标，即

$$X'_i = \sum S_i \cos\alpha'_i \tag{13.16}$$

$$Y'_i = \sum S_i \cos\alpha'_i \tag{13.17}$$

式中
$$\alpha'_i = \alpha'_{A_1} + \sum_1^{n-1}(\beta_i - 180°) \quad (i = 1, 2, \cdots, n-1)$$

由上式求得点 B 的坐标:

$$X'_B = \Delta X'_{AB}$$
$$Y'_B = \Delta Y'_{AB}$$

由 A、B 两点再假定坐标系中坐标,反算其方位角与距离,可得

$$\alpha'_{AB} = \arctan \frac{Y'_B}{X'_B}$$

$$S_{AB} = \sqrt{X'^2_B + Y'^2_B}$$

由地面与地下计算得到的 S_{AB} 及 S'_{AB},必须投影到同一投影在上才能进行检核。在隧道施工中,竖井深度一般不太深,通常取地面与地下坑道高程的平均高程作为投影面,这样可以使地面与地下导线边的投影改正数很小或可以忽略不计。但是,由于测量误差的影响 $S_{AB} \neq S'_{AB}$,其差值为

$$\Delta S = S_{AB} - S'_{AB} \tag{13.18}$$

在矿山测量中,有时取地面与地下导线的平均高程面作为投影面,这时应对 S'_{AB} 施加投影改正,然后才能对 S_{AB} 及 S'_{AB} 进行检核,由于测量误差的影响,其差值为

$$\Delta S = S_{AB} - \left(S'_{AB} + \frac{H}{R}S_{AB}\right) \tag{13.19}$$

式中　$\frac{H}{R}S_{AB}$ ——投影到地面导线平均高程面的长度改正数;

　　　H ——地下 A、B 两吊锤线高程平均值;

　　　R ——地球平均曲率半径,取 $R = 6371\text{km}$。

当上述 ΔS 值不超过规则(或规程)中规定的允许值时,就可以计算地下导线各点在地面坐标系中的坐标。

(3) 计算地下导线各点在地面坐标系中的坐标,即

$$\begin{bmatrix} X_I \\ Y_I \end{bmatrix} = \begin{bmatrix} X_A \\ Y_A \end{bmatrix} + \begin{bmatrix} \cos\alpha_i \\ \sin\alpha_i \end{bmatrix} \tag{13.20}$$

式中　α_i ——地下导线各边在地面坐标系中的方向角,$\alpha_i = \alpha_i + \Delta\alpha$,而 $\Delta\alpha = \alpha_{AB} - \alpha'_{AB}$。

　　　导线在地面坐标系中算得的点 B 坐标 $X_{B下}$、$Y_{B下}$ 与地面上所计算的 B 点坐标 X_B、Y_B 也不相等,其坐标闭合差为

$$f_X = X_{B下} - X_B; \quad f_X = Y_{B下} - Y_B \tag{13.21}$$

$$f = \sqrt{f_X^2 + f_Y^2} \tag{13.22}$$

而全长相对闭合差为

$$K = \frac{f}{[S]} = \frac{1}{[S]/f} \tag{13.23}$$

当 K 满足规定要求时,可将 f_X、f_Y 反号按边长成比例地分配到地下导线各坐标增量上,再由点 A 推算各导线点的坐标值。

此法与一井定向法比较,外业工作较为简单,占用竖井时间较短,同时由于两吊锤线

间距离增大，可减小投点误差引起的方向误差，有利于提高地下导线的精度。

3. 精度分析

当进行两井定向，则无定向导线最后一条边的方位角中误差 m_{a_n} 为

$$m_{a_n} = m_\beta \sqrt{(n-1.5)/3} \tag{13.24}$$

式中 n——导线边数。

如果不做两井定向，按支导线推算最后一条边的方位角中误差 m_{a_n}（不考虑起始方位角误差）为

$$m'_{a_n} = m_\beta \sqrt{(n-1)} \tag{13.25}$$

例如：当布设 $n=5$ 时，测角中误差 m_β 相同，两者比较：

$$\frac{m'_{a_n}}{m_{a_n}} = \frac{\sqrt{n-1}}{\sqrt{(n-1.5)/3}} \approx 2$$

即

$$m_{a_n} = \frac{1}{2} m'_{a_n}$$

由此表明，采用两井定向（无定向导线）能明显提高导线最后一条边的方位角精度。

13.4.3 铅垂仪与全站仪联合定向法

上述方法在竖井中是挂垂线，如果竖井深及重锤不稳，其垂准误差对地下定向边的方位角精度影响较大，且在竖井中悬挂垂线也不方便，有时会影响施工。现在，可以用激光铅垂仪代替悬挂垂线，不仅方便，而且可提高垂准精度。这种方法的基本原理和计算与上述相同，此处不再详述。现以南京地铁一号线某车站应用此法定向测量的工程实例加以说明。

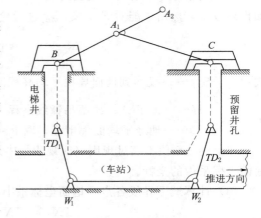

图 13.9 铅垂仪与全站仪联合定向

如图 13.9 所示，利用车站电梯井与预留井孔进行定向，两井之间的连接通道就是该车站二层站台，两洞孔相距 205m。

图中 A_1、A_2 为地面平面网控制点，B、C 为投测竖井上方内外式支架的内架中心，在 B、C 处焊有一个 20cm² 铜板，上方有一孔径略大于经纬仪基座螺旋直径的孔洞。地下 TD_1、TD_2、W_1、W_2 等点埋设具有强制对中装置的固定观测墩，注意在埋设时应使 B 点与 TD_1 点、C 点与 TD_2 点位于同一铅垂线上，以便于向上投测。

使用 2″级以上的激光铅垂仪，安置在 TD_1、TD_2 固定观测墩上，按操作要求向上投测，在井口上方向内架 B、C 处安置基座，根据铅垂仪红光点的位置指挥井上微动基座，使基座中心刚好位于红光点处，固定基座，安上照准标牌（棱镜），朝向 A_1 方向。在地面控制点安置全站仪，瞄准 B、C 方向测角与测距。然后全站仪分别安置在地下定向边的导线点 W_1、W_2 上，测角与测距，用 1′级全站仪观测角度 4 测回（左、右角），边长往返 4 测回。

地下定向边 W_2W_1 的坐标方位角计算及 W_2 坐标计算的方法同前所述。

经过无定向导线平差计算，地下定向边 $W_2 W_1$ 的坐标方位角中误差 $m_{a_{W_1 W_2}} = \pm 1.27''$，地下定向边定向点 W_2 的横向中误差 $m_{W_2} = \pm 1.23\text{mm}$。

以上定向测量成果，经南京地铁指挥部监理中心复核：定向边 $W_2 W_1$ 的坐标方位角的较差为 $-0.39''$，定向点 W_1、W_2 的坐标较差在 $2 \sim 5\text{mm}$ 以内，监理中心复核后认为成果合格，满足规范要求，可用于指导施工。

使用这一成果，指导盾构机单向推进，在另一车站洞门口贯通，其横向贯通误差为 9.5mm（限差为 $\pm 50\text{mm}$），表明这种定向测量方法也是实用可靠的。

13.5 高 程 传 递

将地面高程传递到地下洞内时，随着隧道施工布置的不同，分别采用三种不同的方法：通过横洞传递高程、通过斜井传递高程、通过竖井传递高程。

通过洞口或横洞传递高程时，可由洞口外已知高程点，用水准测量的方法进行传递与引测。当地上与地下用斜井联系时，按照斜井的坡度和长度的大小，可采用水准测量或三角高程测量的方法传递高程。上述这些测量方法在测量学和控制测量学中都已叙述过，这里不再重复。现在来讨论通过竖井传递高程。

在传递高程之前，必须对地面上起始水准点的高程进行检核。

13.5.1 水准测量方法

在传递高程时，应该在竖井内悬挂长钢尺或钢丝（用钢丝时井上需有比长器）与水准仪配合进行测量，如图 13.10 所示。

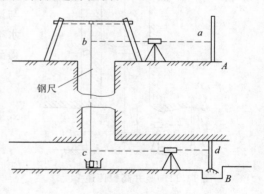

首先将经检定的长钢尺悬挂在竖井内，钢尺零端朝下，下端挂重锤，并置于油桶里，使之稳定。在井上、井下各安置一台水准仪，精平后同时读取钢尺上读数 b、c，然后再分别读取井上、井下水准尺读数 a、d，测量时用温度计量井上和井下的温度。由此可求取井下水准点 B 的高程 H_B 为

图 13.10　竖井高程传递 1

$$\left.\begin{array}{l} H_B = H_A + a - (b - c + \sum \Delta l) - d \\[2mm] \sum \Delta l = \Delta l_d + \Delta l_t \\[2mm] \Delta l_d = \dfrac{\Delta l}{\Delta l_0}(b - c) \\[2mm] \Delta l_t = 1.25 \times 10^{-5}(b - c)(t - t_0) \end{array}\right\} \qquad (13.26)$$

式中　H_A——地面近井水准点的已知高程；

$\quad\Delta l_d$——尺长改正数；

$\quad\Delta l_t$——温度改正数；

l——$l = (b - c)$；

Δl——钢尺经检定后的一整尺的尺长改正数；

t——井上、井下温度平均值；

l_0——钢尺名义长度；

t_0——检定时温度，一般为 20℃。

注意：如果悬挂是钢丝，则 $(b - c)$ 值应在地面设置的比长器上求取；同时，地下洞内一般宜埋设 2～3 个水准点，并应埋在便于保存、不受干扰的位置；地面上应通过 2～3 个水准点将高程传递到地下洞内，传递时应用不同仪器高，求得地下洞内同一水准点高程互差不超过 5mm。

13.5.2 光电测距仪与水准仪联合测量法

当竖井较深或其他原因不便悬挂钢尺（或钢丝），可用光电测距仪代替钢尺的办法，既方便又准确地将地面高程传递到井下洞内。当竖井深度超过 50m 时，尤其显示出此方法的优越性。

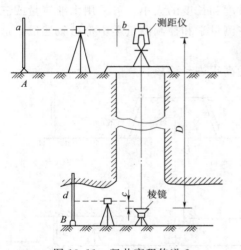

图 13.11　竖井高程传递 2

如图 13.11 所示，在地上井架内架中心上安置精度光电测距仪，装配一托架，使仪器准头直接瞄准井底的棱镜，测出井深 D，然后在井上、井下使用同一台水准仪，分别测定井上水准点 A 与测距仪照准并没有中心的高差 $(a - b)$，井下水准点 B 与棱镜面中心的高差 $(c - d)$，由此可得到井下水准点 B 的高程 H_B 为

$$H_B = H_A + a - b - D + c - d$$

$$(13.27)$$

式中　H_A——地在井上水准点已知高程；

a、b——井上水准仪瞄准水准尺上的读数；

c、d——井下水准仪瞄准水准尺上的读数；

D——井深（由光电测距仪直接测得）。

注意：水准仪读取 b、c 读数时，由于 b、c 值很小，也可用钢卷尺竖立代替水准尺，本法也可以用激光干涉仪（采用衍射光栅测量）来确定地上至地下垂距 D。这些都可以作为高精度传递高程的有效手段。

13.6　隧　道　施　工　测　量

在隧道施工过程中，根据洞内布设的地下导线点，经坐标推算而确定隧道中心线方向上有关点位，以准确知道较长隧道的开挖方向和便于日常施工放样。

13.6.1　中线放样

确定开挖方向时，根据施工方法和施工顺序，一般常用中线法和串线法。

当隧道用全断面开挖法进行施工时，通常采用中线法。其方法是首先用经纬仪根据导线点设置中线点，如图 13.12 所示，$P_4 P_5$ 为导线点，A 为隧道中线点，已知 P_4、P_5 的

实测坐标及 A 的设计坐标和隧道设计中线的设计方位角 α_{AD}，根据上述已知数据，即可推算出放样中线点所需的有关数据 β_5、L 及 β_A：

$$\alpha_{P_5A} = \arctan \frac{Y_A - Y_{P_5}}{X_A - X_{P_5}} \tag{13.28}$$

$$\beta_5 = a_{P_5A} - \alpha_{P_5P_4} \tag{13.29}$$

$$\beta_A = a_{AD} - \alpha_{AP_5} \tag{13.30}$$

$$L = \sqrt{(Y_A - Y_{P_5})^2 + (X_A - X_{P_5})^2} \tag{13.31}$$

求得有关数据后，即可将经纬仪置于导线 P_5 上，后视点 P_4，拨角度 β_5，并在视线方向上丈量距离 L，即得中线点 A。在点 A 上埋设与导线点相同的标志。标定开挖方向时，可将仪器置于点 A，后视导线 P_5，拨角度 β_A，即得中线方向。随着开挖面向前推进点 A 距开挖面越来越近，这时，便需要将中线点向前延伸，埋设新的中线点，如图 13.12 中的点 D。此时，可将仪器置于点 D，后视点 A，用正倒镜或转 180° 的方法继续标定出中线方向，指导开挖。AD 之间的距离在直线段不宜超过 100m，在曲线段不宜超过 50m。

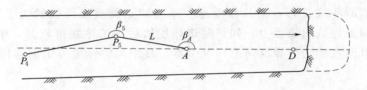

图 13.12　中线法

当中线点向前延伸时，在直线上宜采用正倒镜延长直线法，曲线上则需要用偏角法或弦线偏距法来测定中线点。用两种方法检测延伸的中线点时，其点位横向较差不得大于 5mm，超限时应以相邻点来逐点检测至不超限的点位，并向前重新订正中线。

随着激光技术的发展，在施工掘进的定向工作中，经常使用激光经纬仪或激光指向仪，用以指示中线和腰线方向。在掘进方向指示方面，解决了由于隧道洞内工作面狭小，光线暗淡不清晰的问题，它具有直观、对其他工序影响小、便于实现自动控制的优点。中线法指导开挖时，可在中线 A、D 等点上设置激光导向仪，可以更方便、更直观地指导隧道的掘进工作。

当采用盾构法或自动顶管法施工时，可以使用激光指向仪或激光经纬仪配合光电跟踪靶，指示掘进方向。掘进机在前，仪器在后。光电跟踪靶安装在掘进机器上，激光指向仪或激光经纬仪安置在工作点上并调整好视准轴的方向和坡度，其发射的激光束照射在光电跟踪靶上，当掘进方向发生偏差时，安装在掘进机上的光电跟踪靶输出偏差信号给掘进机，掘进机通过液压控制系统自动纠偏，使掘进机沿着激光束指引的方向和坡度正确掘进。

当隧道采用开挖导坑法施工时，可用串线法指导开挖方向，此法是利用悬挂在两临时

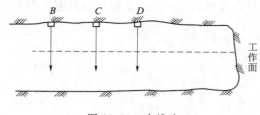

图 13.13　串线法

中线点上的垂球线，直接用肉眼来标定开挖方向（如图 13.13）。使用这种方法时，首先需用类似前述设置中线点的方法，设置三个临时中线点（设置在导坑板或底板），两临时中线点的间距不宜小于 5m。标定开挖方向时，在三点上悬挂垂球线，一人在点 B 指挥，另一人在工作面持手电筒（可看成照准标志），使其灯光位于中线点 B、C、D 的延长线上，然后用红油漆标出灯光位置，即得中线位置。

利用这种方法延伸中线方向时，因用肉眼来定向，误差较大，所以点 B 到工作面的距离不宜超过 30m。当工作面继续向前推进后，可继续用经纬仪将临时中线点向前延伸，再引测两临时中线点，继续用串线法来延伸中线，指导开挖方向。用串线法标定临时中线时，其标定距离在直线段不宜超过 30m，曲线段不宜超过 20m。

随着开挖面不断向前推进，中线点也随之向前延伸，地下导线也紧跟着向前敷设，为保证开挖方向正确，必须随时根据导线点来检查中线点，及时纠正开挖方向。

用上下导坑法施工的隧道，上部导坑的中线点每引伸一定的距离都要和下部导坑的中线联测一次，用以改正上部导坑中线点或向上部导坑引点。联测一般是通过靠近上部导坑掘进面的漏斗口进行，用长线垂球、垂直对点器或经纬仪的光学对点器将下导坑的中线点引到上导坑的顶板上。如果隧道开挖的后部工序跟得较紧，中层开挖较快，可不通过漏斗口而直接用下导坑向上导坑引点，其距离的传递可用钢卷尺或 2m 铟瓦横基尺。

13.6.2　坡度放样

为了控制隧道坡度和高程的正确性，通常在隧道岩壁上每隔 5～10m 标出比洞底地坪高出 1m 的抄平线，又称腰线，腰线与洞底地坪的设计高程线是平行的。施工人员根据腰线可以很快放样出坡度和各部位高程。如图 13.14 所示。

首先，根据洞外水准点的高程和洞口底板的设计高程，用高程放样的方法，在洞口点处测设 N 点，该点是洞口底板的设计标高。然后，从洞

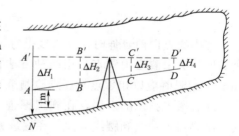

图 13.14　测设腰线

口开始，向洞内测设腰线，设洞口底板的设计标高 $H_N = 172.76\text{m}$，隧道底板的设计坡度 $i = +5‰$，腰线距底板的高度为 1.0m，要求每隔 5m 在隧道岩壁侧墙上标定一个腰线点。具体工作步骤如下：

（1）根据洞外水准点放样洞口底板的高程，得点 N。

（2）在洞内适当地点安置水准仪，读得 N 点水准尺 $a = 1.437\text{m}$（若以 N 点桩顶为隧道设计高程的起算点，a 即为仪器高）。

（3）从洞口点 N 开始，在隧道岩壁侧墙上，每隔 5m 用红漆标定视线高的点 B′、C′和 D′。

（4）从洞口点的视线高处向下量取 $\Delta H_1 = 1.437 - 1.0 = 0.437\text{m}$，得洞口处的腰线点 A。

（5）由于洞轴线设计坡度＋5‰，腰线每隔5m升高 $5 \times 5‰ = 0.025(\text{m})$，所以在离洞口5m远的视线高点 B' 往下量垂直距离 $\Delta H_2 = 1.437 - (1 + 5 \times 5‰) = 0.412(\text{m})$ 得腰线点 B，在点 C'（该点离洞口10m）垂直向下量 $\Delta H_3 = 1.437 - (1 + 10 \times 5‰) = 0.387(\text{m})$ 得腰线点 C。同法可得点 D。用红漆把4个腰线点 A、B、C 和 D 连为直线，即得洞口附近的一段腰线。

当开挖面推进一段距离后，按照上述方法，继续测设新的腰线。

13.6.3 断面放样

如果采用盾构机掘进，因盾构机的钻头架是专门根据隧道断面设计的，可以保证隧道断面在掘进时一次成形，混凝土预制衬砌块的组装一般与掘进同步或交替进行，所以不需要测量人员放样断面。

如果是采用凿岩爆破法施工，则每爆破一次后，都必须将设计隧道断面放样到开挖面上，供施工人员选择炮眼位置和确定衬砌范围。隧道断面包括两边侧墙和拱顶（多为圆曲线）两部分。断面的放样是在隧道中线和腰线的基础上进行的。

每次开挖钻爆前，应在开挖断面上根据中线和规定高程标出预计开挖断面轮廓线。为使导坑开挖断面较好地符合设计断面，在每次掘进前，应在两个临时中线点吊垂线，以目测瞄准（或以仪器瞄准）的方法，在开挖面上从上而下绘出线路中线方向，然后再根据这条中线，按开挖的设计断面尺寸，同时应把施工的预留宽度考虑在内，绘出断面轮廓线，断面的顶和底线都应将高程定准。最后按此轮廓线和断面中线布置炮眼位置，进行钻爆作业。

施工报用设计图上给出了断面宽度 d，侧墙高 b，拱高 h，以及圆弧拱的半径 R 等数据。

侧墙的放样是以中垂线 VV 为基准，向两侧各量取坑道设计宽度的一半 $d/2$；侧墙的上、下顶脚可根据腰线 HH 上、下量距获得。

至于拱圈的放样，可设计出拱圈上详测点 i 到坑道中线的平距 d，又已知圆弧拱的半径 R，再根据勾股定理可计算出 i 点对应的拱高 h_i：$h_i = \sqrt{R^2 - d_i^2}$。

这样便可在拱弦上从坑道中心水平量出 d_i，得到点 i，再自点 i 竖直向上量取 h_i，便可得到拱圈上详测点 i'。

隧道施工在拱部扩大和马口开挖工作完成后，需要根据线路中线和附近地下水准点进行开挖断面测量，检查隧道内轮廓是否符合设计要求，并用来确定超挖或欠挖工程量：一般采用极坐标法、直角坐标法及交会法进行测量。

13.6.4 隧道贯通误差的测定与调整

隧道贯通后，应及时地进行贯通测量，测定实际的横向、纵向、竖向贯通误差。若贯通误差在允许范围之内，就认为测量工作达到了预期目的。但由于存在贯通误差，会影响隧道断面扩大及衬砌工作的进行。因此，我们应该采用适当的方法将贯通误差加以调整，从而获得一个对行车没有不良影响的隧道中线，并作为扩大断面、修筑衬砌以及铺设钢轨的依据。

13.6.4.1　测定贯通误差的方法

1. 延伸中线法

采用中线法测量的隧道，贯通后应从相向测量的两个方向各纵向贯通面延伸中线，并各钉一临时桩 A、B，如图 13.15 所示。

丈量 A、B 之间的距离，即得到隧道实际的横向贯通误差。A、B 两临时桩的里程之差，即为隧道的实际纵向贯通误差。

2. 坐标法

采用洞内地下导线作为隧道控制时，可由进测的任一方向，在贯通面附近钉设临时桩 A，然后由相向开挖的两个方向，分别测定临时桩 A 的坐标，如图 13.16 所示。这样，可以得到两组不同的坐标值 $(x'_A、y'_A)$、$(x''_A、y''_A)$，则实际贯通误差为 $x'_A - x''_A$。

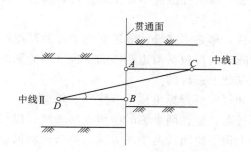

图 13.15　延伸中线法测定贯通误差

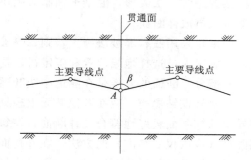

图 13.16　坐标法测定贯通误差

在临时桩点 A 上安置经纬仪测出夹角 β，以便计算导线的角度闭合差，即方位角贯通误差。

3. 水准测量法

由隧道两端口附近水准点向洞内各自进行水准测量，分别测出贯通面附近的同一水准点的高程，其高程差即为实际的高程贯通误差。

13.6.4.2　贯通误差的调整

隧道中线贯通后，应将相向两方向测设的中线各自向前延伸一段适当的距离，如贯通面附近到曲线始点（或终点）时，则应延伸至曲线以外的直线上一段距离，以便调整中线。

调整贯通误差的工作，原则上应在隧道未衬砌地段上进行，不再牵动已衬砌地段的中线，以防减少限界而影响行车。对于曲线隧道还应注意不改变曲线半径和缓和曲线长度，否则需上级批准。在中线调整以后，所有未衬砌的工程均应以调整后的中线指导施工。

1. 直线隧道贯通误差的调整

直线隧道中线调整可采用折线法调整，如图 13.17 所示。如果由于调整贯

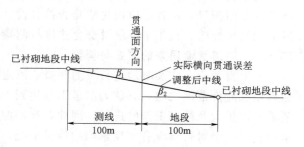

图 13.17　折线法调整贯通误差

通误差而产生的转折角在 $5'$ 以内，可作为直线线路考虑。当转折角在 $5'\sim25'$ 时，可不加设曲线，但应以转角 α 的顶点 C、D 内移一个外矢距 E 值，得到中线位置。各种转折角的内移量见表 13.7。当转折角大于 $25'$ 时，则以半径为 4000m 的圆曲线加设反向曲线。

表 13.7　　　　　　　　　各种转折角 α 的内移外矢距 E 值

转折角 $\alpha/('）$	5	10	15	20	25
内移外矢距 E 值/mm	1	4	10	17	26

对于用地下导线精密测得实际贯通误差的情况，当在规定的限差范围内时，可将实测的导线角度闭合差平均分配到该段贯通导线各导线角，按简易平差后的导线角计算该段导线各导线点的坐标，求出坐标闭合差。根据该段贯通导线各边的边长按比例分配坐标闭合差，得到各点调整后的坐标值，并作为洞内未衬砌地段隧道中线点放样的依据。

2. 曲线隧道贯通误差的调整

当贯通面位于圆曲线上，调整地段又全在圆曲线上时，可由曲线两端向贯通面按长度比例调整中线，也可用调整偏角法进行调整。也就是说，在贯通面两侧每 20m 弦长的中线点上，增加或减少 $10'\sim60'$ 的切线偏角。如图 13.18 所示。

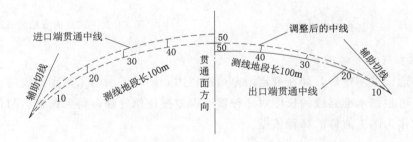

图 13.18　曲线隧道贯通误差的调整（单位：mm）

当贯通面位于曲线始（终）点附近时，如图 13.19 所示，可由隧道一端经过点 E 测至圆曲线的终点，而另一端经由 A、B、C 诸点测至点 D'，点 D 与点 D' 不相重合。再自点 D' 作圆曲线的切线至点 E'，DE 与 $D'E'$ 既不平行也不重合。为了调整贯通误差，可先采用"调整圆曲线长度法"使 DE 与 $D'E'$ 平行，即在保持曲线半径不变，缓和曲线长度不变和曲线 A、B、C 段不受牵动的情况下，将圆曲线缩短（或增长）一段 CC'，使 DE 与 $D'E'$ 平行。CC' 的近似值可按式（13.32）计算：

$$CC' = \frac{EE' - DD'}{DE}R \tag{13.32}$$

式中　R——圆曲线的半径。

CC' 曲线长度对应圆心角 δ 为

$$\delta = CC' \frac{360°}{2\pi R} \tag{13.33}$$

式中　CC'——圆曲线长度变动值。

经过调整圆曲线长度后，已使 DE 与 $D'E'$ 平行，但仍不重合，如图 13.20 所示，此时可采用"调整曲线始终点法"调整，即将曲线的始点 A 沿着切线向顶点方向移动到点 A'，使 $AA'=FF'$，这样 DE 就与 $D'E'$ 重合了。然后再由点 A' 进行曲线测设，将调整的曲线标定在实地上。

曲线始点 A 移动的距离可按下式计算：

$$AA' = FF' = \frac{DD'}{\sin\alpha} \tag{13.34}$$

式中　α——曲线的总偏角。

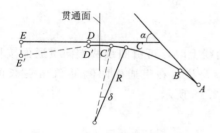

图 13.19　调整圆曲线长度法

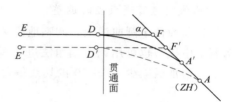

图 13.20　调整曲线始终点法

3. 高程贯通误差的调整

高程贯通误差测定后，如在规定限差范围以内，则对于洞内未衬砌地段的各个地下水准点高程，可根据水准路线的长度对高程贯通误差按比例分配，得到调整后的各个水准点高程，以此作为施工放样的高程依据。

小　结

本章简要介绍了坑道工程的种类和测量内容，讲解了隧道工程的控制测量方法：地面控制测量的 GPS、导线和水准测量方法，地下控制测量的导线测量和水准测量方法，地上地下测量的联系测量方法，讲述了隧道贯通误差并分析了施工测量中的三类平面控制作业对横向贯通误差的影响，水准测量对高程贯通误差的影响。讲解了隧道施工测量的三种放样方法和隧道贯通误差的测定与调整方法。最后介绍了隧道施工平面测量所用的定向测量仪器陀螺经纬仪及定向测量方法。

思　考　题

1. 坑道施工测量的内容是什么？作用是什么？

2. 地面控制网常用的方法是什么？其测量等级如何选择？

3. 地下导线的特点是什么？地下水准测量的特点又是什么？

4. 什么是一井定向？两井定向内业计算的主要步骤是什么？

5. 什么是贯通误差？其如何分类？

第14章　倾斜摄影测量 1∶500 测图技术

本章主要介绍一种适用于大范围的倾斜摄影测量 1∶500 测图技术，包括技术路线和作业流程。主要阐述了无人机平台及稳定性评定、空中精准定位飞控技术、空三及三维建模技术以及模型与影像结合的多视角测图技术。

14.1　倾斜摄影测量 1∶500 测图技术的概述

14.1.1　发展现状

1. 测图精度要求逐步提高

市场对代表国家基本比例尺地图中精度和地形地物要求最高地图成果的 1∶500 地形图的需求日益强烈，其应用范围也越来越广泛。在城市规划、拆迁、建设、工程地形测绘和地籍调查等高精度要求项目中，都需要测绘 1∶500 地形图。近几年全国集中组织开展的一些与测绘地理信息相关的项目，都明确要求生产出 1∶500 地形图，如不动产确权登记、高标准农田、美丽乡村等项目。

同时随着移动互联网的全面普及、定位技术的进步和移动通信的跨越式发展，基于位置的服务（Location Based Services，LBS）已逐渐渗透到人们的生活中，并改变着人们的生活方式。地图作为各项服务或应用的基础支撑，其精度要求也越来越高。以高速发展的无人驾驶领域为例，高精度地图作为稀缺资源以及刚性需求，在整个领域扮演着核心角色，它帮助汽车预先感知路面复杂信息，如坡度、曲率、航向等，结合智能路径规划，让汽车做出正确决策。在自动驾驶过程中，高精度地图具有高精度定位、辅助环境感知、规划与决策等功能。

但是，采用固定翼无人机搭载单镜头相机或者多旋翼无人机搭载五镜头相机摄影测量的全套技术虽已成熟，但主要应用在 1∶1000、1∶2000 及以下比例尺的测图项目中，传统测量一直没有突破 5cm 点位中误差要求的 1∶500 测图技术，尽管有个别项目用无人机做过小区域测试，成果点位精度能达到 5cm，但都是有很多前置条件的，如在风平浪静、艳阳高照、足够多像控点等前提下。所以方案现只停留在实验阶段，不具备实用和推广价值。

2. 传统手段测绘 1∶500 地形图的局限性

传统手段测绘 1∶500 地形图，主要是用 RTK 和全站仪到实地采集特征点、地物点的三维坐标，再用软件编绘地形图。由于采集要素多、精度要求高，需要投入大量人工进行实地采点、调绘。在人力成本不断高涨的今天，投入的人工越多，意味着项目成本和管理成本会快速上升，测绘生产单位的利润和良性持续发展都会受到影响。根据行业数据分析，传统手段测绘 1∶500 地形图时，规范对控制点、图根点、碎部（地物）点的精度要求都很高，对地形地貌要素的采集描述要求也很细，整个测绘作业的周期长、效率不高。经测算，全人工测绘 1km² 的 1∶500 地形图，投入 3 个小组 6 个技术人员，需 30 个工作日才能完成。同时传统手段需借助 RTK 或者全站仪进行人工实地采点，点位精度难免会受到诸多人为因素影响，测绘人员技术水平的高低、对规范要求执行力度的大小、严谨程度甚至是心情好坏等因素都会影响测量精度，造成测绘成果精度分布不均匀。在成果方面，传统手段测绘 1∶500 地形图只能得到控制点成果和数字线画图（Digital Line Graphic，DLG），得到的成果比较单一，只有测绘专业人员看得懂、用得上，这显然不能满足信息化时代对测绘成果的要求，测绘成果的应用也会受到诸多局限，无法让"数据"的价值最大化。

综上所述，传统测图存在成本高、周期长、成果受人为因素影响、成果单一等缺点，在市场经济高速发展的今天受到极大限制。随着当今社会对测绘地理信息高精度、多样性的需求快速增加，传统 1∶500 测图手段已无法满足高效大数据时代的发展和社会大众对直观的高精度地图的需求，目前迫切需要更高效、更高精度、成果更丰富的测绘技术方法和装备。倾斜摄影测量技术因其能有效克服传统 1∶500 测图及传统航测的弊端，满足大数据时代的需求，在行业内得到快速发展和应用。

14.1.2　定义、原理及分类

摄影测量是利用光学摄影机获取的像片，经过处理以获取被摄物体的形状、大小、位置、特性及其相互关系。摄影测量的主要任务是用于测制各种比例尺的地形图，建立地形数据库，为各种地理信息系统、土地信息系统以及各种工程应提供空间基础数据，同时服务于非地形领域，如工业、建筑、生物、医学、考古等领域。传统的摄影测量学是利用光学摄影机摄得的影像，研究和确定被摄物体的形状、大小、性质和相互关系的一门科学与技术。它包括的内容有：获取被研究物体的影像，单张和多张像片处理的理论、方法、设备和技术，以及将所测得的成果如何用图形、图像或数字表示。

倾斜影像（oblique image）是指由一定倾斜角度的航摄相机所获取的影像。倾斜摄影技术是国际测绘领域近些年发展起来的一项高新技术，它是在摄影测量技术的基础发展起来的，通过在同一飞行平台上搭载多台传感器（目前常用五镜头相机），同时从垂直、倾斜等不同角度采集影像，获取地面物体更为完整准确的信息。

以倾斜摄影技术获取的影像数据作为主要素材，结合其他技术手段所获得的现状影像照片或者扫描点云数据，通过多视影像空中三角测量、多视影像密集匹配、数字表面模型生成、三维空间网格模型生成、纹理映射、真正射影像纠正等过程，进行自动化加工处理后，对自然环境中的地形地貌、地物设施等场景的三维模型构建过程，即无需人工干预就能从多源数据中获取连续影像，从而生成真三维模型的过程，称之为"自动化实景三维建模"，通过自动化实景三维建模所获得的真三维模型，称为"实景三维模型"。

按照平台可分为有人机倾斜摄影测量和无人机倾斜摄影测量。由于有人机造价成本高，飞行高度较高、受空域限制大、机动灵活性差、受外部环境因素影像多等劣势，所以有人机倾斜摄影测量在实际应用中有一定的局限性。近年来，无人机倾斜摄影测量在测绘生产及相关行业应用中发展迅速，成为热门。

14.1.3　无人机倾斜测量的技术优势

无人机多为电动无人机，安全性高，机动灵活性强，可近地面低空飞行，分辨率高，从而得到的成果精度较高。无人机倾斜摄影测量成果为高精度的实景三维模型，如 TDOM、DSM 等，成果直观性强，行业应用广泛。

基于无人机的倾斜摄影测量具备以下技术优势：

（1）利用无人机倾斜摄影测量有较大的视场角，并可以获取多重高分辨率影像。

（2）倾斜摄影测量能直接反应地物的真实情况（外观、高度、位置），并具备对地物进行量测的能力，能同时输出 DSM、DOM、DLG 等数据成果。

（3）借助于无人机，可快速采集地面影像数据，实现自动化三维建模。

综上所述，实景三维建模具备高效率、高精度、高真实感、低成本"三高一低"的优势，所得到的实景三维模型可以用来直接测量坐标、采集成图，实现裸眼三维测图。由于实景三维模型能多角度查看到地物，所以在正射影像中无法修正而需要到现场调绘的屋檐、飘楼、阳台等细节信息，都可以直接在三维场景下采集、标注，这大大减少了外业调绘的工作量，在室内就能完成 90% 以上的采点和制图工作。

14.2　无人机倾斜摄影测量的技术路线和工作流程

在倾斜摄影 1：500 高精度三维测图技术中，"取样数据"为无人机 POS 数据、地面像控点信息、航拍影像等。该技术的总体思路是：紧紧围绕 POS 数据、像控点、照片（原始影像）这三大取样数据，控制误差、提高精度、保证效率，搭建满足 1：500 高精度测图要求的"优化模型"，通过无人机、倾斜摄影三维自动建模软件和实景三维测图软件制定标准化作业流程。

14.2.1　技术路线

总体流程如图 14.1 所示。

（1）解析无人机倾斜摄影测图数据误差成因，紧紧围绕 POS 数据、像控点、照片（原始影像）这三大取样数据和内业处理过程，研究如何控制误差、提高精度、保证效率。

（2）基于倾斜摄影测图数据误差成因分析结果，提出了一套影像畸变改正像控加密布设与采集方法，同时，通过优化航飞采集作业方法，制定三维测图的采集、编绘、审图、质检作业流程，形成一套倾斜摄影 1：500 高精度三维测图作业技术流程。

（3）结合项目实现高精度测绘目标，针对性地定制多传感器实时同步的高精度无人机倾斜摄影平台。研究 POS 采集与相机曝光同步技术、无人机与相机一体化稳定技术、小型化轻量化 RTK 模块集成设计、五镜头倾斜相机形态结构优化等关键技术，设计无人机动力结构、支撑结构、自动驾驶系统、RTK 系统、供电系统以及数据传输接口。

（4）基于倾斜摄影空三、自动化三维建模、空地数据融合等关键技术，开发倾斜摄影三维自动建模软件。支持多源影像数据，提供空地一体联合建模方式，无需人工干预，全自动生成高精度实景三维模型，克服传统建模工艺效率低、模型精度差的缺点。

（5）基于倾斜摄影的多视点-线特征匹配和联合平差技术，开发实景三维测图软件，采用革新性的半自动引导作业模式，对传统的垂直摄影测量采集方式的全面升级，采集过

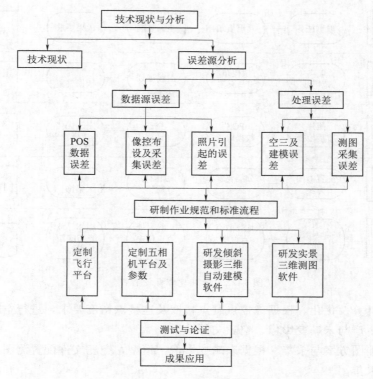

图 14.1　技术路线

程中无需佩戴立体眼镜，就可在真三维环境中完成高精度地形采集、屋檐改正、部件测量等，实现模型—影像—特征的组合验证，测图成果精度可达到厘米级，全内业完成1∶500 的大比例尺测图工作，并大幅降低外业调绘的工作量。

14.2.2　工作流程

依据低空倾斜摄影测量作业原理和内外业作业规范，结合 1∶500 高精度三维测图成果要求，制定了无人机倾斜摄影标准化作业流程，结合 GPS 辅助空三测量像控点布设方案和基于多视几何的倾斜摄影空中三角测量技术，本章提出了一套影像畸变改正像控加密布设与采集方法，对涉及成果精度的关键环节做了规范化要求，提出了明确的结点精度指标，制定标准化作业流程图，如图 14.2 所示。

无人机倾斜摄影标准化作业流程包括：

（1）航飞任务。确认范围线、精度要求、成果要求。

（2）确定技术方案。撰写技术设计书、实施方案书。

（3）像控设计、航线规划。确定像控布设方案、航线规划。

（4）像控布设与采集。进行仪器设备检查、人员准备，具体实施及限制措施。

（5）照片数据采集。飞机、相机等设备准备工作，飞手准备工作，实地踏勘，确认航高和航线，确保照片上单位面积内捕捉到的像素数值最大化，实施飞行。

（6）照片数据检查及整理。检查照片质量，去雾、降噪、调整对比度等；整理 POS 数据，检查是否与照片数量一致。

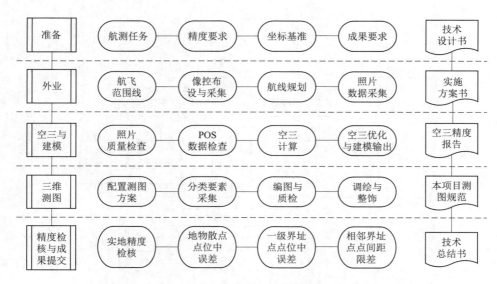

图 14.2　标准化作业流程图

（7）空三计算及优化。根据像控点刺点精度及连接点精度要求，进行空三优化。

（8）建模生产与未畸变影像、空三文件输出。

（9）配置测图方案与采集。根据未畸变影像，模型，空三文件配置测图工程文件，进行各个要素的采集。

（10）编图与质检。从测图软件中导出 cas 格式到 CAD 软件中进行编图，并对初级成果图利用 1：500 地形图规范进行质检。

（11）调绘整饰。针对遮挡地物和无法判读属性的地物，进行实地调绘，并对图形进行整饰和分幅。

（12）精度检查。抽查地物散点、界址点点位中误差及相邻界址点间距离。

（13）成果交付。交付分幅地形图、接图表、三维模型、正射影像、自查表、技术设计书、技术总结书。

制定准化作业流程中，特别针对以下涉及成果精度的关键环节做了规范化要求，并提出了明确的结点精度指标。

（1）像控设计、像控布设与采集流程优化。由测量基本原理、数理统计与分析、概率论等理论知识结合实际测试论证，像控布设遵循先整体再局部，长边控制短边，均匀分布的原则；像控点间设计成等边三角形分布，边长经过实际测试达最优化。

（2）空三计算及优化。支持空地一体联合建模，将地面采集的近景影像与航空影像数据进行空三联合平差及自动化实景三维模型重建，无需人工干预，全自动生成高分辨率真三维模型，全面提升实景三维模型质量、建模精度和效率。

像控点刺点精度必须不大于 0.5 像素，连接点精度需不大于 0.6 像素。

（3）实景三维测图采集精度优化。符合大比例尺高精度测图需求，支持基于三维模型和多种影像进行测图，提供基于三维模型、航空影像、地面影像、正射影像、立体像对模型、点云数据的二维和三维采集编辑工具，利用倾斜摄影高效率、高精度、高真实感的特点，可在真三维环境中完成高精度地形采集、屋檐改正、部件测量等，测图成果精度可达到厘米级。

可结合影像进行采集，克服模型结构的拉花、扭曲，可以保证采集数据精度，观测精度更高。可以有效解决模型上的地物缺失问题且影像上不会丢失细节信息，可以清楚观测到电线类别和走向，减少外业调绘和补测工作量。

对一级界址点重复采集验证时，其内符合精度不得超过 1cm。

14.3　无人机倾斜摄影测量软硬件的选择及要求

14.3.1　硬件的选择及要求

无人机倾斜摄影平台主要包括多旋翼无人机、机载 RTK 模块、五镜头相机等硬件，以及一体化平台消震、精准航线飞行、POS 采集与相机曝光同步等技术研究。

1. 无人机平台及稳定性评定

航拍时无人机飞行姿态的稳定程度对照片质量影像较大，姿态越稳定，照片越清晰，精度越高。本技术设计无人机时应用了空气动力学原理，采用 H 型横向支臂结构设计，单次切风，两侧机翼采用刀型切风面，从而最大程度降低了风阻和扰流对飞行速度造成的影响。

如图 14.3 所示，横向连接臂前后两侧面呈弧形，且中部尺寸小于其两端尺寸，利于气流导向。横向连接臂外端设有透风孔，在飞机下降时空气可从透风孔内通过，以降低空气对机臂的阻力。同时机架内部中空且底面设有出风孔，靠近机架一端底面设有进风孔，飞行器前进时，空气从进风孔进入，减小了机体所受阻力，再从出风口垂直向下流出产生向上的反向推力，保证飞行器持续稳定的高空飞行，如图 14.3 所示。

为了兼顾飞行平台的载重量与机动性能，本技术采取了多翼共轴的创新性设计，在一个轴点上下各设计安装两个电机，在保证飞行速度和机动性的前提下，提升了平台载重量，如图 14.4 所示。

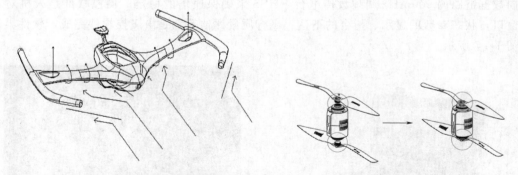

图 14.3　飞行平台空气动力示意图　　　　图 14.4　正反桨共轴设计示意图

正反桨共轴设计还有利于提高飞行平台的安全性能，当单个电机停转或失效时，另一个电机仍会提供该支点的支撑力和整机平衡性，不会影响到飞行安全，可以有效降低飞行风险。

2. 空中精准定位飞控技术

为提高 POS 数据精度，控制飞行平台精准飞行，项目研究 RTK 模块小型化、轻量化后集成到平台上，并采取了双天线设计，既为平台提供高精度定位数据，还能提供测向功能。如图 14.5 所示，E、F 两点为 RTK 天线固定点位。专为飞行控制系统开发的高精度导航定位系统采用双 RTK 设计，天线间距约 1m，能够接收三星（北斗、GPS、GLO-NASS）七个频段数据，通过实时动态差分技术将三维定位精度由米级提升至厘米级，集成定位、定高和测向功能，让无人机实现高精度飞行。飞行时采用双 RTK 定向和磁罗盘双重制导，优先使用双 RTK 定向导航。

传统无人机定高采用的气压计极易受载体气动布局和气流波动影响，在启动、刹车或者长距离、长时间飞行时可能出现严重的高度误差，RTK 提供可靠的厘米级高度信息，能够输出精准的航向信息，提供强大的抗磁干扰能力，在高压线、金属建筑等强磁干扰的环境下保障飞行可靠性，地面站 1Hz 上传差分数据，天空端 20Hz 计算数据，由于采用天宝 MB2 高压缩差分数据协议，成功减少了差分电台数据带宽，故无人机可以在更复杂环境中进行工作，如图 14.5 所示。

图 14.5　RTK 天线安装效果图
A、B、C、D—电机；
E、F—RTK 天线；H、I—风孔

3. 地面基站和飞控软件

地面基站主要用于对无人机飞行进行控制和管理，监视无人机平台的飞行状况，并对无人机进行遥控操作。其控制内容包括：飞行器的飞行过程、飞行航迹、有效载荷的任务功能、通信链路的正常工作。倾斜摄影过程中，还要同时监控 RTK 的定位状态和五镜头相机的工作状况。项目研究设计的地面基站如图 14.6 所示。

无人机地面基站主要由通信硬件和飞控软件两大部分组成，硬件部分主要负责地面端与飞行器间的无线连接通路，确保控制指令和飞行姿态等数据的上传下达，项目设计采用双向数据链路的 900mHz 调频数传电台 FHSS 来确保通信的稳定。飞控软件是人机对话的窗口，状态参数的显示、指令的下达、飞行质量评估等都是由飞控软件完成，软件界面如图 14.7 所示。

图 14.6　无人机地面基站示意图

图 14.7　地面站软件工作界面

4.无人机电磁电力性能和抗风性检测

为打造安全稳定、恶劣天气也适合作业的飞行平台。飞行平台设计时着重考虑了抗磁干扰和抗风能力，通过电磁兼容性优化和结构设计、RTK＋飞控纠偏的多方面协同，来提升这两方面的能力。

14.3.2　软件的选择及要求

倾斜摄影测量处理软件包含：实景三维模型处理软件以及裸眼三维测图软件。

14.3.2.1　实景三维模型处理软件

1.软件功能

软件支持空地一体联合建模，将地面采集的近景影像与航空影像数据进行空三联合平差及自动化实景三维模型重建，无需人工干预，全自动生成高分辨率真三维模型，全面提升实景三维模型质量、建模精度和效率。图14.8为三维自动建模软件的处理作业流程图。

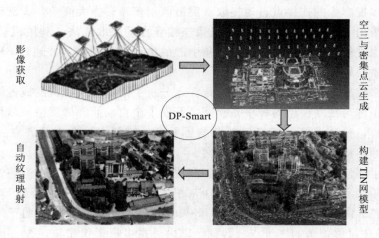

图14.8　三维自动建模软件的处理作业流程图

（1）简单，高效，全自动。基于图像运算单元GPU及高端配置的并行GPU框架硬件，可以实现数据快速处理、并行处理，极大提高了计算机速度，减少了运行时间。

（2）实景真三维模型精度高。基于多源影像数据，可运算生成超高密度点云，并以此生成高精度实景三维模型，克服了传统建模软件人工建模和贴图失真的缺点。

软件制作的真三维模型数据有以下几个特点：①纹理真实性；②建筑物模型真实性；③表现细部特征；④高精度。

（3）多数据源兼容性。支持多数据源原始数据，可将各种飞行器采集的倾斜摄影、街景车采集的地面近景影像、手持式数码相机影像甚至手机照片，还原成连续真实的三维模型。

2.软件技术要求

（1）将传统航测的双目立体视觉方法，扩展到以机器视觉多视图匹配，大幅提升交会精度。倾斜摄影影像相对于传统航测，具有重叠度高、相邻影像间基高比小、影像尺度变化大的特点。若采用传统垂直摄影的双目立体视觉方法进行影像匹配，精度无法保证，而且效率低。基于机器视觉多视图影像匹配算法，可以顾及相机多视几何间强相关约束条

287

件，弱化对姿态测量设备的要求，克服因倾斜摄影基高比大幅波动以及组合相机系统间非刚性扰动导致的数值解析的不稳定，利用四元数改善大转角条件下共线方程线性化带来的模型误差，从而大幅提升空三精度，使倾斜摄影空三精度优于同等条件下垂直航摄区域空三精度。

（2）突破了高性能倾斜多视影像空三技术，达到 1∶500 测图和地籍界址点精度要求的加密成果。倾斜摄影技术可以同时从多个角度采集影像，克服了正射影像只能从垂直角度拍摄的局限，可以获得近地高分辨率的建筑物立面信息，成为目前智慧城市、数字城市三维几何模型快速获取的重要手段之一。但是由于倾斜影像具有大倾角、大旋转角、几何变形大、遮挡严重等特性，严重制约了倾斜多视影像间的匹配问题。为了实现倾斜多视影像的全自动空三，迫切需要研究倾斜多视影像连接点自动提取和面向倾斜多传感器的自检校区域网平差技术。

针对倾斜多视影像的连接点自动提取，突破倾斜多视影像大倾角、大旋转角、几何变形大的限制，提出了 POS 辅助下的倾斜影像连接点自动提取算法。利用机载高精度 POS 数据对倾斜影像进行纠正，消除因大倾斜角引起的仿射变形影响，并通过 SIFT 匹配和特征追踪技术自动获取连接点。

针对倾斜多传感器的自检光束法平差，深入分析了倾斜多视相机的成像原理，推导了附加刚性约束条件与独立模型两种平差模型，开发了全自动倾斜摄影空三软件。利用实测倾斜航空数据集，论证了倾斜相机倾斜角与重叠度、控制点分布对倾斜空三精度影响规律，并设计了倾斜摄影空三工程化技术方案。

（3）突破了高性能倾斜多视影像密集匹配技术，提高了重建点云的完整性和精度。密集匹配作为近年来兴起的影像匹配技术，在基于影像的自动数字表面模型 DSM 重建中扮演了重要的角色。随着半全局匹配 SGM 等经典算法的提出，基于影像的三维重建技术能够产生与 LiDAR 足够媲美的三维点云数据。国内外在多视影像密集匹配方面取得了重要进展，但仍然存在密集匹配算法效率低，密集点云成果可靠性差，在建筑物边缘、植被、阴影和水体等弱纹理或重复纹理区域出现漏匹配或误匹配现象等问题。

针对密集匹配重建过程中多视影像重建结果存在微小偏移和困难区域的匹配问题，提出一种基于网络图的 SGM 多视密集匹配算法，同时引入导向中值滤波来保证视差断裂、弱纹理和重复纹理出的匹配效果，能够有效减少立体匹配中的像对数目且保证不同影像恢复的点云能够"无缝"融合。

针对密集匹配阶段效率低的问题，本章提出一种基于物方广义匹配代价的多视密集匹配算法，首次将影像质量评价的结构相似性测度引入多视密集匹配。通过在候选深度上将匹配影像纠正到主视图影像并融合为深度锁定影像，将多视影像匹配问题转换为深度锁定影像的质量评价问题，充分利用了多视影像的冗余观测值，显著提高了密集匹配的效率和精度。倾斜多视影像密集匹配模块，采用 CUDA 并行计算实现多视密集点云快速生成。

14.3.2.2　裸眼三维测图软件

针对不动产登记测量、城市更新规划、竣工测量的大比例尺高精度测图作业中的屋檐改正，立面图细部等需求，传统垂直摄影难以满足。项目研发实景三维测图软件 DP -

Modeler，软件采用革新性的解析方法及作业模式，对传统的垂直摄影测量模式的全面升级，裸眼三维采集，实现了全内业完成 1：500 地形图的测图工作。相比传统正射航测，外业调绘量可减少 85%～90%，如图 14.9 所示。

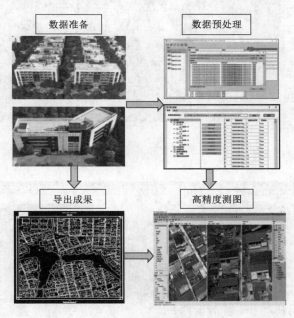

图 14.9　实景三维测图工作流程

1. 软件功能

软件基于三维模型和多种影像进行大比例尺测图。可广泛支持支持航空影像、地面影像、激光点云等多数据源集成，提供多种观察视图、二维和三维采编工具，具有数据字典功能，可完成地物要素的采集编辑以及属性录入，有效提高测图精度及效率，成果可导出多种数据格式并应用。

软件实现了国标矢量编码的内置，并提供对应的管理功能，包括搜索、导入、导出、添加、删除、修改、查询。提供对点、线等类型矢量实现提取，软件导入一体化模型，在模型上获取矢量高度，参考影像数据完成矢量测图。

（1）基于实景三维模型和多角度影像测图。利用倾斜摄影三维模型实现所见即所得的观测，内业即可完成房檐改正、楼层判读，大幅减少外业工作，提高成图效率；倾斜影像分辨率高，没有纹理扭曲拉花、细节丢失，结合影像采集有效提高数据精度，如图 14.10 所示。

（2）空地一体化影像测图。支持多种数据源影像（航空、车载、手持），集成空地数据联合测图，有效弥补航空影像对地面、城市部件等信息的缺失，如图 14.11 所示。

（3）垂直摄影模型测图。利用数字正射影像（DOM）和数字表面模型（DSM）或数字高程模型（DEM）叠加生成实景三维模型，实现裸眼测图，如图 14.12 所示。

（4）基于正射影像测图。支持批量加载正射影像（DOM），参考影像进行地物的采集，如图 14.13 所示。

图 14.10　三维模型和多角度影像联合采集

图 14.11　空地影像融合采集

图 14.12　DOM+DSM 融合采集

（5）立体测图。利用下视影像自动建立立体像对，在立体模式下进行地物采集，与传统作业模式无缝对接，如图 14.14 所示。

（6）点云测图。支持批量加载激光点云，根据高程进行着色，基于点云采集地物，自动提取高程点，如图 14.15 所示。

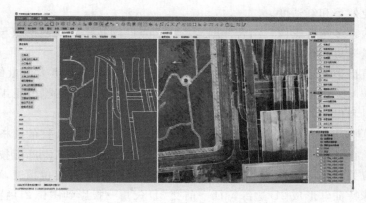

图 14.13 DOM 地物采集

图 14.14 立体测图

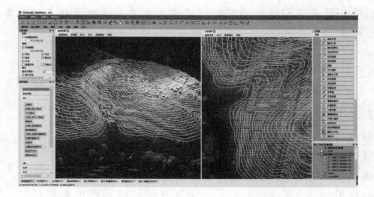

图 14.15 点云测图

2. 软件技术要求

软件利用了倾斜摄影高效率、高精度、高真实感的特点,基于高分辨率影像和还原真实场景的三维模型进行采集,观测信息丰富全面。采集过程中无需佩戴立体眼镜,就可在真三维环境中完成高精度地形采集、屋檐改正、部件测量等,测图成果精度可达到厘米级。仅靠内业和少量外业即可完成 1∶500 的大比例尺测图工作,大幅降低外业调绘的工作量，提升作业效率和舒适度。

通过自动检索多角度影像，结合倾斜摄影同名点匹配技术，首创模型与影像结合、辅助线选点的矢量采集新模式，提高了采集精度。

传统的垂直摄影测量模式作业方式，为保证高程精度，需补摄大流量的高程控制点，同时垂直摄影被屋顶遮挡原因看不到屋檐基角点，需要做大量的房檐改正工作，大大增加了内外业工作量和作业周期。

基于高精度自动空三成果的大比例尺矢量测图技术，采用革新性的解析方法及作业模式，实现多视角自动检索、优选配准影像，通过结合倾斜摄影同名点匹配技术建立影像与模型的严格对应关系，以多视最小二乘矢量匹配支持下的子像素定位精度，铅直辅助线对照影像观测边缘特征，形成 2D 边缘特征→前交 3D 矢量→投影到图像 2D 特征验证的交互式迭代采集模式。基于倾斜影像的采集模式实现了对传统垂直摄影测量模式的全面升级，采集过程中无需佩戴立体眼镜，根据影像所见即所得的定位地物要素精确三维信息，直接对地物特征轮廓、点状地物进行矢量测绘，测图成果精度可达到厘米级。

小　结

倾斜摄影测量 1∶500 测图技术以点位中误差 5cm 的高精度测图成果为目标，以无人机、GNSS 定位、空三与建模、三维测图技术为支撑，以应用服务为发展动力，实现了全流程、高效、高精度测图的技术方案，推动了 1∶500 测图技术的进步和作业效率的显著提升，扩大了测绘成果的应用范围。开创了测绘地理信息技术应用的新领域，推动了科技与行业结合发展。

倾斜摄影 1∶500 高精度三维测图技术目前是半自动测图方案，通过无人机自动采集影像结合人工引导的视觉多影像自动匹配，从双目人工立体视觉到多目机器视觉，大幅度提高了前方交会精度。

思　考　题

1. 简述倾斜摄影测量的原理。
2. 简述倾斜摄影测量 1∶500 测图技术的作业路线。
3. 简述倾斜摄影测量 1∶500 测图技术的工作流程。
4. 简述倾斜摄影测量 1∶500 测图技术方案对硬件的关键技术要求。
5. 简述倾斜摄影测量 1∶500 测图技术方案对软件的关键技术要求。
6. 根据本章内容，简明阐述倾斜摄影测量 1∶500 测图技术的应用方向。

第 15 章　测绘产品质量检查、验收报告

本章主要介绍了检查、验收的基本规定、内容等，最后通过案例进行了说明。测绘产品实行二级检查一级验收制。

15.1　检查、验收的基本规定

15.1.1　对测绘产品实行二级检查一级验收制

（1）测绘生产单位对产品质量实行过程检查和最终检查。

过程检查由中队（室、车间）检查人员承担。

最终检查由生产单位的质量管理机构负责实施。

在确保产品质量的前提下，生产单位可结合本单位的实际情况，参照产品的质量特性制定出"测绘产品最终检查实施细则"（其内业详查比例不能低于表 15.1 的规定），并报上级主管部门批准后执行。生产单位应按合同或计划实施测绘产品生产，经最终检查后，应以书面向委托生产单位或任务下达部门申请验收，并提交最终检查报告。

表 15.1　　　　　　　　　　　　测绘产品验收中的详查比例

产品名称	单位	详查比例/%	产品名称	单位	详查比例/%
三角测量	点	10	专题地图的编绘、印刷原图	幅	10
导线测量	节	10			
水准测量	测段	10	印刷成品（基本图）	幅	10
天文测量	点	10	印刷成品（专题图）	幅	10
重力测量	点	10	航空摄影	张	100
电磁波测距	边	10	航测外业	幅	10
GPS 测量	点	10	航测原图	幅	10
大地测量计算	项目	20	影像平面图	幅	10
影像地图	幅	10	地图集	册	2 本/品种
平板仪测图	幅	5	工程测量	项目	5
普通地图的编绘、印刷原图	幅	10	地籍测绘	幅	10
			标石埋设实地抽查	座	3

（2）验收工作由任务的委托单位组织实施，或由该单位委托具有检验资格的检验机构验收。

验收工作应在测绘产品经最终检查合格后进行。验收单位应根据本规定的有关内容和不低于表 15.1 的比例对被验收产品进行详查，其余部分作概查。

（3）详查样本的组成。根据详查比例（表 15.1），按随机抽样的方法从检验批中抽取。

（4）各级检查、验收工作必须独立进行，不得省略或代替。

（5）作业组对完成的产品必须切实做到自查互检，把各类缺陷消除在作业过程中。

（6）生产单位的行政领导及总工程师必须对本单位产品的技术设计质量负责；各级检验人员应对其所检验的产品质量负责；上工序对下工序负责；生产人员对其所完成产品的作业质量负责。

15.1.2　检查、验收的依据

（1）有关的测绘任务书、合同书或委托检查验收文件。

（2）有关法规和技术标准。

（3）技术设计书和有关技术规定等。

15.1.3　产品检验后的处理

（1）检查中发现有不符合技术标准、技术设计书或其他有关技术规定的产品时，应及时提出处理意见，交被检单位进行改正。当问题较多或性质较严重时，可将部分或全部产品退回被检单位，令其重新检查和处理，然后再进行检查，直到检查合格为止。

（2）经验收判为合格的批，被检单位要对验收中发现的问题进行处理。经验收判为不合格的批，要将检验批全部退回被检单位，令其重新检查和处理，然后再重新申请验收。

（3）当检查、验收人员与被检单位（或人员）在质量问题的处理上有分歧时，属检查中的，由生产单位总工程师裁定；属验收中的，由生产单位上级质量管理机构裁定。凡委托验收中产生的分歧可报省、市、自治区测绘主管部门的质量管理机构裁定。

产品经最终检查后，生产单位按《测绘产品质量评定标准》（CH 1003—1995）评定产品质量，验收单位予以核定。检查、验收人员应认真做好检查、验收记录，并将记录随产品移交，供分级存档。

最终检查和验收工作完成后，生产单位编写检查报告、验收单位编写验收报告。检查报告经生产单位领导审核后，随产品一并提交验收。验收报告经验收单位主管领导审核（委托验收的验收报告送委托单位领导审核）后，随产品归档，并送生产单位一份。

15.2　检查、验收报告的撰写

15.2.1　检查报告的主要内容

检查报告的主要内容包括：

（1）任务概要。

（2）检查工作概况（包括仪器设备和人员组成情况）。

（3）检查的技术依据。

（4）主要质量问题及处理情况。

（5）对遗留问题的处理意见。

（6）质量统计和检查结论。

15.2.2 验收报告的主要内容

验收报告的主要内容包括:

(1) 验收工作概况(包括仪器设备和人员组成情况)。

(2) 验收的技术依据。

(3) 验收中发现的主要问题及处理意见。

(4) 质量统计(含与生产单位检查报告中质量统计的变化及其原因)。

(5) 验收结论。

(6) 其他意见和建议。

15.3 检查、验收报告案例

案例:A 大围 1∶1000 地形及横断面测量测绘产品检查报告

1. 任务概要

受 S 市水利局委托,为 A 大围防洪防潮可行性研究、初步设计阶段提供 1∶1000 地形和横断面测量资料,某设计院测量队承担了该地形和横断面测量工作。2002 年 10 月 28 日进驻测区开展工作,至 2003 年 1 月 6 日完成了全部外业,进行内业编绘,于 2003 年 1 月中旬提交全部成果成图资料。

测区概况:A 大围位于 G 省的东面,距 GZ 市约 500km,是 S 市防洪防潮重点水利工程,市区四面环水。市区东南面是南海海岸线,西北面是 H 江分支流,经新津河、梅溪河、西港河、鮀济河及牛田洋流经市区及市郊汇入南海,水陆交通繁忙。A 大围堤岸外侧,浅滩、码头多;堤岸内侧,房屋密集,建筑物较多,街巷与堤交错等现状造成通视条件差。交通、食宿尚可。

测量任务:地形测量堤内 60m,堤外 65m,长 90km。断面测量包括牛田洋 3 条,鮀浦港 8 条,西港 6 条,梅溪河 13 条,新津河 9 条,共约 20km。以上任务均已按本次勘测合同书要求施测。完成的工作量见表 15.2。

表 15.2 工 作 量 统 计

序号	项 目	单位	工作量	备 注
1	三等 GPS 网	点	5	GPS-D 级网点
2	四等 GPS 网	点	27	GPS-E 级网点
3	五等导线	点/km	127/88.9	5″共 114 点,10″共 13 点
4	平面控制接旧(连测原有二等和四等三角点)	点	24	其中四等 8 点
5	图根点测量	点	767	埋(凿):159 点写石:608 点
6	四等水准	km	125.4	
7	五等水准	km	37.3	

续表

序号	项　目	单位	工 作 量	备　注
8	高程控制联测	点	7	二等高程控制点
9	水准渡河	处	3	
10	横断面测量	条/km	33/13.55	
11	1∶1000 带状地形图	幅/km²	145/14.08	陆地：9.36km² 水下：6.72km²

2. 检查的技术依据

(1)《测绘产品检查验收规定》(CH 1002—1995)。

(2)《测绘产品质量评定标准》(CH 1003—1995)。

(3)《水利水电工程测量规范（规划设计阶段)》(SL 197—97)。

(4)《国家三、四等水准测量规范》(GB 12898—2009)。

(5)《国家基本比例尺　地图图式　第一部分　1∶500、1∶1000、1∶2000 地形图图式》(GB/T 20257.1—2017)。

(6) 本测区合同书及技术设计书。

3. 检查工作概况

检查工作实行二级检查一级验收，即过程检查和最终检查。

过程检查由队检查员在作业班人员自查互检的基础上，按照技术设计书和有关的技术规定，对作业班原始记录、计算手簿、成果成图等进行全面检查。最终检查是在过程检查的基础上，队检查组对作业班的成果成图资料再一次全面检查，着重在现场对测量成图成果资料进行全面普查、重点详查，确定外业抽查的数量和地点，进行野外巡视和仪检，而且本着问题多则多检查的原则，保证检查的深度和广度。

(1) 检查组人员组成。检查组由队长和检查员组成，其中：

组长：何××（测量队队长）。

成员：卢××（工程师）、郭××（工程师）、王××（班长）、龙××（班长）、李××（班长）等。

(2) 所用仪器设备。检查过程中使用的仪器设备有索佳 SET2110 全站仪以及其他有关设备和工具。设备均经过广东省测绘器具检定所检验或自检，各项技术指标均符合要求。

(3) 各项目检查情况。各项目内业详查和外业抽查的比例见表 15.3。

表 15.3　　　　　　　　　　**各项目内业详查和外业抽查的比例**

项　目	内业详查	外业抽查 （巡检、仪检）	备　注
平面控制测量	100%		
水准测量	100%		
地形图（幅）	100%	10%	
断面测量	100%		

共抽检了 14 幅图，占 10%，其中平面点位中误差最大为±0.20m，小于限差±0.60m；（等高线）高程中误差最大为±0.10m，小于限差±0.33m。

4. 主要质量问题及处理情况

（1）平面控制。

1）GPS 四等网：有一些点选点位置欠妥，一些点埋（凿）石不够规范，视为重缺陷，作遗留问题处理，个别埋石点整饰不规范，另一些野外观测记录手簿中有潦草而不影响精度，视为轻缺陷。

2）五等平面控制：选点整体布设不均匀，一些埋石点不够规范，视为重缺陷，作遗留问题处理。记录手簿中有的地方划去未作说明视为轻缺陷，做了补充处理。

（2）高程控制。有一些突出地段直接水准联测图根以上控制点过少视为重缺陷，作遗留问题处理。记录手簿中有的地方划去未作说明视为轻缺陷，做了补充处理。

（3）地形图。有些突出地段缺少图根以上控制，一些鱼塘底测点稀少，一些地形点高程注记处理不当，视为重缺陷作遗留问题处理。有些居民地房屋结构判别模糊，小间房子漏注结构视为轻缺陷，作遗留问题和补注处理。

（4）断面测量。一些断面位置选点与河流流向欠垂直，测点密度稀疏视为重缺陷，作遗留问题处理。

5. 对遗留问题的处理意见

（1）平面控制。各级控制点密度不均匀，主要是由于有些地方通视较差，而又要顾及测区范围（带状地形）和发展下一级控制，控制测量时间又仓促，不能满足精度指标，视为遗留问题处理。五等以上控制点的埋（凿）石一定要引起足够的重视，建议刻字用字模，凿石继续用电钻等强有效的措施，标志（心）及桩规格应按等级区分大小。

（2）高程控制。在四等水准基础上发展下一级直接水准高程控制过少，红外三角高程缺少返觇观测记录，计算平差手簿中缺少高程比较，工作量无从统计。经过重要地段（设施）和村庄等，必须要设立水准点和固点，特别线路较长的水准路线。

（3）地形图。图根级以下控制可采用边控制（对中是关键）边测图的方法，亦可以先选点和测水准一起完成，以满足测图精度。现阶段村庄里两层以上的较新房屋（80年代后较发达地区）基本上为混合以上结构为主，另外接边处的房屋分割图时须作合理处理，避免另一幅图漏注结构，而影响图面质量。今后较大的鱼塘建议作为水下地形处理。

（4）横断面测量。断面位置选点须左右岸上同时选埋端点，或用预先计划好的工作图上与实地的特征地物地形配合选埋端点；不同时间观测水陆地形而造成水（边）面高不一致时，当然以测水下时水面高为主，且要顾及上下游断面，使之合理。

6. 质量统计和检查结论

（1）质量统计。各项目质量评定见表 15.4。

（2）检查结论。生产过程能按技术设计书及规范要求进行作业，成果成图质量可靠，经分项质量评定，4 项优，1 项良，综合评价产品质量为优。

表 15.4   各 项 目 质 量 评 定

项　　目	评定分数	评定等级	备　　注
GPS 等网	90	优	
导线测量	92	优	
水准测量	91	优	
地形图	87	良	
断面测量	94	优	

小　　结

测绘产品实行二级检查一级验收制。过程检查由中队（室、车间）检查人员承担，最终检查由生产单位的质量管理机构负责实施，验收工作由任务的委托单位组织实施，或由该单位委托具有检验资格的检验机构验收。各级检查、验收工作必须独立进行，不得省略或代替。作业组对完成的产品必须切实做到自查互检，把各类缺陷消灭在作业过程中。生产单位的行政领导及总工程师必须对本单位产品的技术设计质量负责；各级检验人员应对其所检验的产品质量负责；上工序对下工序负责；生产人员对其所完成产品的作业质量负责。

检查、验收的依据：①有关的测绘任务书、合同书或委托检查验收文件；②有关法规和技术标准；③技术设计书和有关技术规定等。

产品检验后的处理：

（1）检查中发现有不符合技术标准、技术设计书或其他有关技术规定的产品时，应及时提出处理意见，交被检单位进行改正。当问题较多或性质较严重时，可将部分或全部产品退回被检单位，令其重新检查和处理，然后再进行检查，直到检查合格为止。

（2）经验收判为合格的批，被检单位要对验收中发现的问题进行处理。经验收判为不合格的批，要将检验批全部退回被检单位，令其重新检查和处理，然后再重新申请验收。

（3）当检查、验收人员与被检单位（或人员）在质量问题的处理上有分歧时，属检查中的，由生产单位总工程师裁定；属验收中的，由生产单位上级质量管理机构裁定。凡委托验收中产生的分歧可报各省、市、自治区测绘主管部门的质量管理机构裁定。

产品经最终检查后，生产单位评定产品质量，验收单位予以核定。检查、验收人员应认真做好检查、验收记录，并将记录随产品移交，供分级存档。

最终检查和验收工作完成后，生产单位和验收单位应按规定，分别先、后编写检查报告和验收报告。检查报告经生产单位领导审核后，随产品一并提交验收。验收报告经验收单位主管领导审核（委托验收的验收报告送委托单位领导审核）后，随产品归档，并送生产单位一份。

思　考　题

1. 检查、验收报告的依据有哪些？

2. 检查、验收报告的主要内容是什么？

第16章 测绘项目合同内容

如今，民营测绘队伍大量涌现，测绘越来越市场化，测绘竞争日趋激烈。测绘单位许多测绘项目都是在市场上竞争所得，为此必须要签订测绘合同。

合同的内容由当事人约定，一般应包括以下条款：当事人的名称或者姓名和住所、标的、数量、质量、价款或者报酬、履行期限、地点和方式、违约责任、解决争议的方法。当事人可以参照各类合同的示范文本（如国家测绘局发布的《测绘合同示范文本》等）订立合同，也可以在遵守合同法的基础上由双方协商去制定相应的合同。为不失一般性，这里仅对测绘合同中较为重要的内容（或合同条款）进行较详细的描述。

16.1 测 绘 范 围

测绘项目有别于其他工程项目，它是针对特定的地理位置和空间范围展开的工作，所以在测绘合同中，首先必须明确该测绘项目所涉及的工作地点、具体的地理位置、测区边界和所覆盖的测区面积等内容，这也是合同标的重要内容之一。测绘范围、测绘内容和测绘技术依据及质量标准构成了对测绘合同标的完整描述。对于测绘范围，尤其是测区边界，必须有明确的、较为精细的界定，因为它是项目完工和项目验收的一个重要参考依据。测区边界可以用自然地物或人工地物的边界线来描述，如测区边界东边至××河，西至××公路，北至××山脚，南至××单位围墙；也可以由委托方在小比例尺地图上标定测量范围的概略地理坐标来确定，如测区范围地理位置为东经 $105°45'\sim105°56'$，北纬 $32°22'\sim32°30'$。勘测设计单位测量范围通常是由设计人员在小比例尺地形图上（如 1∶10000）标定测量范围线，测量人员自己量取测量范围的高斯坐标，测量单位在实施具体的测量时，四周要比测量范围要稍稍多测一点，以避免测量范围不够引起的麻烦。

16.2 测 绘 内 容

合同中的测绘内容是受托方必须完成的实际测绘任务，它不仅包括所需开展的测绘任务种类，还包括具体应完成任务的数量（或大致数量），即明确界定本项目所涉及的具体测绘任务，以及需完成的工作量，测绘内容也是合同标的重要内容之一。测绘内容必须用准确简洁的语言加以描述，明确地逐一罗列出所需完成的任务及需提交的测绘成果种类、等级、数量及质量，这些内容也是项目验收及成果移交的重要依据。例如，某测绘合同为某市委托某测绘单位完成该市的控制测量任务，其测绘内容包括：

（1）城市四等 GPS 测量约 60 点。

（2）三等水准测量约 80km。

（3）一级导线测量约 80km。

（4）四等水准测量约 120km。

（5）5′级交会测量 1～2 点。

城市四等 GPS 网点和三等水准网点属××市城市平面、高程首级控制网，控制面积约 120km^2；一级导线网点和四等水准网点属××市城市平面、高程加密控制网，控制面积约 30km^2。

对勘测设计的地形图测绘项目而言，设计人员一般只会对测图比例尺及面积作出明确要求，而对测图需要的控制点数量没有明确要求，控制点数量只需满足测图需要及将来施工起算点需要即可，其数量是根据测区具体情况及规范要求估算的。如某河口 1∶10000 水下地形测量施测面积 469km^2，此时控制点的数量要测量单位自己估算。

16.3　技术依据和质量标准

与一般的技术服务合同不同，测绘项目的实施过程和所提交的测绘成果必须按照国家的相关技术规范（或规程）来执行，需依据这些规范及规程来完成测绘生产的过程控制及质量保证。所以，测绘合同中需对所采用的技术依据及测绘成果质量检查及验收标准有明确的约定，这是项目技术设计、项目实施及项目验收等的主要参照标准。一般情况下，技术依据及质量标准的确定需在合同签订前由当事人双方协商认定；对于未作约定的情形，应注明按照本行业相关规范及技术规程执行，以避免出现合同漏洞导致不必要的争议。另一个极为重要的内容是约定测绘工作开展及测绘成果的数据基准，包括平面控制基准和高程控制基准。下面以某地形测量项目为例：

1. 执行的规范

（1）《水利水电工程测量规范》（规划设计阶段）（SL 157—97）。

（2）《全球定位系统（GPS）测量规范》（GB/T 18314—2001）。

（3）《国家三、四等水准测量规范》（GB 12898—91）。

（4）《1∶5000、1∶10000 地形图图式》（GB/T 5791—1993）。

2. 采用的基准

（1）坐标系统：采用海南坐标系。

（2）高程基准：采用 1985 国家高程基准。

16.4　工程费用及其支付方式

合同中工程费用的计算，首先应注明所采用的国家正式颁布的收费依据或收费标准，然后需全部罗列出本项目涉及的各项收费分类细项，而后根据各细项的收费单价及其估算的工作量得出该细项的工程费用。除直接的工程费用外可能还包括其他费用，都需在费用预算列表中逐一罗列，整个项目的工程总价为各细项费用的总和。

费用的支付方式由甲乙双方参照行业惯例协商确定，一般按照工程进度（或合同执行情况）分阶段支付，包括首付款、项目进行中的进度款及尾款几个部分。视项目规模大小不同，进度款可以为一次或多次。进度款由双方协商解决。如《测绘合同示范文本》对工程费用的支付方式描述如下：

（1）自合同签订之日起××日内甲方向乙方支付定金人民币××元。并预付工程预算总价款的××％，人民币××元。

（2）当乙方完成预算工程总量的××％时，甲方向乙方支付预算工程价款的××％，人民币××元。

（3）当乙方完成预算工程总量的××％时，甲方向乙方支付预算工程价款的××％，人民币××元。

（4）乙方自工程完工之日起××日内，根据实际工作量编制工程结算书，经甲、乙双方共同审定后，作为工程价款结算依据。自测绘成果验收合格之日起××日内，甲方应根据工程结算结果向乙方全部结清工程价款。

16.5 项目实施进度安排

项目进度安排也是合同中的一项重要内容，对项目承接方（测绘单位）实际测绘生产有指导作用，是委托方及监理方监督和评价承接方是否按计划执行项目，及是否达到约定的阶段性目标的重要依据，也是进度款支付的重要依据。进度安排应尽可能详细，一般应将拟定完成的工程内容罗列出来，标明每项工作计划完成的具体时间，以及预期的阶段性成果。对工程内容出现时间重叠和交错的情形，应按照完成的工程量进行阶段性分割。概括来说，进度计划必须明确，既要有时间分割标志，也应注明预期所获得的阶段性标志成果，使项目关联的各方都能准确理解及把握，避免产生歧义和分歧。

16.6 甲乙双方的义务

测绘项目的完成需要双方共同协作及努力，双方应尽的义务也必须在合同中予以明确陈述。

（1）甲方应尽义务主要包括：

1）向乙方提交该测绘项目有关资料。

2）完成对乙方提交的技术设计书的审定工作。

3）应当保证乙方的测绘队伍顺利进入现场工作，并对乙方进场人员的工作、生活提供必要的条件。

4）甲方保证工程款按时到位，以保证工程的顺利进行。

5）允许乙方内部使用执行本合同所生产的测绘成果。

（2）乙方应尽义务主要包括：

1）根据甲方的有关资料和本合同的技术要求，完成技术设计书的编制，并交甲方审定。

2）组织测绘队伍进场作业。

3）根据技术设计书要求确保测绘项目如期完成。

4）允许甲方内部使用乙方为执行本合同所提供的属乙方所有的测绘成果。

5）未经甲方允许，乙方不得将本合同标的全部或部分转包给第三方。

在合同中一般还需对各方拟尽义务的部分条款进行时间约束，以保证限期完成或达到要求，从而保障项目的顺利开展。

16.7　提交成果及验收方式

合同中必须对项目完成后拟提交的测绘成果进行详细说明，并逐一罗列出成果名称、种类、技术规格、数量及其他需要说明的内容。成果的验收方式需由双方协商确定，一般情况下，应根据提交成果的不同类型进行分类验收；在存在监理方的情况下，验收工作必须由委托方、项目承接方和项目监理方三方共同来完成成果的质量检查及成果验收工作。

16.8　其　他　内　容

除了上述内容外，合同中还需包括如下内容：

（1）对违约责任的明确规定。

（2）对不可抗拒因素的处理方式。

（3）争议的解决方式及办法。

（4）测绘成果的版权归属和保密约定。

（5）合同未约定事宜的处理方式及解决办法等。

16.9 合 同 案 例

【合同】

××水电站工程可研阶段

测绘技术服务合同

甲方合同编号：KWS－2019－

乙方合同编号：

工程名称：××水电站工程

工程地点：××省××县境内

甲　　方：××设计研究院

乙　　方：××公司

签订日期：2020 年　××月　××日

本合同参照中华人民共和国　住 房 和 城 乡 建 设 部　合同范本编写
　　　　　　　　　　　　　　国家市场监督管理总局

甲　方：××设计研究院

乙　方：××公司

甲方承担××水电站工程可研阶段的勘察设计工作，根据工作的需要，甲方委托乙方完成本项目的可研阶段测绘工作，乙方通过提供服务获取报酬。根据《中华人民共和国合同法》《中华人民共和国测绘法》和有关法律法规，结合本工程的具体情况，经甲、乙双方协商一致，签订本合同。

第一条　测绘范围与要求：

1.1　测绘范围内容：坝区 1∶1000 地形测量；石料场、坝址至厂房道路（约 7km）1∶1000 带状地形测量，纵横断面测量；弃碴场、对外交通道路（约 15km）1∶2000 带状地形测量，纵横断面测量；库区 1∶5000 带状地形测量。

1.2　具体要求见《××水电站工程可研阶段勘察、测绘任务书》和甲方现场人员的要求。

第二条　测绘内容（包括测绘项目和预计工作量等）：

2.1　布设 E 级 GPS 控制测量约 49 点（埋凿石），二级导线测量约 72.5km，图根控制点测量约 495 点，四等水准测量约 20km，五等水准测量约 100km，坝区 1/1000 地形图测量约 0.7km^2，进厂房道路 1/1000 地形图测量约 1km^2，厂址区 1/1000 地形图补充测量约 0.05km^2，厂房弃碴场 1/2000 地形图测量约 0.14km^2，厂房至弃碴场道路 1/2000 地形图测量约 0.30km^2，坝址至厂房公路 1∶1000 纵断面测量约 6km，坝址至厂房公路 1∶500 横断面测量约 12km，对外公路（国防公路至坝址）1/2000 地形图测量约 1.50km^2，对外公路 1∶1000 纵断面测量约 15km，对外公路 1∶500 横断面测量约 30km，宝石沟石料场及施工布置区（接上游已测部分地形图）1/1000 地形测量约 0.50km^2 等工作。

2.2　执行技术标准

2.2.1　执行的国家及行业技术标准详见表 16.1。

表 16.1　　　　　　　　　　　　**执 行 技 术 标 准 表**

序号	标准名称	标准代号	标准等级
1	《水利水电工程测量规范》（规划设计阶段）	SL 157—97	行业标准
2	1∶500、1∶1000、1∶2000 地形图图式	GB/T 7929—1995	国家标准
3	1∶5000、1∶10000 地形图图式	GB/T 5791—1993	国家标准

2.2.2　其他技术要求：按中国有关规程规范和甲方提供的《××水电站工程可研阶段勘察、测绘任务书》及《勘察/测量技术指导书》要求进行。

第三条　工期：

2021 年 6 月 30 日前提供全部测绘成果，具体要求详见《××水电站工程可研阶段勘察、测绘任务书》。

第四条　测绘工作费：

4.1　计费办法：根据议标时乙方的报价，经双方协商一致，本合同测绘工作费用暂定人民币 98.4436 万元，最终根据下表单价和优惠幅度按实物工作量结算，该方式结算的测绘经费中已包括乙方完成合同工作内容所需全部费用，不再计取其他费用（表 16.2）。

表 16.2 测绘工作费用预算表

序号		单位	工作量	单价/元	调整系数	合计/元	备 注
一	直接测绘费					791093.03	
1	E 级 GPS 测量	点	49	4123	1	202027	
2	二级导线测量	km	72.50	1589	1	115202.5	
3	图根点测量	点	495	131	1	64845	
4	四等水准测量	km	20.0	323	1	6460	
5	五等水准测量	km	100.0	242	1	24200	
6	坝区 1/1000 陆地地形图测绘	km²	0.70	32374	2	45323.6	覆盖 1.5
7	进厂房道路 1/1000 陆地地形图测绘	km²	1.00	32374	2.3	74460.2	数字化 1.5，带状 1.3，覆盖 1.5
8	厂址区 1/1000 地形图补充测量	km²	0.05	32374	2.3	3723.01	数字化 1.5，带状 1.3，覆盖 1.5
9	厂房弃碴场 1/2000 地形图测量	km²	0.14	14244	2	3988.32	数字化 1.5，带状 1.3，覆盖 1.2
10	厂房至弃碴场道路 1/2000 陆地地形图测量	km²	0.30	14244	2	8546.4	数字化 1.5，带状 1.3，覆盖 1.2
11	库区 1/5000 陆地地形图测量	km²	11.00	4210	1.8	83358	数字化 1.5，覆盖 1.3
12	坝址至厂房公路 1/1000 纵断面测量	km	6.00	1113	1	6678	
13	坝址至厂房公路 1/500 横断面测量	km	12.00	1440	1	17280	
14	对外公路（国防公路至坝址）1/2000 地形测量	km²	1.50	14244	2	42732	数字化 1.5，带状 1.3，覆盖 1.2
15	对外公路 1/1000 纵断面测量	km	15.00	1113	1	16695	
16	对外公路 1/500 横断面测量	km	30.00	1440	1	43200	
17	宝石沟石料场及施工布置区（接上游已测部分地形图）1/1000 地形测量	km²	0.50	32374	2	32374	数字化 1.5，覆盖 1.5
二	技术工作费		791093.0	0.22		174040.47	
三	专项费（进退场费及现场工作费）		965133.5	0.2		153026.7	
四	合计					1158160.2	
五	下浮 15% 优惠		1158160.2	0.85		984436.17	

计费标准：《工程勘察设计收费标准》（2018 年版），按复杂计算。

第五条 甲方的责任

5.1 自本合同签订之日起 1 日内向乙方提交有关资料和提出有关技术要求。

5.2 自接到乙方编制的技术设计书之日起 1 日内完成技术设计书的审定工作。

5.3 甲方派出代表，负责管理和指导乙方的现场及内业工作，甲方代表对乙方工作中有违反规程规范和甲方技术指导书要求的，有权责令其返工、停工、退场。

5.4 甲方负责本项目青苗赔偿和现场与当地政府部门和当地人协调联系工作，并指定专人现场协调。

5.5 甲方应向乙方提供测区平面、高程控制起算成果，并现场带点，以便乙方及时进行定位、测量，以免造成乙方停窝工。

5.6 按合同约定向乙方支付测绘工作费。

第六条 乙方的责任

6.1 自收到甲方的有关资料和技术要求之日起，根据甲方的有关资料和技术要求于 1 日内完成技术设计书的编制，并交甲方审定。

6.2 自收到甲方对技术设计书同意实施的审定意见之日起 1 日内组织队伍进场作业。

6.3 乙方应当根据技术设计书要求按合同工期完成测绘项目。

6.4 乙方应服从甲方现场管理人员的技术管理和技术指导，配合甲方进行现场收资及各项协助工作，自觉遵循中国国家作业安全相关法律法规开展测绘工作。

6.5 根据甲方要求现场交付测量控制桩及提供相关服务。

第七条 测绘成果完成时间

测绘成果完成时间见表 16.3。具体要求见《××水电站工程可研阶段勘察、测绘任务书》。

表 16.3 测绘成果完成时间表

序号	测 绘 项 目	中间资料完成时间	正式成果完成时间	交资料数量
1	坝区 1∶1000 地形测量	2021 年 3 月 30 日	2021 年 6 月 20 日	底图 1 份 蓝图 4 份
2	石料场、坝址至厂房道路（约 7km）1∶1000 带状地形测量，纵横断面测量	2021 年 4 月 30 日	2021 年 6 月 20 日	底图 1 份 蓝图 4 份
3	弃碴场、对外交通道路（约 15km）1∶2000 带状地形测量，纵横断面测量	2021 年 5 月 10 日	2021 年 6 月 20 日	底图 1 份 蓝图 4 份
4	库区 1∶5000 带状地形测量	2021 年 5 月 15 日	2021 年 6 月 20 日	底图 1 份 蓝图 4 份
5	勘探点定位测量		2021 年 6 月 20 日	1 份
6	控制测量成果		2021 年 6 月 20 日	1 份
7	以上资料电子文件（光盘）		2021 年 6 月 20 日	1 份

第八条 乙方应当于全部成果交付前 5 日通知甲方，甲方自接到送交校审资料之日起 7 日内完成校审工作。

第九条 对乙方测绘成果的所有权、使用权和著作权归属的约定：

测绘成果的所有权、使用权和著作权归甲所有，乙方不得向无关的第三方转让、泄密。

第十条 测绘工程费支付日期和方式

10.1 合同签订后 10 个日历天内，甲方支付乙方合同暂定金额的 40% 计人民币 39.38 万元作为订金。

10.2 乙方提交成果经甲方验收合格后 30 天内，甲方根据结算向乙方一次性支付本合同测绘工程费余款。

10.3 乙方向甲方提供完税发票。

第十一条 甲方违约责任

11.1 合同签订后，在乙方未进入现场工作前由于甲方原因工程停止而终止合同时，甲方无权请求返还订金；乙方已进入现场工作，且完成工作量在 50% 以内，由于甲方原因致使工程停止而终止合同时，甲方应支付工程总价款的 50%；乙方已进入现场工作且完成工作量超过 50%，由于甲方原因致使工程停止而终止合同时，则甲方应支付工程总价款的 100%。

11.2 由于甲方的原因而造成乙方停窝工时，甲方应付给乙方停窝工费，停窝工费按每人每天人民币 200 元计算，同时工期顺延。

11.3 甲方未按时支付乙方工程费，应按每延误一天按合同暂定金额的 1‰ 向乙方支付违约金。

第十二条 乙方违约责任

12.1 合同生效后，如乙方因自身原因擅自中途停止或解除合同，乙方应向甲方双倍返还订金，并不得要求甲方支付已完成工作量的价款。

12.2 乙方因自身原因未能按合同规定的日期提交测绘成果，应向甲方偿付拖期损失费，因乙方原因每延期一天（含因提交的成果质量不合格而发生的返工延期），按合同暂定金额的 1‰ 扣罚款违约金。

12.3 乙方提供的测绘成果质量不符合中国有关技术规程规范，乙方应负责无偿给予重测或采取补救措施，以达到质量要求。因测绘成果质量不符合合同约定的要求（而又非甲方提供的图纸资料原因所致）而造成质量事故时，乙方应赔偿甲方因此造成的经济损失，并承担相应的法律责任。

12.4 对甲方提供的图纸和技术资料以及属于甲方的测绘成果，乙方有义务保密，不得向第三方转让和泄漏，否则，甲方有权对此追究乙方责任。

第十三条 由于不可抗力，致使合同无法履行时，双方应按有关法律规定及时协商处理。

第十四条 其他约定：乙方在实施合同工作期间，必须遵守《安全生产法》的有关规定，做到"安全第一、预防为主"。在合同测量工作期间，由于乙方自身原因发生的安全事故，相应责任由乙方承担。非乙方原因发生的安全事故，甲方有义务及时提供紧急救助措施并责成事故责任方承担相应责任。

第十五条　本合同执行过程中的未尽事宜，双方应本着实事求是、友好协商的态度加以解决，双方协商一致的，签订补充协议，补充协议与本合同具同等法律效力。

第十六条　因合同执行过程中双方发生纠纷，可由双方协商解决或由双方主管部门调解，若达不成协议，双方同意就本合同产生的纠纷可向仲裁机构仲裁或向法院提起诉讼。

第十七条　附则

17.1　本合同由双方代表签字，加盖双方公章或合同专用章后即生效。全部成果交接完毕和测绘工程费结算支付完成后，除质量保证条款外，本合同其他条款终止。

17.2　本合同一式捌份，正本贰份，甲乙双方各执壹份，副本陆份，甲乙双方各执叁份。

（以下为签署页）

第十八条　双方签章

甲方	单位名称	××设计研究院	（单位盖章）	
	法定代表人或授权代理人			
	承办人			
	通信地址	××市××路××号		
	电话	××××××	传真	××××
	开户银行		税务登记号	
	账号		邮政编码	××××
乙方	单位名称	××××××公司	（单位盖章）	
	法定代表人或授权代理人			
	承办人			
	通信地址	××省××市××路××号		
	电话		传真	××××
	开户银行	××××××	税务登记号	
	账号	××××××	邮政编码	××××

合同附件：

工程勘察设计廉政责任书

工程名称：××水电站工程
工程地点：××省××县境内
甲　　方：××设计研究院
乙　　方：××公司

为加强工程建设中的廉政建设，规范工程建设勘察设计委托与被委托双方的各项活动，防止发生各种谋取不正当利益的违法违纪行为，保护国家、集体和当事人的合法权益，根据国家有关工程建设的法律法规和廉政建设责任制规定，特订立本廉政责任书。

第一条　甲乙双方的责任

（一）应严格遵守国家关于市场准入、项目招标投标、工程建设、勘察设计和市场活动的有关法律、法规，相关政策，以及廉政建设的各项规定。

（二）严格执行建设工程勘察设计合同文件，自觉按合同办事。

（三）业务活动必须坚持公开、公平、公正、诚信、透明的原则（除法律法规另有规定者外），不得为获取不正当的利益，损害国家、集体和对方利益，不得违反工程建设管理、勘察设计的规章制度。

（四）发现对方在业务活动中有违规、违纪、违法行为的，应及时提醒对方，情节严重的，应向其上级主管部门或纪检监察、司法等有关机关举报。

第二条　甲方的责任

甲方的领导和从事该建设工程项目的工作人员，在工程建设的事前、事中、事后应遵守以下规定：

（一）不准向乙方和相关单位索要或接受回扣、礼金、有价证券、贵重物品和好处费、感谢费等。

（二）不准在乙方和相关单位报销任何应由甲方或个人支付的费用。

（三）不准要求、暗示或接受乙方和相关单位为个人装修住房、婚丧嫁娶、配偶子女的工作安排以及出国（境）、旅游等提供方便。

（四）不准参加有可能影响公正执行公务的乙方和相关单位的宴请、健身、娱乐等活动。

（五）不准向乙方和相关单位介绍或为配偶、子女、亲属参与同甲方项目工程勘察设计合同有关的勘察设计业务等活动。不得以任何理由要求乙方和相关单位在设计中使用某种产品、材料和设备。

第三条　乙方的责任

应与甲方保持正常的业务交往，按照有关法律法规和程序开展业务工作，严格执行工程建设的有关方针、政策，尤其是有关勘察设计的强制性标准和规范，并遵守以下规定：

（一）不准以任何理由向甲方及其工作人员索要、接受或赠送礼金、有价证券、贵重物品及回扣、好处费、感谢费等。

（二）不准以任何理由为甲方和相关单位报销应由对方或个人支付的费用。

（三）不准接受或暗示为甲方、相关单位或个人装修住房、婚丧嫁娶、配偶子女的工作安排以及出国（境）、旅游等提供方便。

（四）不准以任何理由为甲方、相关单位或个人组织有可能影响公正执行公务的宴请、健身、娱乐等活动。

第四条　违约责任

（一）甲方工作人员有违反本责任书第一、二条责任行为的，按照管理权限，乙方有权向甲方上级主管部门、纪检监察及司法机关部门举报举证，给乙方单位造成经济损失的，应依法予以赔偿。

（二）乙方工作人员有违反本责任书第一、三条责任行为的，甲方除向乙方上级主管部门、纪检监察及司法机关部门举报举证外，一至两年内不允许乙方进入甲方的勘察市场，给甲方单位造成经济损失的，应依法予以赔偿。

第五条　本责任书作为工程勘察设计合同的附件，与工程勘察设计合同具有同等法律效力。经双方签署后立即生效。

第六条　本责任书的有效期为双方签署之日起至该工程项目竣工验收合格时止。

第七条　本责任书一式肆份，由甲乙双方各执壹份，送交甲乙双方的监督单位各壹份。

甲方单位：××设计研究院　　　　　　　　乙方单位：××公司

　　　　　　（盖章）　　　　　　　　　　　　　　　（盖章）
法定代表人：　　　　　　　　　　　　　法定代表人：
　　或　　　　　　　　　　　　　　　　　　或
授权代理人：　　　　　　　　　　　　　授权代理人：
地址：××市××路××号　　　　　　　地址：××市××路××号
电话：　　　　　　　　　　　　　　　　电话：
2020 年　　月　　日　　　　　　　　　2020 年　　月　　日

甲方监督单位（盖章）　　　　　　　　　乙方监督单位（盖章）
2020 年　　月　　日　　　　　　　　　2020 年　　月　　日

16.10 经费计算案例

××可研测量经费计算说明

（2020 年 11 月 18 日）

一、总的说明

（一）计费标准

作为教学案例，为了方便学生查找资料，各项计费均参照国家发展计划委员会、建设部编写的《工程勘察设计收费标准》（2018 年修订本）（简称计费标准）计算，其中地形图测绘按复杂，其余按中等。

（二）工作量

根据××院编写的《××水利枢纽工程可研设计测量工作大纲》中所列明的工作量编写，应扣除前阶段已完成的工作量，不应重复计算。测量工作量为估算工作量，经费结算时应特别注意：要提供本阶段全套原始测量观测计算平差资料，核算本阶段实际完成的测量工作量。

（三）本阶段测量工作经费

按工作大纲提供的测量工作量，则本阶段测量工作经费为 1751.2 万元。见表 16.4。

表 16.4　　　　　　　　　　××水利枢纽工程可研阶段测量经费计算表

序号	项目内容	单位	数量	单价/元	系数	复价/元	说　明
1	GPS－D 级点	点	100.0	3632	0.6	217920	
2	GPS－E 级点	点	300.0	3203	0.6	576540	
3	图根点	点	6500.0	101	1.0	656500	
4	三等水准	km	700.0	500	1.0	350000	
5	五等水准	km	900.0	188	1.0	169200	
6	1：2000 地形地类图测绘	km²	280.0	14424	2.1	8481312	数字化测绘 1.5，地形地类图增加 0.6
7	水库坝址调查配合测量	组日	250.0	1000.0	1.0	250000	
8	淹没区支流 1：10000 纵断面测量	km	64.7	1268.0	1.0	82040	参照 1：5000 河道断面简单类
9	淹没区支流 1：5000 横断面测量	km	215.2	1686.0	1.0	362827	
10	防护工程 1：2000 带状图	km²	5.7	14424.0	1.5	123325	数字化测绘 1.5
11	1：1000 防护堤、坝纵断面测量	km	30.8	809.0	1.0	24917	
12	1：200 防护堤、坝横断面测量	km	59.2	1354.0	1.0	80157	
13	集镇、农村移民安置新址 1：1000 地形图测量	km²	5.0	32374.0	1.5	242805	数字化测绘 1.5
14	水库淹没区等级公路 1：2000 断面测量	km	120.0	625.0	1.0	75000	

续表

序号	项目内容	单位	数量	单价/元	系数	复价/元	说　明
15	枢纽区 1∶2000 地形图测量	km²	16.5	14244.0	1.5	352539	数字化测绘 1.5
16	坝址区 1∶2000 纵断面测量	km	23.5	2075.0	1.0	48763	
17	坝址区 1∶1000 横断面测量	km	30.8	2698.0	1.0	83098	
18	施工总布置 1∶5000 地形图测量	km²	23.5	4210.0	1.5	148403	数字化测绘 1.5
19	坝址围堰 1∶1000 断面测量	km	13.6	2698.0	1.0	36693	
20	天然建筑材料场地 1∶2000 地形图测量	km²	2.7	14244.0	1.5	57688	数字化测绘 1.5
21	弃渣场 1∶5000 地形图测量	km²	4.0	4210.0	1.5	25260	数字化测绘 1.5
22	郁江桥址 1∶2000 地形图测量	km²	0.4	14244.0	1.5	8546	数字化测绘 1.5
23	黔江桥址、南木江石桥船闸 1∶2000 地形测量	km²	5.2	14244.0	1.5	111103	数字化测绘 1.5
24	新增 1∶1000 断面测量	km	81.0	2698.0	1.0	218538	
25	直接测绘工作费（上述项之和）					12783174	
26	技术工作费（直接测绘费×22%）		12783174		0.22	2812298	
27	作业准备费（直接测绘费×15%）		12783174		0.15	1517476	
	合计					17512948	

备注：计费标准：《工程勘察设计收费标准》（2018 年修订本），地形图测绘按复杂算，其余按中等算。

二、分项经费计算表及说明

（1）GPS-D 级点，见计费标准 P5 页表 2.2-2 及 P6 页表 2.2-3 表示，GPS 测量 D 级不造标，系数取 0.6。

（2）GPS-E 级点，见计费标准 P5 页表 2.2-2 及 P6 页表 2.2-3 表示，GPS 测量 E 级不造标，系数取 0.6。

（3）图根点，见计费标准 P5 页表 2.2-2。

（4）三等水准，见计费标准 P5 页表 2.2-2。

（5）五等水准，见计费标准 P5 页表 2.2-2。

（6）1∶2000 地形地类图测绘，见计费标准 P5 页表 2.2-2 及 P6 页表 2.2-3 所示。测量工作大纲列明 400km²，包含了水下部分。1∶2000 地形地类图并不施测水下地形，水下地形应扣除，扣除按 30% 计算，则 1∶2000 地形地类图测绘占 70%，即为 280km²。数字化增 0.5；地类等，计费标准并没有相应的系数调整，而且前阶段已施测过 1∶5000 地形地类图，已有相应的基础工作，此处地类系数按增 0.6 计。故本项系数为 2.1。

（7）水库调查配合测量，见计费标准 P8 页表 2.6-1 组日工作量。工作大纲没有明确具体工作量，前阶段已有相应的基础工作。本处按 250 组日计算。

（8）水库淹没区支流 1∶10000 纵断面测量，见计费标准 P7 页表 2.3-2。工作量总量为 150km，减去前阶段已完成的 85.3km，即为 64.7km。工作大纲没有明确河道、陆地断面测量各自工作量，此处统一按河道纵断面计算。但此部分可能会有部分陆地纵断面测量的工作量，故本项可能算大了，结算时应注意核算，应参照计费标准 P5 页表 2.2 - 2 计算。

(9) 水库淹没区支流 1：5000 横断面测量，见计费标准 P7 页表 2.3 - 2。工作量总量为 300km，减去前阶段已完成 84.8km，即为 215.2km。工作大纲没有明确河道、陆地断面测量各自工作量，此处统一按河道横断面测量计算。但此部分可能会有部分陆地横断面测量的工作量，故本项可能算大了，结算时应注意核算，陆地断面应参照计费标准 P5 页表 2.2 - 2 计算。

(10) 防护工程 1：2000 带状图，见计费标准 P5 页表 2.2 - 2。工作量总量为 7.9km²，减去前阶段已完成的 2.2km²，即为 5.7km²。数字化增 0.5，故系数取 1.5。

(11) 1：1000 防护堤、坝纵断面测量，见计费标准 P5 页表 2.2 - 2。工作量总量为 39.316km，减去前阶段已完成 8.5km，即为 30.8km。

(12) 1：200 防护堤、坝横断面测量，见计费标准 P5 页表 2.2 - 2。工作量总量为 85.2km，减去前阶段已完成 26km，即为 59.2km。

(13) 集镇、农村移民安置新址 1：1000 地形图，见计费标准 P5 页表 2.2 - 2。数字化增 0.5，故系数取 1.5。

(14) 水库淹没区等级公路 1：2000 断面测量，见计费标准 P5 页表 2.2 - 2。

(15) 枢纽区 1：2000 地形图，见计费标准 P5 页表 2.2 - 2。数字化增 0.5，故系数取 1.5。

(16) 坝址区 1：2000 纵断面测量，见计费标准 P7 页表 2.3 - 2。

(17) 坝址区 1：1000 横断面测量，见计费标准 P7 页表 2.3 - 2。

(18) 施工总布置 1：5000 地形图，见计费标准 P5 页表 2.2 - 2。数字化增 0.5，故系数取 1.5。

(19) 坝址围堰 1：1000 断面测量，见计费标准 P7 页表 2.3 - 2。

(20) 天然建筑材料场地 1：2000 地形图测量，见计费标准 P5 页表 2.2 - 2。数字化增 0.5，故系数取 1.5。

(21) 弃渣场 1：5000 地形图测量（废弃的桂平机场），见计费标准 P5 页表 2.2 - 2。数字化增 0.5，故系数取 1.5。

(22) 郁江桥址 1：2000 地形图测量，见计费标准 P5 页表 2.2 - 2。数字化增 0.5，故系数取 1.5。

(23) 黔江桥址、南木江石桥船闸 1：2000 地形图测量，见计费标准 P5 页表 2.2 - 2。数字化增 0.5，故系数取 1.5。

(24) 新增 1：1000 断面测量，见计费标准 P7 页表 2.3 - 2。

(25) 上述各项之和。

(26) 技术工作费 22%，见计费标准 P4 页。

(27) 作业准备费 15%，参照 P39 页 10.1.6 条计算。

三、附本次××院测量工作大纲测量工作量

1. 控制测量部分

(1) 四等 GPS 网测量：约 100 点。

(2) 五等 GPS 测量：约 300 点。

(3) 图根点测量：约 6500 点。

(4) 三等水准测量：约 700km。

(5) 五等水准测量：约 900km。

2. 水库部分

(1) 库区 1：2000 地类、地形、境界测量约 400km²。

(2) 水库淹没调查及枢纽工程占地调查配合测量。

(3) 水库淹没区各主要支流的纵、横断面测量（10 条支流，已完成 6 条）：

1) 1：10000 纵断面测量：约 150km/10 条；已完成 85.3km/6 条。

2) 1：5000 横断面测量：约 300km/150 条；已完成 84.8km/101 条。

(4) 防护工程的坝址、堤线 1：2000 带状图和纵、横断面测量（其中城集镇及居民点防护共 14 个堤段、1 处防护坝；耕地防护堤 12 处、坝 16 处；已完成武宣防护工程）：

1) 1：2000 带状图测量：约 7.9km²；已完成武宣防护工程带状图 2.2km²。

2) 1：1000 防护堤、坝纵断面测量：约 39.316km/32 条；已完成武宣防护工程堤、坝纵断 8.5km/14 条。

3) 1：200 防护堤、坝横断面测量：约 85.2km/426 条；已完成武宣防护工程堤、坝横断 26km/127 条。

(5) 集镇、农村移民安置新址 1：1000 地形图测量约 5km²。

(6) 水库淹没区等级公路 1：2000 断面测量约 120km。

3. 水工部分

(1) 枢纽区 1：2000 地形图测量：约 16.5km²。

(2) 坝址区测量：

1) 坝址区 1：2000 纵断面测量：约 23.5km/12 条。

2) 坝址区 1：1000 横断面测量：约 30.8km/80 条。

3) 南木江 1：5000 带状图测量：已完成。

4. 施工部分

(1) 工程占地区测量：

1) 施工总布置 1：5000 地形图测量：约 23.5km²。

2) 中坝址围堰轴线及导流明渠轴线 1：1000 纵断面测量：约 3.3km/7 条。

3) 中坝址围堰轴线及导流明渠轴线 1：1000 横断面测量：约 3.1km/23 条。

4) 新选坝址围堰轴线 1：1000 纵断面测量：约 2.5km/6 条。

5) 新选坝址围堰轴线 1：1000 横断面测量：约 4.7km/15 条。

(2) 天然建筑材料场地 1：2000 地形图测量：约 2.7km²；实际已完成江口砂砾石料场地形图（全部为水下）7.5km²。

(3) 弃渣场 1：5000 地形图测量（废弃的桂平机场）：约 4km²。

（4）郁江桥址 1∶2000 地形图测量：约 0.4km²。

5. 新增任务

（1）黔江桥址 1∶2000 地形测量，面积约为 1km²。

（2）南木江石桥船闸 1∶2000 地形测量，面积约为 4.2km²。

（3）左岸船闸纵横剖面测量，纵断面（比例尺为 1∶1000）约为 16.5km/3 条；横断面（比例尺为 1∶500）约为 16.5km/32 条。

（4）右岸船闸纵横剖面测量，纵断面（比例尺为 1∶1000）约为 18km/3 条；横断面（比例尺为 1∶500）约为 15.8km/33 条。

（5）弩滩船闸纵横剖面测量，纵断面（比例尺为 1∶1000）约为 2.2km/3 条；横断面（比例尺为 1∶500）约为 4km/17 条。

（6）石桥船闸纵横剖面测量，纵断面（比例尺为 1∶1000）约为 3.3km/1 条；横断面（比例尺为 1∶500）约为 2km/5 条。

（7）三家村船闸纵横剖面测量，纵断面（比例尺为 1∶1000）约为 2.3km/1 条；横断面（比例尺为 1∶500）约为 1km/4 条。

（8）南木江航道 1∶500 横剖面测量，约为 36km/125 条。

（9）黔江桥址 1∶500 纵剖面测量，约为 1.7km/2 条。

四、测量经费计算依据

参照国家发展计划委员会、建设部编写的《工程勘察设计收费标准》（2018 年修订本）与测图相关条文页。

小　　结

　　合同是平等主体的自然人、法人、其他组织之间设立、变更、终止民事权利义务关系的协议。合同的内容由当事人约定，一般应包括以下条款：当事人的名称或者姓名和住所、标的、数量、质量、价款或者报酬、履行期限、地点和方式、违约责任、解决争议的方法。

　　测绘范围、测绘内容和测绘技术依据及质量标准构成了对测绘合同标的完整描述。对于测绘范围，尤其是测区边界，必须有明确的、较为精细的界定，因为它是项目完工和项目验收的一个重要参考依据。

　　测绘内容必须用准确简洁的语言加以描述，明确地逐一罗列出所需完成的任务及需提交的测绘成果种类、等级、数量及质量，这些内容也是项目验收及成果移交的重要依据。

　　测绘合同中需对所采用的技术依据及测绘成果质量检查及验收标准有明确的约定，这是项目技术设计、项目实施及项目验收等的主要参照标准。另一个极为重要的内容是约定测绘工作开展及测绘成果的数据基准，包括平面控制基准和高程控制基准。

　　合同中工程费用的计算，应依据国家正式颁布的收费依据或收费标准，根据各细项的收费单价及其估算的工作量得出该细项的工程费用，整个项目的工程总价为各细项费用的总和。费用的支付方式由甲乙双方参照行业惯例协商确定，一般按照工程进度（或合同执行情况）分阶段支付，包括首付款、项目进行中的进度款及尾款几部分。

项目进度安排也是合同中的一项重要内容，对项目承接方（测绘单位）实际测绘生产有指导作用，是委托方及监理方监督和评价承接方是否按计划执行项目，及是否达到约定的阶段性目标的重要依据，也是进度款支付的重要依据。

测绘项目的完成需要双方共同协作及努力，双方应尽的义务须在合同中明确陈述。

合同中必须对项目完成后拟提交的测绘成果进行详细说明，并逐一罗列出成果名称、种类、技术规格、数量及其他需要说明的内容。成果的验收方式需由双方协商确定，一般情况下，应根据提交成果的不同类型进行分类验收；在存在监理方的情况下，验收工作必须由委托方、项目承接方和项目监理方三方共同来完成成果的质量检查及成果验收工作。

除了上述内容外，合同中还需包括如下内容：①对违约责任的明确规定；②对不可抗拒因素的处理方式；③争议的解决方式及办法；④测绘成果的版权归属和保密约定；⑤合同未约定事宜的处理方式及解决办法等。

思　考　题

1. 合同内容包括哪些方面？
2. 举例表示合同中测量范围、测量内容和技术依据、标准？
3. 甲方 A 委托乙方 B 测量一条河道 1∶2000 地形图，要求在 2 个月内提交最终测量成果。测量的河道长 10km，平均宽 1km（其中陆地部分占 40%），两个三等水准起算点在测区同一岸，离开测量范围两端各 5km 处，该岸走四等水准；另一岸走五等水准，在测区两端通过三角高程渡河附合上四等水准。沿河每隔 1km 布设一对通视的 GPS-D 级点。图根点陆地每一平方公里布设 15 个点。每 1km 布设一条河道横断面（横比例尺1∶1000）。请根据上述材料计算测量经费，并起草一个测量合同。

参 考 文 献

［1］ 陈永奇．工程测量学［M］.4 版．北京：测绘出版社，2016.

［2］ 张正禄．工程测量学［M］.2 版．武汉：武汉大学出版社，2013.

［3］ 陈龙飞，金其坤．工程测量［M］.上海：同济大学出版社，1990.

［4］ 何习平．测量技术基础［M］.2 版．重庆：重庆大学出版社，2004.

［5］ 周建郑．工程测量［M］.2 版．郑州：黄河水利出版社，2010.

［6］ 唐保华．工程测量技术［M］.3 版．北京：中国电力出版社，2016.

［7］ 卢满堂，甄红锋．建筑工程测量［M］.北京：中国水利水电出版社，2007.

［8］ 刘绍堂．控制测量［M］.郑州：黄河水利出版社，2007.

［9］ 张坤宜．交通土木工程测量［M］.3 版．武汉：华中科技大学出版社，2008.

［10］ 胡伍生．GPS 测量原理及应用［M］.北京：人民交通出版社，2003.

［11］ 林玉祥．控制测量［M］.北京：测绘出版社，2009.

［12］ 王侬，过静珺．现代普通测量学［M］.2 版．北京：清华大学出版社，2009.

［13］ 中华人民共和国水利部．SL 197—2013 水利水电工程测量规范［S］.北京：中国水利水电出版社，2013.

［14］ 国家测绘局．GB/T 24356—2009 测绘成果质量检查与验收［S］.北京：测绘出版社，2009.

［15］ 国家测绘局．CH 1002—1995 测绘产品检查验收规定［S］.北京：测绘出版社，1995.

［16］ 国家质量监督检验检疫总局，国家标准化管理委员会．GB/T 18314—2009 全球定位系统（GPS）测量规范［S］.北京：中国标准出版社，2009.

［17］ 国家质量监督检验检疫总局，国家标准化管理委员会．GB/T 12898—2009 国家三、四等水准测量规范［S］.北京：中国标准出版社，2009.

［18］ 国家发展计划委员会，建设部．工程勘察设计收费标准［M］.北京：中国市场出版社，2018.